信息科学与技术丛书

HTML 5 开发从入门到精通

王石磊　等编著

机械工业出版社

HTML 5 是 HTML 技术的新版本，和以前的版本相比，HTML 5 的功能更加强大，并且支持移动 Web 应用。本书分为 5 篇，共计 17 章，包括：基础知识篇、核心技术篇、技术提高篇、实战演练篇和综合实战篇五大部分内容。在讲解每一个知识点时，都遵循了“理论结合实践”的教学模式，通过具体实例讲解了每一个知识点的具体用法。

本书适合网页设计人员、Web 设计师、网站开发人员、网络维护人员的学习和参考，也可作为相关培训学校和大专院校相关专业的教学用书。

图书在版编目（CIP）数据

HTML5 开发从入门到精通 / 王石磊等编著. —北京：机械工业出版社，2016.3
（信息科学与技术丛书）
ISBN 978-7-111-53392-4

Ⅰ. ①H…　Ⅱ. ①王…　Ⅲ. ①超文本标记语言－程序设计
Ⅳ. ①TP312

中国版本图书馆 CIP 数据核字（2016）第 064856 号

机械工业出版社（北京市百万庄大街 22 号　邮政编码 100037）
策划编辑：丁　诚　　责任编辑：丁　诚
责任印制：乔　宇　　责任校对：张艳霞
北京铭成印刷有限公司印刷
2016 年 5 月第 1 版 · 第 1 次印刷
184mm×260mm · 29.75 印张 · 738 千字
0001－3000 册
标准书号：ISBN 978-7-111-53392-4
定价：79.00 元

凡购本书，如有缺页、倒页、脱页，由本社发行部调换

电话服务
服务咨询热线：（010）88361066
读者购书热线：（010）68326294
（010）88379203

网络服务
机 工 官 网：www.cmpbook.com
机 工 官 博：weibo.com/cmp1952
教育服务网：www.cmpedu.com
金 书 网：www.golden-book.com

前　　言

HTML 技术经过了很长的发展，版本不断更新，每一次更新都为网页设计工作带来了巨大的变化。HTML 的上一个版本诞生于 1999 年，此后，Web 世界已经经历了巨变。虽然 HTML5 仍处于完善之中，但是现在大部分的浏览器已经具备了支持某些 HTML5 新特性的功能。在 2007 年，HTML 5 被 W3C 所接受，正式成为网页设计标准。在当前市场应用中，HTML 5 将成为 HTML、XHTML 以及 HTML DOM 的新标准。和之前的版本相比，HTML 5 的功能更加强大，并且支持移动 Web 应用。

本书的内容

本书分 5 篇，共 17 章，循序渐进地讲解了 HTML 5 技术的基本知识。本书从 Web 开发标准与网页网站制作介绍讲起，依次讲解了网页设计技术基础，HTML 5 的整体架构，体验基本元素，使用表单元素，音频和视频应用详解，绘图应用详解，数据存储应用详解，使用 Web Sockets API，使用 Geolocation API，使用 Web Workers API，在 Android 手机中使用 HTML 5，游戏实战，统计图实战，特效实战，Web 设计中的典型模块，文件操作实战，使用 HTML 5+CSS 3 开发商业站点实例等知识。上述内容几乎涵盖了 HTML 5 技术中的所有主要内容，全书内容言简意赅，讲解方法通俗易懂、详细，不但适合网页设计高手们学习，也特别有利于初学者学习并消化。

本书特色

本书内容丰富，讲解细致，我们的目标是通过一本图书提供多本图书的价值，读者可以根据自己的需要有选择地阅读。在内容的编写上，本书具有以下特色：

（1）结构合理

从用户的实际需要出发，科学安排知识结构，内容由浅入深，叙述清楚。

（2）遵循“理论加实践”这一主线

为了使广大读者彻底弄清楚 HTML 5 技术的精髓，在讲解每一个知识点时，通过具体地演示实例讲解了每一个知识点的具体用法。

（3）易学易懂

本书内容条理清晰、语言简洁，可以帮助读者快速掌握每个知识点。使读者既可以按照本书编排的章节顺序进行学习，也可以根据自己的需要对某一章节进行针对性的学习。

（4）实用性强

本书彻底摒弃枯燥的理论和简单的操作，注重实用性和可操作性，通过详实的语言和细腻的笔法，详细讲解了 HTML 5 各个知识点的基本知识。

（5）内容全面

本书可以称为“内容最全面的一本 HTML 5 开发书”，无论是传统网页技术开发的知识点，还是数据存储、API 等知识，甚至 Android 和 iOS 移动 Web 的开发知识，在本书中都有详细介绍。

读者对象

初学网页设计的自学者

网页设计师

Web 开发人员

大中专院校的老师和学生

毕业设计的学生

移动 Web 设计人员

相关培训机构的老师和学员

从事移动 Web 开发的程序员

本书主要由王石磊编写，参加编写的还有管西京、周秀、张余、李佐彬、王梦、王书鹏、唐凯、关立勋、张建敏、杨靖宇、谭贞军、杨絮、刘英田、高秀云、任杰、张子帝、黄河、孟娜、杨国华、王南荻、翟明、焦甜甜、张储、刘继虎。在编写过程中，得到了机械工业出版社有关人员的大力支持。正是各位编辑的求实、耐心和高效率的工作精神，才使本书在较短的时间内出版。另外要告知各位读者，本编写团队毕竟水平有限，书中纰漏和不尽如人意之处在所难免，诚请读者提出意见或建议，以便修订并使之更臻完善。

编　者

目　录

第三篇 技术提高篇

第四篇 实战演练篇

第五篇　综合实战篇

第一篇　基础知识篇

第1章　网页设计技术基础

随着计算机技术的普及和网络技术的发展，互联网已经成为人们生活中不可缺少的一部分，各种各样的网站纷纷建立起来。在众多的网页设计技术中，HTML 5 是当前最流行的技术之一。本章将简要介绍网页设计的基础知识、Web 标准布局知识和常用的网页制作工具，并详细阐述了 HTML 5 的全新功能。

1.1　认识网页和网站

网页和网站是相互关联的两个因素。两者之间相互作用，共同推动了互联网技术的飞速发展。本节将对网页和网站的基本概念进行简要说明。

1.1.1　网页

网页和网站是有差别的，例如平常说的搜狐、新浪和网易等都是网站，而新浪上的一则体育新闻就是一个网页。从严格意义上讲，网页是 Web 站点中使用 HTML 等标记语言编写而成的单位文档。它是 Web 中的信息载体。网页由多个元素构成，一个典型的网页由如下几个元素构成。

（1）文本

文本就是文字，是网页中的最重要的信息，在网页中可以通过字体、大小、颜色、底纹、边框等来设置文本的属性。在网页概念中的文本是指文字，但不是图片中的文字。在网页制作中，文本可以方便地设置成各种字体、大小和颜色。

（2）图像

图像是页面中最重要的构成部分，图像就是网页中的图，不管是明星图片还是自然风光图片。在网页中只有加入图像后才能使页面达到完美的显示效果，可见图像在网页中的重要性。在网页设计中用到的图片一般为 JPG 和 GIF 格式。

（3）超链接

超链接是指从一个网页指向另一个目的端的链接，是从文本、图片、图形或图像映射到全球广域网上的网页或文件的指针。在因特网上，超链接是网页之间和 Web 站点之中主要的导航方法。由此可见，超链接是一个神奇的功能，移动你的鼠标就可以逛遍全世界。

（4）表格

表格大家都知道，平常生活中经常见到小如值日轮流表，大到国家统计局的统计表。其实表格在网页设计中的作用远不止如此，它是传统网页排版的灵魂，即使 CSS 标准推出后也能够继续发挥不可限量的作用。通过表格可以精确地控制各网页元素在网页中的位置。

（5）表单

表单的作用很重要，它是用来收集站点访问者信息的域集，是网页中站点服务器处理的一组数据输入域。当访问者单击按钮或图形来提交表单后，数据就会传送到服务器上。它是非常重要的通过网页与服务器之间传递信息的途径，表单网页可以用来收集浏览者的意见和建议，以实现浏览者与站点之间的互动。

（6）Flash 动画

Flash 一经推出后便迅速成为最重要的 Web 动画形式之一。Flash 利用其自身所具有的关键帧补间、运动路径、动画蒙版、形状变形和洋葱皮等动画特性，不仅可以建立 Flash 电影，而且可以把动画输出为不同的文件格式的播放文件。

（7）框架

框架是网页中的一种重要组织形式之一，它能够将相互关联的多个网页的内容组织在一个浏览器窗口中显示。从实现方法的定义上讲，框架由一系列相互关联的网页构成，并且相互间通过框架网页来实现交互。框架网页是一种特别的 HTML 网页，它可将浏览器视窗分为不同的框架，每一个框架可显示一个不同网页。

如图 1-1 所示的雅虎中国主页是由上述元素构成的典型网页。

图 1-1　雅虎中国的主页

上述各种网页元素组合在一起，为所有的浏览者呈现了绚丽的界面效果。在本书后面的章节中，将和读者一起来领略 HTML 5 的神奇，共同开始我们的网页设计神奇之旅。

1.1.2　网站

搜狐、新浪、CSDN、网易等都是网站，网站是由网页构成的，它是一系列页面构成的整

体。一个网站可能由一个页面构成，也可能由多个页面构成，并且这些构成的页面相互间存在着某种联系。一个典型网站的具体结构如图 1-2 所示。

上述结构中的各种元素，在服务器上将被保存在不同的文件夹内，一般如图 1-3 所示。

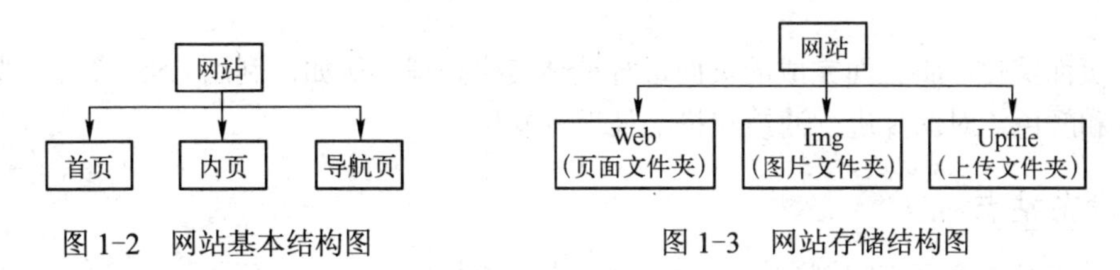

图 1-2　网站基本结构图　　　　图 1-3　网站存储结构图

1.1.3　网站制作流程

设计师和企业决策者是制作网站的关键人物。所以要从决策者决定做网站的那一刻作为制作网站的开始。网站制作的基本流程如下。

（1）初始商讨：决策者们确定站点的整体定位和主题，明确建立此网站的真正目的，并确定网站的发布时机。

（2）需求分析：充分考虑用户的需求和站点拥有者的需求，确定当前的业务流程。重点分析浏览用户的思维方式，并对竞争对手的信息进行分析。

（3）综合内容：确定各个页面所要展示的信息，进行页面划分。

（4）页面布局，设计页面：根据页面内容进行对应的页面设计，在规划的页面上使内容合理地展现出来。

（5）测试：对每个设计好的分页进行浏览测试，在最后要对整个网站的页面进行整体测试。

注意——合理为最“美”

在设计一个网站的时候，应该遵循“合理、简约、美观、大方”四个原则。也就是说，复杂的并不一定是最好的，合理的才是最好的。网站设计的基本原则如下。

（1）网页内容要便于阅读。

（2）站点内容要精、专和及时更新。

（3）注重整体的色彩搭配。

（4）考虑带宽因素。

（5）适当考虑不同浏览器、不同分辨率的情况。

1.1.4　网页设计流程

网页和网站技术是互联网技术的基础，通过合理的操作流程可以快速地制作出美观大方的站点。

（1）整体选题：选题要明确，例如我要在这个网页中显示某款产品的神奇功效，那就不能以公司简介为主题。

（2）准备素材资料：根据页面选择的主题准备好素材，例如某款产品的图片。

（3）规划页面布局：根据前两步确定的选题和准备的资料进行页面规划，确定页面的总体布局。上述工作可以通过画草图的方法实现，也可以在编辑器工具里直接规划，例如在

Dreamweaver中。

（4）插入素材资料：将处理过的素材和资料插入到布局后页面的指定位置。

（5）添加页面链接：根据整体站点的需求，在页面上添加超级链接，实现站点页面的跨度访问。

（6）页面美化：将上面完成的页面进行整体美化处理。例如，利用CSS将表格线细化，设置文字和颜色，对图片进行滤镜和搭配处理等操作。

1.1.5 发布站点

发布站点是整个工作的倒数第二步，具体操作流程如下。

（1）申请域名：选择合理、有效的域名。

（2）选择主机：根据站点的状况确定主机的方式和配置。

（3）选择硬件：如果需要自己的站点体现出更为强大的功能，可以配置自己特定的设备产品。

（4）软件选择：选择与自己购买的硬件相配套的软件，例如服务器的操作系统和安全软件等。

（5）网站推广：充分利用搜索引擎和发布广告的方式对网站进行宣传。

制作网站的最后一步是维护。和传统产品一样，设计师们也需要做一些售后服务的工作，也就是对网站进行定期维护。

1.2 Web标准布局介绍

无论做什么事情都需要遵循一定的标准和规则，设计网页也同样如此，也需要一个标准来约束迅猛增长的网页数量。随着网络技术的飞速发展，各种应用类型的站点纷纷建立。因为网络的无限性和共享性，以及各种设计软件的推出，多样化的站点展示方式便应运而生。为保证设计出的站点信息，能完整地展现在用户面前，Web标准技术便应运而生。

1.2.1 当前的Web开发标准

Web标准是所有站点在建设时必须遵循的一系列硬性规范。从页面构成来看网页主要由三部分组成：结构（Structure）、表现（Presentation）和行为（Behavior）。所以对应的Web标准由如下三方面构成。

（1）结构化标准语言

当前使用的结构化标准语言是HTML和XHTML，下面将对这两种语言进行简要介绍。

HTML（Hyper Text Markup Language，超文本标记语言），是构成Web页面的主要工具，用来表示网上信息的符号标记语言。通过HTML，将需要表达的信息按某种规则写成HTML文件，通过专用的浏览器来识别，并将这些HTML翻译成可以识别的信息，就是所见到的网页。HTML语言是网页制作的基础，是初学者必需掌握的内容。当前的最新版本是HTML 5。

XHTML（Extensible Hyper Text Markup Language），是根据在 XML 标准建立起来的标识语言，是一种由 HTML 向 XML 之间过渡的语言。

（2）表现性标准语言

目前的表现性语言是本书讲的 CSS（Cascading Style Sheets，层叠样式表），当前最新的 CSS 规范是 W3C 于 1982 年 5 月 12 日推出的 CSS2。通过 CSS 可以对网页进行布局，控制网页的表现形式。CSS 可以与 XHTML 语言相结合，实现页面表现和结构的完整分离，提高了站点的使用性和维护效率。

当前的行为标准是 DOM（Document Object Model，文档对象模型）用户和 ECMAScript。根据 W3C DOM 规范，DOM 是一种与浏览器、平台和语言的接口，使得用户可以访问页面其他的标准组件。DOM 解决了 Netscaped 的 Java Script 和 Microsoft 的 Jscript 之间的冲突。给予 web 设计师和开发者一个标准的方法，让他们来访问自己站点中的数据、脚本和表现层对象。从本质上讲，DOM 是一种文档对象模型，是建立在网页和 Script 及程序语言之间的桥梁。

上述标准大部分由 W3C 组织起草和发布，也有一些是其他标准组织制订的标准，比如 ECMA 的 ECMAScript 标准。

ECMAScript 是 ECMA（European Computer Manufacturers Association）制定的标准脚本语言（JAVAScript）。

1.2.2　为什么使用 Web 标准

Web 标准就是网页业界的 ISO 标准，推出 Web 标准的主要目的是不管是哪一家的技术，都要遵循这个规范来设计、制作并发展，这样大家的站点才能以完整、标准的格式展现出来。具体来说，使用 Web 标准主要目的如下。

- 提供最多利益给最多的网站用户，包括世界各地的。
- 保证任何网站文挡都能够长期有效，不必在软件升级后进行修改。
- 大大简化了代码，并降低了站点建设成本。
- 让网站更容易使用，能适应更多不同用户和更多网络设备。因为硬件制造商也按照此标准推出自己的产品。
- 当浏览器版本更新，或者出现新的网络交互设备时，也能确保所有应用能够继续正确执行。

使用 Web 标准后，不仅对浏览用户带来了多元化的浏览展示，而且对站点拥有者和维护人员带来极大的方便。使用 Web 标准后，对浏览用户的具体意义如下。

- 页面内容能被更多的用户所访问
- 页面内容能被更广泛的设备所访问。
- 用户能够通过样式选择定制自己的表现界面。
- 使文件的下载与页面显示速度更快。

使用 Web 标准后，对网站所有者的具体意义如下。

- 带宽要求降低，降低了站点成本。
- 使用更少的代码和组件，使站点更加容易维护。
- 更容易被搜索引擎搜索到。
- 使改版工作更加方便，不再需要变动页面内容。

- ❑ 能够直接提供打印版本，不需要另行复制打印内容。
- ❑ 大大提高了站点的易用性。

1.2.3 CSS布局标准

作为一个站点页面设计人员，必须严格遵循前面介绍的标准，使页面完美地展现在用户面前。在推出Web标准以前，站点网页是以<table>元素做为布局的。从本质上看来，传统的<table>元素布局和现在的CSS布局所遵循的是截然不同的思维模式。下面将介绍传统布局和CSS布局的区别，并着重说明标准布局的重要意义。

1．传统页面布局

传统的页面布局方法是使用表格<table>元素，其具体实现方法如下。

（1）首先，使用<table>元素的单元格根据需要将页面划分为不同区域，并且在划分后的单元格内可以继续嵌套其他的表格内容。

（2）然后，利用<table>元素的属性来控制内容的具体位置，如algin和valgin。

2．标准布局

在Web标准布局的页面中，表现部分和结构部分是各自独立的。结构部分是用HTML或XHTML编写的，而表现部分是用可以调用的CSS文件实现的。这样，实现了页面结构和表现内容的分离，方便了页面维护。例如，下面的代码使用了标准布局。

```
<html>
<head>
<meta http-equiv="Content-Type" content="text/html; charset=gb2312">
<title>无标题文档</title>
<link href="style.css" type="text/css" rel="stylesheet"/>                    <!--调用样式代码-->
</head>
<body>
<table width="600" height="200" border="0" align="center">
   <tr><td><div class="unnamed1">欧锦赛 A 组</div></td></tr>                 <!--使用样式-->
   <tr><td><div class="unnamed1">法  国</div></td></tr>
   <tr><td><div class="unnamed1">荷  兰</div></td></tr>
   <tr><td><div class="unnamed1">意大利</div></td></tr>
   <tr><td><div class="unnamed1">罗马尼亚</div></td></tr>
</table>
</body>
</html>
```

文件style.css的具体代码如下。

```
<!--定义的样式-->
.unnamed1 {
        background-position: center;
        text-align:center;

        color:#CC0000;
}
```

从上述演示代码中可以清楚看出，在使用 CSS 标准样式后，结构部分和表现部分已经完全分离了。如果想继续修改字的颜色为“green”，则只需对 CSS 文件中的 color 值进行修改。这样，如果整个站点的页面都调用此 CSS 文件，就只需改变此样式的某属性值，整个站点的此属性元素都将修改。

所以说当使用标准样式后，可以实现页面结构和表现的分离，对站点设计具有重大意义。这主要体现在如下几个方面。

- 由于页面的表现部分由样式文件独立控制，所以使站点的改版工作变得更加轻松自如。
- 由于页面内容可以使用不同的样式文件，可以使页面内容能够完全适应各种应用设备。
- 充分结合 XHTML 的清晰结构，实现建议的数据处理。
- 根据 XHTML 的明确语意，轻松实现搜索工作。

1.3　常用的网页制作工具

在当前市面中最为流行的网页制作工具，都是可视化的开发工具。通过这些工具可以大大方便设计师发挥创作灵感，设计出一个个精美站点和网页。在网页设计应用中，最为常用的可视化开发工具就是 Dreamweaver。

1.3.1　Dreamweaver 简介

Dreamweaver 是美国 Macrom edia 公司开发的网页制作工具，是集网页制作和管理网站于一身的所见即所得网页编辑器。Dreamweaver 是第一套针对专业网页设计师特别开发的视觉化网页开发工具，利用它可以轻而易举地制作出跨越平台限制和跨越浏览器限制的网页。因为其强大功能，后来被 Adobe 公司收购。

Dreamweaver 支持最新的 DHTML 和 CSS 标准，可以设计出生动的 DHTML 动画、多层次的 Layer 以及 CSS 样式表。另外，Dreamweaver 还具有如下三个特点。

- 最佳的制作效率

Dreamweaver 可以用最快速的方式将 Fireworks、FreeHand 或 Photoshop 等文件移至网页上。使用检色吸管工具选择屏幕上的颜色，这样可以设定最接近的网页安全色。对于选单、快捷键和格式控制，都只要一个简单步骤便可完成。Dreamweaver 能与设计者喜爱的设计工具，如 Playback Flash、Shockwave 和外挂模组等搭配，无需离开 Dreamweaver 便可完成，整体运用流程自然顺畅。除此之外，只要单击程序设置的按钮便可使 Dreamweaver 自动开启 Firework 或 Photoshop 来进行编辑与设定图档的最佳化。

- 网站管理

使用网站地图可以快速制作网站雏形、设计、更新和重组网页。改变网页位置或文件名称，Dreamweaver 将自动更新所有链接。使用 HTML 码、HTML 属性标签和一般语法的搜寻及置换功能使得复杂的网站更新变得迅速又简单。

- 无可比拟的控制能力

Dreamweaver 是唯一提供 Roundtrip HTML、视觉化编辑与原始码编辑同步设计的工具。它包含 HomeSite 和 BBEdit 等主流文字编辑器。帧（frames）和表格的制作速度快得令人叹服，甚至可以排序或格式化表格群组。Dreamweaver 支持精准定位，可以轻易将转换成表格的图层以拖拉置放的方式进行版面配置。所见即所得的功能能够成功整合动态式视觉编辑及电子商务功能。

Dreamweaver 包含多个版本，每个版本的基本功能类似。读者可以根据个人的需要，来安装合适的版本。本书后面知识的介绍过程中，采用了 Dreamweaver CS5 作为开发工具。和其他版本相比，Dreamweaver CS5 新增了如下几个功能。

❑ Ajax 的 Spry 框架

通过 Adobe Dreamweaver CS5，可以使用 Ajax 的 Spry 框架进行动态用户界面的可视化设计、开发和部署。Ajax 的 Spry 框架是一个面向 Web 设计人员的 JavaScript 库，用于构建向用户提供更丰富体验的网页。Spry 与其他 Ajax 框架不同，可以同时为设计人员和开发人员所用。

❑ Spry 构件

Spry 构件是预置的常用用户界面组件，可以使用 CSS 自定义这些组件，然后将其添加到网页中。使用 Dreamweaver 可以将多个 Spry 构件添加到自己的页面中，这些构件包括 XML 驱动的列表和表格、折叠构件、选项卡式界面和具有验证功能的表单元素。

❑ Spry 效果

Spry 效果是一种提高网站外观吸引力的简洁方式。这种效果几乎可应用于 HTML 页面上的所有元素。可以添加 Spry 效果来放大、收缩、渐隐和高亮显示元素，在一段时间内以可视方式更改页面元素，以及执行更多操作。

❑ CSS 布局

Dreamweaver 提供一组预先设计的 CSS 布局，它们可以帮助设计者快速设计好页面并开始运行，并且在代码中提供了丰富的内联注释以帮助用户了解 CSS 页面布局。Web 上的大多数站点设计都可以被归类为一列、两列或三列式布局，而且每种布局都包含许多附加元素（例如标题和脚注）。Dreamweaver 提供了一个包含基本布局设计的综合性列表，设计人员可以自定义这些设计以满足自己的需要。

❑ 浏览器兼容性检查

Dreamweaver 中新的浏览器兼容性检查功能可生成报告，指出各种浏览器中与 CSS 相关的问题。在代码视图中，这些问题以绿色下划线来标记，因此用户可以准确知道产生问题的代码位置。在确定问题之后，如果知道解决方案，则可以快速解决问题；如果需要了解详细信息，则可以访问 Adobe CSS Advisor。

❑ Adobe CSS Advisor

Adobe CSS Advisor 网站包含有关最新 CSS 问题的信息，在浏览器兼容性检查过程中可通过 Dreamweaver 用户界面直接访问该网站。CSS Advisor 不止是一个论坛、一个 wiki 页面或一个讨论组，而且可以方便地为现有内容提供建议和改进意见，或者方便地添加新的问题以使整个 Adobe CSS Advisor 用户都能够从中受益。

Dreamweaver CS5 的工作界面如图 1-4 所示。

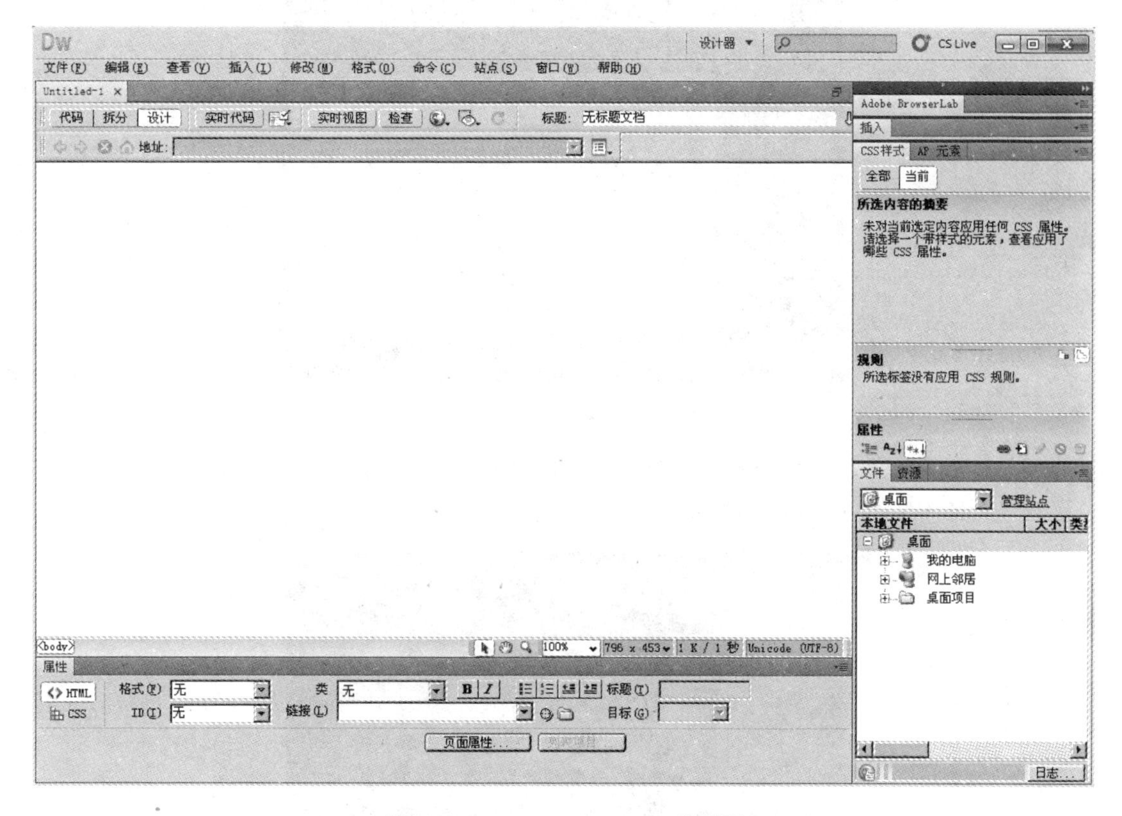

图 1-4　Dreamweaver CS5 工作界面

1.3.2　安装 Dreamweaver

本节以安装 Dreamweaver CS5 的过程为例，向读者介绍安装 Dreamweaver 的方法。Dreamweaver CS5 的安装步骤如下。

（1）将安装光盘插入光驱内，双击打开安装程序图标后，弹出“初始化安装程序”对话框，如图 1-5 所示。

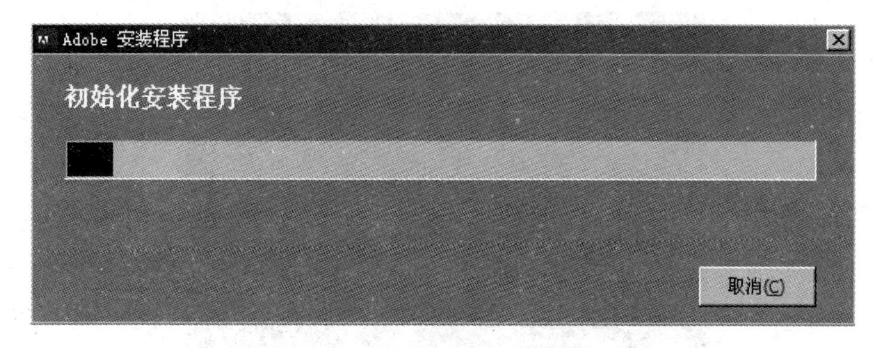

图 1-5　“初始化安装程序”对话框

（2）进度条完成之后弹出“欢迎使用”对话框，如图 1-6 所示。

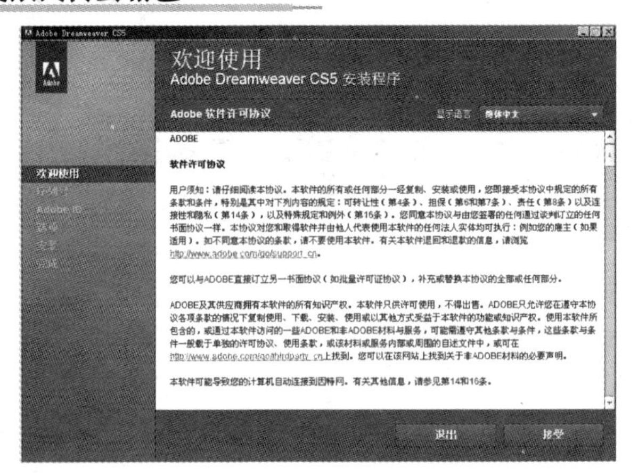

图 1-6 “欢迎使用”对话框

（3）单击【接受】按钮后弹出“序列号”对话框，在此输入 Dreamweaver 的产品序列号，并选择“简体中文”。如图 1-7 所示。

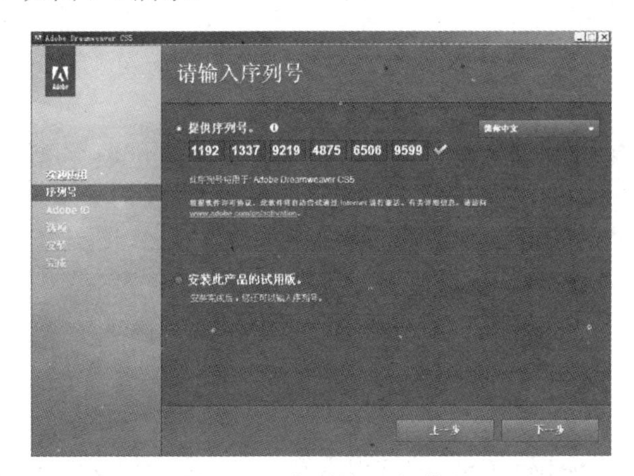

图 1-7 “序列号”对话框

（4）单击【下一步】按钮弹出输入“Adobe ID”对话框，在此可以输入用户的 ID 号，也可以跳过此步骤。如图 1-8 所示。

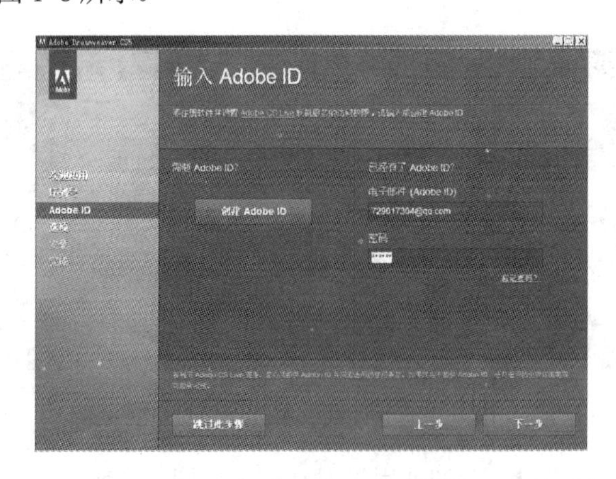

图 1-8 “Adobe ID”对话框

（5）单击【下一步】按钮后弹出“安装选项”对话框，在“位置”选项下设置安装路径。如图 1-9 所示。

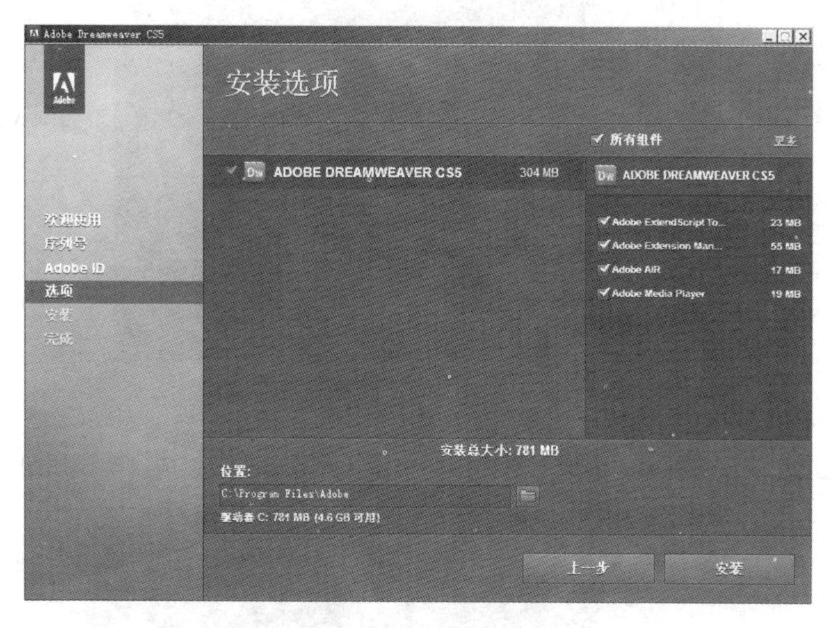

图 1-9 “安装选项”对话框

（6）单击“位置”后面的浏览按钮，在弹出的“浏览文件夹”对话框中设置安装位置，如图 1-10 所示。

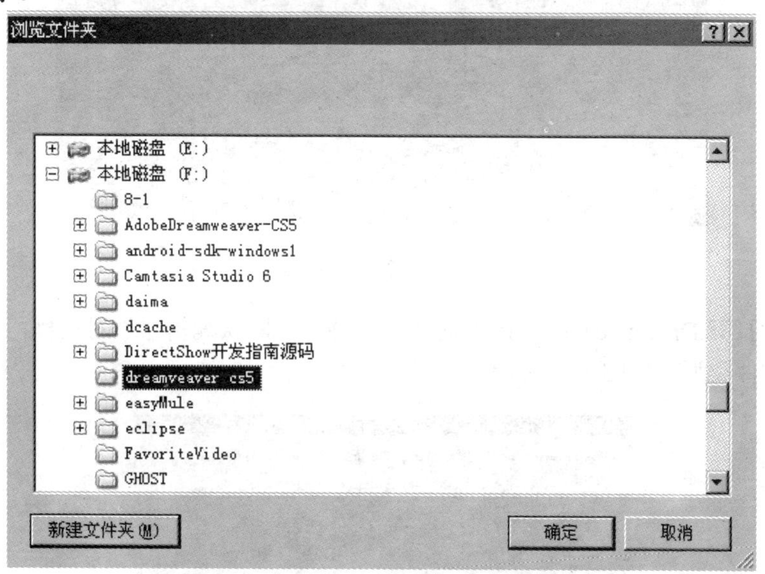

图 1-10 “浏览文件夹”对话框

（7）单击【安装】按钮，弹出“安装”对话框，此时开始安装，进度条表示安装进度。如图 1-11 所示。

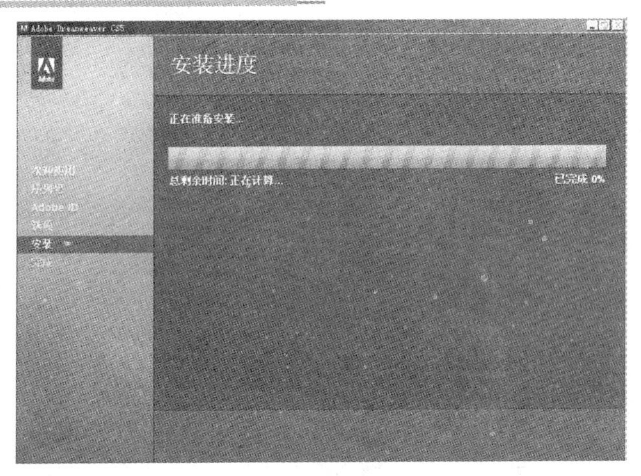

图 1-11 “安装”对话框

（8）进度完成后将弹出“完成”对话框，单击【完成】按钮完成安装。如图 1-12 所示。

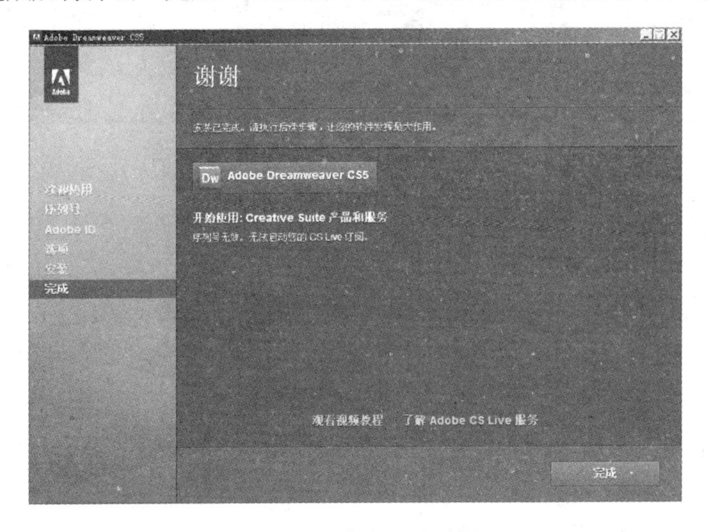

图 1-12 “完成”对话框

当第一次打开 Dreamweaver CS5 的时候，会弹出“默认编辑器”对话框，在此可以选择用户常用的文件类型。如图 1-13 所示。

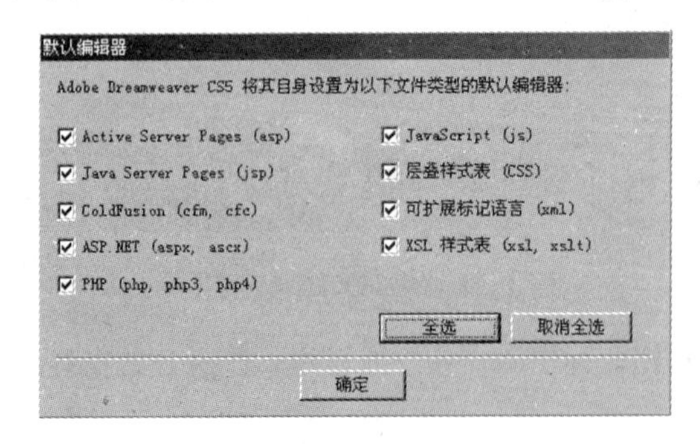

图 1-13 “默认编辑器”对话框

1.4 HTML 5 的新功能

本节将详细介绍 HTML 5 的新功能，为后面知识的学习打下基础。

1. 最重要的更新

（1）全新的、更合理的 Tag。

多媒体对象将不再全部绑定在 object 或 embed Tag 中，而是视频有视频的 Tag，音频有音频的 Tag。

（2）本地数据库

这个功能将内嵌一个本地的 SQL 数据库，以加速交互式搜索、缓存以及索引功能。同时，那些离线 Web 程序也将因此获益匪浅。

（3）Canvas 对象将给浏览器带来直接在上面绘制矢量图的能力

这意味着用户可以脱离 Flash 和 Silverlight，直接在浏览器中显示图形或动画。一些最新的浏览器，已经开始支持 Canvas，将提供 API 实现浏览器内的编辑和拖放效果，以及各种图形用户界面的能力。内容修饰 Tag 将被剔除，而使用 CSS。

2. 为 HTML5 建立的一些规则

（1）新特性应该基于 HTML、CSS、DOM 以及 JavaScript 等功能。

（2）减少对外部插件的需求，比如 Flash。

（3）更优秀的错误处理。

（4）更多取代脚本的标记。

（5）HTML 5 应该独立于设备。

（6）开发进程应对公众透明。

3. 新特性

在 HTML5 中增加了如下主要的新特性。

（1）用于绘画的 canvas 元素。

（2）用于媒介回放的 video 和 audio 元素。

（3）对本地离线存储的更好的支持。

（4）新的特殊内容元素，比如 article、footer、header、nav、section。

（5）新的表单控件，比如 calendar、date、time、email、url、search。

1.5 初次体验 HTML 5 的魅力

经过本章上一节的学习，初步了解了 HTML 5 的新特性和新规则。本节将通过一个具体实例，带领读者体验 HTML 5 的魅力。

实例 1-1	说　明
源码路径	daima\1\autoplay.html
功能	在网页中自动播放一个视频

实例文件 autoplay.html 的主要代码如下。

```
<!DOCTYPE HTML>
<html>
<body>
<video controls="controls" autoplay="autoplay">
   <source src="123.ogg" type="video/ogg/>
Your browser does not support the video tag.
</video>
</body>
</html>
```

上述代码的功能是在网页中自动播放名为“123.ogg”视频文件，在代码中设置的此视频文件和实例文件 autoplay.html 同属于一个目录。执行后的效果如图 1-14 所示。

图 1-14　执行效果

由上述实例可以看出，不用任何插件，只需用短短的几行代码，就可以在网页中播放视频文件。这仅仅是 HTML 5 的一个全新功能而已，在本书后面的内容中，将带领读者一起来领略 HTML 5 的全新功能。

第二篇　核心技术篇

第 2 章　HTML 5 的整体架构

标记是 HTML 页面中常用的基本元素，是 HTML 页面的重要组成部分。通过标记，可以在网页实现各种指定的显示效果。本章将详细讲解 HTML 5 中和整体架构相关的标记，并详细介绍这些标记的使用方法。

2.1　设置网页头部元素

网页头部元素位于网页的顶部，用来设置和网页相关的信息，例如页面标题、关键字和版权等信息。当页面执行后，不会在页面正文中显示头部元素信息。在 HTML 5 中，<head>元素是所有头部元素的容器。位于<head>内部的元素，可以是脚本、指引浏览器找到样式表和元信息等。在<head>元素部分可以包含如下标签。

- ❑ <base>
- ❑ <link>
- ❑ <meta>
- ❑ <script>
- ❑ <style>
- ❑ <title>

本节将详细讲解 HTML 5 中和头部元素相关的知识。

2.1.1　设置文档类型

文档类型（DOCTYPE）决定了当前页面所使用标记语言（HTML 或 XHTML）的版本，合理选择当前页面的文档类型是设计标准 Web 页面的基础。只有定义了页面的文档类型后，页面里的标记和 CSS 才会生效。

在 HTML 5 中，<!DOCTYPE>的声明必须位于 HTML5 文档中的第一行，也就是位于<html> 标签之前。该标签告知浏览器文档所使用的 HTML 规范。

对<!DOCTYPE>的声明不属于 HTML 标签，它仅仅是一条指令，目的是告诉浏览器编写页面所用的标记的版本。

在 HTML 4.01 中，<!DOCTYPE>需要对 DTD 进行引用，因为 HTML 4.01 基于 SGML。而 HTML 5 不基于 SGML，因此不需要对 DTD 进行引用，但是需要<doctype>来规范浏览器的行为（让浏览器按照它们应该的方式来运行）。

在接下来的内容中，将通过一个具体实例来讲解 HTML 头部元素的使用方法。

实例 2-1	说　　明
源码路径	daima\2\1.html
功能	介绍 HTML 头部元素的使用方法

实例文件 1.html 的主要代码如下。

```
<!DOCTYPE HTML>
<html>
<head>
<title>Title of the document</title>
</head>
<body>
</body>
</html>
```

在上述实例中实现文档类型设置的是首行代码，用<doctype>标记表示。执行后的效果如图 2-1 所示。

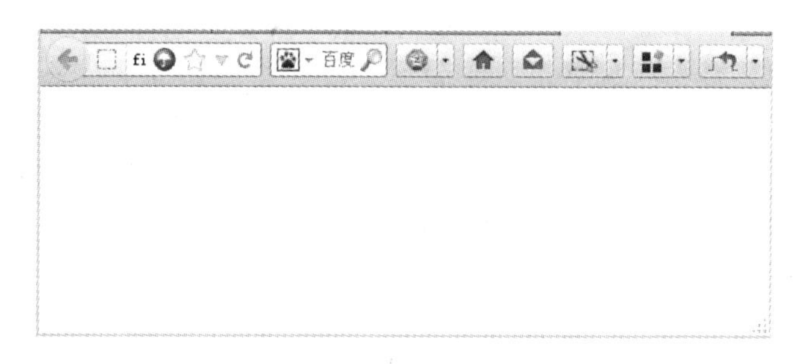

图 2-1　执行效果

从图 2-1 的执行效果可以看出，网页的文档类型不是十分重要，不会在页面的正文中显示。在用户创建的任何 HTML 文档的开头部分，都应该首先声明文档类型定义（DTD）。文档类型主要用于不同软件的以下两种情况：

（1）Web 浏览器使用文档类型来确定它该使用什么显示模式来显示 HTML 文档（关于显示模式，在后面还将更详细地讲述）。

（2）标记校验器将检查文档类型以确定该使用什么规则来校验文档（在后面还将更详细地讲述）。

即使没有在 HTML 文档中声明文档类型，浏览器还是要处理和显示该文档。浏览器需要试着去渲染不论是多么奇怪的 Web 文档。尽管如此，由于存在所谓的“文档类型转换”，如果未在 HTML 文档中声明文档类型，则其在浏览器中实际显示出来的样子就可能不是希望它显示出来的样子。

虽然文档类型不会在网页中显示，但是从 2000 年以后发布的多数浏览器，都首先要查看所遇到的任何 HTML 文档的文档类型，并使用文档类型来确定编写 HTML 文档的人是否已根据 Web 标准适当地使用了 HTML 和 CSS。如果浏览器发现文档中声明的文档类型是以适当的代码写入的，则会使用“标准模式”来显示网页。在“标准模式”下，浏览器一般会根据 CSS 规范来显示网页，也就是说，如果浏览器信任编写网页的人，就会按编写网页的人希望的样

子显示网页。

注意：在 HTML 4.01 中有如下 3 个不同的文档类型。

- 过渡性文档类型：要求不严格，允许使用 HTML 4.01 标识。
- 严格的文档类型：要求比较严格，不允许使用任何表现层的标识和属性。
- 框架性文档类型：是专门针对框架页面所使用的文档类型。

而在 HTML 5 中只有一个：

```
<!DOCTYPE HTML>
```

2.1.2　设置所有链接规定默认地址或默认目标

在 HTML 5 中，使用<base>标签可以为页面上的所有链接规定默认地址或默认目标。在通常情况下，浏览器会从当前文档的 URL 中提取相应的元素来填写相对 URL 中的空白。使用<base>标签可以改变这一点，浏览器随后将不再使用当前文档的 URL，而使用指定的基本 URL 来解析所有的相对 URL。这其中包括<a>、<img>、<link>、<form>标签中的 URL。

在 HTML 5 中规定，必须将<base>标签用在<head>元素内部。例如假设图像的绝对地址是：

```
<img src="http://www.topchuban001.com/i/pic.gif" />
```

接下来在页面中的<head>元素部分插入<base>标签，规定页面中所有链接的基准 URL：

```
<head>
<base href="http://www.topchuban001.com/i/" />
</head>
```

这样当在页面上插入图像时，用户必须规定相对的地址，浏览器会寻找文件所使用的完整 URL：

```
<img src="pic.gif" />
```

注意：在一个文档中，最多能使用一个<base>元素。建议把<base>标签排在<head>元素中第一个元素的位置，这样<head>中其他元素就可以利用<base>元素中的信息了。

2.1.3　链接标签

在 HTML 5 中，<link> 标签用于定义文档与外部资源之间的关系。例如用下面的代码可以链接到一个名为“style.css”的外部样式表。

```
<head>
<link rel="stylesheet" type="text/css" href="style.css" />
</head>
```

虽然目前所有的主流浏览器都支持<link>标签，但是<link>标签在 HTML5 中不再支持

HTML 4.01 的某些属性。其中"sizes"是 HTML5 中的新属性，HTML5 中的新属性如表 2-1 所示。

表 2-1　HTML5 中的新属性

属　性	值	描　述
charset	char_encoding	HTML5 中不支持
href	URL	规定被链接文档的位置
hreflang	language_code	规定被链接文档中文本的语言
media	media_query	规定被链接文档将被显示在什么设备上
rel	alternate author help icon licence next pingback prefetch prev search sidebar stylesheet tag	规定当前文档与被链接文档之间的关系
rev	reversed relationship	HTML5 中不支持
sizes	heightxwidth any	规定被链接资源的尺寸。仅适用于 rel="icon"
target	_blank _self _top _parent frame_name	HTML5 中不支持
type	MIME_type	规定被链接文档的 MIME 类型

并且<link> 标签支持 HTML 5 中如表 2-2 所示的全局属性。

表 2-2　HTML 5 中新的全局属性

属　性	描　述
accesskey	规定访问元素的键盘快捷键
class	规定元素的类名（用于规定样式表中的类）
contenteditable	规定是否允许用户编辑内容
contextmenu	规定元素的上下文菜单
dir	规定元素中内容的文本方向
draggable	规定是否允许用户拖动元素
dropzone	规定当被拖动的项目/数据被拖放到元素中时会发生什么
hidden	规定该元素是无关的。被隐藏的元素不会显示
id	规定元素的唯一 ID
lang	规定元素中内容的语言代码
spellcheck	规定是否必须对元素进行拼写或语法检查
style	规定元素的行内样式
tabindex	规定元素的 tab 键控制次序
title	规定有关元素的额外信息

2.1.4　设置有关页面的元信息

在 HTML 5 中，可以使用<meta>标签设置有关页面的元信息（meta-information），比如针对搜索引擎和更新频度的描述和关键词。<meta> 标签位于文档的头部，在里面不包含任何内容。<meta> 标签的属性定义了与文档相关联的“名称/值”对。

在 HTML 5 中，不再支持属性“scheme”。但是在 HTML 5 中，增加了一个新的属性：“charset”，此属性可以使字符集的定义更加容易。在 HTML 4.01 中必须用如下写法：

```
<meta http-equiv="content-type" content="text/html; charset=ISO-8859-1">
```

而在 HTML 5 中只需用如下写法即可实现相同的功能：

```
<meta charset="ISO-8859-1">
```

例如通过下面的代码定义了针对搜索引擎的关键词：

```
<meta name="keywords" content="HTML, CSS, XML, XHTML, JavaScript" />
```

通过下面的代码定义了对页面的描述：

```
<meta name="description" content="欢迎学习 web 技术" />
```

通过下面的代码定义了页面的最新版本：

```
<meta name="revised" content="David, 2012/12/8/" />
```

通过下面的代码可以设置每 5 秒刷新一次页面：

```
<meta http-equiv="refresh" content="5" />
```

注意——不要忽视 META 标签的重要性

<meta>标签用来描述一个 HTML 网页文档的属性，例如作者、日期和时间、网页描述、关键词、页面刷新等。在有关搜索引擎注册、搜索引擎优化排名等网络营销方法内容中，通常都要谈论<meta>标签的作用。<meta>标签的内容设计对于搜索引擎营销来说是至关重要的因素，尤其是其中的“description”（网页描述）和“Keywords”（关键词）两个属性更为重要。尽管现在的搜索引擎检索信息的决定和搜索结果的排名很少依赖 META 标签中的内容，但<meta>标签的内容设计仍然是很重要的。

一段代码中有 3 个含有<meta>的地方，并且<meta>并不是独立存在的，而是要在后面连接其他的属性，如“description、Keywords、http-equiv”等。在搜索引擎营销中常见的<meta>标签有如下两个。

（1）<meta>标签中的 HTTP-EQUIV

例如，HTML 代码实例中有如下一项内容。

```
<meta http-equiv="Content-Type" content="text/html; charset=gb2312">
```

其作用是指定了当前文档所使用的字符编码为“gb2312”，也就是中文简体字符。根据这一行代码，浏览器就可以识别出这个网页应该用中文简体字符显示。类似地，如果将“gb2312”替换为“big5”，就是中文繁体字符了。

http-equiv 用于向浏览器提供一些说明信息，从而可以根据这些说明做出相应操作。http-equiv 其实并不仅仅只有说明网页的字符编码这一个作用，常用的 http-equiv 类型还包括：网页到期时间、默认的脚本语言、默认的风格页语言、网页自动刷新时间等。

（2）<meta>标签中的"Keywords"

与<meta>标签中的"description"类似，"Keywords"也是用来描述一个网页的属性的，只不过要列出的内容是“关键词”，而不是网页的介绍。这就意味着，要根据网页的主题和内容选择合适的关键词。在选择关键词时，除了要考虑与网页核心内容相关之外，还应该是用户易于通过搜索引擎检索的，过于生僻的词汇不太适合做<meta>标签中的关键词。关于<meta>标签中关键词的设计，要注意不要堆砌过多的关键词，罗列大量关键词对于搜索引擎检索没有太大的意义，对于一些热门的领域（同类网站数量较多的领域），甚至可能起到副作用。

注意——撰写网站关键词的技巧

网页关键词十分重要，要想让搜索引擎能够找到用户的网页，必须合理、科学地设置网页关键词。在使用网页关键词时，可能很多人会遇到如下问题。

网站一些关键词排名不错，但是点击访问的不多，曾调查发现有时候排名靠前的访问量比靠后的点击率更低，有些网站访问量很高，但是网站广告的点击率很低，产品销售型网站也会同样遇到这种，高访问量，低咨询，低成交量的问题。

网站如何获得真正高质量的流量，真正帮企业从网上获得订单呢？根据以往的经验，并参考众多网友的研究数据，发现网页标题和网页描述是吸引用户点击你的网站或吸引产品潜在客户点击网站的直接原因。比如，用户在搜索引擎中搜索一个关键词，查看结果时，通常都是看结果中的标题，以及标题下面的文字描述内容，通过这么简单的一个下意识的操作，筛选搜索结果，并点击自认为跟自己所寻找目标相符的网站。因此，为每一个网页或网站撰写关键词非常重要。

标题描述撰写原则如下。

（1）准确规范，主题明确；

（2）简明精练，言简意赅，最好在 20 个字内搞定；

（3）突出与关键词的相关性，如直接用关键词做标题或标题中包含关键词；突出实效性，如促销打折，节假日活动等；

（4）强调所提供的产品或服务的优势、独特性、专业型。

2.1.5 定义客户端脚本

在 HTML 5 中，<script> 标签用于定义客户端脚本，比如 JavaScript。<script>元素既可包含脚本语句，也可以通过"src"属性指向外部脚本文件。JavaScript 通常用于图像操作、表单验证以及动态内容更改。

例如，通过下面的 JavaScript 代码可以在页面中输出文字"Hello world!"：

```
<script type="text/javascript">
```

```
document.write("Hello World!")
</script>
```

在 HTML 4 中，属性"type"是必需的要素，而在 HTML 5 中是可选的要素。另外，<script>标签在 HTML 5 中新增了"async"属性，并且在 HTML5 中不再支持 HTML 4.01 中的某些属性。

如果使用 "src" 属性，则 <script> 元素必须是空的。其实在 HTML 5 中有多种执行外部脚本的方法。具体说明如下。

（1）如果 async="async"：脚本相对于页面的其余部分异步地执行（当页面继续进行解析时，脚本将被执行）。

（2）如果不使用 async 且 defer="defer"：脚本将在页面完成解析时执行。

（3）如果既不使用 async 也不使用 defer：在浏览器继续解析页面之前，立即读取并执行脚本。

在 HTML 5 中，<script> 标签支持的属性如表 2-3 所示。

表 2-3　HTML5 中的新属性

属　　性	值	描　　述
async	async	规定异步执行脚本（仅适用于外部脚本）
defer	defer	规定当页面已完成解析后，执行脚本（仅适用于外部脚本）
type	MIME_type	规定脚本的 MIME 类型
charset	character_set	规定在脚本中使用的字符编码（仅适用于外部脚本）
src	URL	规定外部脚本的 URL

2.1.6　定义 HTML 文档的样式信息

在 HTML 5 中，可以使用<style>标签定义 HTML 文档的样式信息。通过<style>标签，可以设置 HTML 元素如何在浏览器中呈现。例如在下面的实例中，演示了在 HTML 文档中使用<style>元素的方法。

实例 2-2	说　　明
源码路径	daima\2\2.html
功能	演示了在 HTML 文档中使用 style 元素的方法

实例文件 2.html 的主要代码如下。

```
<html>
<head>
<style type="text/css">
h1 {color:red}
p {color:blue}
</style>
</head>

<body>
```

```
<h1>Header-1</h1>
<p>看我的样式</p>
</body>
</html>
```

执行后的效果如图 2-2 所示。

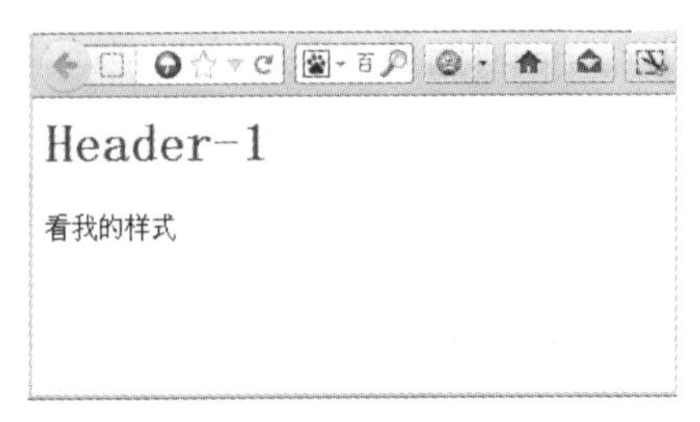

图 2-2 执行效果

属性"scoped"是 HTML 5 中的一个新属性，它允许用户为文档的指定部分定义样式，而不是整个文档。如果使用了属性"scoped"，那么所规定的样式只能应用到<style>元素的父元素及其子元素。

注意：如果未定义"scoped"属性，那么 <style> 元素必须位于 <head> 部分中。如需链接外部样式表，请使用 <link> 标签。

2.1.7 设置页面标题

设计的网页需要有一个题目，和其他题目一样，这个标题需要高度概括这个页面的内容。设置后的标题不在浏览器正文中显示，而在浏览器的标题栏中显示。在 HTML 5 中，使用<title>标签定义文档的标题。<title>元素在所有 HTML 文档中是必需有的。

在页面中定义页面标题的代码如下。

```
<title>页面标题</title>
```

在接下来的内容中，将通过一个具体实例来讲解设置页面标题的方法。

实例 2-3	说　明
源码路径	daima\2\3.html
功能	介绍设置页面标题的方法

实例文件 3.html 的主要代码如下。

```
<html>
<head>
<title>这里是我的标题</title>
</head>

<body>
</body>
</html>
```

执行后的效果如图 2-3 所示。

目前所有的主流浏览器都支持<title> 标签。网页标题和一本书的书名一样，是这本书所讲内容的高度概括。读者在看一本书的时候最先判断其所讲内容也是从标题入手的。同样的道理，搜索引擎了解一个网页内容也是从标题入手的。搜索引擎读到一个网页的第一部分内容就是标题。

图 2-3　执行效果

注意——网页标题的重要性

给网页加上标题后，会给浏览网页者带来方便。另外，搜索引擎的搜索结果也是页面的标题。由此可见，HTML 页面中的标题是十分重要的。title 标签对于提高网站的排名起到非常重要的作用。尽管如此，有很多人对于怎样去构造一个合适的 title 还不是很清楚。

网页标题是目前公认的影响排名的最重要因素之一。标题诠释一个网页“是什么”，“关于什么”。是帮助搜索引擎判断一个网页内容的第一因素。

2.2　设置页面正文

页面的正文是网页的主体，通过正文可以向浏览者展示页面的基本信息。正文定义了网页上显示的主要内容与显示格式，是整个网页的核心。在 HTML 5 中设置正文的标记是“<body>..</body>”。其具体使用的语法格式如下。

```
<body>页面正文内容</body>
```

页面正文位于头部之后，“<body>”标示正文的开始，“</body>”标示正文的结束。正文 body 通过其本身的属性实现指定的显示效果，body 的常用属性如表 2-4 所示。

表 2-4　body 常用属性列表

属 性 值	描　　述
background	设置页面的背景图像
bgcolor	设置页面的背景颜色
text	设置页面内文本的颜色
link	设置页面内未被访问过的链接颜色
vlink	设置页面内已经被访问过的链接颜色
alink	设置页面内链接被访问时的颜色

"body"属性中的颜色取值既可以是表示颜色的英文字符，例如“red”（红色），也可以是十六进制颜色值，例如“#9900FF”。

在接下来的内容中，将通过一个具体实例来讲解设置网页正文的方法。

实例 2-4	说　　明
源码路径	daima\2\4.html
功能	设置网页的正文

实例文件 4.html 的主要代码如下。

```
<html>
<head>
<meta http-equiv="Content-Type" content="text/html; charset=gb2312">
<title>无标题文档</title>
</head>
<body>
看这页面效果吧
</body>
</html>
```

执行后的效果如图 2-4 所示，从显示效果中可以看出，页面正文内容将在浏览器主体界面中显示。

和前面介绍的头部元素不同，正文信息将在页面的主题位置显示出来。作为网页主体内容的<body>部分将直接显示在浏览器的窗口中，它里面的内容直接影响着整个网页的好坏，在网页设计中起着至关重要的作用。

在开始编写具体页面内容之前，我们需要对页面进行整体的基本规划和设置，例如整个页面的背景色、背景图案、前景（文字）色、页面左/上边距大小等等。在 HTML 中，需要用表 2-4 内指定参数来设置。

要想在正文中显示不同的文本内容，可以直接在代码中的<body></body>标记之间输入需要的内容。例如，想在网页正文中显示“这是正文”四个字，可以通过下面的代码实现。

```
<html>
<head>
<meta http-equiv="Content-Type" content="text/html; charset=gb2312">
<title>无标题文档</title>
</head>
<body>
这是正文
</body>
</html>
```

此时的执行效果如图 2-5 所示。

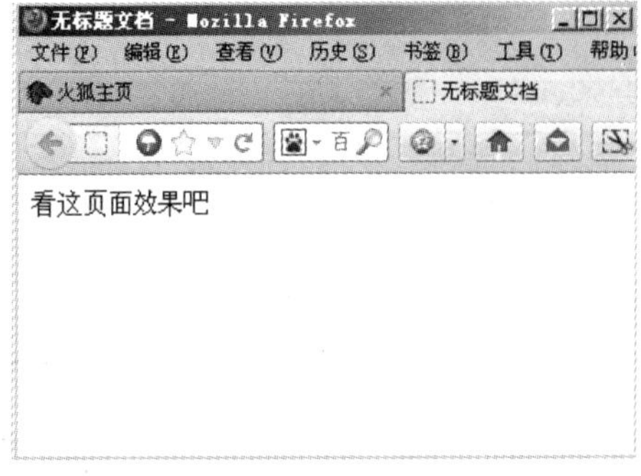

图 2-4　执行效果

图 2-5　执行效果

2.3　注释是一种说明

注释是编程语言和标记语言中不可缺少的要素。通过注释不但可以方便用户对代码的理解，并且便于系统程序的后续维护。在 HTML 中插入注释的如下语法格式。

```
<!--注释内容 -->
```

下面将通过一个具体实例讲解为网页添加注释的方法。

实例 2-5	说　明
源码路径	daima\2\5.html
功能	为实例 2-4 中的网页 4.html 添加注释

实例文件 5.html 的主要代码如下所示。

```
<html>
<head>
<meta http-equiv="Content-Type" content="text/html; charset=gb2312">
<title>无标题文档</title>
</head>
<body>
看这页面效果吧      <!-- 页面正文内容-->
</body>
</html>
```

执行效果如图 2-6 所示。

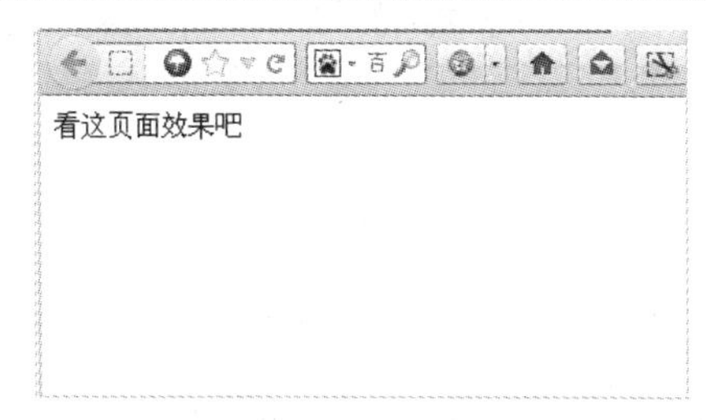

图 2-6　执行效果

要输入注释信息，首先输入一个小于号“<”，然后紧接着输入一个感叹号“!”，要注意的是，在小于号和感叹号之间不能有空格，之后是两条短线“--”。

接下来输入用户需要的注释或说明信息，写完注释信息后，再输入两条短线“--”和一个大于号“>”，这样就完成了一个注释信息的添加。例如下面的格式：

```
<!--This is a comment-->
```

在此需要注意的是，因为两条短线“--”和一个大于号“>”是用来表示注释的终止，所以不要在注释的内容中加入字符串“-->”。

2.4　和页面结构相关的新元素

在全新的 HTML 5 中，新增了几个和页面结构相关的新元素。在本节的内容中，将重点讲解这几个新元素的基本知识，为读者步入本书后面知识的学习打下基础。

2.4.1 定义区段的标签

在全新的 HTML 5 中，<section> 标签用于定义文档中的节（section、区段），例如章节、页眉、页脚或文档中的其他部分。例如通过下面的代码在页面中定义了一个区域：

```
<section>
  <h1>PRC</h1>
  <p>中华人民共和国万岁</p>
</section>
```

<section> 标签是 HTML 5 中的新标签，其属性 cite 的值为 URL，此值表示<section>的 URL。<section> 标签支持本章前面表 2-2 中列出的 HTML 5 中的全局属性。

2.4.2 定义独立内容的标签

在 HTML 5 中，使用<article>标签可以定义独立的页面内容。通常在如下场合中使用<article>标签。

- ❑ 论坛帖子
- ❑ 报纸文章
- ❑ 博客条目
- ❑ 用户评论

在接下来的内容中，将通过一个具体实例讲解在网页中使用<article>标签的方法。

实例 2-6	说　　明
源码路径	daima\2\6.html
功能	在网页中使用<article>标签

实例文件 6.html 的主要代码如下。

```
<!DOCTYPE HTML>
<html>
<body>
<article>
<a href="http://www.apple.com">iphone</a><br />
公元 2012 年 9 月，全新一代的 iPhone 5 发布，首先登录美国市场，然后欧洲七国......
</article>

</body>
</html>
```

执行效果如图 2-7 所示。

<article> 标签的内容独立于文档的其余部分，<article> 标签支持本章前面表 2-2 中列出的 HTML 5 中的全局属性。

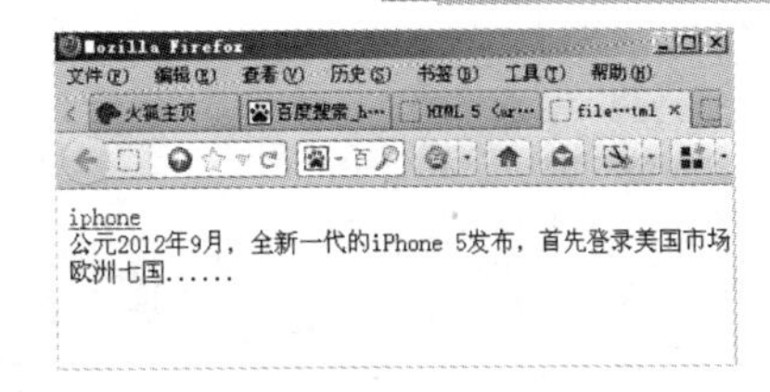

图 2-7　执行效果

2.4.3　定义导航链接标签

在全新的 HTML 5 中，<nav>标签用于定义导航链接的部分。在接下来的内容中，将通过一个具体实例讲解在网页中使用<nav>标签的方法。

实例 2-7	说　明
源码路径	daima\2\7.html
功能	在网页中使用<nav>标签

实例文件 7.html 的主要代码如下。

```
<!DOCTYPE HTML>
<html>
<body>

<nav>
<a href="index.asp">主页</a>
<a href="chanpin.asp">产品</a>
<a href="news.asp">新闻</a>
</nav>
</body>
</html>
```

执行效果如图 2-8 所示。

如果在文档中有“前后”按钮，则应该把它放到 <nav> 元素中。<nav> 标签支持本章前面表 2-2 中列出的 HTML 5 中的全局属性。

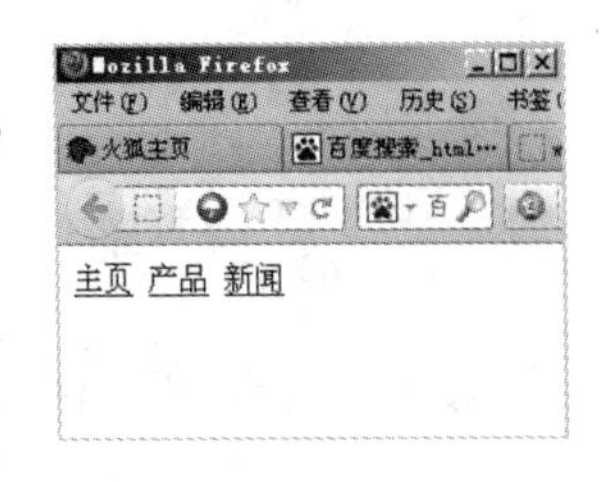

图 2-8　执行效果

2.4.4　定义其所处内容之外的内容

在 HTML 5 中，<aside> 标签用于定义其所处内容之外的内容。下面将通过一个具体实例讲解在网页中使用<aside>标签的方法。

实例 2-8	说　明
源码路径	daima\2\8.html
功能	在网页中使用<aside>标签

实例文件 8.html 的主要代码如下。

```
<!DOCTYPE HTML>
<html>
```

```
<body>

<p>AAAAAAA.</p>
<aside>
<h4>BBBBBB</h4>
TCCCCCCCCCCCCC.
</aside>

</body>
</html>
```

执行效果如图 2-9 所示。

<aside> 的内容可用作文章的侧栏，<aside> 标签支持本章前面表 2-2 中列出的 HTML 5 中的全局属性。

图 2-9 执行效果

2.4.5 定义页脚内容的标签

在 HTML 5 中，<footer> 标签用于定义<section>或<document>的页脚。下面通过一个具体实例讲解在网页中使用<footer>标签的方法。

实例 2-9	说　明
源码路径	daima\2\9.html
功能	在网页中使用<footer>标签

实例文件 9.html 的主要代码如下。

```
<!DOCTYPE HTML>
<html>

<body>
<footer>这是页脚部分的内容.</footer>

</body>
</html>
```

执行效果如图 2-10 所示。

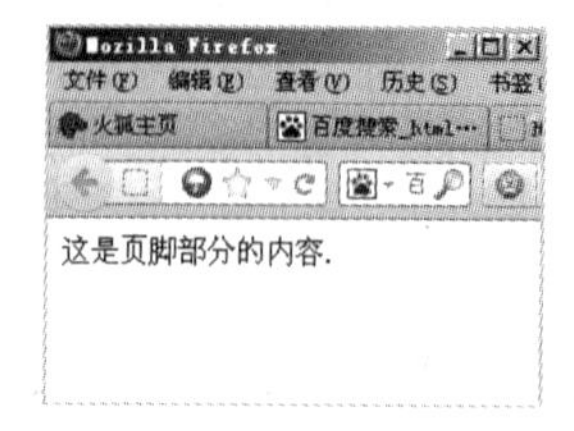

图 2-10 执行效果

假如用户使用<footer>来插入联系信息，应该在<footer>元素内使用<address> 元素。<footer> 标签支持本章前面表 2-2 中列出的 HTML 5 中的全局属性。

第 3 章　体验基本元素

HTML 5 新增加了很多新的标记元素，通过这些新的标记元素可以实现以往 HTML 所不能实现的功能。本章将引领读者一起学习 HTML 5 中基本页面元素的使用技巧。

3.1　在页面中输出一段文字

在 HTML 5 网页中，可以使用传统的 HTML 段落标记<p></p>来实现段落文字功能。下面将通过一个实例，讲解在页面中输出一段文字的方法。

实例 3-1	说　明
源码路径	daima\3\1.html
功能	在页面中输出一段文字

实例文件 1.html 的实现代码如下。

```
<!DOCTYPE HTML>
<META charset="utf-8">
<TITLE>我的第一个 HTML 5  页面</TITLE>
<P>欢迎学习 HTML 5</P>
```

通过短短的几行代码就完成了一个页面的开发，这充分说明了 HTML 5 语法的简洁性。同时 HTML 5 并不是一种 XML 语言，其语法非常随意。上述程序中的第一行代码如下：

```
<! DOCTYPE   HTML>
```

通过上述几个简短字符，甚至不包括版本号，就能够告诉浏览器需要一个<doctype>标签来触发标准模式。接下来，我们需要说明文档的字符编码，否则将出现浏览器不能正确解析，会导致安全隐患，为此加入如下一行代码：

```
<META charset="utf-8">
```

通过上述代码指明了该文档的字符编码。另外，因为 HTML 5 不区分字母大小写、标记结束符及属性是否加引号，所以如下 3 行代码是完全等效的：

```
<meta charset="utf-8">
<META charset="utf-8"   />
<META charset=utf-8>
```

在 HTML 5 的主体代码中，可以省略<html>与<body>标记，用户可以直接编写需要显示的内容。代码如下：

```
<P>欢迎学习 HTML 5</P>
```

虽然在编写代码时省略了<html>与<body>标记，但在浏览器进行解析时会自动进行添加。最终的执行效果如图 3-1 所示。

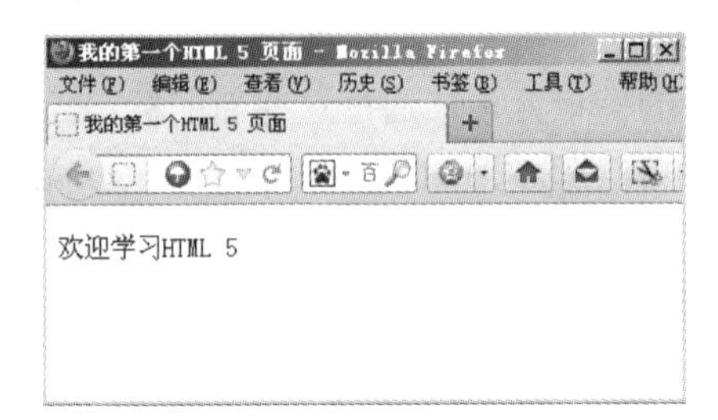

图 3-1　执行效果

3.2　对页面进行分栏设计

在大多数情况下，设计师们通常会对如下三部分进行规划：

- 上部分：显示导航。
- 中部分：又分成两个部分，其中左边设置菜单，右边显示文本内容。
- 下部分：显示页面版权信息。

在接下来的内容中，将通过一个具体实例讲解使用 HTML 5 新元素对页面进行分栏设计的方法。

实例 3-2	说　明
源码路径	daima\3\2.html
功能	使用 HTML 5 的新元素对页面进行分栏设计

实例文件 2.html 的具体代码如下。

```
<!DOCTYPE html>
<head>
<meta charset=utf-8>
<title>页面结构</title>
<style type="text/css">
  header,nav,article,footer
  {border:solid 1px #666;padding:5px}
  header{width:500px}
  nav{float:left;width:60px;height:100px}
  article{float:left;width:428px;height:100px}
  footer{clear:both;width:500px}
</style>
</head>
```

```
<body>
<header class="bgColor">导航部分</header>
<nav>菜单部分</nav>
<article>内容部分</article>
<footer>底部说明部分</footer>
</body>
</html>
```

在上述代码中，使用 HTML 5 的全新元素对页面进行分栏设计，执行后的效果如图 3-2 所示。

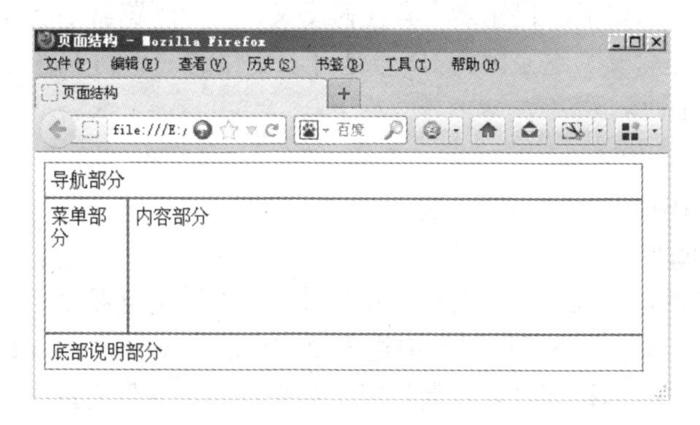

图 3-2　分栏效果

其实对于上述代码中的全新 HTML 5 元素来说，用户可以使用传统的 HTML 元素进行修改，也可以实现上述分栏效果。具体代码如下。

```
<!DOCTYPE html PUBLIC n_//W3C//DTD XHTML l.0 Transitional//EN¨  "http://www.w3.org/
    TR/xhtmll/DTD/xhtmll - transitional.dtd”>
    <html    xmlns=”http://www.w3. org/199 9/xhtml”>
    <head>
    <meta http-equiv="Content-Type" content="text/html; charset=utf-8" / >
    <title>页面结构(/title>
    <style type="text/css¨>
    #header, #siderLeft, #siderRight, #footer
    ( border: solid    lpx    #666; padding: 5px)
    #header{ width:500px)
    #siderLeft{ float:left;width:6 0px; height:10 0px)
    #siderRight{ float:left; width:428px; height:10 0px)
    #footer( clear:both; width: 500px)
    </style>
    </head>
    <body>
    <div id="header">导航部分</div>
    <div id="siderLeft">菜单部分</div>
    <div    id="siderRight” >内容部分</div>
    <div    id="footer">底部说明部分</div>
```

```
</body>
</html>
```

接下来开始分析新旧标记元素的关系，例如原来的代码为：

```
<header>导航部分</header>
```

修改后的代码为：

```
<div id="header">导航部分</div>
```

由此可以看出，使用如下标记元素没有任何意义，因为浏览器不能根据标记的 ID 号属性来推断这个标记的真正含义。这是因为 ID 号是可以变化的，不利于进行寻找。

- <div id="header">
- <div id="siderLeft">
- <div id="siderRight">
- <div id="footer">

通过 HTML 5 中的新增元素<header>，可以明确地告诉浏览器此处是页头，使用<nav>标记来构建页面的导航，<article>标记用于构建页面内容的一部分，<footer>表明页面已到页脚或根元素部分，并且这些标记都可以重复使用，从而提高了开发者的工作效率。

除此之外，有些新增的 HTML 5 元素还可以单独成为一个区域，例如下面的代码。

```
<header>
<article>
<hl>内容 l</hl>
</article>
</header>
<header>
<article>
<h2>内容 2 </h2>
</article>
</header>
```

在 HTML 5 中，通过<article>标记元素可以创建一个新的节点，并且每个节点都可以有自己的单独元素，这和<hl>或<h2>标记元素的原理一样。这样做不仅可以使内容区域各自分段，便于维护，而且代码简单，方便对局部进行修改。

3.3 使用<details>标记元素实现交互

在 HTML 5 中，<details>标记是一个全新的元素，功能是描述文档或文档某个部分的细节。<details>标记经常与<summary>元素配合使用。在默认情况下，不显示<details>标记中的内容。当与<summary>标记配合使用时，在单击<summary>标记后才会显示<details>元素中设置的内容。

3.3.1　常用属性

<details>元素的常用属性如下。

- open：值为 open，功能是定义<details>是否可见。
- subject：值为 sub_id，功能是设置元素所对应项目的 ID 号。
- draggable：值为 true 或 false，功能是设置是否可以拖动元素，默认值是 false。

<details>标记本质上允许用户在单击标签时显示和隐藏内容。想必大家一定相当熟悉这种效果，但是直到现在，这种效果还一直是用 JavaScript 实现的。假如在某个头部元素后面有一个箭头，当单击箭头时，下面的附加信息将会呈现，再次单击，箭头内容消失。在 FAQ（在线问答）页面中经常使用这个功能。

下面通过一个实例讲解使用<details>标记元素实现交互的方法。

实例 3-3	说　明
源码路径	daima\3\3.html
功能	使用<details>标记元素实现交互

实例文件 3.html 的代码如下。

```
<!DOCTYPE html>
<html>
<head>
<meta charset=utf-8 />
<title>交互元素<details>的使用</title>
<style type="text/css">
  body{
      font-size:12px
  }
  span{
    font-weight:bold
  }
  details {
    overflow: hidden;
    height: 0;
  padding-left:200px;
    position: relative;
    display: block;
  }
  details[open] {
    height:auto;
  }
</style>
</head>
<body>
  <span>隐藏</span>
  <details>
```

```
        生成于 2012-05-17
        </details>
        <span>显示</span>
        <details open="open">
        生成于 2012-05-17
        </details>
    </body>
    </html>
```

在上述代码中，在页面中使用了一个<details>元素，通过不设置该元素的“open”属性值与设置该元素属性值为“open”进行比较，并将结果展示在页面中。在本实例中，为了能更好地验证<details>元素的“open”属性，在页面的样式中分别定义了该元素的默认样式和显示状态的样式。其中，第一个<details>使用默认样式，第二个使用的是“open”属性。

执行后的效果如图 3-3 所示。

如果单击图 3-3 中“详细信息”前面的小三角符号，则这部分内容将会消失，如图 3-4 所示。

图 3-3　执行效果

图 3-4　消失部分内容

3.3.2　实现下拉弹出效果

在接下来的实例中，首先在页面中显示一行提问文本“需要我为您服务吗？”，当单击左侧的小三角符号后，将在下方弹出一个下拉区域，在里面显示文本“非常需要”。上述描述效果在很多动态网站中比较常见，原来一般都是用 JavaScript 技术或 Ajax 技术实现的，但现在用户只需使用 HTML 5 中的<details>标记元素即可实现完全一样的功能。

下面将讲解使用<details>标记实现下拉弹出效果的方法。

实例 3-4	说　明
源码路径	daima\3\4.html
功能	使用<details>标记实现下拉弹出效果

实例文件 4.html 的具体代码如下。

```
<!DOCTYPE html>
<html>
<head>
<meta charset=utf-8 />
<title>脚本控制交互元素<details></title>
```

```
<style type="text/css">
body { font-family: sans-serif; }
details {
overflow: hidden;
background: #e3e3e3;
margin-bottom: 10px;
display: block;
}
details summary {
cursor: pointer;
padding: 10px;
}
details div {
float: left;
width: 65%;
}
details div h3 { margin-top: 0; }
details img {
float: left;
width: 200px;
padding: 0 30px 10px 10px;
}
</style>
</head>
<body>
<details>
<summary>需要我为您服务吗?</summary>
<p>非常需要.</p>
</details>
</body>
</html>
```

在上述代码中，当用户需要显示和隐藏内容时，使用<details>元素包括一个<summary>标签，接着是内容。当单击标签<summary>时，会以切换的样式显示内容标签。另外在上述CSS 代码中，用百分比表示宽度<pointer>的设置，主元素用<margin-bottom>区分下面的内部元素，用<padding>来做间隔。执行后的效果如图 3-5 所示，单击文字左侧的小三角形符号后，在下方弹出一个新的区域，如图 3-6 所示。

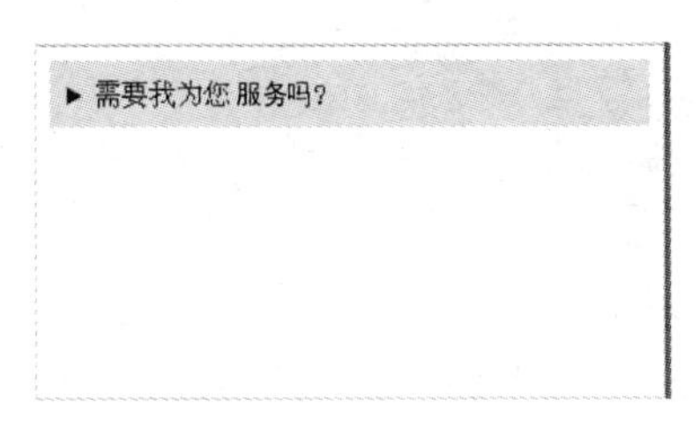

图 3-5　初始效果

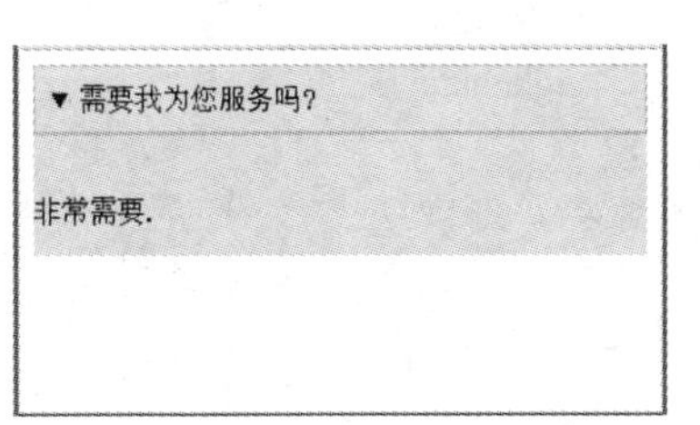

图 3-6　无刷新弹出新内容

3.4 使用<summary>标记元素实现交互

在 HTML 5 中，标记<summary>包含了<details>元素的标题，元素<details>能够描述有关文档或文档片段的详细信息。在 HTML 5 中，<summary>通常配合<details>元素一起使用，通过<summary>元素说明文档的标题，通过<details>元素说明文档的详细信息。

下面通过一个具体实例讲解使用<summary>标记实现交互效果的方法。

实例 3-5	说　明
源码路径	daima\3\5.html
功能	使用<summary>标记实现交互效果

在本实例中，在页面中分别加入一个<details>元素和一个<summary>元素，当显示<details>元素内容时，其子元素<summary>以字体加粗的形式展示在页面中。实例文件 5.html 的代码如下。

```
<!DOCTYPE html>
<html>
<head>
<meta charset=utf-8 />
<title>交互元素<summary>的使用</title>
<style type="text/css">
  body{
     padding:5px;
     font-size:12px
  }
  summary{
    font-weight:bold;
  }
  details {
    overflow: hidden;
    height: 0;
  padding-left:200px;
    position: relative;
    display: block;
  }
  details[open] {
    height:auto;
  }
</style>
</head>
<body>

  <details open="open">
    <summary>页面说明</summary>
```

```
        今天是 2012 年 9 月 26 日
    </details>
</body>
</html>
```

在上述实例代码中，为了突出显示<summary>元素，增加了一个加粗的字体效果。从代码的结构中可以看出，<summary>元素包含在<details>元素中，是<details>元素的子元素，应该在摆放位置时尽量放在第一个。执行后的效果如图 3-7 所示，单击文字左侧的小三角形符号后，所有文字将隐藏消失，如图 3-8 所示。

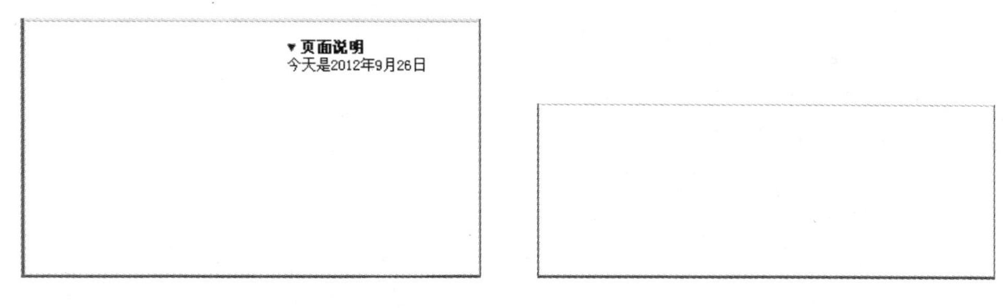

图 3-7　初始效果　　　　图 3-8　所有文字将隐藏消失

3.5　使用<menu>标记元素

在 HTML 5 中，除了常用的内容交互元素外，使用较为频繁的还有菜单交互元素，此功能主要采用<menu>和<command>两个元素实现。

3.5.1　属性介绍

<menu>是 HTML 5 中的标记元素，此元素其实在 HTML 2 时就已经存在，但是在 HTML 4 时被抛弃。在 HTML 5 中重新恢复使用，并且为其赋予了全新的功能。该元素常与<li>列表元素结合使用，用来定义一个列表式的菜单。<menu>的属性信息如表 3-1 所示。

表 3-1　<menu>的属性信息

属　性	值	描　述
autosubmit	true/false	如果为 true，那么当表单控件改变时会自动提交。
compact	compact_rendering	不支持 HTML 5 请使用 CSS 代替。
label	menulabel	为菜单定义一个可见的标注。
type	context toolbar list	定义显示哪种类型的菜单，默认值是 "list"。

下面通过一个实例讲解使用<menu>标记元素实现菜单交互的方法。本实例的功能是在页面中通过<menu>元素列表显示三行图文并茂的文本选项。首先添加了一个<menu>元素，在该元素中加入<li>列表元素；然后，在列表元素中分别放置一个<img>与<span>元素，用于展示图片与标题；最后使用 CSS 样式代码，当用户将鼠标移至某个<li>元素时，展示菜单中某选

项被选中的效果。

实例 3-6	说　明
源码路径	daima\3\6.html
功能	使用<menu>标记元素实现菜单交互

实例文件.html 的具体代码如下。

```
<!DOCTYPE html>
<html>
<head>
<meta charset=utf-8 />
<title>使用<menu>元素</title>
<style type="text/css">
  body{
      padding:5px;
      font-size:12px
  }
  menu{
      padding:0;
      margin:0;
      display:block;
      border: solid 1px #365167;
      width:222px
  }
  menu li{
         list-style-type:none;
      padding:5px;
      margin:5px;
      height:28px;
      width:200px
  }
  menu li:hover{
      border: solid 1px #7DA2CE;
      background-color:#CFE3FD
  }
  menu li img{
      clear:both;
      float:left;
      padding-right:8px;
      margin-top:-2px
  }
  menu li span{
      padding-top:5px;
      float:left;

      font-size:13px
```

```
    }
    </style>
    </head>
    <body>
      <menu>
        <li>
          <img src="1.png"></img>
          <span>Firefox</span>
        </li>
        <li>
          <img src="2.png"></img>
          <span>Chrome</span>
        </li>
        <li>
          <img src="3.png"></img>
          <span>Safari</span>
        </li>
      </menu>
    </body>
    </html>
```

当定义菜单列表时，通常使用<menu>元素来定义菜单的框架，框架中的内容使用<li>元素来进行构造，以形成列表形状；另外，为了美化列表选项的展示效果，需要使用 CSS 样式来修饰，表示通过 CSS 样式控制鼠标在移出与移入元素时的不同展示效果。注意菜单还可以嵌套在别的菜单中，形成带层次的菜单结构。执行后的效果如图 3-9 所示。

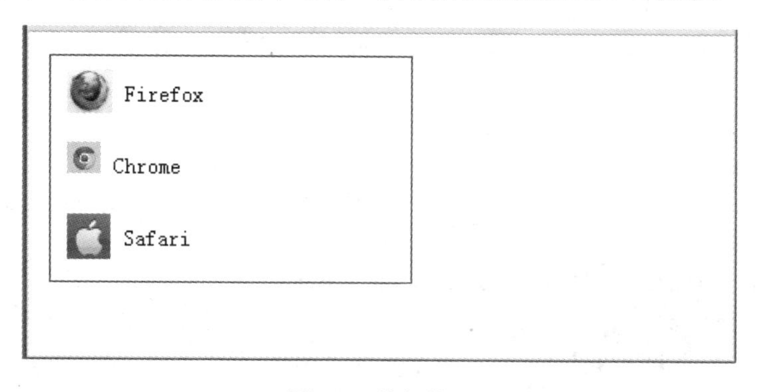

图 3-9　执行效果

3.5.2　实现右键菜单功能

鼠标右键的功能非常强大，在网页中右键单击后会显示一些常用的快捷菜单，例如在 Firefox 网页中右键单击后会弹出如图 3-10 所示的快捷菜单。

本实例的功能是为浏览器添加几个右键菜单选项，这个功能可以通过 HTML 5 中的<contextmenu>、<menu>、<menuitem>联合实现。在上一个实例中已经讲解了<menu>的基本用法，接下来介绍<contextmenu>和<menuitem>的基本知识。

（1）contextmenu

在 HTML 5 中，每个元素新增了一个属性：“contextmenu”。属性 contextmenu 表示上下文菜单，即鼠标右击元素会出现一个菜单。

（2）<menuitem>

在<menu> </menu>内部可以嵌入多个菜单项，即<menuitem></menuitem>。<menuitem>有如下三个属性：

- label：菜单项显示的名称。
- icon：在菜单项左侧显示的图标。
- onclick：点击菜单项触发的事件。

在接下来的内容中，将通过一个具体实例讲解实现右键菜单功能的方法。

实例 3-7	说　明
源码路径	daima\3\7.html
功能	实现右键菜单功能

实例文件 7.html 的代码如下。

```
<!DOCTYPE html>
<html>
<head>
<meta charset=utf-8 />
<title>使用<menu>元素</title>
</head>
<body>
<div style='display:inline' contextmenu="mymenu">右击我试试</div>

<menu type="context" id="mymenu">
  <menuitem label="菜单 1" onclick="alert('这是菜单 1');" icon="1.png"></menuitem>
  <menuitem label="菜单 2" onclick="alert('这是菜单 2');" icon="2.png"></menuitem>
  <menu label="菜单 3">
    <menuitem label="菜单 3-1" icon="3.png" onclick="alert('这是菜单 3-1');">
    </menuitem>
    <menu label="菜单 3-2" >
      <menuitem label="菜单 3-2-1" icon="123.png" onclick="alert('这是菜单 3-2-1');">
      </menuitem>
    </menu>
  </menu>
</menu>
</body>
</html>
```

运行网页后，当鼠标右击“右击我试试”就会出现菜单效果，如图 3-11 所示。

读者需要注意，目前只有火狐浏览器支持上述功能效果。

图 3-10 网页中的右键快捷菜单

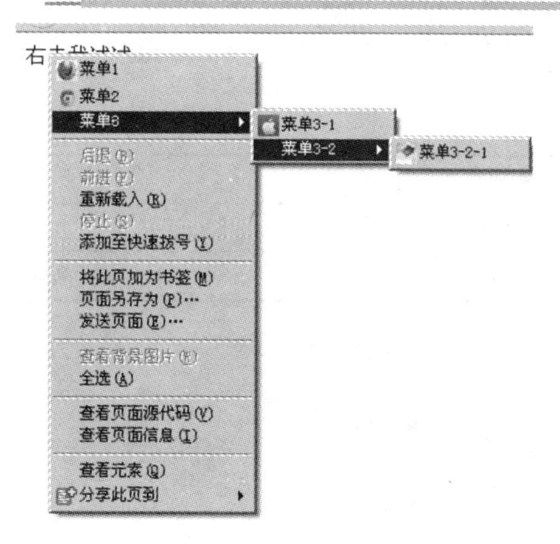

图 3-11 运行效果

3.6 使用<command>标记元素

在 HTML 5 中，<command>是一个新增的标记元素，功能是定义各种类型的命令按钮。利用该标记的“url”属性可以添加图片，并且实现图片按钮效果。另外，通过改变标记中的“type”属性值，可以定义复选框或单选框按钮。<command>元素包含的属性及描述信息如表 3-2 所示。

表 3-2 <command>元素包含的属性及描述信息

属　性	值	描　述
checked	checked	定义是否被选中，仅用于 radio 或 checkbox 类型
disabled	disabled	定义 command 是否可用
icon	url	定义作为 command 来显示的图像的 url
label	text	为 command 定义可见的 label
radiogroup	groupname	定义 command 所属的组名，仅在类型为 radio 时使用
type	checkbox command radio	定义该 command 的类型，默认是"command"

注意：虽然各浏览器对 HTML 5 兼容性都进行了很好的支持，但毕竟不可能照顾到每个元素的全部属性，例如<command>元素就有许多属性不能被浏览器支持，因此，本书所提到的功能也只是 HTML 5 元素所具有的功能，暂时还不能真正执行，但随着各大浏览器厂商对 HTML 5 的兼容性力度的加强，这种暂时不兼容的功能终将解决。

<command>能够定义各种类型的按钮，例如命令按钮、单选择按钮、图片按钮，另外也能够定义复选框。如果<command>元素与<menu>元素结合使用，可以在网页中实现弹出式的下拉菜单效果。当单击菜单中的某个选项时，将执行相应的操作。

下面将通过一个实例讲解使用<command>标记元素实现动态对话框效果的方法。在本实例的页面中，分别添加一个<menu>元素和两个<command>元素，并将<command>元素包含在

<menu>中。当单击其中一个<command>元素时会弹出一个对话框，并且显示对应操作的内容。

实例 3-8	说　明
源码路径	daima\3\8.html
功能	使用<command>标记元素实现动态对话框效果

实例文件 8.html 的代码如下。

```
<!DOCTYPE html>
<html>
<head>
<meta charset=utf-8 />
<title>联合使用<menu>与<command></title>
<style type="text/css">
  body{
      padding:5px;
      font-size:12px
  }
  menu{
      padding-left:10px;
      padding-bottom:10px;
      display:block;
      border: solid 1px #365167;
      width:40px;
      height:50px
  }
  command{
    float:left;
  margin:5px;
  width:30px;
  cursor:hand;
  }
  #dialog{
  display:none;
  position:absolute;
  left:25%;
  top:9%;
  font-size:13px;
  width:320px;
  height:150px;
  border:#666 solid 3px
  }
  #dialog .title{
  padding:5px;
  background-color:#eee;
```

```
        height:21px;
        line-height:21px
        }
        #dialog .title .fleft{
        float:left
        }
        #dialog .title .fright{
        float:right
        }
        #dialog .content{
        padding:50px
        }
      </style>
      </head>
      <body>
        <menu>
          <command onClick="command_click('文件')">文件</command>
          <command onClick="command_click('打开')">打开</command>
          <command icon="Images/chrome.png" label="带图片的按钮"></command>
        </menu>
        <div id="dialog">
            <div class="title">
                <div class="fleft">提示</div>
                <div class="fright">关闭</div>
            </div>
            <div class="content">
                <div id="divTip">中...</div>
            </div>
        </div>
        <script type="text/javascript">
          function command_click(strS){
          document.getElementsByName("command").disabled="disabled"
          document.getElementById("dialog").style.display="block";
          var strContent="正在操作<font color=red> "+strS+" </font>选项";
          document.getElementById("divTip").innerHTML=strContent;
          }
        </script>
      </body>
      </html>
```

在上述代码中，<command>标记元素被包含在<menu>元素中，同时为了使元素显示手状的被单击效果，加入了如样式中粗体字所示的代码；另外，当<command>元素被单击时将弹出一个显示操作内容的对话框，具体内容是JavaScript代码中的部分。如图3-12所示。

其实<command>元素除了可以触发“onClick”事件外，还可以通过“icon”属性设置按钮图片，例如下面的代码。

文件
打开

图 3-12　执行效果

```
<command icon="Images/chrome.png" label="有图的按钮” ></command>
```

通过上述代码创建了一个带图片的<command>元素，并且指定了元素的名称是“带图的按钮”。另外，还可以通过 JavaScript 代码控制<command>元素的“disabled”属性，例如下面的代码。

```
<script   type=‘‘text/j avascript”>
……
document. getElement sByName(“command”).disabled=”disabled"j
……
</script>
```

上述 JavaScript 代码的功能是，禁止单击全部的<command>元素。通常将上述代码放置在单击<command>元素操作某项功能的后面，这样可以防止用户反复单击或提示用户按钮已经单击成功。

3.7　使用<progress>标记元素

在 HTML 5 中，可以使用<progress>标记元素实现进度条效果。当页面与用户进行数据交互时，为了增强用户的 UI 体验，通过进度条效果显示在页面中的各种进度状态。<progress>元素是 HTML 5 中新增的状态交互元素，用来表示页面中的某个任务完成的进度。例如用户在下载一个文件时，文件下载到本地的进度值，可以通过该元素动态展示在页面中。展示进度的方式既可以使用整数，也可以使用百分比（如 10%～100%）。

<progress>元素的属性信息如表 3-3 所示。

表 3-3　<progress>元素的属性信息

属　性	值	描　述
max	number	定义完成的值
value	number	定义进程的当前值

在<progress>元素中，设置的“value”值必须小于或等于“max”属性值，并且两者都必须大于 0。下面将通过一个实例讲解使用<progress>标记元素实现进度条效果的方法。

实例 3-9	说　明
源码路径	daima\3\9.html
功能	使用<progress>标记元素实现进度条效果

本实例的功能是，分别在页面中创建一个<progress>元素和一个“下载按钮”。当单击“下载按钮”时，通过元素<progress>动态展示下载进度状态和百分比信息。当下载结束时显示“下载已经完成！”的提示信息。实例文件 9.html 的代码如下。

```
<!DOCTYPE html>
<html>
<head>
<meta charset="utf-8" />
<title>使用 progress 元素</title>
<style type="text/css">
body {
        font-size:12px
}
p {
        padding:0px;
        margin:0px
}
.inputbtn {
        border:solid 1px #ccc;
        background-color:#eee;
        line-height:18px;
        font-size:12px
}
</style>
</head>
<body>
  <p id="pTip">开始下载</p>
  <progress value="0" max="100" id="proDownFile"></progress>
  <input type="button" value="下载按钮"
          class="inputbtn" onClick="Btn_Click();">
<script type="text/javascript">
   var intValue = 0;
   var intTimer;
   var objPro = document.getElementById('proDownFile');
   var objTip = document.getElementById('pTip');
   //定时事件
   function Interval_handler() {
      intValue++;
      objPro.value = intValue;
      if (intValue >= objPro.max) {
          clearInterval(intTimer);
          objTip.innerHTML = "下载已经完成！";
```

```
            } else {
                objTip.innerHTML = "正在下载中" + intValue + "%";
            }
        }
        //下载按钮点击事件
        function Btn_Click(){
            intTimer = setInterval(Interval_handler, 100);
        }
    </script>
    </body>
    </html>
```

在上述代码中，为了使<progress>元素能够动态展示下载进度，需要通过 JavaScript 脚本语言编写一个定时事件。在这个事件中累加变量值，并将该值设置为<progress>元素的"value"属性值。当这个属性的值大于或等于<progress>元素的"max"属性值时将停止累加，并显示"下载已经完成！"的提示信息；否则将动态显示正在累加的百分比数值，具体设置是通过 JavaScript 脚本代码实现的。

执行后的效果如图 3-13 所示，当单击"下载按钮"后弹出一个进度条效果，如图 3-14 所示。

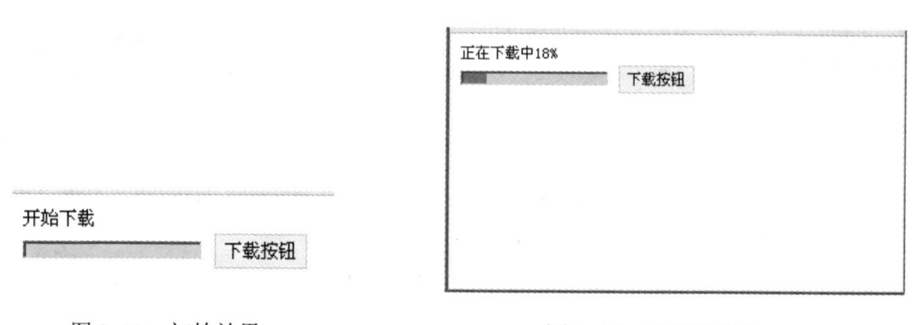

图 3-13　初始效果　　　　图 3-14　下载进度条

进度条完成后的效果如图 3-15 所示。

图 3-15　进度条完成后的效果

3.8　使用<meter>标记元素

在 HTML 5 中，可以使用<meter>标记元素实现百分比效果。<meter>是 HTML 5 中新增的标记，用于表示在一定数量范围中的值，例如投票中各个候选人各占比例情况及考试分数等。<meter>元素仅是帮助浏览器识别 HTML 中的数量，不对该数量做任何的格式修饰。在<meter>元素中有 6 个属性，通过这些属性会根据浏览器的特征以最好的方式展示这个数量。

<meter>标记元素的属性信息如表 3-4 所示。

表 3-4　<meter>标记元素的属性信息

属　　性	值	描　　述
high	number	定义度量的值位于哪个点，被界定为高的值
low	number	定义度量的值位于哪个点，被界定为低的值
max	number	定义最大值。默认值是 1
min	number	定义最小值。默认值是 0
optimum	number	定义什么样的度量值是最佳的值 如果该值高于 "high" 属性，则意味着值越高越好 如果该值低于 "low" 属性的值，则意味着值越低越好
value	number	定义度量的值。

“low”“hight”“optimum”这三个属性值的功能是，将<meter>元素展示的测量范围划分为“low”、“medium”以及“high”三个部分，以此来判断该测量的哪个部分是最优的。请读者考虑下面这个<meter>元素：

```
<meter value="0.3" optimum="1" high="0.9" low="0.1" max="1" min="0"></meter>
<span>30%</span>
```

在上述代码中，最低值可能为 0，由“min”表示。但是实际最低为 0.1，由“low”表示。最高值可能为 1，但实际最高为 0.9。

“low”“high”将测量范围【0～1】划分为【0～0.1】(low)、【0.1～0.9】(medium)、【0.9～1】(high) 三个范围，“optimum”指明最优位置在 1 处，此时该值比“high”值大，那么就表示“value”值越大越好；类似的，如果“optimum”值比“low”小，则表示“value”值越小越好；如果“optimum”值落在“low”值与“high”值之间，则表示“value”值不高不低最好。

例如下面的代码演示了此元素的基本用法：

```
<!DOCTYPE HTML>
<html>
<body>
<meter min="0" max="10">2</meter><br />
<meter>2 out of 10</meter><br />
<meter>20%</meter>
</body>
</html>
```

上述代码的执行效果如图 3-16 所示。

```
2
2 out of 10
20%
```

图 3-16　执行效果

下面通过一个实例讲解使用<progress>标记元素实现进度条效果的方法。

实例 3-10	说　　明
源码路径	daima\3\10.html
功能	使用<progress>标记元素实现进度条效果

本实例的功能是，显示两个投票候选人的票数比例。实例文件 10.html 的代码如下。

```
<!DOCTYPE html>
<html>
<head>
<meta charset="utf-8" />
<title>使用 meter 元素</title>
<style type="text/css">
body {
      font-size:13px
}
</style>
</head>
<body>
  <p>共有 200 人参与投票,明细如下：</p>
  <p>AAA：
  <meter value="0.30" optimum="1"
            high="0.9" low="1" max="1" min="0">
  </meter>
  <span> 30% </span></p>
  <p>BBB：
  <meter value="70" optimum="100"
            high="90" low="10" max="100" min="0">
  </meter>
  <span> 70% </span></p>
</body>
</html>
```

在上述代码中，候选人“BBB”所占的比例是百分制中的 70，最低比例可能为 0，但实际最低为 10；最高比例可能为 100，但实际最高为 90。其实<meter>元素中的数量也可以使用浮点数表示，如上述代码中所示。为了展示这些比例值，可以引入其他的元素，例如本实例中使用了<span>元素展示这些数值。

执行后的效果如图 3-17 所示。

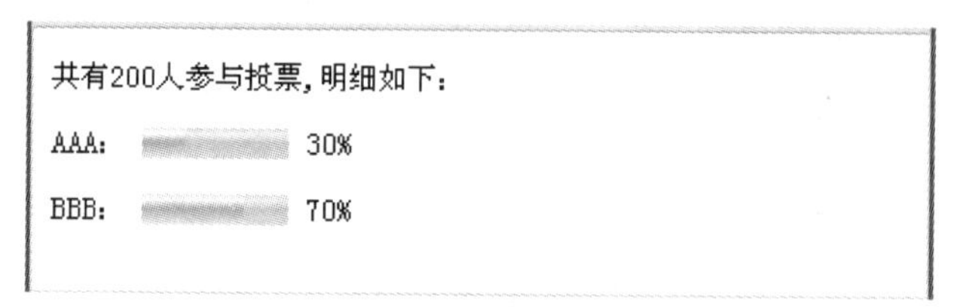

图 3-17　执行效果

3.9　使用树节点标记元素

在 HTML 5 应用中，新增了许多用于标志节点的元素，例如<section>和<nav>等，通过这些元素可以将页面内容实现分段或分区显示。本节将详细讲解 HTML 5 中和树节点有关的标记元素。

3.9.1　<section>元素

<section>元素是 HTML 5 中新增的元素。该元素用于标记文档中的区段或段落，例如文章中的章节、页眉、页脚的设置。<section>元素的属性信息如下：

- cite：值为 URL，设置<section>的 URL，假如<section>摘自 Web。
- hidden：值为 true 或 false，用于显示或隐藏<section>元素，默认值是 false。
- draggable：值为 true 或 false，用于设置是否可以拖动<section>元素，默认值是 false。

3.9.2　<nav>元素

在 HTML 5 中，只要是导航性质的链接，用户就可以很方便地将其放入<nav>元素中。该元素可以在一个文档中多次出现，作为页面或部分区域的导航。请读者看下面的代码：

```
<nav draggable="true">
<a   href= "index.html">首页< / a>
<a href="book.html">图书</a>
<a href="bbs.html">论坛</a>
</nav>
```

通过上述代码创建了一个可以拖动的导航区域，在上述<nav>元素中包含了三个用于导航的超级链接，分别是“首页”、“图书”和“论坛”。该导航可用于全局导航，也可放在某个段落，作为区域导航。

3.9.3　<hgroup>元素

<hgroup>元素是 HTML 5 中新增的元素，用于对页面的标题进行分组，从而形成一个组群。为了更好地说明各组群的功能，该元素常常与元素<figcaption>结合使用，通过<figcaption>元素说明各组群的功能。请读者看下面的代码：

```
<hgroup draggable="true">
<figcaption>标题一</figcaption>
<hl>标题 hl</hl>
<h2>标题 h2</h2>
</hgroup>
```

在上述代码中，通过元素<hgroup>创建了一个标题组，命名为“标题一”。该标题中包含了两个子标题，分别为“标题 hl”与“标题 h2”。

下面将通过一个实例讲解在网页中实现一个树节点效果的方法。

实例 3-11	说　　明
源码路径	daima\3\11.html
功能	在网页中实现一个树节点效果

本实例的功能是，使用<nav>元素实现节点效果。<nav>元素是一个可以用来作为页面导航的链接组；其中的导航元素可以链接到其他页面或当前页面的其他部分。并不是所有的链接组都要放进<nav>元素中；例如，在页脚中通常会有一组链接，包括服务条款、首页、版权声明等；这时使用<footer>元素是最恰当的，而不需要<nav>元素。实例文件 11.html 的具体代码如下。

```
<body>
<h1>The Wiki Center Of Exampland</h1>
<nav>
<ul>
<li><a href="/">Home</a></li>
<li><a href="/events">Current Events</a></li>
...more...
</ul>
</nav>
<article>
<header>
<h1>Demos in Exampland</h1>
<p>Written by A. N. Other.</p>
</header>
<nav>
<ul>
<li><a href="#public">Public demonstrations</a></li>

<li><a href="#destroy">Demolitions</a></li>
...more...
</ul>
</nav>
<div>
<section id="public">
<h1>Public demonstrations</h1>
<p>...more...</p>
</section>
<section id="destroy">
<h1>Demolitions</h1>
<p>...more...</p>
</section>
...more...
</div>
<footer>
<p><a href="?edit">Edit</a> | <a href="?delete">Delete</a> | <a href="?
```

```
Rename">Rename</a></p>
</footer>
</article>
<footer>
<p><small>© copyright 1998 Exampland Emperor</small></p>
</footer>
</body>
</html>
```

通过上述代码可以看到,<nav>元素不仅可以用来作为页面全局导航,也可以放在<article>标签内,作为单篇文章内容的相关导航链接到当前页面的其他位置。执行效果如图 3-18 所示。

The Wiki Center Of Exampland

- Home
- Current Events
  ...more...

Demos in Exampland

Written by A. N. Other.

- Public demonstrations
- Demolitions
  ...more...

Public demonstrations

...more...

Demolitions

...more...

...more...

Edit | Delete | Rename

© copyright 1998 Exampland Emperor

图 3-18　执行效果

3.10　使用分组标记元素

在传统的 HTML 标记语言中，可以通过<ul>、<ol>、<dl>元素实现分组效果。在 HTML 5 中，对原有的分组内容元素<ul>、<ol>、<dl>进行了整体改良，有的元素增加了许多新的属性，有的元素则废除了一些不合理的原有特征。

3.10.1　<ul>元素

在 HTML 5 中，<ul>元素用于定义页面中的无序列表，其用法与 HTML 4 类似。区别是 HTML 5 不再支持“type”与“compact”这两个属性。因为<ul>元素通常与<li>元素组合使用，所以 HTML 5 也不支持<li>元素的“type”属性，而是改用 CSS 样式来定义列表的类型。例如如下 HTML 页面中的代码：

```
<ul>
```

```
<li>AA(/li>
<li>BB
<ul>
<li>CC</li>
<li>DD</li>
</ul>
</li>
<li>CC</li>
</ul>
```

在上述代码中，通过<ul>元素创建了一个带嵌套的列表“AA”，然后又通过<li>创建了列表项“BB”。在“BB”列表项中，又通过<ul>元素新增加了一个子列表，用于展示上级“BB”列表项的子项信息，这个例子中的子项信息包括“CC”和“DD”。

3.10.2 <ol>元素

在HTML 5中，<ol>元素用于在页面中有序的创建列表。与HTML 4相比，在HTML 5中新增加了如下两个属性：

- start：用于自定义列表项开始的编号。
- reversed：用于设置列表是否进行反向排序。

接下来将通过一个实例讲解将网页中的内容分组列表显示的方法。

实例3-12	说　明
源码路径	daima\3\12.html
功能	将网页中的内容分组列表显示

在本实例中，通过<ol>元素创建一个“MTV排行榜”列表，并分别添加三个选项（AA、BB、CC）作为列表的内容。另外，增加一个文本框“设置开始值”与一个“确定”按钮；在文本框中输入一个值并单击“确定”按钮后，将以文本框中的值为列表项开始的编号显示MTV排行榜。

实例文件12.html”的具体代码如下。

```
<!DOCTYPE html>
<html>
<head>
<meta charset="utf-8" />
<title>使用列表</title>
<link href="Css/css3.css" rel="stylesheet" type="text/css">
<script type="text/javascript" async="true">
  function Btn_Click(){
      var strNum=document.getElementById("txtOrderNum").value;
      var strDiv=document.getElementById("olList");
      strDiv.setAttribute("start",strNum);
  }
</script>
```

```
</head>
<body>
 <h5>MTV 排行榜</h5>
 <ol id="olList">
    <li>AA</li>
    <li>BB</li>
    <li>CC</li>
 </ol>
 <h5>设置开始值</h5>
 <input type="text" id="txtOrderNum"
          class="inputtxt" style="width:60px" />
 <input type="button" value="确定"
          class="inputbtn" onClick="Btn_Click();">
</body>
</html>
```

在上述 JavaScript 代码中，先定义一个函数 Btn_Click()，用于在单击“确定”按钮时调用。在该函数中先获取输入文本的值与<ol>列表元素，并分别保存至变量“strNum”与“strDiv”中。然后通过<setAttribute>方法将列表元素的“start”属性设置为变量“strNum”的值，从而改变了列表项元素编号的开始值。例如本实例在文本框中输入数字 7 那么，列表项元素的编号起始值将从 7 开始。

执行后的效果如图 3-19 所示，如果在文本框中输入一个数字，例如 7 单击“确定”按钮后将以 7 开始进行排序，如图 3-20 所示。

图 3-19　执行效果

图 3-20　排序效果

3.11　使用文本层次语义标记

在 HTML 页面中，为了使文本内容更加形象、生动，需要增加一些具有特殊功能的元素，用于突出文本间的层次关系或标为重点，一般将这样的元素称为文本层次语义标记。在 HTML 5 中，通过元素<time>、<mark>和<cite>可以设置文本层次。

3.11.1　<time>元素

<time>元素是 HTML 5 新增加的一个标记，用于定义时间或日期。该元素可以代表 24 小

时中的某一时刻，当表示时刻时允许有时间差。在设置时间或日期时，只需将该元素的属性“datetime”设为相应的时间或日期即可。

<time>元素的属性如表 3-5 所示。

表 3-5　<time>元素的属性

属　性	值	描　述
datetime	datetime	规定日期/时间。否则，由元素的内容给定日期/时间
pubdate	pubdate	指示<time>元素中的日期/时间是文档（或<article>元素）的发布日期

下面的代码演示了<time>元素的基本用法。

```
<html>
<body>
<p>
我们在每天早上 <time>9:00</time> 开始营业。
</p>
<p>
我在 <time datetime="2010-02-14">情人节</time> 有个约会。
</p>
</body>
</html>
```

上述代码的执行效果如图 3-21 所示。

<time>元素中的可选属性“pubdate”表示时间是否为发布日期，它是一个布尔值，该属性不仅可以用于<time>元素，还可用于<article>元素。

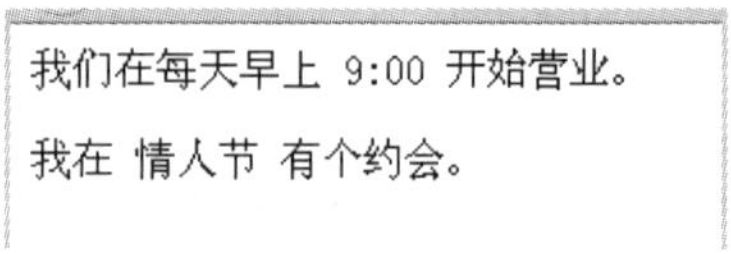

我们在每天早上 9:00 开始营业。

我在 情人节 有个约会。

图 3-21　执行效果

3.11.2　<mark>元素

<mark>元素是 HTML5 中新增的元素，主要功能是在文本中高亮显示某个或某几个字符，目的是引起用户的注意。其使用方法与<em>和<strong>有相似之处，但相比而言，HTML 5 中新增的<mark>元素在突出显示时，更加随意与灵活。

3.11.3　<cite>元素

在 HTML 5 中，使用<cite>元素可以创建一个引用标记，用于文档中参考文献的引用说明，如书名或文章名称。如果在文档中使用了<cite>元素，被标记的文档内容将以斜体的样式展示在页面中，以区别于段落中的其他字符。

下面通过一个具体实例讲解在网页中突出显示某些文字的方法。

实例 3-13	说　明
源码路径	\daima\3\13.html
功能	在网页中突出显示某些文字

在本实例中，首先使用<h5>元素创建一个标题“理想是什么？是面包”，然后通过<p>元

素对标题进行阐述。为了引起用户对重要内容的注意，使用<mark>元素高亮处理字符“面包”、“大山”和“天知道”。实例文件 13.html 的代码如下。

```
<!DOCTYPE html>
<html>
<head>
<meta charset="utf-8" />
<title>mark 元素的使用</title>
<link href="css.css" rel="stylesheet" type="text/css">
</head>
<body>
  <h5>理想是什么？是<mark>面包</mark></h5>
  <p class="p3_5">
      喜欢大海吗
      还是喜欢<mark>大山</mark>
      <mark>天知道</mark>的答案！
  </p>
</body>
</html>
```

在上述代码中，使用<mark>元素将文字中的“面包”、“大山”和“天知道”三个字符进行了高亮显示的处理。<mark>元素的这种高亮显示的特征，除用于文档中突出显示外，还常用于查看搜索结果页面中关键字的高亮显示，其目的主要是引起用户的注意。执行效果如图 3-22 所示。

理想是什么？是面包

喜欢大海吗 还是喜欢大山 天知道的答案!

图 3-22　执行效果

注意：<mark>元素在使用效果上与<em>或<strong>元素有相似之处，但三者的出发点是不一样的。<strong>元素是作者对文档中某段文字的重要性进行的强调；<em>元素是为了突出文章的重点而进行的设置；<mark>元素是数据展示时，以高亮的形式显示某些字符。

3.12　使用图片标记元素

在 HTML 5 页面中，除了显示文档或字符外，还经常需要放入一些其他元素，例如图片<img>、页面<iframe>和多媒体<object>等。这些元素对于整个 DOM 文档来说，属于嵌入内容。其中<img>元素的功能是在页面中导入一幅图像，它是页面开发中使用较为频繁的一个元素。在 HTML 5 中，该元素的“border”、“align”、“hspace”、“vspace”属性不再被支持，这些功能需要通过 CSS 样式来实现。

在 HTML 4.01 中，不赞成使用以下布局属性："align"、"border"、"hspace"和"vspace"。在 HTML5 中不支持这些属性。<img>元素的主要属性如表 3-6 所示。

表 3-6 <img>元素的属性

属　性	值	描　述
alt	text	规定图像的替代文本
src	URL	规定图像的 URL
height	pixels %	规定图像的高度
ismap	ismap	把图像设置为服务器端图像映射
usemap	#mapname	把图像设置为客户端图像映射
width	pixels %	规定图像的宽度

下面通过一个具体实例讲解在网页中显示一幅图片的方法。

实例 3-14	说　明
源码路径	daima\3\14.html
功能	在网页中显示一幅图片

本实例的功能是，使用<img>元素在网页中显示一幅图片，本实例的图片素材是"eg_tulip.jpg"。实例文件 14.html 的代码如下。

```
<!DOCTYPE html>
<html>
<body>

<img src="/i/eg_tulip.jpg"  alt="上海鲜花港 - 郁金香" width="400" height="266" />

</body>
</html>
```

执行效果如图 3-23 所示。

图 3-23 执行效果

3.13　使用框架标记元素

在 HTML 5 中，<iframe>元素的功能是在页面中创建包含另一文档的框架。出于对页面安全性的考虑，HTML 5 不再支持<frame>框架元素，包括<frameset>框架集元素，但仍然支持<iframe>元素，只是该元素的一些原有属性不再被支持，而仅仅支持“src”属性。

众所周知，当使用<iframe>元素包含了另一个页面时，这一操作的安全性会让开发者担忧。为了避免这个问题，在 HTML 5 中新增加了一个元素的属性“sandbox”，通过该属性的设置，可以避免私自访问父页面、执行异样脚本、通过脚本嵌入表单或控制表单。属性“sandbox”有如下 4 个属性值。

- allow-forms：允许脚本嵌入自己的表单或操纵表单。
- allow-same-origin：允许将嵌入内容视为同一个数据源。
- allow-scripts：允许执行脚本。
- allow-top-navigation：允许使用最外层浏览器的上下文导航功能。

在具体设置时，建议读者根据实际需求选择允许的操作，从而有效避免<iframe>元素嵌入的文档有安全性问题。

下面通过一个实例讲解在网页中显示一个文本框架的方法。

实例 3-15	说　明
源码路径	daima\3\15.html
功能	在网页中显示一个文本框架

本实例的功能是，使用<iframe>元素在网页中显示一个文本框架。实例文件 15.html 的具体代码如下。

```
<!DOCTYPE html>
<html>
<body>

<iframe src="http://www.w3schools.com"></iframe>

</body>
</html>
```

执行效果如图 3-24 所示。

图 3-24　执行效果

3.14 使用<object>标记元素

在 HTML 5 网页中，可以使用<object>标记元素在网页中显示一个 Flash，<object>元素的功能是定义一个嵌入的对象。使用此元素可以向用户的 XHTML 页面添加多媒体，此元素运行用户规定插入 HTML 文档中的对象的数据和参数，以及可用来显示和操作数据的代码。

<object>元素可以位于<head>元素或<body>元素内部。<object> 与 </object> 之间的文本是替换文本，针对不支持此标签的浏览器。<param> 标签可定义用于对象的“run-time”设置。

<object>元素的属性信息如表 3-7 所示。

表 3-7 <object>元素的属性信息

属 性	值	描 述
align	left right top bottom	HTML 5 中不支持
archive	URL	HTML 5 中不支持
border	pixels	HTML 5 中不支持
classid	class_ID	HTML 5 中不支持
codebase	URL	HTML 5 中不支持
codetype	MIME_type	HTML 5 中不支持
data	URL	规定对象使用的资源的 URL
declare	declare	HTML 5 中不支持
form	form_id	规定对象所属的一个或多个表单
height	pixels	规定对象的高度
hspace	pixels	HTML 5 中不支持
name	name	为对象定义名称
standby	text	HTML 5 中不支持
type	MIME_type	定义 data 属性中规定的数据的 MIME 类型
usemap	#mapname	规定与对象一同使用的客户端图像映射的名称
vspace	pixels	HTML 5 中不支持
width	pixels	规定对象的宽度

下面通过一个实例讲解使用<object>元素在网页中显示一个 Flash 的方法。本实例的素材 Flash 文件是 123.swf。

实例 3-16	说 明
源码路径	daima\3\16.html
功能	使用<object>元素在网页中显示一个 flash

实例文件 16.html 的具体代码如下。

```
<!DOCTYPE html>
<html>
<body>
<object data= "123.swf" type="all"
    width="200px" height="200px">
    </object>
</body>
</html>
```

上述代码按照 HTML 5 的支持特征，设置了<object>元素的关键属性“data”值。如果按照设置的多媒体路径找到了该对象，在支持 HTML 5 属性的浏览器中可以实现播放多媒体文件功能。在 HTML 5 中，新增了专门用于播放多媒体文件的标签——<video>元素与<audio>元素。前者用于播放视频或影视，后者用于播放音频文件，这两个元素的实战用法将在本书后面的章节中详细介绍。<video>元素与<audio>元素将逐步取代<object>元素，从而真正展示 HTML 5 在处理视频或音频方面的强大优势。执行后的效果如图 3-25 所示。

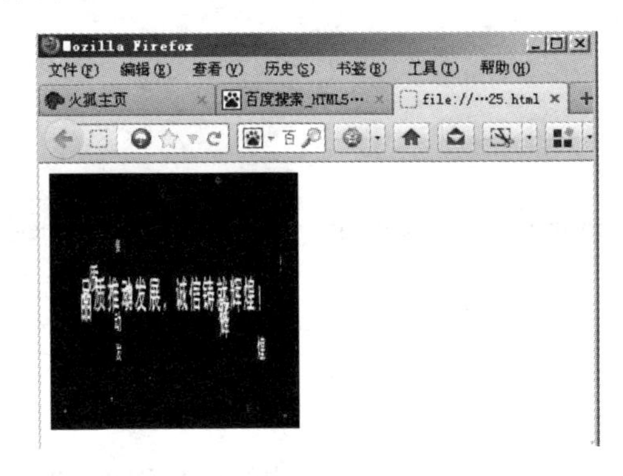

图 3-25　执行效果

第 4 章　使用表单元素

表单在网页中的作用非常重要，因为表单是实现动态网页的基础。在 HTML 5 中，拥有多个新的表单输入类型，通过这些新特性可以实现更好的输入控制和验证。本章将通过几个具体实例来演示表单元素的使用方法。

4.1　表单元素的类型

HTML 5 中包含的输入类型有：

- email
- url
- number
- range
- Date pickers (date、month、week、time、datetime、datetime-local)
- search
- color

4.1.1　email 类型

在 HTML 5 中，“email”类型是指应该包含电子邮件地址的输入域。如果将<input>元素中的“type”类型设置为“email”，将在页面中创建一专门用于输入邮件地址的文本输入框。该文本框与其他文本框在页面显示时没有区别，专门用于接收电子邮件地址信息。当提交表单时，会自动检测文本框中的内容是否符合电子邮件地址格式，如果不符则提示相应错误信息。

在提交表单之前不会检测“email”类型文本框的内容是否为空，只有而在不为空的情况下才检测其内容是否符合标准的 email 格式。如果该元素的“multiple”属性设置为“true”，则允许用户输入一串用逗号分隔的电子邮件地址。在提交表单时，会自动验证“email”域中的值是否合法。

下面通过一个实例讲解验证邮件地址是否合法的方法。

实例 4-1	说　　明
源码路径	daima\4\1.html
功能	验证邮件地址是否合法

在本实例的表单页面中，加入了一个“email”类型的<input>元素，功能是输入邮件地址。并且还新建了一个表单提交按钮，当单击“提交”按钮时会自动检测“email”类型的文本框

中输入的字符是否符合邮件格式，如果不符则显示错误提示信息。

实例文件 1.html 的代码如下。

```
<!DOCTYPE html>
<html>
<head>
<meta charset="utf-8" />
<title>使用 email</title>
<link href="css.css" rel="stylesheet" type="text/css">
</head>
<body>
<form id="frmTmp">
 <fieldset>
   <legend>请输入合法的邮件地址：</legend>
   <input name="txtEmail" type="email"
           class="inputtxt" multiple="true">
   <input name="frmSubmit" type="submit"
           class="inputbtn" value="提交">
 </fieldset>
</form>
</body>
</html>
```

在上述代码中，将<input>元素“multiple”的属性值设置为“true”，当在 Chrome 10 浏览器中单击“提交”按钮时，显示的提示信息为“请输入用逗号分隔的电子邮件地址的列表”（如果不设置该属性值，则不会显示任何提示信息）。执行效果如图 4-1 所示。

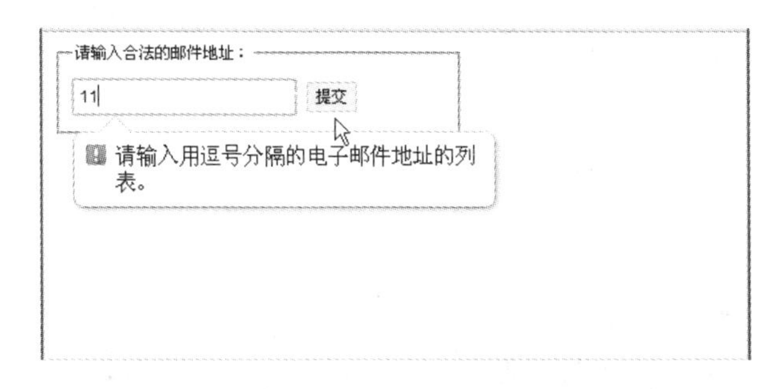

图 4-1　执行效果

为了表现上述网页的美观性，特意编写了 CSS 样式文件 css.css，具体代码如下。

```
@charset "utf-8";
/* CSS Document */
body {
      font-size:12px
}
.inputbtn {
      border:solid 1px #ccc;
```

```
        background-color:#eee;
        line-height:18px;
        font-size:12px
    }
    .inputtxt {
        border:solid 1px #ccc;
        padding:3px;
        line-height:18px;
        font-size:12px;
        width:160px
    }
    fieldset{
        padding:10px;
        width:280px;
        float:left
    }
    #spnColor{
        width:150px;
        float:left
    }
    #spnPrev{
        width:100px;
        height:70px;
        border:solid 1px #ccc;
        float:right
    }
    #pColor{
        font-weight:bold;
        clear:both;
        text-align:center
    }
    p{
        clear:both;
        padding:0px;
                    margin:8px;
    }
    .p_center{
        text-align:center
    }
    .p_color{
        color:#666
    }
```

4.1.2 url类型

在全新的HTML 5中，“url”类型是指包含URL地址的输入域。在提交表单时，会自动验证“url”域中的值。在输入元素<input>中，“url”类型是一种新增的类型，该类型表示<input>

元素是一个专门用于输入 Web 站点地址的输入框。Web 地址的格式与普通文本有些区别，例如文本中有反斜杠“/”和点“.”。为了确保“url”类型的输入框能够正确提交符合格式的内容，表单在提交数据前会自动验证其内容格式的有效性。如果不符合对应的格式，则会出现相应的错误提示信息。并且与“email”类型一样，“url”的有效性检测并不会判断输入框的内容是否为空，而是针对非空的内容进行格式检测。

下面，通过一个实例讲解验证输入的是否是一个 URL 地址的方法。

实例 4-2	说　明
源码路径	daima\4\2.html
功能	验证输入的是否是一个 URL 地址

在本实例中，首先创建了一个“url”类型的<input>元素，然后新建了一个表单“提交”按钮。当单击“提交”按钮时，会自动检测输入框中的元素是否符合 Web 地址格式，如果不是合法的 URL，则显示错误提示信息。实例文件 2.html 的代码如下。

```
<!DOCTYPE html>
<html>
<head>
<meta charset="utf-8" />
<title>使用 url 类型</title>
<link href="css.css" rel="stylesheet" type="text/css">
</head>
<body>
<form id="frmTmp">
  <fieldset>
    <legend>请输入网址：</legend>
    <input name="txtUrl" type="url"
           class="inputtxt" />
    <input name="frmSubmit" type="submit"
           class="inputbtn" value="提交" />
  </fieldset>
</form>
</body>
</html>
```

在上述代码中，将文本框的“type”属性设置为“url”，浏览器将自动检验文本框中的内容是否符合“url”的格式，如果不符则弹出提示信息。在此需要说明的是，目前对<input>元素新增类型提供支持的只有 Chrome 10 与 Opera 11 浏览器，其他浏览器暂时还不支持，而这两个浏览器对“url”类型的<input>元素在页面展示时，效果并不一样。Chrome 10 浏览器必须输入完整的 URL 地址路径（包括“http://”），并不介意前面有空格；而 Opera 11 浏览器不必输入完整的 URL 地址路径，提交时自动会在前面添加，但是介意开始处是否有空格，如果文本输入框中的开始处有空格，将提示格式出错信息。执行效果如图 4-2 所示。

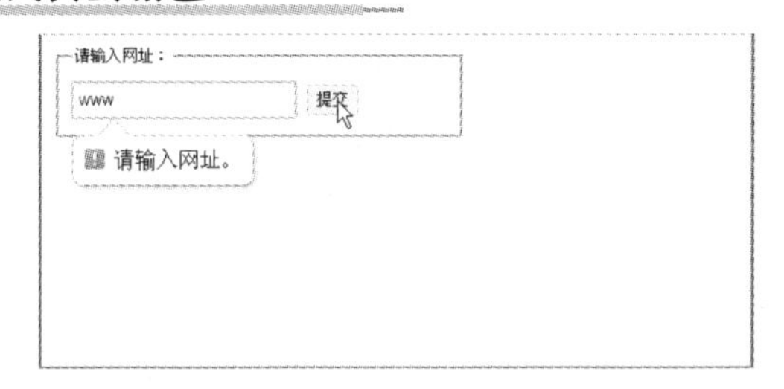

图 4-2　执行效果

4.1.3　number 类型

在 HTML 5 中，“number” 类型是用于设置包含数值的输入域。通过 “number” 类型能够对所接受的数字进行限定。用户可以使用表 4-1 所示的属性来规定对数字类型的限定。

表 4-1　number 类型支持的属性

属　性	值	描　述
max	number	规定允许的最大值
min	number	规定允许的最小值
step	number	规定合法的数字间隔，如果 step="3"，则合法的数是 −3,0,3,6 等
value	number	规定默认值

在 HTML 4 以前的版本中，如果想要在表单中输入一个指定范围的整数，需要在表单提交前使用代码进行数据检测，以确定输入框中是否是一个符合要求的整数。而在 HTML 5 中，只要创建一个 “number” 类型的<input>元素，便可以实现以上操作。该类型的元素在 HTML 5 中还将显示一个微调控件，如果指定了最大与最小范围值，就可以点击微调控件的上限与下限按钮，以指定的步长(step)增加或减少输入框中的值，极大方便了用户的操作。

在 “number” 类型的输入框中，用户不能输入其他非数字型的字符，并且当输入的数字大于设定的最大值或小于设置的最小值时，都将出现数字输入出错的提示信息。同样道理，该类型不进行输入内容是否为空值的自动检测。

下面通过一个实例讲解验证输入的数值是否合法的方法。

实例 4-3	说　明
源码路径	daima\4\3.html
功能	验证输入的数值是否合法

在本实例中创建了三个表单，创建了三个 “number” 类型的<input>元素，分别用于输入日期中 “年” “月” “日” 的数字。同时，还新建一个表单的 “提交” 按钮。单击该按钮时会检测这三个输入框中的数字是否属于各自设置的整数范围，如果不符合则显示错误提示信息。

实例文件 3.html 的代码如下。

```
<!DOCTYPE html>
<html>
```

```
<head>
<meta charset="utf-8" />
<title>使用 number 类型</title>
<link href="css.css" rel="stylesheet" type="text/css">
</head>
<body>
<form id="frmTmp">
 <fieldset>
   <legend>输入您的初恋时间：</legend>
   <input name="txtYear" type="number"
            class="inputtxt" min="1960" max="1990"
            step="1" value="1990" />年
   <input name="txtMonth" type="number"
            class="inputtxt" min="1" max="12"
            step="1" value="4"/>月
   <input name="txtDay" type="number"
            class="inputtxt" min="1" max="31"
            step="1" value="23"/>日
   <input name="frmSubmit" type="submit"
            class="inputbtn" value="提交" />
 </fieldset>
</form>
</body>
</html>
```

在上述代码中，定义了三个“number”类型的<input>元素输入框，分别用于设置“mm”“max”“value”“step”属性值。其中“step”属性值表示步长值，默认值为 1，表示当用户点击微调控件时，向上增加或向下减少的值。所有这些属性值都是可选项，如果不需要指定数字上限则可以省略“max”属性。

运行上述代码后，如果输入框微调控件中的数字不能向上调，则向上箭头按钮变灰，表示不可用，向下箭头则变为可用。反之向下箭头变为灰色，表示不可用，向上箭头则变为可用。执行效果如图 4-3 所示。

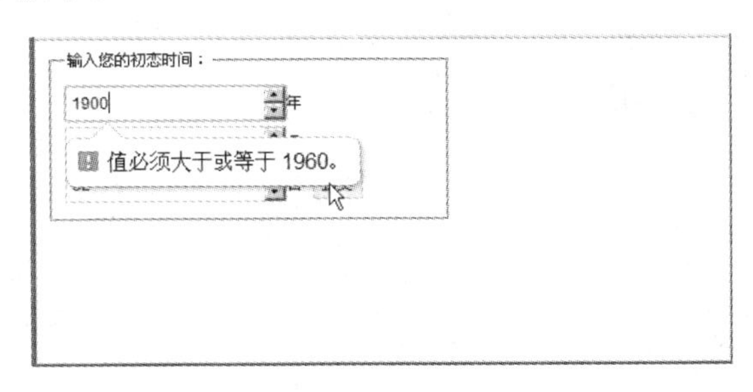

图 4-3　执行效果

4.1.4　range 类型

在 HTML 5 中，“range”类型能够实现滑动条效果。在网页中，“range”类型显示为滑动条的样式，用户可以限定所接受的数字。可以使用下面表 4-2 中的属性来设置对数字类型的限定。

表 4-2　range 类型支持的属性

属　性	值	描　述
max	number	规定允许的最大值
min	number	规定允许的最小值
step	number	规定合法的数字间隔，如果 step="3"，则合法的数是-3，0，3，6 等
value	number	规定默认值

如果要在 HTML 5 中输入整数，除了使用前面介绍过的“number”类型外，还可以使用“range”类型。这两种数字类型的<input>元素基本属性都一样，唯一不同在于页面中的展示形式。“number”类型在页面中以输入框添加了微调控件，而“range”类型则以滑动条的形式展示数字，通过拖动滑块实现数字的改变。

下面通过一个实例讲解通过滑动条设置颜色的方法。

实例 4-4	说　明
源码路径	daima\4\4.html
功能	通过滑动条设置颜色

在本实例中，首先新建了三个页面表单，分别为其创建了三个“range”类型的<input>元素，分别用于设置颜色中的“红色”(r)、“绿色”(g)、“蓝色”(b)。另外，新建一个<p>元素，用于展示滑动条改变时的颜色区。当用户任意拖动某个绑定颜色的滑动条时，对应的颜色区背景色都会随之发生变化，同时，颜色区下面显示对应的色彩值（rgb）。实例文件 4.html 的具体代码如下。

```
<!DOCTYPE html>
<html>
<head>
<meta charset="utf-8" />
<title>使用 range 类型</title>
<link href="css.css" rel="stylesheet" type="text/css">
<script type="text/javascript" language="javascript"
        src="js4.js">
</script>
</head>
<body>
<form id="frmTmp">
  <fieldset>
    <legend>请选择颜色值：</legend>

    <span id="spnColor">
    <input id="txtR" type="range" value="0"
            min="0" max="255" onChange="setSpnColor()" >
```

```
<input id="txtG" type="range" value="0"
        min="0" max="255" onChange="setSpnColor()">
<input id="txtB" type="range" value="0"
        min="0" max="255" onChange="setSpnColor()">
</span>
<span id="spnPrev"></span>
<P id="pColor">rgb(0,0,0)</P>
</fieldset>
</form>
</body>
</html>
```

在上述代码中，分别使用“range”类型定义了三个<input>元素，这些元素都以滑动条的形式展示在页面中。当拖动滑块时，将触发 JavaScript 的一个自定义函数 setSpnColor()，此函数可以根据获取滑动条的值，动态地改变颜色块的背景色。

脚本文件 js4.js 的代码如下所示。

```
// JavaScript Document
function $$(id){
    return document.getElementById(id);
}
//定义变量
var intR,intG,intB,strColor;
//根据获取变化的值，设置预览方块的背景色函数
function setSpnColor(){
    intR=$$("txtR").value;
    intG=$$("txtG").value;
    intB=$$("txtB").value;
    strColor="rgb("+intR+","+intG+","+intB+")";
    $$("pColor").innerHTML=strColor;
    $$("spnPrev").style.backgroundColor=strColor;
}
//初始化预览方块的背景色
setSpnColor();
```

执行后的初始效果如图 4-4 所示，滑动三个滑条可以设置不同的颜色，并且在右侧区域预览显示颜色。如图 4-5 所示。

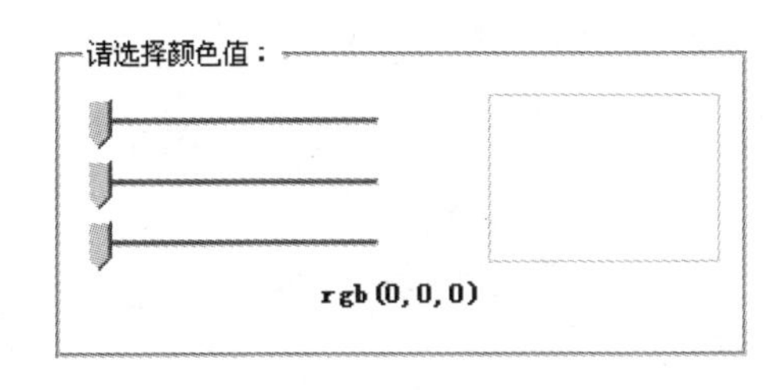

图 4-4　初始效果

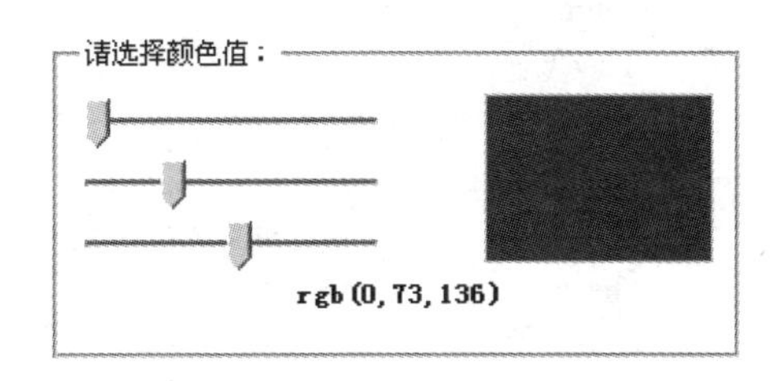

图 4-5　通过滑动条预览颜色

4.1.5 Date Pickers（数据检出器）

在 HTML 5 中，使用“Date Pickers”（数据检出器）可以为用户提供日期和时间输入框。这样可以避免用打字的方式输入日期和时间，能够大大提高处理数据的效率。在 HTML 5 中提供了多个可供选取日期和时间的数据检出器。具体说明如下。

- date：选取日、月、年。
- month：选取月、年。
- week：选取周和年。
- time：选取时间（小时和分钟）。
- datetime：选取时间、日、月、年（UTC 时间）。
- datetime-local：选取时间、日、月、年（本地时间）。

在 HTML 4 之前的版本中，没有专门用于显示日期的文本输入框，用户需要专门编写大量的 JavaScript 代码或导入相应的插件，整个实现过程较为复杂。在 HTML 5 中，只需要将<input>元素的类型设置为“date”，便可以创建一个日期输入框。当单击该文本框时，会弹出一个日历选择器，选择日期并关闭这个框，将所选择的日期显示在文本框中。

下面通过一个实例讲解自动弹出日期和时间输入框供用户选择的方法。

实例 4-5	说　明
源码路径	daima\4\5.html
功能	自动弹出日期和时间输入框供用户选择

在本实例的页面表单中，分三组创建 6 个不同展示形式的日期类型输入框。

- 第一组：显示“日期”与“时间”类型，展示类型为“date”与“time”值的日期输入框。
- 第二组：显示“月份”与“星期”类型，展示类型为“month”与“week”值的日期输入框。
- 第三组：显示“日期时间”型，分别展示类型为“datetime”与“datetime-local”值的日期输入框。当提交所有输入框中的数据时，都将对输入的日期或时间进行有效性检测，如果不符将弹出提示信息。

实例文件 5.html 的代码如下。

```
<!DOCTYPE html>
<html>
<head>
<meta charset="utf-8" />
<title>选择日期</title>
<link href="css.css" rel="stylesheet" type="text/css">
</head>
<body>
<form id="frmTmp">
 <fieldset>
```

```
        <legend>日期+时间类型：</legend>
        <input name="txtDate_1" type="date"
                class="inputtxt">
        <input name="txtDate_2" type="time"
                class="inputtxt">
        </fieldset>
        <fieldset>
        <legend>月份+星期类型：</legend>
        <input name="txtDate_3" type="month"
                class="inputtxt">
        <input name="txtDate_4" type="week"
                class="inputtxt">
        </fieldset>
        <fieldset>
        <legend>日期+时间型：</legend>
        <input name="txtDate_5" type="datetime"
                class="inputtxt">
        <input name="txtDate_6" type="datetime-local"
                class="inputtxt">
      </fieldset>
    </form>
    </body>
    </html>
```

在上述代码中，“datetime”类型是专门用于 UTC 日期与时间的输入文本框，而“datetime-local”类型则是用于本地日期与时间的输入文本框，默认值为本地的日期与时间。另外在“week”类型的输入文本框中，如果值为“2014-W10”，则表示在 2014 年的第 10 个星期，以此类推，该星期的值表示当年的第几个星期。执行效果如图 4-6 所示。

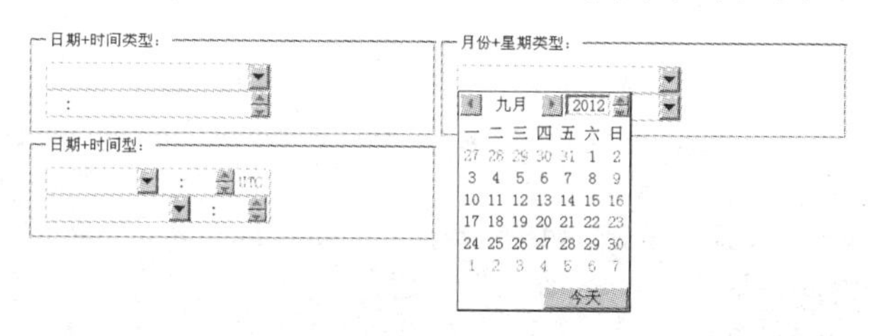

图 4-6　Opera 浏览器的执行效果

如果在 Chrome 浏览器中运行上述程序，则不能弹出日期选择器。如图 4-7 所示。

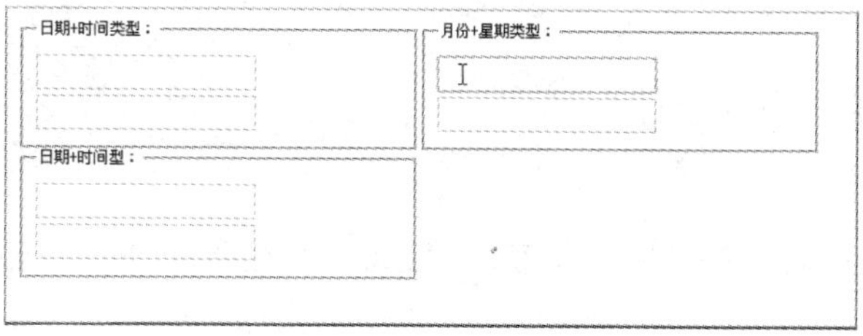

图 4-7　Chrome 浏览器的执行效果

4.1.6 search 类型

在 HTML 5 中，通过“search”类型可以实现一个搜索域，比如站点搜索或 Google 搜索、百度搜索。“search”域显示为常规的文本域。“search”类型的<input>元素专门用于关键字的查询，该类型的输入框与“text”类型的输入框在功能上没有太大的区别，都是用于接收用户输入的查询关键字。但是在页面展示时却有少许的区别。在 Chrome 与 Safari 浏览器中，在输入框中填写内容时，输入框的右侧将会出现一个“×”按钮，单击该按钮时会清空在输入框中的内容。

下面通过一个实例讲解显示文本框中的搜索关键字的方法。

实例 4-6	说　明
源码路径	daima\4\6.html
功能	显示文本框中的搜索关键字

在本实例的表单中，增加了一个“search”类型的<input>元素，功能是用于输入查询关键字。然后为此表单增加一个“提交”按钮，当单击按钮时显示输入的关键字内容。实例文件 6.html 的代码如下。

```
<!DOCTYPE html>
<html>
<head>
<meta charset="utf-8" />
<title>search 类型的 input 元素</title>
<link href="css.css" rel="stylesheet" type="text/css">
<script type="text/javascript" language="javascript"
        src="js6.js">
</script>
</head>
<body>
<form id="frmTmp" onSubmit="return ShowKeyWord();">
 <fieldset>
   <legend>请输入搜索关键字：</legend>
   <input id="txtKeyWord" type="search"
          class="inputtxt">
   <input name="frmSubmit" type="submit"
          class="inputbtn" value="提交">
 </fieldset>
 <p id="pTip"></p>
</form>
</body>
</html>
```

在上述代码中，在表单提交时为了获取“search”类型的<input>输入框的值，在表单的“onSubmit”事件中，调用了一个 JavaScript 自定义函数 ShowKeyWord()。在自定义函数 ShowKeyWord()中，先获取查询输入框的值，然后将该值设置为展示元素<p>的内容，并通过

“retum false”方法终止表单提交的过程，最后显示该函数执行结果。

上述代码调用了脚本文件 js6.js，此文件的代码如下。

```
// JavaScript Document
function $$(id){
    return document.getElementById(id);
}
//将获取的内容显示在页面中
function ShowKeyWord(){
    var strTmp="<b>亲，您输入的查询关键字是——</b>";
    strTmp=strTmp+$$('txtKeyWord').value;
    $$('pTip').innerHTML=strTmp;
    return false;
}
```

执行效果如图 4-8 所示。在文本框中输入关键字，单击“提交”按钮后将在下方显示输入的关键字，如图 4-9 所示。

图 4-8　执行效果

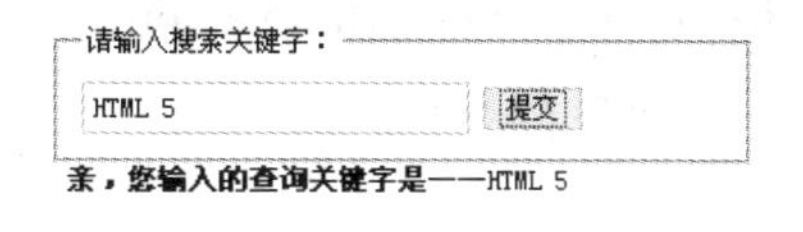

图 4-9　显示输入的关键字

在 Chrome 与 Safari 浏览器中，在输入框中填写内容时，输入框的右侧将会出现一个“×”按钮，如图 4-10 所示。当单击“×”按钮时会清空在输入框中的内容，如图 4-11 所示。

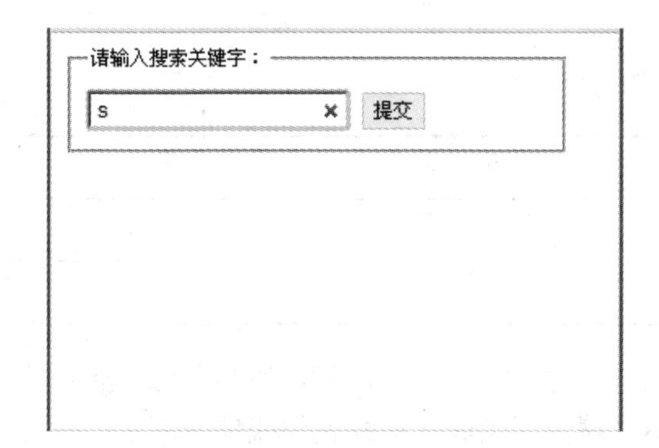

图 4-10　显示“×”

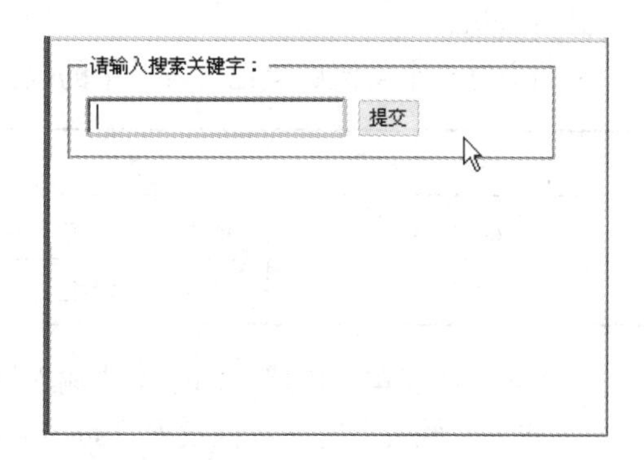

图 4-11　清空文字

4.2 表单元素中的属性

除了本章4.1中介绍的表单类型外，在HTML 5页面中还可以使用属性来实现用户需要的显示功能。本节将详细讲解和HTML 5表单相关的几个属性，并通过具体实例来讲解其实现流程。

4.2.1 记住表单中的数据

在HTML 5的<input>元素中，属性“autofocus”是一个布尔值。主要功能是当加载页面完成后，设置光标是否自动锁定<input>元素，即是否使元素自动获取焦点。在<input>元素中，如果将该属性的值设置为“true”或直接输入“autofocus”属性名称，那么对应的元素将自动获取焦点。

其实“autofocus”属性是HTML 5新增的属性，除了此属性外，还新增了如下表单属性。

（1）新的“form”属性

- autocomplete
- novalidate

（2）新的“input”属性

- autocomplete
- autofocus
- form
- form overrides (formaction、formenctype、formmethod、formnovalidate、formtarget)
- height 和 width
- list
- min、max 和 step
- multiple
- pattern (regexp)
- placeholder
- required

下面通过一个实例讲解记住表单中的数据的方法。

实例 4-7	说　明
源码路径	daima\4\7.html
功能	记住表单中的数据

在本实例的表单中创建了两个文本输入框，一个用于输入“姓名”，另一个用于输入“密码”。为输入“姓名”的文本框设置“autofocus”属性，当成功加载页面或单击表单“提交”按钮后，拥有“autofocus”属性的“姓名”输入文本框会自动获取焦点。实例文件7.html的代码如下。

```
<!DOCTYPE html>
<html>
<head>
<meta charset="utf-8" />
<title>使用 autofocus 属性</title>
<link href="css.css" rel="stylesheet" type="text/css">
</head>
<body>
<form id="frmTmp">
  <fieldset>
    <legend>属性 autofocus</legend>
    <p>姓名：<input type="text" name="txtName"
             class="inputtxt" autofocus="true"></p>
    <p>密码：<input type="password" name="txtPws"
             class="inputtxt"></p>
    <p class="p_center">
        <input name="frmSubmit" type="submit"
             class="inputbtn" value="提交" />
        <input name="frmReset" type="reset"
             class="inputbtn" value="取消" />
    </p>
  </fieldset>
</form>
</body>
</html>
```

执行后首先显示两个表单，如图 4-12 所示。

假如输入姓名“aaa”，密码“111”，单击“提交”按钮后会弹出是否保存信息的选项，如图 4-13 所示。

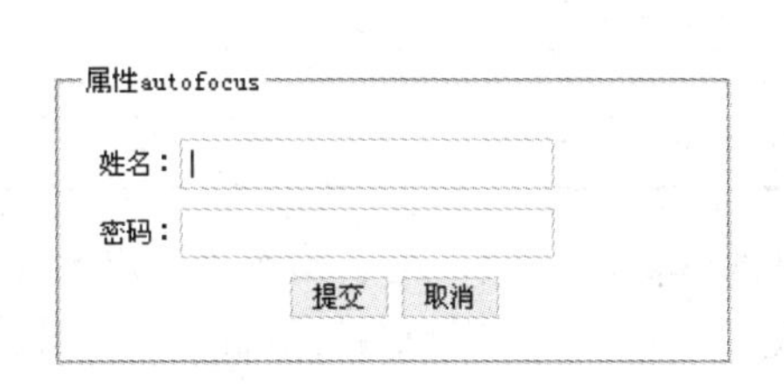

图 4-12　执行效果

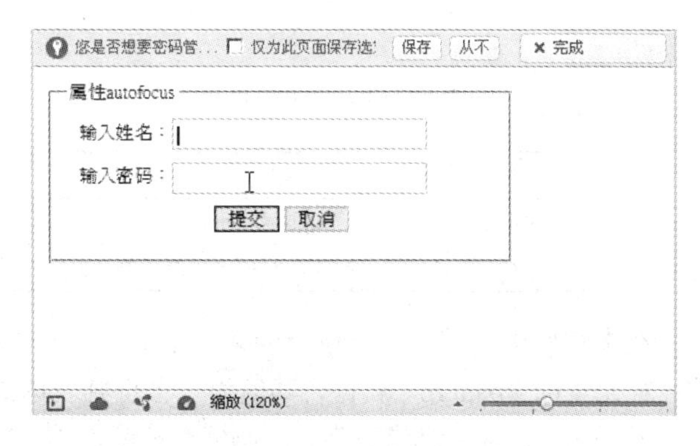

图 4-13　是否保存信息

如果选择“保存”，则当下次打开这个网页时，将在表单中自动输入姓名和密码。如图 4-14 所示。

其实在传统的在 HTML 4 中，如果要使某个元素自动获取焦点，需要特意编写 JavaScript 代码来实现。虽然这一功能的实现方便了用户的操作，但也带来了不少的弊端，例如需要通过按空格键滚动页面时，如果焦点还在表单的输入文本框中，输入的空格就只能显示在文本框中，而不能实现页面的滚动。

图 4-14　在表单中自动输入姓名和密码

在 HTML 5 中，由于实现这一功能的不再是 JavaScript 代码，而是元素的属性，所以所有页面实现该功能的方法都是一致的，避免了由于代码实现的不同而效果不一样的情况。在一个页面表单中，建议只对一个输入框设置“autofocus”属性，例如在资料输入页面中，只对第一个文本输入框设置“autofocus”属性。

4.2.2　验证表单中输入的数据是否合法

在 HTML 5 网页中，可以验证在表单中输入的数据是否合法，此功能是通过“pattern”属性实现的。在 HTML 5 中，“pattern”属性用于验证 input 域的模式（pattern），“pattern”属性适用于以下类型的<input>标签：

- text
- search
- url
- telephone
- email
- password

在<input>元素中，“pattern”是<input>的验证属性。使用该属性中的正则表达式，可以验证文本输入框中的内容。“email”、“url”等类型的<input>元素都内置了正则表达式，当创建这些元素时，通过与内容进行匹配的方式进行有效性验证。其实这些元素都使用了“pattern”属性，只是内置的而已。但是由于内置验证的元素较少，所以如果要进行组合式的验证，就需要使用“pattem”属性。该属性支持各种类型的组合正则表达式，用来验证对应的文本输入框中的内容。

下面通过一个实例讲解验证表单中输入的数据是否合法的方法。

实例 4-8	说　明
源码路径	daima\4\8.html
功能	验证表单中输入的数据是否合法

在本实例中，首先在表单中创建一个“text”类型的<input>元素，用于输入“用户名”，并设置元素的“pattern”属性，其值为一个正则表达式，用来验证“用户名”是否符合“必须以字母开头，包含字符或数字和下画线，长度在 6～8 个字符之间”的规定。单击表单“提交”按钮时，输入框中的内容与表达式进行匹配，如果不符，则提示错误信息。实例文件 8.html 的具体代码如下。

```
<!DOCTYPE html>
<html>
<head>
```

```
<meta charset="utf-8" />
<title>使用 pattern 属性</title>
<link href="css.css" rel="stylesheet" type="text/css">
</head>
<body>
<form id="frmTmp">
 <fieldset>
   <legend>使用 pattern 属性：</legend>
   用户名:
   <input name="txtAge" type="text"
          class="inputtxt" pattern="^[a-zA-Z]\w{5,7}$" />
   <input name="frmSubmit" type="submit"
          class="inputbtn" value="提交" />
   <p class="p_color">
   必须以字母开头,包含字符或数字和下划线,长度在 6~8 个字符之间
   </p>
 </fieldset>
</form>
</body>
</html>
```

在上述<input>元素中，所有的输入框类型都支持“pattern”属性，在使用时只要在输入框中添加一个“pattem”属性即可通过属性中各种组合类型的正则表达式验证输入框中的内容。到笔者写此书时为止，目前只有 Chrome 与 Opera 浏览器支持该属性。执行后的效果如图 4-15 所示。

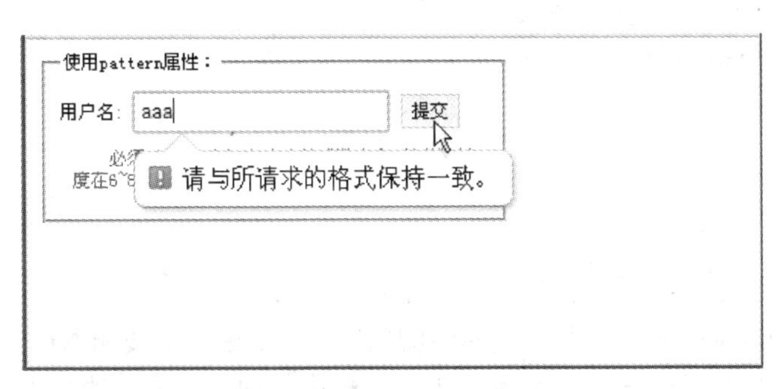

图 4-15　执行效果

4.2.3　在文本框中显示提示信息

在 HTML 5 网页中，属性“placeholder”能够为用户提供一种描述输入域所期待值的提示。属性“placeholder”适用于<input>标签的“text”“search”“url”“telephone”“email”以及“password”类型。由此可见，<input>元素中的“placeholder”属性是一种“占位”属性，其属性值是一种“占位文本”。“占位文本”就是显示在输入框中的提示信息，当输入框获取焦点时，该提示信息自动消失；当输入框丢失焦点时，提示信息又重新显示。

在 HTML 5 中，只要设置元素的“placeholder”属性后，提示会在输入域为空时显示出现，

会在输入域获得焦点时消失。下面通过一个实例讲解在文本框中显示提示信息的方法。

实例 4-9	说　明
源码路径	daima\4\9.html
功能	在文本框中显示提示信息

在本实例中创建一个类型为“email”的<input>元素，设置该元素的“placeholder”属性值为“要输入正确的邮件地址！”。当页面初次加载时，该元素的占位文本显示在输入框中，单击输入框时占位文本将自动消失。实例文件 9.html 的代码如下。

```
<!DOCTYPE html>
<html>
<head>
<meta charset="utf-8" />
<title>使用 placeholder 属性</title>
<link href="css.css" rel="stylesheet" type="text/css">
</head>
<body>
<form id="frmTmp">
 <fieldset>
    <legend>属性 placeholder</legend>
    邮箱:
    <input name="txtEamil" type="Email"
            class="inputtxt"
            placeholder="要输入正确的邮件地址！" />
    <input name="frmSubmit" type="submit"
            class="inputbtn" value="提交" />
 </fieldset>
</form>
</body>
</html>
```

通过上述代码，如果需要在表单中设置输入框元素的默认提示信息（占位文本），只需添加该元素的“placeholder”属性，并设置属性的内容即可。这样即使输入框中的内容没有消失，单击“提交”按钮后也不会将占位文本作为输入框中的内容提交给服务器。执行后的初始效果如图 4-16 所示。

输入非法邮件地址，单击“提交”按钮后会显示对应的提示，如图 4-17 所示。

图 4-16　初始效果（一）

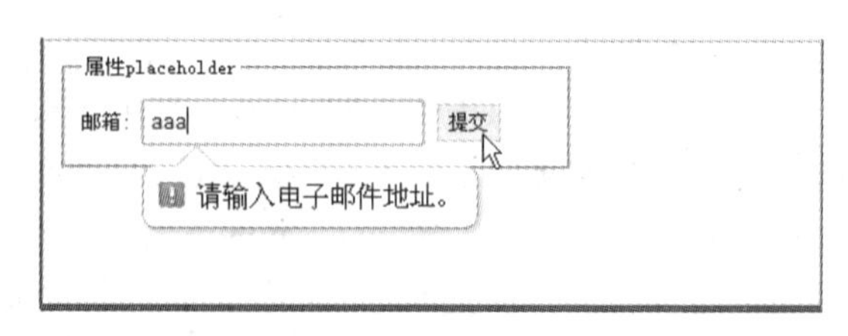

图 4-17　初始效果（二）

注意：虽然利用输入框中的“placeholder”属性可以很方便地实现动态显示提示信息的功能，但当内容过长时还是建议使用元素的“title”属性来显示。并且，文本输入框中的“placeholder”属性值只支持纯文本，目前还不支持 HTML 语法，也不能修改输入框中占位文本的样式。

4.2.4　验证文本框中的内容是否为空

在 HTML 5 页面中，可以使用属性“required”验证文本框中的内容是否为空。属性“required”适用于以下类型的<input> 标签：

- text
- search
- url
- telephone
- email
- password
- date pickers
- number
- checkbox
- radio
- file

在 HTML 5 中，当“email”或“url”类型的<input>元素在提交表单时，都要进行内容验证。这种验证仅针对输入框中的内容是否符合各自所属的类型，对输入框中的文本内容是否为空，并不验证，即只验证非空内容。由此可见，只要在验证元素中添加一个“required”属性，就可以对其内容是否为空进行自动验证；如果为空，在表单提交数据时会显示错误提示信息。

下面通过一个实例讲解验证文本框中的内容是否为空的方法。

实例 4-10	说　明
源码路径	daima\4\10.html
功能	验证文本框中的内容是否为空

在本实例的表单中，创建了一个用于输入“姓名”的“text”类型<input>元素，并在该元素中添加了一个“required”属性，将属性值设置为“true”。当用户单击表单“提交”按钮时，将自动验证输入文本框中的内容是否为空；如果为空则会显示错误信息。实例文件 10.html 的具体代码如下所示。

```
<!DOCTYPE html>
<html>
<head>
<meta charset="utf-8" />
<title>使用 input 元素</title>
<link href="css.css" rel="stylesheet" type="text/css">
</head>
```

```
<body>
<form id="frmTmp">
 <fieldset>
   <legend>属性 required</legend>
   姓名:
   <input name="txtUserName" type="text"
          class="inputtxt" required />
   <input name="frmSubmit" type="submit"
          class="inputbtn" value="提交" />
 </fieldset>
</form>
</body>
</html>
```

在上述页面的表单中，如果需要验证某个输入框的内容（必须不为空值），只要添加一个“required”属性，并将该属性的值设置为“true”或只是增加属性名称“required”。设置完成后，在表单提交时，将自动检测该输入框中的内容是否为空。在笔者写作本书时，只有 Chrome 与 Opera 浏览器支持输入框中的“required”属性。在 Opera 浏览器中的执行效果如图 4-18 所示。

图 4-18　执行效果

4.2.5　开启表单的自动完成功能

在 HTML 5 中，使用属性“autocomplete”可以设置<form>或<input>域，使其拥有自动完成功能。属性“autocomplete”适用于<form>标签，以及<input> 标签中的“text”“search”“url”“telephone”“email”“password”“datepickers”“range”和“color”类型。当用户在自动完成域中输入时，浏览器应该在该域中显示填写的选项。在某些浏览器中，可能还需要启用自动完成功能，以使该属性生效。

下面通过一个实例讲解开启表单的自动完成功能的方法。

实例 4-11	说　明
源码路径	daima\4\11.html
功能	开启表单的自动完成功能

实例文件 11.html 的代码如下。

```
<!DOCTYPE html>
<html>
<head>
<meta charset="utf-8" />
<title>使用 placeholder 属性</title>
<link href="css.css" rel="stylesheet" type="text/css">
</head>
<body>
<form action="123.asp" method="get" autocomplete="on">
姓:<input type="text" name="fname" /><br />
名: <input type="text" name="lname" /><br />
E-mail: <input type="email" name="email" autocomplete="off" /><br />
<input type="submit" />
</form>

<p>请填写并提交此表单，然后重载页面，来查看自动完成功能是如何工作的。</p>
<p>请注意，表单的自动完成功能是打开的，而 e-mail 域是关闭的。</p>
</body>
</html>
```

执行后的效果如图 4-19 所示。

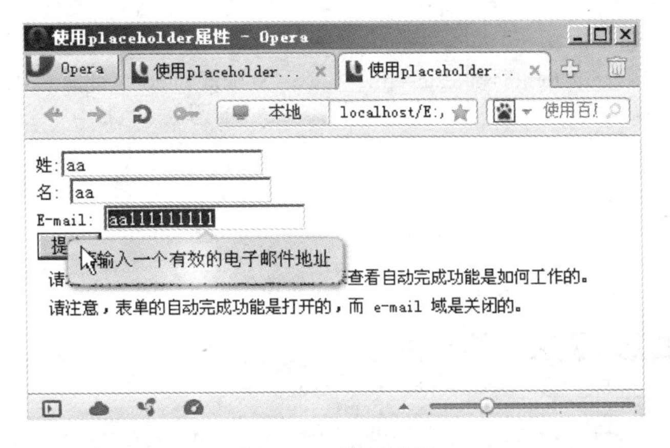

图 4-19　执行效果

4.2.6　重写表单中的某些属性

在 HTML 5 中，通过表单重写属性“form override attributes”可以重写<form>元素的某些属性设定。HTML 5 中的表单重写属性有：

- formaction：重写表单的 action 属性。
- formenctype：重写表单的 enctype 属性。
- formmethod：重写表单的 method 属性。
- formnovalidate：重写表单的 novalidate 属性。

❑ formtarget：重写表单的 target 属性。

表单重写属性适用于以下类型的 <input> 标签：

❑ submit

❑ image

下面通过一个实例讲解重写表单中的某些属性的方法。

实例 4-12	说　明
源码路径	daima\4\12.html
功能	重写表单中的某些属性

实例文件 12.html 的代码如下。

```
<!DOCTYPE html>
<html>
<head>
<meta charset="utf-8" />
<title></title>
<link href="css.css" rel="stylesheet" type="text/css">
</head>
<body>
<form action="demo_form.asp" method="get" id="user_form">
E-mail: <input type="email" name="userid" /><br />
<input type="submit" value="Submit" /><br />
<input type="submit" formaction="/example/html5/demo_admin.asp" value="Submit as admin" /><br />
<input type="submit" formnovalidate="true" value="Submit without validation" /><br />
</form>

</body>
</html>
```

执行后的效果如图 4-20 所示。

图 4-20　执行效果

4.2.7　自动设置表单中传递数字

在 HTML 5 网页中，使用属性“min”“max”和“step”可以为包含数字或日期的<input>类型规定限定值（约束）。这三个属性的说明如下。

- max 属性：规定输入域所允许的最大值。
- min 属性：规定输入域所允许的最小值。
- step 属性：为输入域规定合法的数字间隔（如果 step="3"，则合法的数是-3，0，3，6 等）。

属性“min”“max”和“step”适用于以下类型的 <input> 标签：

- date pickers
- number
- range

下面通过一个实例讲解自动设置表单中传递数字的方法。

实例 4-13	说　明
源码路径	daima\4\13.html
功能	自动设置表单中传递数字

在本实例中显示了一个数字域，该域接受介于 0 到 10 之间的值，且“step”属性值为 3。也就是说，合法的值为 0、3、6 和 9。实例文件 13.html 的实现代码如下。

```
<!DOCTYPE html>
<html>
<head>
<meta charset="utf-8" />
<title></title>
<link href="css.css" rel="stylesheet" type="text/css">
</head>
<body>

<form action="/example/html5/demo_form.asp" method="get">
Points: <input type="number" name="points" min="0" max="10" step="3"/>
<input type="submit" />
</form>

</body>
</html>
```

执行上述代码后，可以用小箭头自动输入从 0 开始的逐步递增 3 的数字，如图 4-21 所示。如果输入的数字不符合规则，单击“提交”按钮后则输出对应的提示，如图 4-22 所示。

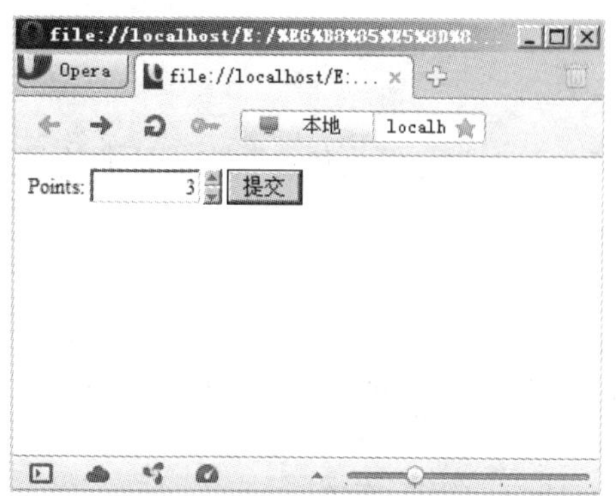

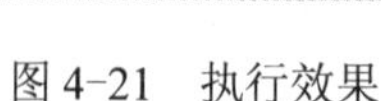
图 4-21　执行效果

图 4-22　非法提示

4.2.8　在表单中选择多个上传文件

在 HTML 5 中，使用属性“multiple”可以在输入域中选择多个值。属性“multiple”适用于如下两种类型的<input>标签。

- email
- file

下面通过一个实例讲解在表单中选择多个上传文件的方法。

实例 4-14	说　明
源码路径	daima\4\14.html
功能	在表单中选择多个上传文件

在本实例中设置了一个查询表单，单击“添加文件”按钮后弹出“打开”对话框，在此可以选择多个上传文件。实例文件 14.html 的代码如下。

```
<!DOCTYPE html>
<html>
<head>
<meta charset="utf-8" />
<title></title>
<link href="css.css" rel="stylesheet" type="text/css">
</head>
<body>

<form action="demo_form.asp" method="get">
Select images: <input type="file" name="img" multiple="multiple" />
<input type="submit" />
</form>

<p>当您浏览文件时，请试着选择多个文件。</p>
```

```
</body>
</html>
```

执行后的效果如图 4-23 所示。

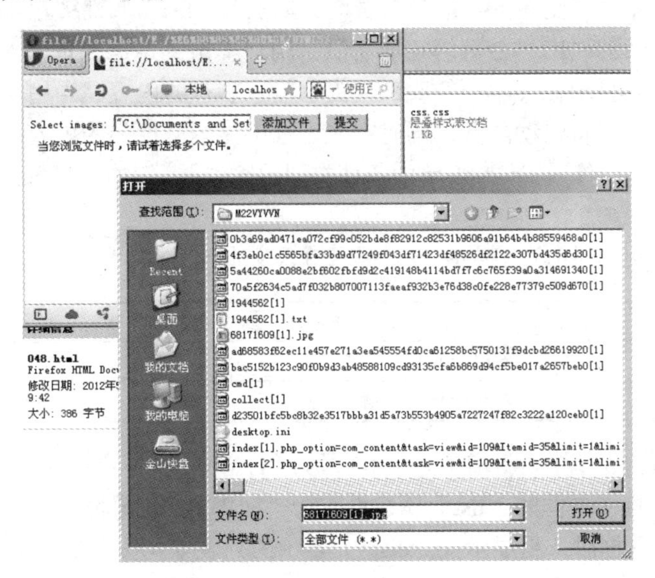

图 4-23　执行效果

4.3　新的表单元素

在 HTML 5 页面中，可以支持很多新的表单元素。本节将详细介绍这些新元素的基本用法。

4.3.1　在表单中自动提示输入文本

在表单中自动提示输入文本，这一功能在搜索引擎中比较常见。例如使用百度引擎在检索信息时，会在下拉框中自动提示一些热点信息，如图 4-24 所示。

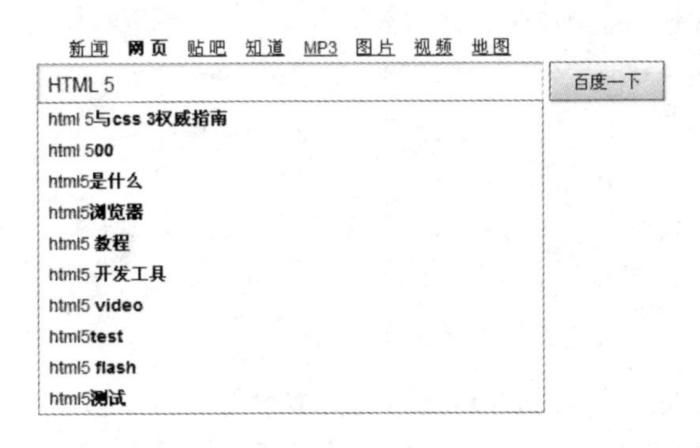

图 4-24　百度的自动提示

在 HTML 5 中，使用<datalist>元素可以设置输入域的选项列表。列表是通过<datalist>内的<option>元素创建的，如需把<datalist>绑定到输入域，请用输入域的“list”属性引用<datalist>的 ID。<datalist>是 HTML 5 中新增的元素，该元素的功能是辅助表单中文本框的数据输入。

<datalist>元素本身是隐藏的，但是与表单文本框的“list”属性绑定，即将“list”属性值设置为<datalist>元素的“ID”号。绑定成功后，用户单击文本框准备输入内容时，<datalist>元素会以列表的形式显示在文本框的底部，提示输入字符的内容。当用户选中列表中的某个选项后，<datalist>元素将自动隐藏，同时在文本框中显示所选择的内容。<datalist>元素中的列表内容可以动态进行修改，支持表单中各种类型的输入框，例如可与“email”、“url”、“text”属性等进行绑定。

下面通过一个实例讲解在表单中自动提示输入文本的方法。

实例 4-15	说　明
源码路径	daima\4\15.html
功能	在表单中自动提示输入文本

在本实例页面的表单中，新增了一个 ID 号为“lstWork”的<datalist>元素。然后创建了一个文本输入框，并将文本框的“list”属性设置为“lstWork”，即将文本框与<datalist>元素进行绑定。当单击输入框时，将显示<datalist>元素中的列表项。实例文件 15.html 的代码如下。

```
<!DOCTYPE html>
<html>
<head>
<meta charset="utf-8" />
<title>使用 datalist</title>
<link href="css.css" rel="stylesheet" type="text/css">
</head>
<form id="frmTmp">
 <fieldset>
   <legend>请输入职业：</legend>
   <input type="text" id="txtWork"
           list="lstWork" class="inputtxt" />
     <datalist id="lstWork">
       <option value="设计师"></option>
       <option value="软件工程师"></option>
       <option value="厨师"></option>
     </datalist>
 </fieldset>
</form>
<body>
</body>
</html>
```

在上述代码中，如果将<datalist>元素与文本输入框相互绑定，在实现具体绑定时，只需将输入框的“list”属性设置为<datalist>元素的 ID 号即可。在 Opera 浏览器中的执行效果

如图 4-25 所示。

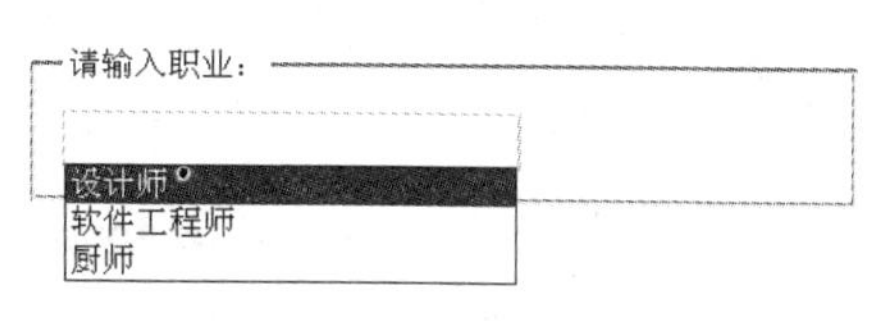

图 4-25　执行效果

由图 4-25 的执行效果可知，虽然<datalist>与<input>元素的关系十分密切，但是两者还是属于不同实体的两个元素，无法融合成一个独立的新元素。这也是出于对浏览器兼容性的考虑，因为如果合成为一个元素，那么不兼容<datalist>元素的浏览器也无法使用与其绑定的文本输入框，这会约束了<input>元素中文本框的使用范围。

4.3.2　一个简单的乘法计算器

在 HTML 5 中，使用<output>元素可以实现不同类型信息的输出，例如计算或脚本输出。该元素必须从属于某个表单，或通过属性指定某个表单。该元素的功能是在页面中显示各种不同类型表单元素的内容，如输入框的值、JavaScript 代码执行后的结果值等。为了获取这些值，需要设置<output>元素的“onFormlnput”事件。在表单输入框中录入内容时，触发该事件，从而十分方便地实时侦察到表单中各元素的输入内容。

下面通过一个实例讲解实现一个简单的乘法计算器的方法。

实例 4-16	说　明
源码路径	daima\4\16.html
功能	一个简单的乘法计算器

本实例的功能是，在新建的表单中创建两个输入文本框，分别用于输入两个数字。然后新建一个<output>元素，用于显示两个输入文本框中数字相乘后的结果。当改变两个输入框中任意一个数值时，<output>元素显示的计算结果也将自动变化。实例文件 16.html 的代码如下。

```
<!DOCTYPE html>
<html>
<head>
<meta charset="utf-8" />
<title>使用 output 元素</title>
<link href="css.css" rel="stylesheet" type="text/css">
</head>
<body>
<form id="frmTmp">
 <fieldset>
    <legend>输入两个数字</legend>
    <input id="txtNum_1" type="text"
            class="inputtxt" /> *
    <input id="txtNum_2" type="text"
            class="inputtxt" /> =
    <output onFormInput=
             "value=txtNum_1.value*txtNum_2.value">
    </output>
 </fieldset>
</form>
```

```
</body>
</html>
```

在上述代码中，因为将<output>元素的内容通过“onFormlnput”事件绑定了两个输入文本框，因此，当输入框中的值发生变化时，<output>元素的内容根据绑定的规则迅速响应，这样便实现了一种联动的效果。另外，<output>元素的“value”值为“txtNum_l.value*txtNum_2.value”，这表示将显示的内容绑定为两个输入文本框值的相乘，这一点和“this.inner HTML”的表示方法类似。另外，也可以通过编写JavaScript自定义函数，与“onFormInput”事件绑定来实现。执行效果如图4-26所示。

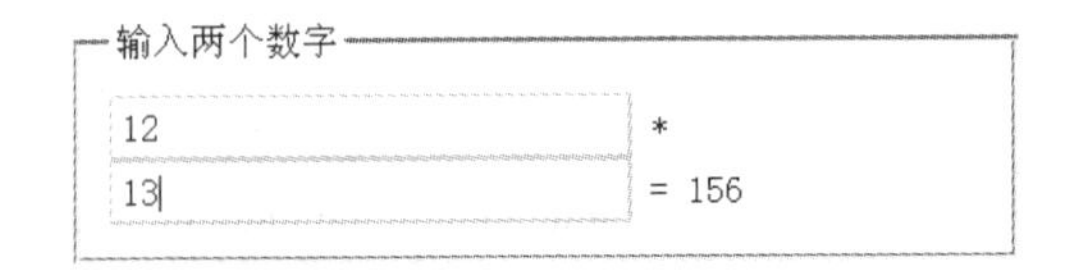

图4-26　执行效果

4.3.3　在网页中生成一个密钥

在HTML 5中，<keygen>元素是一种密钥对生成器（key-pair generator）技术。当提交表单时会生成两个密钥，一个是私钥，一个公钥。其中私钥（Private Key）存储于客户端，公钥（PublicKey）则被发送到服务器。公钥可用于之后验证用户的客户端证书（Client Certificate）。但是截止本书出版之时，浏览器对此元素的糟糕的支持度不足以使其成为一种有用的安全标准。

下面通过一个实例讲解在网页中生成一个密钥的方法。

实例4-17	说　明
源码路径	daima\4\17.html
功能	在网页中生成一个密钥

在本实例的表单中，新建了一个“name”值为“keyUserInfo”的<keygen>元素，通过此元素可以在页面中创建一个选择密钥位数的下拉列表框。当选择列表框中的某选项值，单击表单的“提交”按钮时，可以根据所选密钥的位数生成对应位数的密钥提交给服务器。实例文件17.html的实现代码如下。

```
<!DOCTYPE html>
<html>
<head>
<meta charset="utf-8" />
<title>使用 keygen 元素</title>
<link href="css.css" rel="stylesheet" type="text/css">
</head>
<body>
<form id="frmTmp">
  <fieldset>
```

```
        <legend>选择密钥位数</legend>
        <keygen name="keyUserInfo" class="inputtxt" />
        <input name="frmSubmit" type="submit"
                class="inputbtn" value="提交" />
      </fieldset>
    </form>
    </body>
    </html>
```

在上述代码中，<keygen>元素在表单中以下拉列表的形式展示提供密钥位数的选择。当提交表单时，可以通过<keygen>元素，在表单的“name”值中获取该元素生成的对应位数密钥。另外，<keygen>元素中“keyType”属性表明生成密钥的类型，如设置为“rsa”，则以“rsa”加密类型生成相应位数的密钥。到笔者写作本书时，只有 Chrome 与 Opera 浏览器支持该元素。执行效果如图 4-27 所示。

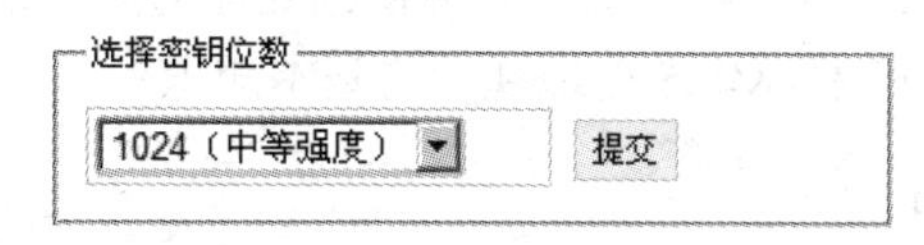

图 4-27　执行效果

第 5 章　音频和视频应用详解

HTML 5 标记语言具有可以在页面中直接播放音频和视频文件的功能，这大大增强了网页的美观性。本章将详细介绍在 HTML 5 页面中实现播放和视频文件的方法，并通过几个具体实例来演示具体流程。

5.1　处理视频

通过使用 HTML 5 技术，可以在网页中实现视频处理功能，并且仅需要短短的几行代码就可以实现。本节将详细讲解 HTML 5 处理视频的基本知识。

5.1.1　使用<video>标记

到现在为止，仍然没有一个在网页上显示视频的标准。在这之前是通过插件在 Web 页面上显示视频，例如 Flash。HTML 5 的出现为我们解决了这个问题，在 HTML 5 中新增了标记<video>，通过这个标记可以在网页中播放视频，并控制这个视频。

当前，<video>标记支持如下三种视频格式。

- Ogg：带有 Theora 视频编码和 Vorbis 音频编码的 Ogg 文件。
- MPEG4：带有 H.264 视频编码和 AAC 音频编码的 MPEG 4 文件。
- WebM：带有 VP8 视频编码和 Vorbis 音频编码的 WebM 文件。

上述三种格式在主流浏览器版本的支持信息如表 5-1 所示

表 5-1　主流浏览器版本支持 video 标记的情况

格　式	IE	Firefox	Opera	Chrome	Safari
Ogg	No	3.5+	10.5+	5.0+	No
MPEG 4	9.0+	No	No	5.0+	3.0+
WebM	No	4.0+	10.6+	6.0+	No

video 标记的使用格式如下。

```
<video src="movie.ogg" controls="controls">
</video>
```

- control：供添加播放、暂停和音量控件。
- <video> 与 </video> 之间插入的内容：是供不支持<video>元素的浏览器显示的。

例如下面的代码。

```
<video src="movie.ogg" width="320" height="240" controls="controls">
你的浏览器不支持这种格式
</video>
```

在上述代码中使用了 Ogg 格式的视频文件，此格式视频适用于 Firefox、Opera 以及 Chrome 浏览器。如果要确保在 Safari 浏览器也能使用，则视频文件必须是 MPEG4 类型。

另外，<video>标记允许多个"source"元素。"source"元素可以链接不同的视频文件。浏览器将使用第一个可识别的格式。例如下面的代码。

```
<video width="320" height="240" controls="controls">
  <source src="movie.ogg" type="video/ogg">
  <source src="movie.mp4" type="video/mp4">
你的浏览器不支持这种格式
</video>
```

注意：Internet Explorer 8 不支持<video>标记。在 IE 9 中，将支持使用 MPEG4 的<video>元素。

5.1.2　<video>标记的属性

<video>标记中各个属性的具体说明如表 5-2 所示。

表 5-2　<video>的属性信息

属　性	值	描　述
autoplay	autoplay	如果出现该属性，则视频在就绪后马上播放
controls	controls	如果出现该属性，则向用户显示控件，比如"播放"按钮
height	pixels	设置视频播放器的高度
loop	loop	如果出现该属性，则当媒介文件完成播放后再次开始播放
preload	preload	如果出现该属性，则视频在页面加载时进行加载，并预备播放。如果使用"autoplay"，则忽略该属性
src	url	要播放的视频的 URL 地址
width	pixels	设置视频播放器的宽度

1. autoplay 属性

通过此属性自动播放<video>中设置的视频，例如下面的代码。

```
<video controls="controls" autoplay="autoplay">
  <source src="movie.ogg" type="video/ogg" />
  <source src="movie.mp4" type="video/mp4" />
你的浏览器不支持！
</video>
```

下面通过一个实例讲解在网页中自动播放视频的方法。

实例 5-1	说　　明
源码路径	daima\5\1.html
功能	在网页中自动播放一个视频

实例文件 1.html 的主要代码如下。

```
<!DOCTYPE HTML>
<html>
<body>

<video controls="controls" autoplay="autoplay">
  <source src="movie.ogg" type="video/ogg" />
  <source src="movie.mp4" type="video/mp4" />
Your browser does not support the video tag.
</video>

</body>
</html>
```

上述代码的功能是在网页中自动播放名为“movie.ogg”视频文件，在代码中设置的此视频文件和实例文件 autoplay.html 同属于一个目录下。执行后的效果如图 5-1 所示。

图 5-1　执行效果

2. controls 属性

属性“controls”的功能是在浏览器中设置显示播放器的控制按钮，设置浏览器控件应该包括下面的控制功能。

- ❑ 播放
- ❑ 暂停

定位（拖动进度条）

- ❑ 音量
- ❑ 全屏切换
- ❑ 字幕
- ❑ 音轨

例如下面的代码：

```
<video controls="controls" controls="controls">
  <source src="movie.ogg" type="video/ogg" />
  <source src="movie.mp4" type="video/mp4" />
你的浏览器不支持！
</video>
```

下面通过一个实例讲解在网页中控制播放视频的方法。

实例 5-2	说　明
源码路径	daima\5\2.html
功能	在网页中控制播放的视频

实现文件 2.html 的实现代码如下所示。

```
<!DOCTYPE HTML>
<html>
<body>

<video controls="controls" controls="controls">
  <source src="movie.ogg" type="video/ogg" />
  <source src="movie.mp4" type="video/mp4" />
你的浏览器不支持！
</video>

</body>
</html>
```

通过上述代码，在网页中播放名为“movie.ogg”视频文件，并且在播放时可以控制这个视频，例如播放进度。执行后的效果如图 5-2 所示。

图 5-2　执行效果

3. height 属性

通过使用属性“height”可以设置视频播放器的高度，使用格式如下所示。

```
<video height="value" />
```

“value”表示属性值，单位是“pixels”，以像素为单位计算高度值，比如"100px" 或“100”。

例如下面的代码：

```
<video controls="controls" controls="controls">
  <source src="movie.ogg" type="video/ogg" />
  <source src="movie.mp4" type="video/mp4" />
</video>
```

下面通过一个实例讲解在网页中设置播放视频高度的方法。

实例 5-3	说　明
源码路径	daima\5\3.html
功能	在网页中设置播放视频的高度

实例文件 3.html 的实现代码如下。

```
<!DOCTYPE HTML>
<html>
<body>

<video width="500" height="600" controls="controls">
  <source src="movie.ogg" type="video/ogg" />
  <source src="movie.mp4" type="video/mp4" />
你的浏览器不支持！
</video>
</body>
</html>
```

通过上述代码，在网页中播放名为“movie.ogg”的视频文件，并且设置视频播放器的高度是“600”。执行后的效果如图 5-3 所示。

图 5-3　执行效果

注意：尽量不要通过“height”和“width”属性来缩放视频。通过“height”和“width”属性来缩小视频，只会迫使用户加载原始的视频（即使在页面上它看起来较小）。正确的方法是在网页上使用该视频前，使用软件对视频进行压缩。

另外，“width”属性和“height”属性的用法完全一样，其功能是设置播放视频的宽度。

4. loop 属性

属性“loop”的功能是设置当视频播放结束后将重新开始播放，设置此属性后该视频将循环播放。例如下面的代码。

```
<video controls="controls" loop="loop">
  <source src="movie.ogg" type="video/ogg" />
  <source src="movie.mp4" type="video/mp4" />
你的浏览器不支持！
</video>
```

5. preload 属性

属性“preload”的功能是设置是否在页面加载后载入视频。设置“autoplay”属性会忽略这个属性。例如下面的代码。

```
<video controls="controls" preload="auto">
  <source src="movie.ogg" type="video/ogg" />
  <source src="movie.mp4" type="video/mp4" />
你的浏览器不支持！
</video>
```

6. src 属性

属性“src”的功能是设置要播放的视频的 URL，另外也可以使用标签<source>来设置要播放的视频。在 HTML 5 中有如下两种视频文件的 URL。

- 绝对 URL 地址：指向另一个站点，例如：href=http://www.xxxxxx.com/123.ogg。
- 相对 URL 地址：指向网站内的文件，例如 href="123.ogg"。

5.2 处理音频

既然 HTML 5 能够处理视频，所以音频处理自然也“不在话下”。使用 HTML 5 技术，用户可以在网页中处理音频。本节介绍使用 HTML 5 处理音频的基本方法。

5.2.1 <audio>标记

和视频功能一样，到目前为止，在网页中播放音频的标准还未统一。当前大多数音频都是通过第三方插件来实现的，例如 Flash。HTML 5 的推出非常轻松地解决了这个问题，使用新增的标记<audio>可以在网页中播放音频。

通过<audio>标记元素可以非常轻松地播放声音文件或者音频流。现在的<audio>标记支持三种音频格式，这三种格式在主流浏览器版本的支持信息如表 5-3 所示

表 5-3 主流浏览器版本支持 audio 标记的情况

说　明	IE 9	Firefox 3.5	Opera 10.5	Chrome 3.0	Safari 3.0
Ogg Vorbis		√	√	√	
MP3	√			√	√
Wav		√	√		√

在 HTML 5 中播放音频，只需通过如下代码即可实现。

```
<audio src="song.ogg" controls="controls">
</audio>
```

- control 属性：供添加播放、暂停和音量控件。
- <audio> 与 </audio> 之间插入的内容：供不支持<audio>元素的浏览器显示。

例如在下面的演示代码中，使用一个名为“ogg”格式的音频文件，可以适用于 Firefox、Opera 以及 Chrome 浏览器。要想确保适用于 Safari 浏览器，则音频文件必须是 MP3 或 Wav 类型。

```
<audio src="song.ogg" controls="controls">
你的浏览器不支持！
</audio>
```

在标记<audio>中允许有多个“source”元素，通过“source”元素可以链接不同的音频文件。浏览器将使用第一个可识别的格式。例如下面的代码。

```
<audio controls="controls">
  <source src="song.ogg" type="audio/ogg">
  <source src="song.mp3" type="audio/mpeg">
你的浏览器不支持！
</audio>
```

5.2.2 <audio>标记的属性

<audio>标记中各个属性的具体说明如表 5-4 所示。

表 5-4 <audio>的属性信息

属　　性	值	描　　述
autoplay	autoplay	如果出现该属性，则音频在就绪后马上播放
controls	controls	如果出现该属性，则向用户显示控件，比如播放按钮
loop	loop	如果出现该属性，则每当音频结束时重新开始播放
preload	preload	如果出现该属性，则音频在页面加载时进行加载，并预备播放。如果使用"autoplay"，则忽略该属性
src	*url*	要播放的音频的 URL

1. autoplay 属性

属性“autoplay”的功能是在网页中自动播放指定音频，例如下面的代码。

```
<audio controls="controls" autoplay="autoplay">
  <source src="song.ogg" type="audio/ogg" />
  <source src="song.mp3" type="audio/mpeg" />
你的浏览器不支持！
</audio>
```

属性“autoplay”严格的规定：一旦音频就绪马上开始播放，并且是自动播放。下面通过一个实例讲解在网页中自动播放一个音频的方法。

实例 5-4	说　　明
源码路径	daima\5\4.html
功能	在网页中自动播放一个音频

实例文件 4html 的实现代码如下。

```
<!DOCTYPE HTML>
<html>
<body>

<audio controls="controls" autoplay="autoplay">
  <source src="song.mp3" type="audio/mpeg" />
Your browser does not support the audio element.
</audio>
```

```
</body>
</html>
```

上述代码的功能是在网页中自动播放名为“song.mp3”音频文件，在代码中设置的此音频文件和实例文件 yinautoplay.html 同属于一个目录下。执行后的效果如图 5-4 所示。

图 5-4　执行效果

2. controls 属性

属性“controls”的功能是设置在网页中显示播放器的控制控件。如果设置了该属性后可以在播放器中显示下面控制功能。

- 播放
- 暂停
- 定位
- 音量
- 全屏切换
- 字幕
- 音轨

下面将通过一个实例讲解在网页中控制播放的音频的方法。

实例 5-5	说　　明
源码路径	daima\5\5.html
功能	网页中控制播放的音频

实例文件 5.html 的实现代码如下所示。

```
<!DOCTYPE HTML>
<html>
<body>

<audio controls="controls">
  <source src="song.ogg" type="audio/ogg" />
  <source src="song.mp3" type="audio/mpeg" />
你的浏览器不支持！
</audio>

</body>
</html>
```

在上述代码中，设置在网页中播放指定的音频文件，并且在播放时可以控制这个音频，例如播放进度和暂停等。执行后的效果如图 5-5 所示。

图 5-5　执行效果

3. loop 属性

属性“loop”的功能是设置当音频结束后将重新开始播放，设置该属性后将循环播放这个音频。例如下面的代码。

```
<audio controls="controls" loop="loop">
```

```
    <source src="song.mp3" type="audio/mpeg" />
你的浏览器不支持！
</audio>
```

下面通过一个实例讲解在网页中循环播放音频的方法。

实例 5-6	说　明
源码路径	daima\5\6.html
功能	在网页中循环播放音频

实例文件 6.html 的实现代码如下。

```
<!DOCTYPE HTML>
<html>
<body>

<audio controls="controls" loop="loop">
    <source src="song.mp3" type="audio/mpeg" />
你的浏览器不支持！
</audio>

</body>
</html> >
```

在上述代码中，设置在网页中循环播放指定的音频文件，执行后的效果如图 5-6 所示。

图 5-6　执行效果

4. preload 属性

属性“preload”的功能是设置是否在页面加载后载入音频，如果设置了“autoplay”属性则忽略“preload”属性的功能。使用“preload”属性的格式如下。

```
<audio preload="load" />
```

“load”用于规定是否预加载音频，可能有如下三个取值。

- auto：当页面加载后载入整个音频。
- meta：当页面加载后只载入元数据。
- none：当页面加载后不载入音频。

例如下面的代码。

```
<audio controls="controls" preload="auto">
    <source src="song.mp3" type="audio/mpeg" />
你的浏览器不支持！
</audio>
```

5. src 属性

属性“src”的功能是设置要播放的音频的 URL，另外用户也可以用标签<source>来设置要播放的音频。在 HTML 5 中有如下两种视频文件 URL。

- 绝对 URL 地址：指向另一个站点，例如：href=http://www.xxxxxx.com/song.ogg。
- 相对 URL 地址：指向网站内的文件，例如 href="song.ogg"。

例如下面的代码。

```
<audio src="song.ogg" controls="controls">
你的浏览器不支持！
</audio>
```

5.3　高级应用

本章前两节已经讲解了 HTML 5 处理音频和视频的基本知识。本节将进一步讲解 HTML 5 处理音频和视频的高级知识。

5.3.1　为播放的视频准备一幅素材图片

在 HTML 5 的<video>元素中，属性“poster”表示所选图片 URL，如果添加该属性，则在视频文件播放前显示该图片，而不是默认显示视频文件的第一帧。另外添加该属性，还可以避免在播放的视频文件不可用时，出现一片空白区域，这会影响用户体验。

下面通过一个实例讲解为播放的视频准备一幅素材图片的方法。

实例 5-7	说　明
源码路径	daima\5\7.html
功能	为播放的视频准备一幅素材图片

在本实例的<video>元素中，新增了一个“poster”属性，并选取一幅图片作为该属性的值。当播放视频文件时，在视频播放区域中会首先显示“poster”属性指定的图片。实例文件 7.html 的具体实现代码如下。

```
<!DOCTYPE html>
<html>
<head>
<meta charset="utf-8" />
<title>设置<video>元素的 poster 属性</title>
<link href="css.css" rel="stylesheet" type="text/css">
</head>
<body>
<video id="vdoMain" src="123.ogg"
        width="360px" height="220px"
        controls="true" poster="123.jpg">
        你的浏览器不支持视频
</video>
</body>
</html>
```

在上述代码中，设置了<video>媒体元素的“poster”属性，该属性是视频元素<video>所独有的属性。利用该属性不仅可以在视频文件开始播放前设置图片，还可以通过视频元素的事件机制，指定在某事件中改变该属性的图片 URL。例如，在播放视频的过程中，当用户单击“暂停”或播放完成时，在相应的事件中编写 JavaScript 代码，通过 setAttribute()方法重置“poster”属性中图片的 URL，这样可以根据不同事件动态变换图片的效果。

样式文件 css.css 的具体实现代码如下。

```
@charset "utf-8";
/* CSS Document */
body {
	font-size:12px
}
video{
	border:solid #ccc 5px;
	padding:3px;
	background-color:#eee
}
/* 实例 5 增加样式 */
#spnStatus{
	display:none;
	position:absolute;
	top:105px;
	left:130px;
	background-color:#eee;
	padding:8px;
}
/* 实例 7 增加样式 */
#pTool{
	position:absolute;
	width:340px;
	top:192px;
	left:16px
}
#pTool span{
	float:left;
	color:#fff;
	font-weight:bold;
	font-size:15px;
	margin-right:1px;
	background-color:#5e5e5e;
	cursor:pointer;
	text-align:center;
	width:55px;
	line-height:26px;
	height:26px;
	padding:3px
}
```

```
/* 实例 8 增加样式 */
#spnResult{
        display:none;
        position:absolute;
        font-size:14px;
        top:92px;
        left:102px;
        background-color:#eee;
        padding:10px;
        border:1px solid #5e5e5e;
        width:160px
}
/* 实例 9 增加样式 */
#pTip{
        position:absolute;
        top:9px;
        left:9px;
        width:366px;
        height:31px;
        line-height:31px;
        margin:4px;
        font-weight:bold
}
#pTip .spnL{
        padding:0px 10px 0px 10px;
        float:left;
        color:#fff;
        background-color:#5e5e5e
}
#pTip .spnR{
        padding:0px 10px 0px 10px;
        float:right;
        color:#fff;
        background-color:#5e5e5e
}
```

执行后将用户指定的图片作为待播放视频的封面，如图 5-7 所示。

图 5-7　执行效果

5.3.2 显示加载视频的状态

在 HTML 5 中，多媒体元素<video>的“networkState”属性可以返回视频文件的网络状态。当浏览器读取视频文件时会触发“progress”事件，通过该事件可以获取视频文件在被打开过程中各个不同阶段的网络状态值。其中“networkState”为只读属性，该属性对应如下 4 个返回值。

- NETWORK_EMPTY：返回值为 0，用于数据加载初始化。
- NETWORK_IDLE：返回值为 1，文件加载成功，等待请求播放。
- NETWORK_LOADING：返回值为 2，文件正在加载过程中。
- NETWORK_NO_SOURCE：返回值为 3，表示加载出错。

下面通过一个实例讲解显示加载视频的状态的方法。

实例 5-8	说　明
源码路径	daima\5\8.html
功能	显示加载视频的状态

在本实例的页面中，分别添加一个多媒体元素<video>和一个<span>元素。当使用<video>元素加载视频文件时，在触发的“progress”事件中，通过<span>元素显示文件在加载过程中返回的“networkState”属性值。实例文件 8.html 的实现代码如下。

```
<!DOCTYPE html>
<html>
<head>
<meta charset="utf-8" />
<title><video>networkState 属性</title>
<link href="css.css" rel="stylesheet" type="text/css">
<script type="text/javascript" language="jscript"
        src="js8.js"/>
</script>
</head>
<body>
<div>
  <video id="vdoMain" src="123.ogg"
         width="360px" height="220px"
         onProgress="Video_Progress(this)"
         controls="true" poster="123.jpg">
         当前浏览器不支持视频！
  </video>
  <span id="spnStatus"></span>
<div>
</body>

</html>
```

脚本文件 js8.js 的具体代码如下所示。

```
function $$(id) {
    return document.getElementById(id);
}
function Video_Progress(e) {
    var intState = e.networkState;
    $$("spnStatus").style.display = "block";
    $$("spnStatus").innerHTML = StrByNum(intState)
     if (intState == 1) {
        $$("spnStatus").style.display = "none";
    }
}
function StrByNum(n) {
    switch (n) {
    case 0:
        return "正在初始化...";
    case 1:
        return "数据加载完成!";
    case 2:
        return "正在加载中...";
    case 3:
        return "数据加载失败!";
    }
}
```

纵览上述代码，媒体元素<video>在触发加载视频文件事件“progress”时，调用一个自定义的函数 Video_Progress()，此函数的运作流程如下所示。

（1）将<video>元素的“networkState”属性值保存至变量“intState”中。

（2）将显示状态信息<span>元素的可见样式设置为“block”，表示可见。

（3）调用另一个自定义的函数 StrByNum()，将保存至变量“intState”中的“networkState”属性值转成相应的文字说明信息，并赋值给显示状态信息元素<span>，用于实现在页面中的动态显示效果。

（4）当返回的“networkState”属性值为“1”时，表示数据加载完成，再将显示状态信息<span>元素的可见样式设置为“none”，即隐藏该元素。

执行后的效果如图 5-8 所示。

图 5-8　执行效果

5.3.3　出错时在播放屏幕中显示出错信息

在 HTML 5 中，属性“error”是一个只读属性，在使用多媒体元素加载或读取文件过程中，如果出现异常或错误，将触发元素的“error”事件。在该事件中，可以通过元素的“error”属性返回一个 MediaError 对象，根据该对象的“code”属性返回当前的错误值。

下面通过一个实例讲解出错时在播放屏幕中显示出错信息的方法。

实例 5-9	说　　明
源码路径	daima\5\9.html
功能	出错时在播放屏幕中显示出错信息

在本实例的页面中，分别添加了一个多媒体元素<video>和一个<span>元素。当使用<video>元素加载一个不支持的播放格式文件时触发“error”事件，通过<span>元素显示加载出错后“error”属性返回的错误代码信息。实例文件 9.html 的实现代码如下。

```
<!DOCTYPE html>
<html>
<head>
<meta charset="utf-8" />
<title><video>error 属性</title>
<link href="css.css" rel="stylesheet" type="text/css">
<script type="text/javascript" language="jscript"
        src="js9.js"/>
</script>
</head>
<body>
<div>
  <video id="vdoMain" src="123.mm"
         width="360px" height="220px"
         onError="Video_Error(this)"
         controls="true" poster="123.jpg">
         你的浏览器不支持视频
  </video>
  <span id="spnStatus"></span>
<div>
</body>
</html>
```

脚本文件 js9.js 的实现代码如下。

```
// JavaScript Document
function $$(id) {
    return document.getElementById(id);
}
function Video_Error(e) {
    var intState = e.error.code;
    $$("spnStatus").style.display = "block";
    $$("spnStatus").innerHTML = ErrorByNum(intState);
}
function ErrorByNum(n) {
    switch (n) {
    case 1:

        return "加载异常，用户请求中止!";
```

```
        case 2:
            return "加载中止，网络错误！";
        case 3:
            return "加载完成，解码出错";
        case 4:
            return "不支持的播放格式!";
        }
    }
```

在上述代码中，因为视频元素<video>不支持载入文件“123.mm”的播放格式，所以会触发“error”事件。在该事件中将调用函数 Video_Error()，此函数的执行流程如下。

（1）通过变量“intState”保存 MediaError 对象“code”属性返回的错误代码值。

（2）将该值通过另一个函数 ErrorByNum()返回对应的文字说明信息。

（3）将获取的说明信息显示在页面元素<span>中。

执行后的效果如图 5-9 所示。

图 5-9　执行效果

5.3.4　检测浏览器是否支持这个媒体类型

因为浏览器对多媒体元素加载媒体文件的类型支持不同，因此在使用多媒体元素加载文件前需要检测当前浏览器是否支持媒体文件类型。检测的方法是通过调用多媒体元素的 canPlayType(type)方法，其中参数“type”表示需要浏览器检测的类型，该类型与媒体文件的 MIME 类型一致；通过多媒体元素的 canPlayType(type)方法，可以返回如下三个值：

- 空字符：表示浏览器不支持该类型的媒体文件。
- maybe：表示浏览器可能支持该类型的媒体文件。
- probably：表示浏览器支持该类型的媒体文件。

下面通过一个实例讲解检测浏览器是否支持媒体类型并显示结果的方法。

实例 5-10	说　明
源码路径	daima\5\10.html
功能	检测浏览器是否支持媒体类型并显示结果

本实例的功能是，使用方法 canPlayType 检测浏览器支持媒体类型的过程。首先在页面中添加一个多媒体元素<video>，并在多媒体元素的底部创建一个<span>元素，功能是检测浏览器是否支持各种媒体类型。单击<span>元素后将在页面中显示检测后的结果。实例文件 10.html 的代码如下。

```
<!DOCTYPE html>
<html>
<head>
<meta charset="utf-8" />
<title>检测浏览器支持媒体类型</title>
<link href="css.css" rel="stylesheet" type="text/css">
<script type="text/javascript" language="jscript"
        src="js10.js"/>
</script>
</head>
<body>
<div>
  <video id="vdoMain" src="123.ogg"
         width="360px" height="220px"
         poster="123.jpg">
         你的浏览器不支持视频
  </video>
  <p id="pTool">
     <span onClick="v_chkType();">检测</span>
  </p>
  <span id="spnResult"></span>
<div>
</body>
</html>
```

脚本文件 js10.js 的具体实现代码如下。

```
function $$(id) {
    return document.getElementById(id);
}
var i = 0,j = 0,k = 0;
function v_chkType() {
  var strHTML="";
    var arrType = new Array('audio/mpeg;', 'audio/mov;',
  'audio/mp4;codecs="mp4a.40.2"', 'audio/ogg;codecs="vorbis"',
    'video/webm;codecs="vp8,vorbis"', 'audio/wav;codecs="1"');
    for (intI = 0; intI < arrType.length; intI++) {
        switch ($$("vdoMain").canPlayType(arrType[intI])) {
        case "":
            i = i + 1;
            break;
```

```
                case "maybe":
                    j = j + 1;
                    break;
                case "probably":
                    k = k + 1;
                    break;
            }
        }
        strHTML+="空字符："+i+"<br>";
        strHTML+="maybe："+j+"<br>";
        strHTML+="probably："+k;
        $$("spnResult").style.display="block";
        $$("spnResult").innerHTML=strHTML;
}
```

在上述代码中，当用户在页面中单击内容为“检测”的<span>元素时，将调用一个自定义函数 v_chkType()。此函数的运作流程如下。

（1）定义一个数组“arrType”，用于保存各种媒体类型及编码格式。

（2）遍历该数组中的元素。在遍历过程中，调用多媒体元素的 canPlayType()方法，对每种类型及编码格式进行检测，并将返回检测结果值的累加总量保存至各自变量。

（3）将这些变量值数据通过 ID 号为“spnResult”的元素显示在页面中。

执行后的效果如图 5-10 所示。

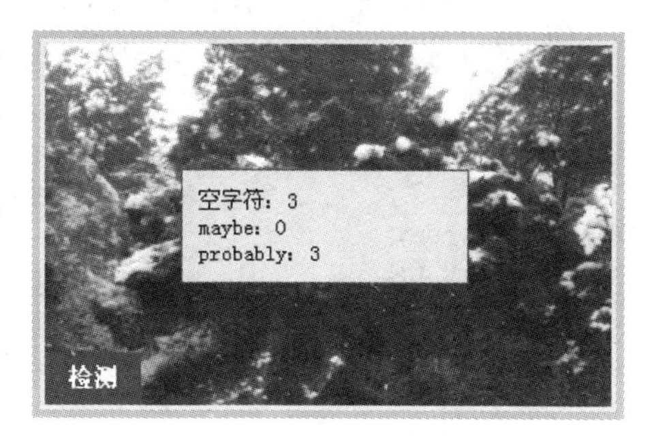

图 5-10　执行效果

5.3.5　显示视频的播放状态

多媒体元素不仅有相关的属性、方法，而且该元素还有一系列完备的事件机制。在本章前面介绍多媒体元素的“networkState”属性与“error”属性时，分别触发了“progress”事件与“error”事件。除此之外，还有许多记录媒体文件播放过程的事件，例如“playing”等。在媒体文件被浏览请求加载、开始加载、开始播放、暂停播放、播放结束这一系列的流程中所触发的事件，称为“媒体播放事件”，也是多媒体元素的核心事件。通过对这些事件的跟踪，可以很方便地获取媒体文件在各个阶段的播放状态。

下面通过一个实例讲解显示当前正在播放视频的状态的方法。

实例 5-11	说　明
源码路径	daima\5\11.html
功能	显示当前正在播放视频的状态

在本实例的页面中添加了一个多媒体元素<video>，并增加了“controls”属性；同时通过自定义函数绑定了多个播放事件。在事件中，分别记录媒体元素的即时状态，并以动态的方式，将状态内容显示在 ID 号为“spnPlayTip”的页面元素中。实例文件 11.html 的代码如下。

```
<!DOCTYPE html>
<html>
<head>
<meta charset="utf-8" />
<title>显示播放状态</title>
<link href="css.css" rel="stylesheet" type="text/css">
<script type="text/javascript" language="jscript" src="js11.js"/>
</script>
</head>
<body>
<div>
  <video id="vdoMain" src="123.ogg"
         width="360px" height="220px" controls="true"
         onMouseOut="v_move(0)" onMouseOver="v_move(1)"
         onPlaying="v_palying()" onPause="v_pause()"
         onLoadStart="v_loadstart();"
         onEnded="v_ended();"
         poster="123.jpg">
         你的浏览器不支持视频
  </video>
  <p id="pTip">
     <span id="spnPlayTip" class="spnL">播放完成</span>
  </p>
<div>
</body>
</html>
```

脚本文件 js11.js 的实现代码如下。

```
// JavaScript Document
function $$(id) {
    return document.getElementById(id);
}
function v_move(v){
    $$("pTip").style.display=(v)?"block":"none";
}
function v_loadstart() {
    $$("spnPlayTip").innerHTML="开始加载";
}
function v_palying(){
    $$("spnPlayTip").innerHTML="正在播放";
}
function v_pause(){
    $$("spnPlayTip").innerHTML="已经暂停";
}
function v_ended(){
    $$("spnPlayTip").innerHTML="播放完成";
}
```

通过上述代码实现了鼠标移至多媒体元素时显示媒体播放状态的功能，在移出元素时隐藏播放状态。实现方法是在多媒体元素的“onMouseOut”与“onMouseOver”事件中，通过传递不同的参数值调用同一个自定义的函数 v_move()。在该函数中将根据传回的参数值，显示或隐藏 ID 号为“pTip”的页面元素，从而实现鼠标移至或移出多媒体元素的效果。为了在多媒体元素触发播放事件的过程中，动态显示媒体文件的播放状态，需要在绑定的事件中，修改 ID 号为“spnPlayTip”的元素内容。

执行后的效果如图 5-11 所示。

图 5-11　执行效果

5.3.6　显示播放视频的时间信息

在多媒体元素的众多事件中，事件“timeupdate”是一个十分重要的事件。在媒体文件播放过程中，如果播放位置发生变化，就会触发该事件。通过该事件可以结合多媒体元素的“currentTime”与“duration”属性，可以动态显示媒体文件播放的当前时间与总量时间。

下面通过一个实例讲解显示播放视频时间信息的方法。

实例 5-12	说　明
源码路径	daima\5\12.html
功能	显示播放视频的时间信息

本实例的功能是为多媒体元素<video>添加一个“onTimeUpdate”事件，用于改变播放文件位置时调用。另外新增加一个 ID 号为“spnTimeTip”的<span>元素，用于动态显示媒体文件播放的当前时间与总量时间。实例文件 12.html 的代码如下。

```
<!DOCTYPE html>
<html>
<head>
<meta charset="utf-8" />
<title>动态显示媒体文件播放时间</title>
<link href="css.css" rel="stylesheet" type="text/css">
<script type="text/javascript" language="jscript"
```

```
        src="js12.js"/>
</script>
</head>
<body>
<div>
  <video id="vdoMain" src="123.ogg"
         width="360px" height="220px" controls="true"
         onMouseOut="v_move(0)" onMouseOver="v_move(1)"
         onPlaying="v_palying()" onPause="v_pause()"
         onLoadStart="v_loadstart();"
         onEnded="v_ended();"
         onTimeUpdate="v_timeupdate(this)"
         poster="123.jpg">
         你的浏览器不支持视频
  </video>
  <p id="pTip">
     <span id="spnPlayTip" class="spnL"></span>
     <span id="spnTimeTip" class="spnR">00:00 / 00:00</span>
  </p>
<div>
</body>
</html>
```

脚本文件 js12.js 的主要实现代码如下。

```
// JavaScript Document
function $$(id) {
    return document.getElementById(id);
}
function v_move(v){
     $$("pTip").style.display=(v)?"block":"none";
}
function v_loadstart() {
     $$("spnPlayTip").innerHTML="开始加载";
}
function v_palying(){
     $$("spnPlayTip").innerHTML="正在播放";
}
function v_pause(){
     $$("spnPlayTip").innerHTML="已经暂停";
}
function v_ended(){
     $$("spnPlayTip").innerHTML="播放完成";
}
function v_timeupdate(e){
     var strCurTime=RuleTime(Math.floor(e.currentTime/60),2)+":"+
                    RuleTime(Math.floor(e.currentTime%60),2);
```

```
    var strEndTime=RuleTime(Math.floor(e.duration/60),2)+":"+
                        RuleTime(Math.floor(e.duration%60),2);
    $$("spnTimeTip").innerHTML=strCurTime+" / "+strEndTime;
}
//转换时间显示格式
function RuleTime(num, n) {
    var len = num.toString().length;
    while(len < n) {
        num = "0" + num;
        len++;
    }
    return num;
}
```

在上述代码中，当多媒体元素触发“timeupdate”事件时调用自定义函数 v_timeupdate()，通过该函数分别使用整除与求余数的方法，分割多媒体元素当前时间“currentTime”属性与时间总量“duration”属性返回的秒值，最终组成一个分与秒的格式。在组成过程中，又调用了另外一个自定义函数 RuleTime()，该函数可以将长度不足 2 位的数字，在前面加“0”进行补充。

执行后的效果如图 5-12 所示。

图 5-12　执行效果

第 6 章　绘图应用详解

HTML 5 可以在网页中直接绘制图形图像，其功能甚至和专业的绘图软件一样强大。本章将详细介绍在网页中使用 HTML 5 技术绘制图形图像的方法，并通过几个具体实例来演示流程。

6.1　使用<canvas>标记

<canvas>标记是在 HTML 5 中新增的一个 HTML 元素，此元素可以被 JavaScript 语言使用，也可以绘制图形图像，例如可以画图、合成图象或实现动画效果。标记<canvas>具有画布功能，画布是一个矩形区域，在上面可以控制其每 1 个像素。HTML 5 中的<canvas>拥有多种绘制图形的方法，例如矩形、圆形、字符以及添加图像。

在向 HTML 5 页面中添加<canvas>元素时，需要设置元素的 id、宽度值和高度值，例如下面的代码。

```
<canvas id="myCanvas" width="100" height="100"></canvas>
```

标记<canvas>本身并没有绘图能力，需要在 JavaScript 的帮助下完成绘制工作。例如下面的代码。

```
<script type="text/javascript">
var c=document.getElementById("myCanvas");
var cxt=c.getContext("2d");
cxt.fillStyle="#FF0000";
cxt.fillRect(0,0,150,75);
</script>
```

使用 JavaScript 实现绘图的基本流程如下。

（1）JavaScript 使用 id 来寻找<canvas>元素，例如下面的代码。

```
var c=document.getElementById("myCanvas");
```

（2）创建 context 对象，例如下面的代码。

```
var cxt=c.getContext("2d");
```

对象 getContext("2d")是内建的 HTML 5 对象，它拥有多种绘制路径、矩形、圆形、字符以及添加图像的方法。例如通过下面的代码可以绘制一个红色的矩形。

```
cxt.fillStyle="#FF0000";
```

```
cxt.fillRect(0,0,150,75);
```

在上述代码中，方法 fillStyle()的功能是将矩形染成红色，方法 fillRect()的功能是设置图形的形状、位置和尺寸，例如上述代码设置了坐标参数为(0,0,150,75)，意思是在画布上绘制一个 150×75 的矩形，并且是从左上角(0,0)开始绘制的。

6.2 HTML DOM Canvas 对象

canvas 对象表示一个 HTML 画布元素<canvas>，此对象没有自己的行为，但是定义了一个 API 支持脚本化客户端绘图操作。用户可以直接在<canvas>对象上指定宽度和高度，但是其大多数功能都可以通过 CanvasRenderingContext2D 对象来获得。这是通过<canvas>对象的 getContext()方法并且把直接量字符串“2D”作为唯一的参数传递给它而获得的。

1. canvas 对象的属性

在对象<canvas>中有如下两个重要属性。

（1）height 属性

属性“height”表示画布的高度。和一幅图像一样，通过此属性可以指定为一个整数像素值或者是窗口高度的百分比。当改变这个值的时候，在该画布上已经完成的任何绘图都会擦除掉。默认值是“300”。

（2）width 属性

属性“width”表示画布的宽度。和一幅图像一样，此属性可以指定为一个整数像素值或者是窗口宽度的百分比。当改变这个值的时候，在该画布上会擦除掉已经完成的所有绘图。默认值是“300”。

2. canvas 对象的方法

对象<canvas>只有一个方法: getContext()，此方法用于返回一个用于在画布上绘图的环境。使用方法 getContext()的语法格式如下。

```
Canvas.getContext(contextID)
```

参数 contextID 指定了想要在画布上绘制的类型。当前唯一的合法值是“2D”，它指定了二维绘图，并且导致这个方法返回一个环境对象，该对象导出一个二维绘图 API。很可能在不久的将来，<canvas>标签会扩展到支持 3D 绘图，此时用 getContext()方法就可以允许传递一个“3D”字符串参数。

方法 getContext()的返回值是一个 CanvasRenderingContext2D 对象，使用它可以绘制到<canvas>元素中。由此可见，方法 getContext()的功能是返回一个用来绘制的环境类型的环境，其本意是要为不同的绘制类型（2 维、3 维）提供不同的环境。

下面通过一个实例讲解显示矩形中的某个鼠标坐标的方法。

实例 6-1	说　明
源码路径	daima\6\1.html
功能	显示矩形中的某个鼠标的坐标

本实例的功能是在网页中绘制一个矩形，当用户将鼠标放在矩形内的某一个位置时，会显示鼠标的坐标。实例文件 1.html 的具体代码如下。

```
<!DOCTYPE HTML>
<html>
<head>
<style type="text/css">
body
{
font-size:70%;
font-family:verdana,helvetica,arial,sans-serif;
}
</style>

<script type="text/javascript">
function cnvs_getCoordinates(e)
{
x=e.clientX;
y=e.clientY;
document.getElementById("xycoordinates").innerHTML="Coordinates: (" + x + "," + y + ")";
}

function cnvs_clearCoordinates()
{
document.getElementById("xycoordinates").innerHTML="";
}
</script>
</head>

<body style="margin:0px;">

<p>把鼠标悬停在下面的矩形上看看：</p>

<div id="coordiv" style="float:left;width:199px;height:99px;border:1px solid #c3c3c3" onmousemove =
"cnvs_getCoordinates(event)" onmouseout="cnvs_clearCoordinates()"></div>
<br />
<br />
<br />
<div id="xycoordinates"></div>


</body>
</html>
```

执行之后的效果如图 6-1 所示。

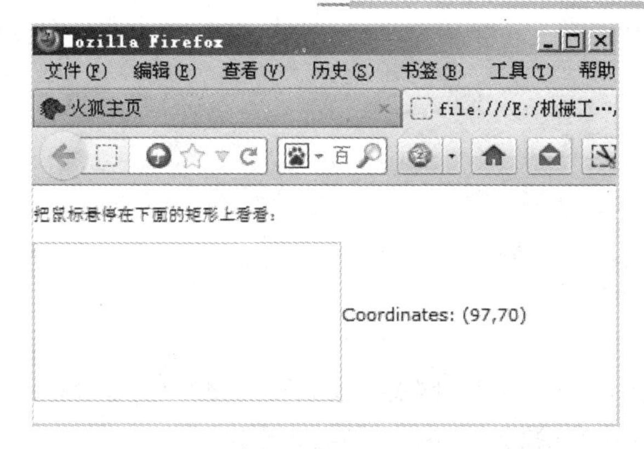

图 6-1　执行效果

6.3　HTML 5 绘图实践

在上面的内容中，已经讲解了使用 HTML 5 技术绘制图形图像的基本知识，本节将通过具体实例的实现过程，来提高读者的开发水平。

6.3.1　在指定位置绘制指定角度的相交线

下面将通过一个具体实例的实现过程，讲解在网页中的指定坐标位置绘制指定角度的相交线的方法。

实例 6-2	说　明
源码路径	daima\6\2.html
功能	在网页中的指定坐标位置绘制指定角度的相交线

实例文件 2.html 的具体代码如下。

```
<!DOCTYPE HTML>
<html>
<body>

<canvas id="myCanvas" width="200" height="100" style="border:1px solid #c3c3c3;">
Your browser does not support the canvas element.
</canvas>

<script type="text/javascript">

var c=document.getElementById("myCanvas");
var cxt=c.getContext("2d");
cxt.moveTo(10,10);
cxt.lineTo(150,50);
cxt.lineTo(10,50);
cxt.stroke();
```

```
</script>

</body>
</html>
```

执行之后的效果如图 6-2 所示。

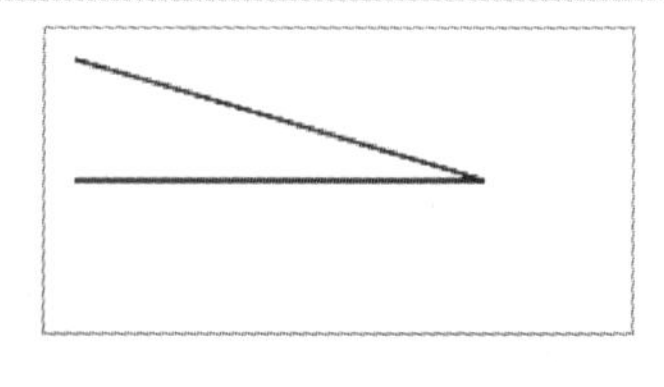
图 6-2　执行效果

6.3.2　绘制一个圆

下面将通过一个具体实例讲解在网页中绘制一个圆的方法。本实例的功能是，在网页中绘制一个填充红颜色的圆。

实例 6-3	说　　明
源码路径	daima\6\3.html
功能	在网页中绘制一个圆

实例文件 3.html 的具体代码如下。

```
<!DOCTYPE HTML>
<html>
<body>

<canvas id="myCanvas" width="200" height="100" style="border:1px solid #c3c3c3;">
Your browser does not support the canvas element.
</canvas>

<script type="text/javascript">

var c=document.getElementById("myCanvas");
var cxt=c.getContext("2d");
cxt.fillStyle="#FF0000";
cxt.beginPath();
cxt.arc(70,18,15,0,Math.PI*2,true);
cxt.closePath();
cxt.fill();

</script>

</body>


</html>
```

执行之后的效果如图 6-3 所示。

6.3.3 在画布中显示一幅指定的图片

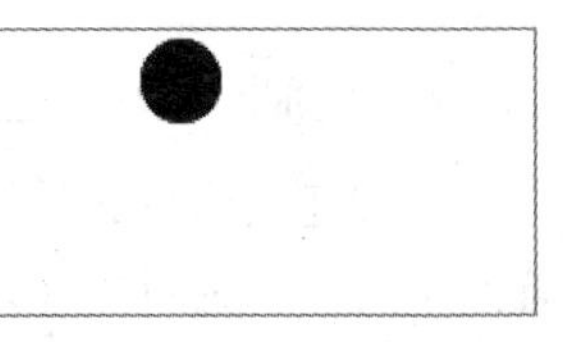

图 6-3 执行效果

下面将通过一个实例讲解在<canvas>画布中显示一幅指定的图片的方法。本实例的功能是，在<canvas>画布中显示一幅指定的图片。

实例 6-4	说 明
源码路径	daima\6\4.html
功能	在 Canvas 画布中显示一幅指定的图片

实例文件 4.html 的具体代码如下所示。

```
<!DOCTYPE HTML>
<html>
<body>

<canvas id="myCanvas" width="600" height="800" style="border:1px solid #c3c3c3;">
Your browser does not support the canvas element.
</canvas>

<script type="text/javascript">

var c=document.getElementById("myCanvas");
var cxt=c.getContext("2d");
var img=new Image()
img.src="http_imgload.jpg"
cxt.drawImage(img,0,0);

</script>

</body>
</html>
```

执行之后的效果如图 6-4 所示。

图 6-4 执行效果

6.3.4 绘制一个指定大小的正方形

与创建页面中的其他元素相同，创建<canvas>元素的方法也只需要加一个标记ID号并设置元素的长和宽即可，具体格式如下所示：

```
<canvas id="cnvMain"    width="2 80px"    height= "190px" ></canvas>
```

创建画布后，就可以利用画布的上下文环境对象绘制图形了。

下面将通过一个实例讲解在<canvas>画布中绘制一个指定大小的正方形的方法。

实例 6-5	说　明
源码路径	daima\6\5.html
功能	在 Canvas 画布中显示一幅指定的图片

本实例的功能是在页面中新建一个<canvas>元素，并在该元素中绘制一个指定长度的正方形。实例文件 5.html 的代码如下。

```
<!DOCTYPE html>
<html>
<head>
<meta charset="utf-8" />
<title>canvas 简单示例</title>
<link href="css.css" rel="stylesheet" type="text/css">
<script type="text/javascript" language="jscript"
        src="js5.js"/>
</script>
</head>
<body onLoad="pageload();">
    <canvas id="cnvMain" width="280px" height="190px"></canvas>
</body>
</html>
```

样式文件 css.css 的代码如下。

```
@charset "utf-8";
body {
    font-size:12px
}
canvas {
    border:dashed 1px #666;
    cursor:pointer
}
/*增加样式 */
p{
    position:absolute;
    height:23px;
    line-height:23px;
```

```
        margin-left:10px
    }
    span{
        padding:3px;
        border:solid 1px #ccc;
        background-color:#eee;
        cursor:pointer
    }
```

脚本文件 js5.js 的代码如下所示。

```
// JavaScript Document
function $$(id) {
    return document.getElementById(id);
}
function pageload(){
    var cnv=$$("cnvMain");
    var cxt=cnv.getContext("2d");
    cxt.fillStyle="#ccc";
    cxt.fillRect(30,30,80,80);
}
```

上述代码首先获取了<canvas>元素，然后取得绘图元素的上下文环境对象“cxt”。在获取过程中，需要调用画布的 getContext()方法，并向该方法传递一个字符串为“2d”的参数。一旦取得画布的上下文环境对象，就可以通过该对象来使用绘图的方法与属性。下面是绘制一个矩形的方法：

```
cxt.fillRect (x,y,width, height);
```

其中，参数“x”表示矩形起点 x 轴与左上角(0，0)间的距离，参数“y”表示矩形起点 y 轴与左上角(0，0)的距离，参数“width”表示矩形的宽度，参数“height”表示矩形的高度，其所在位置如图 6-5 所示。

图 6-5　执行效果

在绘制矩形之前，需要设置图形的背景色，方法如下：

```
cxt.fillStyle="background-color";
```

其中，参数“background-color”可以是一种CSS颜色、图案、渐变色，默认值为黑色。本实例为“#ccc”，是一种CSS颜色。注意，设置绘制图形背景色的操作必须先于图形绘制，否则设置的背景色将不起作用。

6.3.5 绘制一个带边框的矩形

利用画布除了可以绘制有背景色的图形外，还可以绘制有边框的图形。具体过程是在获取绘图上下文环境对象“cxt”后，调用一个strokeRect()方法。该方法用来绘制一个矩形，但并不填充矩形区域，而是绘制矩形的边框，其调用格式如下：

```
cxt.strokeRect (x,y,width, height);
```

其中参数“x”,“y”为矩形起点坐标，“width”与“height”分别为矩形宽度与高度。在绘制边框前，可以调用“strokeStyle”属性设置边框的颜色，具体格式如下：

```
cxt. strokeStyle="background-color";
```

其中，参数“background-color”表示边框的颜色，可以是一种CSS值、图案或渐变色。如果想要清空图形中指定区域的像素，可以调用另一个方法clearRect()，调用格式如下：

```
cxt. clearRect (x,y, width, height);
```

其中，参数“x”,“y”为被清空色彩区域起点的坐标，“width”与“height”分别为被清空像素区域的宽度与高度，清空后的区域变为透明色。

下面将通过一个实例讲解在网页中绘制一个带边框的矩形的方法。

实例6-6	说　明
源码路径	daima\6\6.html
功能	在网页中绘制一个带边框的矩形

在本实例中新建了一个<canvas>元素，并在该元素中绘制一个有背景色和边框的矩形。单击该矩形时会清空矩形中指定区域的图形色彩。实例文件6.html的代码如下。

```
<!DOCTYPE html>
<html>
<head>
<meta charset="utf-8" />
<title>canvas 元素绘制带边框矩形</title>
<link href="css7.css" rel="stylesheet" type="text/css">
<script type="text/javascript" language="jscript"
        src="js100.js"/>
</script>
</head>
<body onLoad="pageload();">
    <canvas id="cnvMain" width="280px" height="190px"
            onClick="cnvClick();">
    </canvas>
```

```
</body>
</html>
```

编写脚本文件 js6.js，当开始加载页面时会调用一个自定义的函数 pageload()。此函数使用 fillRect()方法绘制带背景色的图形，此外还调用了 strokeRect()方法绘制带边框的图形。在调用方法 strokeRect()前，先通过“strokeStyle”属性设置所绘制边框的颜色为“#666”。由于方法 fillRect()与 strokeRect()方法中所使用的参数值相同，因此将绘制一个背景色和边框重叠的矩形。当用户单击绘制好的矩形时，将触发一个“onClick”事件，该事件调用自定义函数 cnvClick()。在该函数中，使用 clearRect()方法清空指定区域的色彩。文件 js6.js 的代码如下。

```
function $$(id) {
    return document.getElementById(id);
}
function pageload(){
  var cnv=$$("cnvMain");
    var cxt=cnv.getContext("2d");
     //设置边框
     cxt.strokeStyle="#666";
     cxt.strokeRect(30,30,150,80);
     //设置背景
     cxt.fillStyle="#eee";
     cxt.fillRect(30,30,150,80);
}
function cnvClick(){
  var cnv=$$("cnvMain");
    var cxt=cnv.getContext("2d");
     //清空图形
     cxt.clearRect(36,36,138,68);
}
```

执行后的效果如图 6-6 所示。

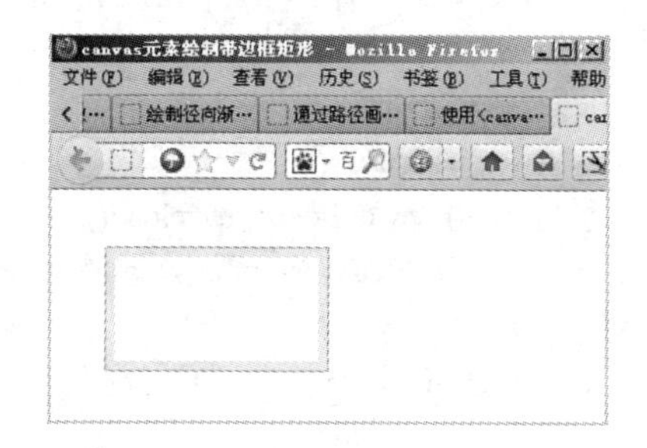

图 6-6　执行效果

6.3.6　绘制一个渐变图形

在 HTML 5 中，利用<canvas>元素可以绘制出有渐变色的图形。渐变方式分为两种，一种是线性渐变，另一种是径向渐变。使用线性渐变的方式绘制图形的步骤如下：

（1）在获取上下文环境对象“cxt”后，调用该对象的 createLinearGradient()方法创建一个“LinearGradient”对象，调用格式如下：

```
cxt.createLinearGradient (xStart, yStart, xEnd, yEnd)
```

其中，参数“xStart”，“yStart”表示渐变色开始时的坐标；“xEnd”，“yEnd”为渐变色结

束时的坐标。如果“yStart”与“yEnd”相同，表示渐变色沿水平方向从左向右渐变；如果“xStart”与“xEnd”相同，表示渐变色沿纵坐标方向上下渐变；如果“xStart”与“xEnd”不相同，并且“yStart”与“yEnd”也不相同，则表示渐变色沿矩形对角线方向渐变。

（2）创建“LinearGradient”对象并将其取名为“gnt”后，调用该对象的 addColorStop() 方法，进行渐变颜色与偏移量的设置，调用格式如下：

```
gnt. addColorStop (value, color);
```

其中，参数“Value”表示渐变位置偏移量，它可以在 0 与 1 之间取任意值；参数“color”表示渐变开始与结束时的颜色，分别对应偏移量 0 与 1。为了实现颜色的渐变功能，必须调用两次该方法，第一次表示开始渐变时的颜色，第二次表示结束渐变时的颜色。

（3）通过“gnt”对象将偏移量与渐变色的值设置完成后，再将“gnt”对象赋值给“fillStyle”属性，表明此次图形的样式是一个渐变对象，最后，使用 fillRect()方法绘制出一个有渐变色的图形。

下面将通过一个实例讲解在网页中绘制一个渐变图形的方法。

实例 6-7	说　明
源码路径	daima\6\7.html
功能	在网页中绘制一个渐变图形

本实例新建了一个<canvas>元素，并利用该元素以三种不同颜色渐变方向绘制图形，分别为自左向右、从上而下、沿图形对角线方向渐变。实例文件 7.html 的代码如下。

```
<!DOCTYPE html>
<html>
<head>
<meta charset="utf-8" />
<title>使用<canvas>元素绘制有渐变色的图形</title>
<link href="css.css" rel="stylesheet" type="text/css">
<script type="text/javascript" language="jscript"
        src="js7.js"/>
</script>
</head>
<body onLoad="pageload();">
    <canvas id="cnvMain" width="280px" height="190px"></canvas>
</body>
</html>
```

脚本文件 js7.js 的代码如下。

```
// JavaScript Document
function $$(id) {
    return document.getElementById(id);
}
function pageload(){
```

```
        var cnv=$$("cnvMain");
          var cxt=cnv.getContext("2d");
           //绘制由左至右的颜色渐变图形
           var gnt1=cxt.createLinearGradient(20,20,150,20);
           gnt1.addColorStop(0,"#000");
           gnt1.addColorStop(1,"#fff");
           cxt.fillStyle=gnt1;
           cxt.fillRect(20,20,150,20);
           //绘制由上至下的颜色渐变图形
           var gnt2=cxt.createLinearGradient(20,20,20,150);
           gnt2.addColorStop(0,"#000");
           gnt2.addColorStop(1,"#fff");
           cxt.fillStyle=gnt2;
           cxt.fillRect(20,20,20,150);
           //绘制沿对角线的颜色渐变图形
           var gnt3=cxt.createLinearGradient(50,50,100,100);
           gnt3.addColorStop(0,"#000");
           gnt3.addColorStop(1,"#fff");
           cxt.fillStyle=gnt3;
           cxt.fillRect(50,50,100,100);
      }
```

执行后的效果如图 6-7 所示。

图 6-7　执行效果

6.3.7　绘制不同的圆形

在 HTML 5 网页中，可以使用上下文环境对象中的方法 arc()来描绘圆形路径和各种形状的圆形图案。调用该方法的格式如下：

```
cxt.arc (x,y,radius, startAngle, endAngle, anticlockwise)
```

- 参数 cxt：表示上下文环境对象名称。
- 参数 x：表示绘制圆形的横坐标。
- 参数 y：表示绘制圆形的纵坐标。

- 参数 radius：表示绘制圆的半径，单位为像素。
- 参数 startAngle：表示绘制圆弧时的开始角度，参数“endAngle”表示绘制圆弧时的结束角度。

在调用方法 arc()绘制圆形路径之前，需要调用上下文环境对象中的 beginPath()方法，声明开始绘制路径。其调用格式如下：

```
cxt .beginPath()
```

其中，“cxt”表示上下文环境对象名称，该方法无参数。需要注意的是，在使用遍历或循环绘制路径时，每次都要调用该方法，即该方法仅对应单次的路径绘制。完成绘制圆形路径后，还要调用 closePath()方法，将所绘制的路径关闭。其调用的格式如下：

```
cxt. closePath()
```

其中，“cxt”为上下文环境对象名称。该方法的参数与 beginPath()方法一样，也是对应单次的路径绘制。在一般情况下，该方法与 beginPath()方法是成对出现的。绘制完圆形路径后，并没有真正在画布元素中展示，因为上面的操作仅绘制了圆形的路径，还需要对路径进行描边或填充。如果是描边，则调用上下文环境对象中的 stroke()方法。在调用该方法之前，还可以设置边框的颜色与宽度。代码如下：

```
cxt.strokeStyle="#ccc";
cxt .lineWidth=2:
cxt.stroke();
```

上述代码的第一行表示设置边框的颜色，第二行表示设置边框的宽度，第三行表示开始进行描边操作。需要注意的是，设置边框颜色与宽度的代码必须在描边操作前，否则将不起作用。

除了对已经绘制的圆形路径进行描边外，还可以调用上下文环境对象中的 fill()方法进行填充操作。当然在调用该方法之前也可以设置填充的颜色。代码如下：

```
cxt. fillStyle="#eee";
cxt.fill();
```

上述代码的第一行表示设置填充圆形路径的颜色，第二行表示开始进行填充。与描边操作一样，设置填充圆形路径的颜色的代码必须在填充操作之前，否则将不起作用。当然，也可以对所绘制的圆形路径进行既填充又描边的操作。

下面将通过一个实例讲解在网页中绘制不同的圆形的方法。

实例 6-8	说　明
源码路径	daima\6\8.html
功能	在网页中绘制不同的圆形

在本实例中新建了一个<canvas>元素，同时创建了三个<span>标记，内容分别设置为“实体圆”、“边框圆”、“衔接圆”。当单击某个<span>标记时，在画布元素中绘制对应图案的圆形。实例文件 8.html 的代码如下。

```
<!DOCTYPE html>
<html>
<head>
<meta charset="utf-8" />
<title>通过路径画圆形</title>
<link href="css.css" rel="stylesheet" type="text/css">
<script type="text/javascript" language="jscript"
        src="js8.js"/>
</script>
</head>
<body>
   <div><p>
    <span onClick="spn1_click();">实体圆</span>
    <span onClick="spn2_click();">边框圆</span>
    <span onClick="spn3_click();">衔接圆</span></p>
    <canvas id="cnvMain" width="280px" height="190px"></canvas>
   <div>
</body>
</html>
```

编写脚本文件 js8.js，设置当单击“实体圆”标记时会调用自定义函数 spnl_click()，此函数的运作流程如下。

（1）通过获取的上下文环境对象“cxt”来调用 clearRect()方法，清空画布中原有的图形，防止图形在画布中的交叉展示；然后，调用 arc()方法绘制一个圆形路径，其圆心坐标为(100，100)，半径为 50 像素，弧度为从 0 开始到 Math.PI*2 结束、按顺时针方向进行绘制。

（2）绘制路径完成后开始设置填充颜色。

（3）使用 fill()方法将颜色填充至已绘制的圆路径中，从而在画布中形成一个实体圆形。

在自定义函数 spn2_click()中，绘制圆形路径的过程与 spnl_click()函数相同，只是在最后绘制图形时使用了 stroke()方法对路径进行描边，而非 spnl_click()函数中的 fill()填充方法。在进行描边前，通过“lineWidth”与“strokeStyle”属性分别设置边框的宽度与颜色；最后，使用 stroke()方法，按照设置的颜色与宽度对已绘制的圆路径进行描边，从而在画布中形成一个边框圆。在自定义函数 spn3_click()中，结合了函数 spnl_click()与 spn2_click()中绘制圆形的方法与过程，只是在绘制第二个圆形时，改变了圆心的横坐标距离，而其他参数值均不变化。

文件 js8.js 的代码如下。

```
function $$(id) {
      return document.getElementById(id);
}
function spn1_click(){
   var cnv=$$("cnvMain");
      var cxt=cnv.getContext("2d");
       //清除画布原有图形
       cxt.clearRect(0,0,280,190);
       //开始画实体圆
```

```
            cxt.beginPath();
            cxt.arc(100,100,50,0,Math.PI*2,true);
            cxt.closePath();
            //设置填充背景色
            cxt.fillStyle="#eee";
            //进行填充
            cxt.fill();
    }
    function spn2_click(){
        var cnv=$$("cnvMain");
          var cxt=cnv.getContext("2d");
            //清除画布原有图形
            cxt.clearRect(0,0,280,190);
            //开始画边框圆
            cxt.beginPath();
            cxt.arc(100,100,50,0,Math.PI*2,true);
            cxt.closePath();
            //设置边框色
            cxt.strokeStyle="#666";
            //设置边框宽度
            cxt.lineWidth=2;
            //进行描边
            cxt.stroke();
    }
    function spn3_click(){
        var cnv=$$("cnvMain");
          var cxt=cnv.getContext("2d");
            //清除画布原有图形
            cxt.clearRect(0,0,280,190);
            //开始画圆
            cxt.beginPath();
            cxt.arc(100,100,50,0,Math.PI*2,true);
            cxt.closePath();
            //设置填充背景色
            cxt.fillStyle="#eee";
            //进行填充
            cxt.fill();
            //设置边框色
            cxt.strokeStyle="#666";
            //设置边框宽度
            cxt.lineWidth=2
            //进行描边
            cxt.stroke();
            //开始画衔接的边框圆
            cxt.beginPath();
            cxt.arc(175,100,50,0,Math.PI*2,true);
```

```
        cxt.closePath();
        //设置边框色
        cxt.strokeStyle="#666";
        //设置边框宽度
        cxt.lineWidth=2
        //进行描边
        cxt.stroke();
    }
```

执行后的效果如图 6-8 所示。

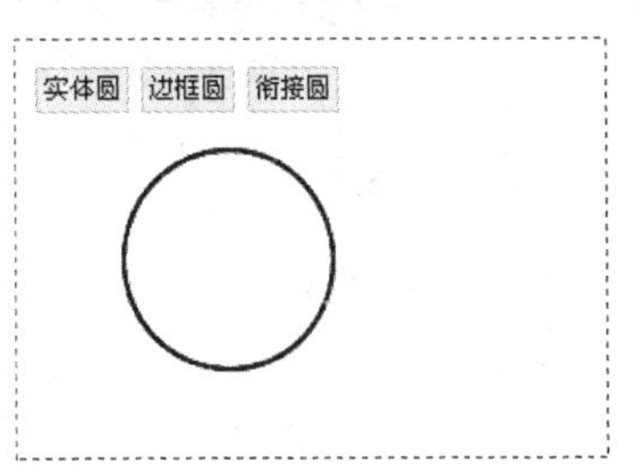

图 6-8　执行效果

6.3.8　绘制一个渐变圆形

使用径向渐变的方式可以绘制有渐变色的圆形，只要调用上下文环境对象“cxt”中的 create RadialGradient()方法即可。具体格式如下：

```
    cxt.createRadialGradient (xStart ,yStart, radiusStart, xEnd,yEnd,
radiusEnd)
```

- 参数 cxt：表示获取的上下文对象名称。
- 参数 xStart：表示开始渐变圆心的横坐标。
- 参数 yStart：表示开始渐变圆心的纵坐标。
- 参数 radiusStart：表示开始渐变圆的半径。
- 参数 xEnd：表示结束渐变圆心的横坐标。
- 参数 yEnd：表示结束渐变圆心的纵坐标。
- 参数 radiusEnd：表示结束渐变圆的半径。

在调用 createRadialGradient()方法时，从开始渐变圆心的坐标位置向结束渐变圆心的坐标位置进行颜色渐变，即两个圆之间通过各自的圆心坐标连接成一条直线，起点为开始圆心，终点为结束圆心，色彩由起点向终点进行扩散，直至终点圆外框。使用方法 createRadial Gradient()仅新建了一个径向渐变的对象，接下来需要通过方法 addColorStop()为该对象添加偏移量与渐变色，并将该对象设置为“fillStyle”属性的值。最后，调用方法 fill()在画布中绘制出一个有径向渐变色彩的圆形。

下面将通过一个实例讲解在网页中绘制一个渐变圆形的方法。

实例 6-9	说　明
源码路径	daima\6\9.html
功能	在网页中绘制一个渐变圆形

在本实例的页面中新建了一个<canvas>元素，当加载页面时通过调用方法 createRadial Gradient()创建一个渐变对象，将该对象设置为“fillStyle”属性的值，在画布中绘制一个径向渐变的圆。实例文件 9.html 的代码如下。

```
    <!DOCTYPE html>
    <html>
```

```
<head>
<meta charset="utf-8" />
<title>绘制径向渐变的圆</title>
<link href="css.css" rel="stylesheet" type="text/css">
<script type="text/javascript" language="jscript"
        src="js9.js"/>
</script>
</head>
<body onLoad="pageload();">
    <canvas id="cnvMain" width="280px" height="190px"></canvas>
</body>
</html>
```

编写脚本文件js9.js，设置当获取上下文环境对象"cxt"后，首先调用该对象的createRadialGradient()方法创建一个渐变对象"gnt"；然后通过"gnt"对象的addColorStop()方法，为渐变对象增加三种用于渐变的偏移量与颜色值，当绘制完圆路径后，将渐变对象"gnt"赋值给"fillStyle"属性；最后根据"fillStyle"属性值，使用方法fill()在画布中绘制一个有径向渐变的圆形图案。为了增加实体圆的边框效果，以相同的参数再次调用arc()方法，在实体圆的基础上绘制一个边框圆形。文件js9.js的代码如下。

```
function $$(id) {
    return document.getElementById(id);
}
function pageload(){
  var cnv=$$("cnvMain");
    var cxt=cnv.getContext("2d");
     //开始创建渐变对象
     var gnt=cxt.createRadialGradient(30,30,0,20,20,400);
     gnt.addColorStop(0,"#000");
     gnt.addColorStop(0.3,"#eee");
     gnt.addColorStop(1,"#fff");
     //开始绘制实体圆路径
     cxt.beginPath();
     cxt.arc(125,95,80,0,Math.PI*2,true);
     cxt.closePath();
     //设置填充背景色
     cxt.fillStyle=gnt;
     //进行填充
     cxt.fill();
     //开始绘制边框圆路径
     cxt.beginPath();
     cxt.arc(125,95,80,0,Math.PI*2,true);
     cxt.closePath();
     //设置边框颜色
     cxt.strokeStyle="#666";
```

```
        //设置边框宽度
        cxt.lineWidth=2;
        //开始描边
        cxt.stroke();
    }
```

执行后的效果如图 6-9 所示。

6.3.9　移动、缩放和旋转网页中的正方形

在使用画布元素<canvas>绘制图形时，有时需要对已绘制完成的图形进行移动、缩放和旋转等操作，这些操作可以借助 Canvas API 中提供的方法来实现。通过调用 Canvas API 中提供的方法，可以将多个图形以不同的方式结合在一起展示，还可以通过增加阴影属性值为图形添加不同方向的阴影效果。

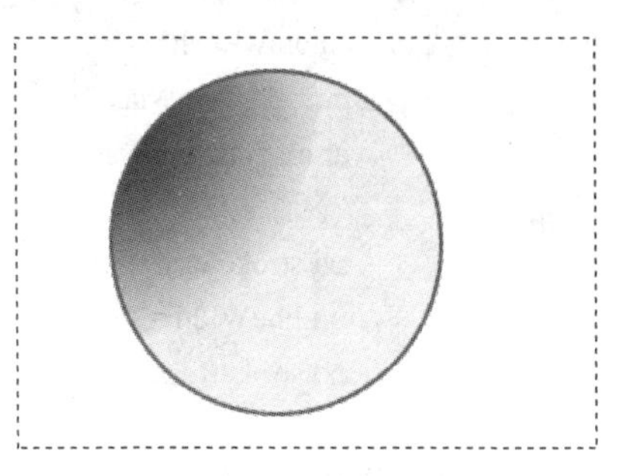

图 6-9　执行效果

下面通过一个实例讲解移动、缩放和旋转网页中的正方形的方法。

实例 6-10	说　　明
源码路径	daima\6\10.html
功能	移动、缩放和旋转网页中的圆形

在本实例中新建了一个<canvas>元素，当页面被加载时在画布中绘制一个正方形。并创建三个<span>标记，将内容分别设置为“移动”、“缩放”、“旋转”；当单击某个<span>标记时对画布中已绘制的正方形进行相应的操作。实例文件 10.html 的代码如下。

```
<!DOCTYPE html>
<html>
<head>
<meta charset="utf-8" />
<title>移动、缩放、旋转绘制的图形</title>
<link href="css.css" rel="stylesheet" type="text/css">
<script type="text/javascript" language="jscript"
        src="js10.js"/>
</script>
</head>
<body onLoad="drawRect();">
    <div><p>
     <span onClick="spn1_click();">移动</span>
     <span onClick="spn2_click();">缩放</span>
     <span onClick="spn3_click();">旋转</span></p>
     <canvas id="cnvMain" width="280px" height="190px"></canvas>
    <div>
</body>
</html>
```

脚本文件 js10.js 的实现代码如下。

```
function $$(id) {
    return document.getElementById(id);
}
//绘制一个正方形
function drawRect(){
  var cnv=$$("cnvMain");
    var cxt=cnv.getContext("2d");
     //设置边框
     cxt.strokeStyle="#666";
     cxt.lineWidth=2;
     cxt.strokeRect(105,70,60,60);
}
//上下移动已绘制的正方形
function spn1_click(){
    var cnv=$$("cnvMain");
    var cxt=cnv.getContext("2d");
     cxt.translate(-20, -20);
     drawRect();
     cxt.translate(40,40);
     drawRect();
}
//缩放已绘制的正方形
function spn2_click(){
  var cnv=$$("cnvMain");
    var cxt=cnv.getContext("2d");
     cxt.scale(1.2,1.2);
     drawRect();
     cxt.scale(1.2,1.2);
     drawRect();
}
//旋转已绘制的正方形
function spn3_click(){
  var cnv=$$("cnvMain");
    var cxt=cnv.getContext("2d");
     cxt.rotate(Math.PI/8);
     drawRect();
     cxt.rotate(-Math.PI/4);
     drawRect();
}
```

执行后的效果如图 6-10 所示。

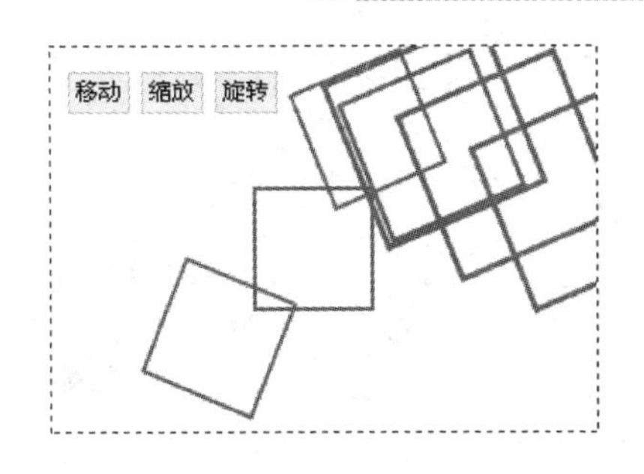

图 6-10　执行效果

6.3.10　使用组合的方式显示图形

如果在画布中绘制有多个交叉点的图形，则需要根据绘制时的先后顺序显示每个图形，在交叉处新绘制的图形会覆盖原有图形。如果想要改变这种默认多图组合的显示形式，可以通过修改上下文环境对象的“globalCompositeOperation”属性值来实现，此属性有多个属性值。具体说明如下。

- source-over：显示图形时，新绘制的图形覆盖原先绘制的图形，这是默认值。
- copy：只显示新图形，其他部分作透明处理。
- darker：两种图形都显示，在图形重叠部分，颜色由两个图形的颜色值相减后形成。
- destination-atop：只显示新图形中与原图形重叠部分及新图形的其余部分，其他部分作透明处理。
- destination-in：只显示原图形中与新图形重叠部分，其他部分作透明处理。
- destination-out：只显示原图形中与新图形不重叠部分，其他部分作透明处理。
- destination-over：与“Source-over”属性相反，原先绘制的图形将覆盖新绘制的图形。
- lighter：两种图形都显示，在图形重叠部分，颜色由两个图形的颜色值相加后形成。
- source-atop：只显示原图形中与新图形重叠部分及原图形的其余部分，其他部分作透明处理。
- source-m：只显示新图形中与原图形重叠部分，其他部分作透明处理。
- source-out：只显示新图形中与原图形不重叠部分，其他部分作透明处理。
- xor：两种图形都绘制，并透明处理图形重叠部分。

其中，“source”表示新图形资源，“destination”表示原图形资源。

下面将通过一个实例讲解在网页中使用组合的方式显示图形的方法。

实例 6-11	说　明
源码路径	daima\6\11.html
功能	在网页中使用组合的方式显示图形

在本实例的页面中新建了一个<canvas>元素，当页面被加载时调用自定义的函数 pageload()，通过该函数创建一个正方形和圆形，将两个图形组合后的“globalComposite Operation”的属性值设为“lighter”，并将组合后的图形结果显示在画布中。实例文件 11.html 的代码如下。

```
<!DOCTYPE html>
<html>
<head>
<meta charset="utf-8" />
<title>设置多图形组合显示的方式</title>
<link href="css.css" rel="stylesheet" type="text/css">
<script type="text/javascript" language="jscript"
        src="js11.js"/>
</script>
</head>
<body onLoad="pageload();">
    <canvas id="cnvMain" width="280px" height="190px"></canvas>
</body>
</html>
```

编写脚本文件js11.js，首先自定义了两个函数drawRect()与drawCirc()，分别用于根据设置的上下文环境参数值，绘制正方形与圆形。当加载页面时触发页面的“onLoad”事件，在该事件中调用另一个自定义函数pageload()。此函数的运作流程如下：

（1）通过ID号获取画布元素<canvas>，并根据画布元素取得上下文环境对象“cxt”。

（2）传递“cxt”对象，调用函数drawRect()在画布中先绘制一个正方形。

（3）设置“globalCompositeOperation”属性值为“lighter”，表明与下面图形组合时的显示方式。

（4）调用函数drawCirc()在画布中绘制一个圆形，两个图形的重叠部分将按照设置的“globalCompositeOperation”属性值进行组合显示。

文件js11.js的代码如下。

```
// JavaScript Document
function $$(id) {
    return document.getElementById(id);
}
function pageload(){
  var cnv=$$("cnvMain");
    var cxt=cnv.getContext("2d");
     drawRect(cxt);
     cxt.globalCompositeOperation="lighter";
     drawCirc(cxt);
}
//绘制一个正方形
function drawRect(cxt){
    cxt.fillStyle="#666";
    cxt.fillRect(60,50,80,80);
}
//绘制一个圆形
function drawCirc(cxt){
    cxt.beginPath()
    cxt.arc(130,120,50,0,Math.PI*2,true);
```

```
        cxt.closePath()
        cxt.fillStyle="#ccc";
        cxt.fill();
    }
```

执行后的效果如图 6-11 所示。

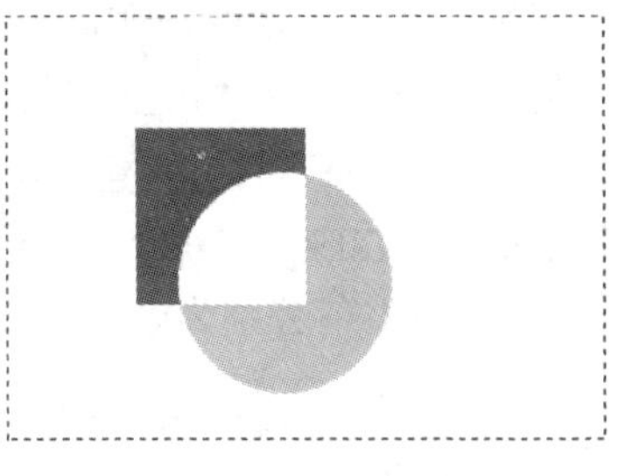

图 6-11　执行效果

6.3.11　使用不同的方式平铺指定的图像

在画布中不但可以对绘制的图像进行缩放绘制，还可以通过调用上下文环境对象中的 createPattern()方法关联图像元素。选择平铺方式创建一个平铺的对象，并将该平铺对象赋值给“fillStyle”属性。通过调用方法 fillRect()将该平铺对象绘制在画布中，从而实现平铺图像的效果。使用 create Pattern()方法的格式如下：

```
cxt.createPattern (image,type)
```

其中，“cxt”为上下文环境对象名称，参数“image”表示被平铺的图像，参数“type”表示图像平铺的方式，该参数有 4 种取值，具体说明如下。

- no-repeat：不平铺绘制的图像。
- repeat-x：按水平方向横向平铺所绘制的图像。
- repeat-y：按垂直方向纵向平铺所绘制的图像。
- repeat：全方位平铺所绘制的图像。

下面将通过一个实例讲解在页面中使用不同方式平铺指定的图像的方法。

实例 6-12	说　明
源码路径	daima\6\12.html
功能	在页面中使用不同的方式平铺指定的图像

在本实例的页面中新建了一个<canvas>元素，每次单击画布元素时都调用不同的平铺方式，将图像绘制显示在画布元素中。实例文件 12.html 的代码如下。

```
<!DOCTYPE html>
<html>
<head>
<meta charset="utf-8" />
<title>在画布中平铺图像</title>
<link href="css.css" rel="stylesheet" type="text/css">
<script type="text/javascript" language="jscript"
        src="js12.js"/>
</script>
</head>
<body>
    <canvas id="cnvMain" width="280px" height="190px"
            onClick="cnvclick(this);">
```

```
        </canvas>
    </body>
</html>
```

编写脚本文件 js12.js，首先根据单击画布的累加总量“intNum”的值获取图像在画布中的平铺方式，并保存至变量“strPmType”中。使用方法 clearRect()清空每次在画布中绘制的图形，并定义一个“Image”对象，设置该对象加载图像的路径；再根据该图像与平铺方式变量“strPrnType”的值新建一个平铺对象。在加载图像的“onload”事件中，将“prn”平铺对象赋值给“fillStyle”属性，通过 fillRect()方法将平铺对象绘制在整个画布中，“cnv.width”与“cnv.height”值分别为画宽与高。文件 js12.js 的代码如下。

```
// JavaScript Document
//定义保存点击次数的全局变量
var intNum = 0;
//自定义画布点击函数
function cnvclick(cnv) {
    intNum += 1;
    intNum = (intNum == 5) ? 1 : intNum;
    var strPrnType = "";
    switch (intNum) {
    case 1:
        strPrnType = "no-repeat";
        break;
    case 2:
        strPrnType = "repeat-x";
        break;
    case 3:
        strPrnType = "repeat-y";
        break;
    case 4:
        strPrnType = "repeat";
        break;
    }
    var cxt = cnv.getContext("2d");
    cxt.clearRect(0, 0, cnv.width, cnv.height);
    var objImg = new Image();
    objImg.src = "1.jpg";
    var prn = cxt.createPattern(objImg, strPrnType);
    objImg.onload = function() {
        cxt.fillStyle = prn;
        cxt.fillRect(0, 0, cnv.width, cnv.height);
    }
}
```

执行后的效果如图 6-12 所示。

图 6-12　执行效果

6.3.12　切割指定的图像

通过<canvas>不仅能够以各种平铺的方式绘制图像，而且还可以通过调用上下文对象中的方法 clip()切割画布中绘制的图像。clip()方法的调用格式如下：

```
cxt.clip()
```

其中，"cxt"表示上下文环境对象名称，该方法是一个无参数方法，用于切割使用路径方式在画布中绘制的区域。因此在使用该方法前，必须使用路径的方式在画布中绘制一个区域，才能通过调用 clip()方法对该区域进行切割。

下面通过一个实例讲解在页面中切割指定的图像的方法。

实例 6-13	说　　明
源码路径	daima\6\13.html
功能	在页面中切割指定的图像

实例文件 13.html 的代码如下。

```
<!DOCTYPE html>
<html>
<head>
<meta charset="utf-8" />
<title>切割画布中的图像</title>
<link href="css.css" rel="stylesheet" type="text/css">
<script type="text/javascript" language="jscript"
        src="js13.js"/>
</script>
</head>
<body onLoad="pageload();">
    <canvas id="cnvMain" width="280px" height="190px"></canvas>
</body>
</html>
```

编写脚本文件 js13.js，设置当加载页面时会触发"onLoad"事件，在该事件中调用了自定义的函数 pageload()，此函数的运作流程如下：

（1）创建一个“Image”对象，并设置该对象加载图像的路径。在加载图像过程中，第一次调用另外一个自定义函数 drawCirc()，绘制一个圆形路径，并使用 stroke()方法将路径绘制在画布中。

（2）调用方法 clip()将画布中的圆形路径进行切割。其中在调用函数 drawCirc()时，参数“cxt”表示上下文环境对象名称，“intR”表示圆半径，“blnC”表示是否需要对绘制图形进行切割，“true”表示需要，“false”表示不需要。

（3）使用 drawImage()方法在画布中绘制一个左上角坐标为(70，3)的图像。因为绘制图像前画布已按照圆形路径进行了切割，所以加载的图像也按照该切割后的圆形区域进行绘制。

（4）第二次调用自定义函数 drawCirc()，绘制一个与第一个圆路径同圆心不同半径的小圆形，并设置“fillStyle”的属性值为“#fff”，通过 fill()方法进行填充，形成大圆套小圆的效果。

文件 js13.js 的代码如下。

```
function $$(id) {
    return document.getElementById(id);
}
//自定义页面加载时调用的函数
function pageload() {
    var cnv = $$("cnvMain");
    var cxt = cnv.getContext("2d");
    var objImg = new Image();
    objImg.src = "1.jpg";
    objImg.onload = function() {
        drawCirc(cxt, 60, true);
        cxt.drawImage(objImg, 70, 3);
        drawCirc(cxt, 10, false);
    }
}
//根据相关参数绘制圆
function drawCirc(cxt, intR, blnC) {
    cxt.beginPath();
    cxt.arc(140, 95, intR, 0, Math.PI * 2, true);
    cxt.closePath();
    //设置边框颜色
    cxt.strokeStyle = "#666";
    //设置边框宽度
    cxt.lineWidth = 3;
    //开始描边
    cxt.stroke();
    if (blnC) {
        //切割图形
        cxt.clip();
    } else {
        //设置填充色
```

```
            cxt.fillStyle = "#fff";
            //填充图形
            cxt.fill();
        }
    }
```

执行后的效果如图 6-13 所示。

图 6-13　执行效果

6.3.13　绘制文字

在 HTML 5 网页中，想要在画布中绘制文字，可以通过调用上下文环境对象的 fillText()方法与 strokeText()方法来实现，前者用于在画布中以填充的方式绘制文字，后者用于在画布中以描边的方式绘制文字。

下面通过一个实例讲解在网页中绘制文字的方法。

实例 6-14	说　明
源码路径	daima\6\14.html
功能	在网页中绘制文字

在本实例的页面中新建了一个<canvas>元素，当页面被加载时设置了三种不同字体的文字，分别绘制在画布元素中的不同坐标位置上。实例文件 14.html 的代码如下。

```
<!DOCTYPE html>
<html>
<head>
<meta charset="utf-8" />
<title>绘制文字</title>
<link href="css.css" rel="stylesheet" type="text/css">
<script type="text/javascript" language="jscript"
        src="js14.js"/>
</script>
</head>
<body onLoad="pageload();">
```

```
        <canvas id="cnvMain" width="280px" height="190px"></canvas>
    </body>
    </html>
```

脚本文件 js14.js 的代码如下。

```
// JavaScript Document
function $$(id) {
    return document.getElementById(id);
}
//自定义页面加载时调用的函数
function pageload() {
    var cnv = $$("cnvMain");
    var cxt = cnv.getContext("2d");
    drawText(cxt, "bold 35px impact", 90, 70, false);
    drawText(cxt, "bold 35px arial blank", 130, 110, true);
    drawText(cxt, "bold 35px comic sans ms", 170, 150, true);
}
//根据参数绘制不同类型的字体
function drawText(cxt, strFont, intX, intY, blnFill) {
    cxt.font = strFont;
    cxt.textAlign = "center";
    cxt.textBaseline = "bottom";
    if (blnFill) {
        cxt.fillStyle = "#ccc";
        cxt.fillText("HTML 5 ", intX, intY);
    } else {
        cxt.strokeStyle = "#666";
        cxt.strokeText("学习 HTML 5 ", intX, intY);
    }
}
```

在上述代码中自定义了一个用于加载页面时的函数 pageload()，此函数分别三次调用了另外一个用于绘制文字的函数 drawText()。函数 pageload()有如下 5 个参数：

- 参数 cxt：表示上下文环境对象名称。
- 参数 strFont：表示设置的“font”属性值。
- 参数 intX：表示文字在画布左上角的横坐标。
- 参数 intY：表示文字在画布左上角的纵坐标。
- 参数 blnFill：表示是否采用 fill()方法绘制字符，如果为“true”表示是，否则表示使用 stroke()方法绘制文字。

第一次调用函数 pageload()时使用了“Impact”字体，在画布左上角坐标(90，70)处，使用 stroke()方法绘制了内容为“学习 HTML 5”的文字。当第二次调用时，使用了“Arial Blank”字体，在画布左上角坐标(130，110)处，采用 fill()方法绘制了内容为“HTML 5”的文字。第三次调用与第二次调用基本相同，仅是字体名称与在画布中的坐标不同。执行后的效果如图 6-14 所示。

图 6-14　执行效果

6.3.14　制作一个简单的动画

在 HTML 5 中，使用画布元素<canvas>还可以制作一些简单的动画。具体的制作过程主要分为如下两个步骤：

（1）自定义一个函数，用于图形的移动或其他动作。

（2）使用 setInterval()方法设置动画执行的间隔时间，反复执行自定义函数。

下面通过一个实例讲解在网页中实现一个简单的动画效果的方法。

实例 6-15	说　明
源码路径	daima\6\15.html
功能	在网页中实现一个简单的动画效果

在本实例的页面中新建了一个<canvas>元素，在该画布元素中绘制了一个卡通笑脸。当加载页面时，该笑脸从画布的左边慢慢移至右边，又从右边移动至左边，最后停止在起始位置。实例文件 15.html 的代码如下。

```
<!DOCTYPE html>
<html>
<head>
<meta charset="utf-8" />
<title>绘制简单的动画</title>
<link href="css7.css" rel="stylesheet" type="text/css">
<script type="text/javascript" language="jscript"
        src="js15.js"/>
</script>
</head>
<body onLoad="pageload();">
    <canvas id="cnvMain" width="280px" height="190px"></canvas>
</body>
</html>
```

脚本文件js15.js的代码如下。

```
// JavaScript Document
function $$(id) {
    return document.getElementById(id);
}
var intI, intJ, intX;
//自定义页面加载函数
function pageload() {
    var cnv = $$("cnvMain");
    var cxt = cnv.getContext("2d");
    drawFace(cxt);
    intI = 1;
    intJ = 21;
    setInterval(moveFace, 100);
}
//调用自定义函数绘制脸部形状
function drawFace(cxt) {
    drawCirc(cxt, "#666", 30, 80, 30, 2, true);
    drawCirc(cxt, "#fff", 20, 70, 5, 2, true);
    drawCirc(cxt, "#fff", 40, 70, 5, 2, true);
    drawCirc(cxt, "#fff", 30, 80, 18, 1, false);
}
//根据参数绘制各类圆形
function drawCirc(cxt, strColor, intX, intY, intR, intH, blnFill) {
    cxt.beginPath();
    cxt.arc(intX, intY, intR, 0, Math.PI * intH, blnFill);
    if (blnFill) {
        cxt.fillStyle = strColor;
        cxt.fill();
    } else {
        cxt.lineWidth = 2;
        cxt.strokeStyle = strColor;
        cxt.stroke();
    }
    cxt.closePath();
}
//实现往返移动圆形脸部的功能
function moveFace() {
    var cnv = $$("cnvMain");
    var cxt = cnv.getContext("2d");
    cxt.clearRect(0, 0, 280, 190);
    if (intI < 20) {
        intI += 1;
        intX = intI;
    } else {
        if (intJ > 0) {
```

```
                    intJ -= 1;
                    intX = -intJ;
                }
            }
            cxt.translate(intX, 0);
            drawFace(cxt);
        }
```

在上述代码中定义了 4 个自定义函数。其中函数 pageload()用于加载页面时调用；函数 drawFace()用于根据上下文环境对象在画布中绘制卡通笑脸；函数 drawCirc()用于根据传递的参数值，使用 fill()与 stroke()方法绘制指定位置、填充色、半径、弧度的圆形；函数 moveFace()用于实现往返移动笑脸的功能。

在函数 drawFace()中，调用了 4 次 drawCirc()函数，分别绘制卡通笑脸的头形、两只眼睛与嘴；在 moveFace()函数中，先根据自增量"intI"的值，使用 translate()方法向右移动卡通笑脸。当"intI"值大于 20 时，转为获取"intJ"值，根据自减量"inU"的值，使用 translate()方法向左移动卡通笑脸，直到"intJ"值小于 0，便停止移动。在自定义函数 pageload()中，通过 setInterval()方法，按时反复执行函数 moveFace()，最终在画布中实现简单的动画效果。执行后的效果如图 6-15 所示。

图 6-15　执行效果

第三篇　技术提高篇

第 7 章　数据存储应用详解

在 HTML 4 中，有两种数据存储的方式：cookie 存储和 session 存储，这两种存储都有时间和大小的限制，例如大多数浏览器对 cookie 的限制最多不能超过 4096 个字节（4KB），并且 cookie 的数量总共不能超过 300 个，这些限制无法满足现实中站点的需求。为了解决这个问题，在 HTML 5 中新增加了三种数据存储方式，分别是本地数据存储、session 存储和离线存储。本章将详细介绍这三种数据存储的基本知识，并通过几个具体实例来演示其流程。

7.1　Web 存储

无论是处理多媒体文件和还是绘制图形图像，这些都不是 HTML 5 震撼性的功能，真正令我们震撼的是数据存储功能。使用 HTML 5，可以将数据存放在客户端，而无需使用专业的数据库工具。

7.1.1　什么是 Web 存储

使用 HTML 5 技术可以在客户端存储数据，在 HTML 5 中提供了如下两种在客户端存储数据的新方法。

- localStorage：没有时间限制的数据存储。
- sessionStorage：针对一个 Session 的数据存储。

在这以前，客户端的存储功能都是通过 Cookie 来完成的。但是因为它们是由每个对服务器的请求来传递的，所以 Cookie 不适合大量数据的存储，这使得 Cookie 速度很慢，而且效率也不高。

在 HTML 5 中，数据不是由每个服务器请求传递的，而是只有在请求时使用数据，这样使在不影响网站性能的情况下存储大量数据成为可能。对于不同的网站来说，数据存储于不同的区域，并且一个网站只能访问其自身的数据。

在 HTML 5 中可以使用 JavaScript 来存储和访问数据。

7.1.2　Web 存储的影响

Cookie 的出现大大地推动了 Web 的发展，虽然它既有优点也有一定的缺陷，但是功大于过。Cookie 的优点是允许我们在登陆网站时，记住我们输入的用户名和密码，这样在下一次登陆时就不需要再次输入了，可以达到自动登陆的效果。

但是另一方面，Cookie 的安全问题也日趋受到关注，比如 Cookie 由于存储在客户端浏览器中，很容易受到黑客的窃取，安全机制不是十分好。还有另外一个问题，Cookie 存储数据

的能力有限。目前在很多浏览器中规定每个 Cookie 只能存储不超过 4KB 的限制，所以一旦 Cookie 的内容超过 4KB，唯一的方法是重新创建。此外，Cookie 的一个缺陷是每次的 HTTP 请求中都必须附带 Cookie，这将有可能增加网络的负载。

使用 HTML 5 中新增加的 Web 存储机制，可以弥补 cookie 的缺点，Web 存储机制在以下两方面作了加强。

（1）对于 Web 开发者来说，它提供了很容易使用的 API 接口，通过设置键值对即可使用。

（2）在存储的容量方面，可以根据用户分配的磁盘配额进行存储，这就可以在每个用户域下存储 5～10MB 的内容。这就意味者，用户不仅仅可以存储 Session，还可以在客户端存储用户的设置偏好、本地化的数据、离线的数据，这对提高效率是很有帮助的。

Web 存储提供了使用 JavaScript 编程的接口，这将使得开发者可以使用 JavaScript，在客户端做很多以前要在服务端才能完成的工作。现在各个主流浏览器已经开始支持 Web 存储。

7.2　HTML 5 中的两种存储方法

在 HTML 5 中，主要有两种数据存储的方式，分别是使用方法 localStorage 和使用方法 sessionStorage 来实现。本节将详细讲解这两种存储方式的使用方法。

7.2.1　使用 localStorage 方法

当使用 localStorage 方法存储数据时是没有任何时间限制的，例如可以在第二天、第二周甚至是下一年之后仍然使用存储的数据。下面通过一个实例讲解显示访问页面的统计次数的方法。

实例 7-1	说　明
源码路径	daima\7\1.html
功能	显示访问页面的统计次数

本实例的功能是统计访问页面的次数，每刷新一次页面，访问次数就会增加 1 次。实例文件 1.html 的主要实现代码如下。

```
<!DOCTYPE HTML>
<html>
<body>

<script type="text/javascript">

if (localStorage.pagecount)
    {
    localStorage.pagecount=Number(localStorage.pagecount) +1;
    }
else
    {
    localStorage.pagecount=1;
```

```
    }
document.write("Visits: " + localStorage.pagecount + " time(s).");

</script>

<p>刷新页面会看到计数器在增长。</p>

<p>请关闭浏览器窗口，然后再试一次，计数器会继续计数。</p>

</body>
</html>
```

执行效果如图 7-1 所示。

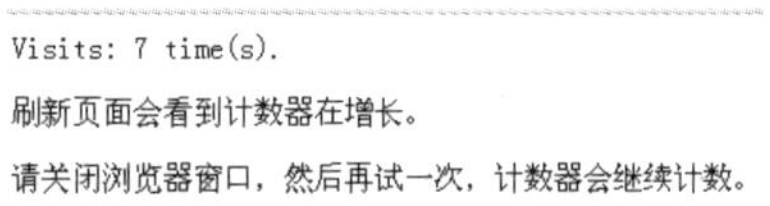

Visits: 7 time(s).

刷新页面会看到计数器在增长。

请关闭浏览器窗口，然后再试一次，计数器会继续计数。

图 7-1　执行效果

7.2.2　使用 sessionStorage 方法

方法 sessionStorage 比较“体贴”，可以针对具体某一个 Session 进行数据存储，当用户关闭浏览器窗口后数据会删除。例如在下面的代码中演示了创建并访问一个 sessionStorage 的过程。

```
<!DOCTYPE HTML>
<html>
<body>
<script type="text/javascript">
sessionStorage.lastname="Smith";
document.write(sessionStorage.lastname);
</script>
</body>
</html>
```

下面通过一个实例讲解显示访问页面的统计次数的方法。

实例 7-2	说　　明
源码路径	daima\7\2.html
功能	显示访问页面的统计次数

本实例的功能是统计访问此页面的次数，每刷新一次页面，访问次数就会增加 1 次。实例文件 2.html 的主要代码如下。

```
<!DOCTYPE HTML>
<html>
<body>

<script type="text/javascript">

if (sessionStorage.pagecount)
    {
```

```
        sessionStorage.pagecount=Number(sessionStorage.pagecount) +1;
        }
    else
        {
        sessionStorage.pagecount=1;
        }
    document.write("Visits " + sessionStorage.pagecount + " time(s) this session.");

    </script>

    <p>刷新页面会看到计数器在增长。</p>

    <p>请关闭浏览器窗口，然后再试一次，计数器已经重置了。</p>

    </body>
    </html>
```

执行效果如图 7-2 所示。

Visits 3 time(s) this session.

刷新页面会看到计数器在增长。

请关闭浏览器窗口，然后再试一次，计数器已经重置了。

图 7-2　执行效果

注意：本实例的统计和上一个实例的有一点区别，本实例当关闭浏览器后再次打开后，此时的统计数字将从 1 开始重新统计。而上一个实例是重新打开后统计数字是累加统计的。

7.3　数据存储对象

Web Storage 页面存储是 HTML 5 为数据存储在客户端提供的一项重要功能，因为 Web Storage API 可以区分会话数据与长期数据，因此相应的 API 可以分为如下两种类型：

- sessionStorage：保存会话数据。
- loaclStorage：在客户端长期保存数据。

因为 Web Storage API 可以将客户端的数据按照类型进行存储，所以存储功能比传统的、单一的 Cookie 方式要优秀。

7.3.1　使用 sessionStorage 对象

当在 HTML 5 页面中存储数据的时候，使用 sessionStorage 对象保存数据的时间较短，因为这个数据实质上是被保存在 session 对象中。当打开浏览器时，可以查看操作过程中临时保存的数据。如果关闭浏览器，所有用 sessionStorage 对象保存的数据会全部丢失。使用 sessionStorage 对象保存数据的方法非常简单，只需要调用 setltem()方法即可，具体调用格式如下：

```
sessionStorage. setItem( key, value)
```

- 参数 key：表示被保存内容的键名。

- 参数 value：表示被保存内容的键值，在使用 setItem()方法保存数据时，对应格式为“键名、键值”。成功设置键名后不再允许修改，也不能重复。如果有重复的键名，则只能修改对应的键值，即用新增重复的键名值取代原有重复的键名值。

当使用 sessionStorage 对象中的方法 setItem()保存数据后，如果需要读取被保存的数据，应该调用 sessionStorage 对象中 getItem()方法，具体调用格式如下：

```
sessionStorage.getItem (key)
```

其中，参数 key 表示设置保存时被保存内容的键名，该方法将返回一个指定键名对应的键值，如果不存在则返回一个 null 值。

下面将通过一个实例讲解使用 sessionStorage 对象保存并读取临时数据的方法。

实例 7-3	说　　明
源码路径	daima\7\3.html
功能	使用 sessionStorage 对象保存并读取临时数据

在本实例中分别创建了一个文本框和一个读取按钮，当在文本框中输入内容时，通过 sessionStorage 对象保存文本框输入的内容，并即时显示在页面中。当单击“读取”按钮时会直接读取被保存的临时数据。实例文件 3.html 的代码如下。

```
<!DOCTYPE html>
<html>
<head>
<meta charset="utf-8" />
<title>使用 sessionStorage</title>
<link href="css.css" rel="stylesheet" type="text/css">
<script type="text/javascript" language="jscript"
        src="js3.js"/>
</script>
</head>
<body>
 <fieldset>
   <legend>sessionStorage 对象保存与读取临时数据</legend>
   <input name="txtName" type="text" class="inputtxt"
        onChange="txtName_change(this);" size="30px">
   <input name="btnGetValue" type="button" class="inputbtn"
        onClick="btnGetValue_click();" value="读取">
   <p id="pStatus"></p>
 </fieldset>
</body>
</html>
```

编写脚本文件 js3.js，当在文本框 txtName_change()中输入内容时会触发 onChange 事件，在此调用了自定义的函数 txtName_change()，此函数的运作流程如下。

（1）通过变量 strName 获取传过来的文本框内容。

（2）通过调用 sessionStorage 对象中的 setItem()方法，将该内容值保存到 Session 对象中，其中键名为“strName”，对应键值为已获取内容的变量 strName。

（3）完成保存后调用 sessionStorage 对象中的 getItem()方法，根据保存的键名将对应的键值通过 ID 号为“pStatus”的元素<p>显示在页面中。

文件 js3.js 的代码如下。

```
function $$(id) {
    return document.getElementById(id);
}
//输入文本框内容时调用的函数
function txtName_change(v) {
    var strName = v.value;
    sessionStorage.setItem("strName", strName);
    $$("pStatus").style.display = "block";
    $$("pStatus").innerHTML = sessionStorage.getItem("strName");
}
//点击“读取”按钮时调用的函数
function btnGetValue_click() {
    $$("pStatus").style.display = "block";
    $$("pStatus").innerHTML = sessionStorage.getItem("strName");
}
```

样式文件 css.css 的代码如下。

```
@charset "utf-8";
body {
    font-size:12px
}
.inputbtn {
    border:solid 1px #ccc;
    background-color:#eee;
    line-height:18px;
    font-size:12px
}
.inputtxt {
    border:solid 1px #ccc;
    line-height:18px;
    font-size:12px;
    padding-left:3px
}
fieldset{
    padding:10px;
    width:285px;
    float:left
}
```

```
#pStatus{
        display:none;
        border:1px #ccc solid;
        width:158px;
        background-color:#eee;
        padding:6px 12px 6px 12px;
        margin-left:2px
}
.status{
        border:1px #ccc solid;
        background-color:#eee;
        padding:6px 12px 6px 12px
}
ul{
        list-style:none;
        padding:0px;
        margin:15px 0px 15px 0px;
        text-align:center
}
ul .li_bot{
        padding-top:10px
}
ul .li_top{
        padding-bottom:10px
}
/*示例 4*/
#ulMessage{
        width:360px
}
#ulMessage .spn_a{
        width:60px;
        float:left;
        text-align:left
}
#ulMessage .spn_b{
        width:130px;
        text-align:left;
        float:left
}
#ulMessage .spn_c{
        width:50px;
        text-align:left;
        float:left
}
#ulMessage .spn_d{
        width:80px;
```

```
        text-align:left;
        float:left
    }
    #ulMessage .li_h{
        border-bottom:solid 1px #666;
        float:left;
        background-color:#eee;
        padding:5px;
        font-weight:bold
    }
    #ulMessage .li_c{
          border-bottom:dashed 1px #ccc;
        float:left;
        padding:5px
    }
    .p4{
        clear:both;
        padding-top:10px
    }
    /*示例 5*/
    .p5{
        clear:both;
        padding-top:10px;
        padding-left:3px;
        width:300px
    }
    .spanl{
        float:left
    }
    .spanr{
        float:right
    }
    .btn{
        padding-top:10px;
        clear:both
    }
```

执行后的效果如图 7-3 所示，在文本框中输入数据，例如输入“123”，单击“读取”按钮后会在下方显示存储的数据。如图 7-4 所示。

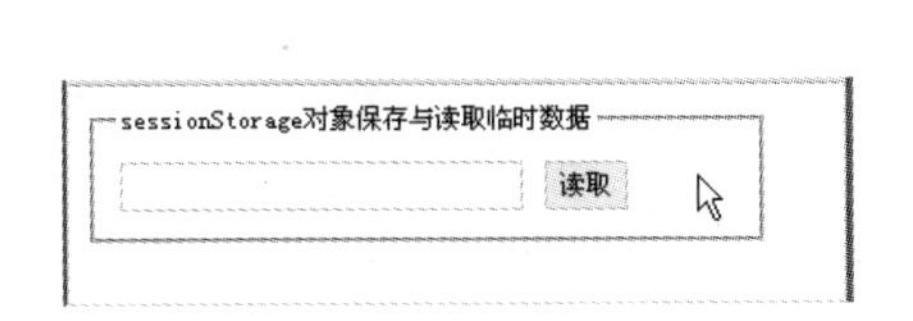

图 7-3　初始效果

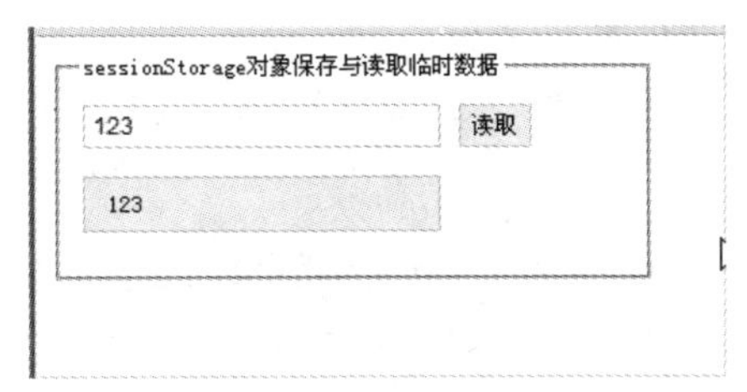

图 7-4　显示存储的数据

7.3.2 使用 localStorage 对象

本章 7.3.1 节学习了 sessionStorage 对象保存数据的方法。但是使用 sessionStorage 对象只能保存临时的会话数据，关闭浏览器后就会丢失这些数据。如果需要长期在客户端保存数据，不建议使用 sessionStorage 对象，而是应该使用 HTML 5 中的新对象 localStorage。通过此对象可以将数据长期保存在客户端，一直到人工清除为止。如果使用 localStorage 对象保存数据内容，需要通过如下格式调用方法 setItem()：

```
localStorage. setItem (key,value)
```

与对象 sessionStorage 保存数据的方法参数说明相同，localStorage 对象也是通过调用 setItem()方法，按照“键名、键值”的方式进行设置，只是调用的对象不一样。当使用 localStorage 对象保存数据后，可以调用对象中的 getItem()方法读取指定键名所对应的键值，具体调用格式如下：

```
localStorage.getItem (key)
```

其中，参数 key 表示需要读取键值内容的键名，与 sessionStorage 对象一样，如果键名不存在，则返回一个 null 值。

对象 localStorage 可以将内容长期保存在客户端，即使重新打开浏览器也不会丢失。如果需要清除 localStorage 对象保存的内容，需要调用 localStorage 对象的另一个方法 removeItem()，具体调用格式如下：

```
localStorage.removeItem(key)
```

其中，参数 key 表示需要删除的键名，如果删除成功，则会删除所有与键名对应的数据。

下面将通过一个实例讲解保存并读取登录用户名和密码的方法。

实例 7-4	说　明
源码路径	daima\7\4.html
功能	保存并读取登录用户名和密码

在本实例中新建了一个登录页面，当用户在文本框中输入用户名与密码并单击“登录”按钮后，会使用 localStorage 对象保存登录时的用户名。如果选中“保存密码？”复选框，则保存登录时的密码，否则将清空原先保存的密码。当重新在浏览器中打开该页面时，将分别在相应的文本框中显示保存的用户名和密码。实例文件 4.html 的代码如下。

```
<!DOCTYPE html>
<html>
<head>
<meta charset="utf-8" />
<title>保存并读取登录用户名与密码</title>
<link href="css.css" rel="stylesheet" type="text/css">
<script type="text/javascript" language="jscript"
        src="js4.js"/>
```

```
</script>
</head>
<body onLoad="pageload();">
    <form id="frmLogin" action="#">
     <fieldset>
         <legend>登录</legend>
         <ul>
              <li class="li_top">
                  <span id="spnStatus"></span>
              </li>
              <li>名称:
                  <input id="txtName" class="inputtxt"
                          type="text">
              </li>
              <li>密码:
                  <input id="txtPass" class="inputtxt"
                          type="password">
              </li>
              <li>
                  <input id="chkSave" type="checkbox">
                  保存密码?
              </li>
              <li class="li_bot">
                  <input name="btnLogin" class="inputbtn" value="登录"
                          type="button" onClick="btnLogin_click();">
                  <input name="rstLogin" class="inputbtn"
                          type="reset" value="取消">
              </li>
         </ul>
     </fieldset>
    </form>
</body>
</html>
```

编写脚本文件 js4.js，设置在加载页面时会调用自定义的函数 pageload()，此函数的运作流程如下：

（1）通过 localStorage 对象中的 getItem()方法获取指定键名的键值，并保存在变量中。如果不为空，则将该变量值赋值于对应的文本框，用户下次登录时不用再次输入，以方便操作。

（2）当用户单击“登录”按钮时会触发 onClick 事件，通过此事件调用另外一个自定义的函数 btnLogin_click()。该函数先通过两个变量保存在文本框中输出的用户名与密码，然后调用 localStorage 对象中的 setItem()方法，将用户名作为键名“keyName”的键值进行保存。如果选择了“保存密码？”复选框，则将密码作为键名“keyPass”的键值进行保存。否则将调用 localStorage 对象中的 removeItem()方法，删除键名为“keyPass”的记录。

文件 js4.js 的具体代码如下。

```
// JavaScript Document
function $$(id) {
    return document.getElementById(id);
}
//页面加载时调用的函数
function pageload() {
    var strName = localStorage.getItem("keyName");
    var strPass = localStorage.getItem("keyPass");
    if (strName) {
        $$("txtName").value = strName;
    }
    if (strPass) {
        $$("txtPass").value = strPass;
    }
}
//点击“登录”按钮后调用的函数
function btnLogin_click() {
    var strName = $$("txtName").value
    var strPass = $$("txtPass").value;
    localStorage.setItem("keyName", strName);
    if ($$("chkSave").checked) {
        localStorage.setItem("keyPass", strPass);
    } else {
        localStorage.removeItem("keyPass");
    }
    $$("spnStatus").className = "status";
    $$("spnStatus").innerHTML = "登录成功！";
}
```

执行后的效果如图 7-5 所示，在文本框中输入用户名和密码，然后勾选“保存密码？”复选框，单击“登录”按钮后会显示登录成功。如图 7-6 所示。

图 7-5 初始效果

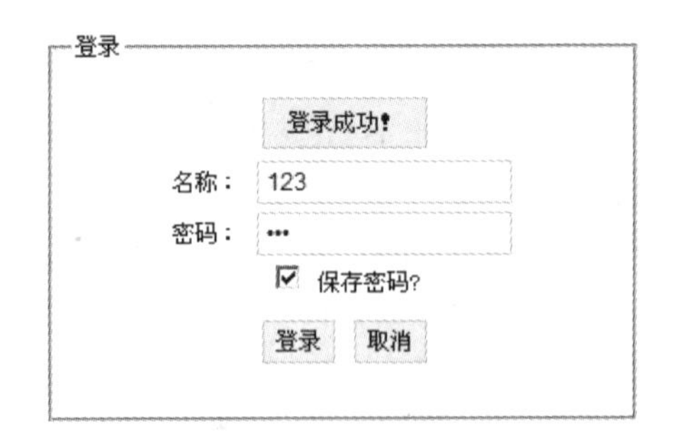

图 7-6 登录成功

当重新在浏览器中打开该页面时，将分别在相应的文本框中显示保存的用户名和密码。如图 7-7 所示。

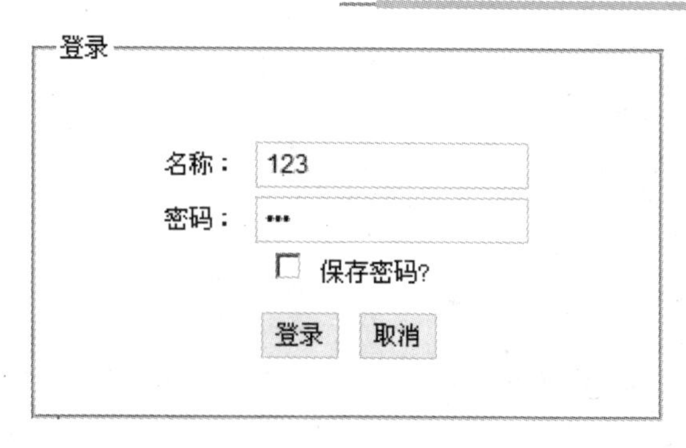

图 7-7 自动显示保存的用户名和密码

7.3.3 使用 localStorage 对象中的 clear()方法

在 HTML 5 中，可以调用 localStorage 对象中的方法 clear()清空 localStorage 对象中保存的所有数据。调用格式如下：

```
localStorage .clear();
```

方法 clear()是一个无参数方法，表示清空全部的数据。一旦使用 localStorage 对象保存了数据，用户就可以在浏览器中打开相应的代码调试工具，查看每条数据对应的键名与键值。执行删除或清空操作后，其对应的数据也会发生变化，这些变化可以通过浏览器的代码调试工具进行侦测。

下面将通过一个实例讲解使用 localStorage 对象中的 clear()方法的方法。

实例 7-5	说　明
源码路径	daima\7\5.html
功能	使用 localStorage 对象中的 clear()方法

实例文件 5.html 的实现代码如下。

```
<!DOCTYPE html>
<html>
<head>
<meta charset="utf-8" />
<title>清空/保存数据</title>
<link href="css.css" rel="stylesheet" type="text/css">
<script type="text/javascript" language="jscript"
        src="js5.js"/>
</script>
</head>
<body>
   <input id="btnAdd" type="button" value="增加数据"
          class="inputbtn" onClick="btnAdd_Click();">
   <input id="btnDel" type="button" value="清空数据"
          class="inputbtn" onClick="btnDel_Click();">
```

```
    <p id="pStatus"></p>
</body>
</html>
```

脚本文件 js5.js 的代码如下。

```
// JavaScript Document
function $$(id) {
    return document.getElementById(id);
}
var intNum = 0;
//点击"增加"按钮时调用
function btnAdd_Click() {
    for (var intI = 0; intI <= 7; intI++) {
        var strKeyName = "strKeyName" + intI;
        var strKeyValue = "strKeyValue" + intI;
        localStorage.setItem(strKeyName, strKeyValue);
        intNum++;
    }
    $$("pStatus").style.display = "block";
    $$("pStatus").innerHTML = "已成功保存 <b>" + intNum + "</b> 条数据记录！";
}
//点击"清空"按钮时调用
function btnDel_Click() {
    localStorage.clear();
    $$("pStatus").style.display = "block";
    $$("pStatus").innerHTML = "已成功清空全部数据记录！";
}
```

执行后的效果如图 7-8 所示，单击“增加数据”按钮后会保存 8 条数据记录。如图 7-9 所示。

图 7-8　初始效果

图 7-9　保存 8 条数据记录

单击“清空数据”按钮后会删除保存的 8 条数据记录，如图 7-10 所示。

7.3.4　使用 localStorage 对象中的属性

图 7-10　删除保存的 8 条数据记录

为了查看 localStorage 对象保存的全部数据信息，通常要遍历这些数据。在遍历过程中，需要访问 localStorage 对象的如下两个属性：

- length：表示 localStorage 对象中保存数据的总量。
- key：表示保存数据时的键名项，该属性常与索引号(index)配合使用，表示第几条键名对应的数据记录。其中，索引号(index)以 0 值开始。假设取第 3 条键名对应的数据，则 index 值应该为 2。

下面通过一个实例讲解通过遍历的方式在网页中获取并显示数据的方法。

实例 7-6	说　明
源码路径	daima\7\6.html
功能	通过遍历的方式在网页中获取并显示数据

本实例的功能是在页面中通过遍历的方式获取 localStorage 对象保存的全部点评数据记录。在文本框中输入内容，单击“发表”按钮后可以通过 localStorage 对象保存输入的数据，并在页面中实时显示这些数据。实例文件 6.html 的实现代码如下。

```
<!DOCTYPE html>
<html>
<head>
<meta charset="utf-8" />
<title>遍历数据</title>
<link href="css.css" rel="stylesheet" type="text/css">
<script type="text/javascript" language="jscript"
        src="js6.js"/>
</script>
</head>
<body onLoad="getlocalData();">
    <ul id="ulMessage">
        正在读取数据中...
    </ul>
    <p class="p4">
        <textarea id="txtContent" class="inputtxt"
                    cols="37" rows="5">
        </textarea><br>
        <input id="btnAdd" type="button" value="发表"
                class="inputbtn" onClick="btnAdd_Click();">
    </p>
</body>
</html>
```

编写脚本文件js6.js，设置在加载页面时会调用自定义的函数getlocalData()。此函数会根据localStorage对象的length值，使用for语句遍历localStorage对象保存的全部数据。在遍历过程中，通过变量“strKey”保存每次遍历的键名。在获取键名后，为了只获取localStorage对象中保存的点评数据，检测键名前3个字符是否为“cnt”。如果是，则通过方法getItem()获取键名对应的键值，并保存在变量“strVal”中。因为键值是由“,”组成的字符串，所以先通过数组strArr保存分割后的各项数值，然后通过数组下标将各项获取的内容显示在页面中。如果在页面中输入点评内容，单击“发表”按钮后会调用另外一个自定义的函数btnAdd_Click()。此函数先获取点评内容，然后将内容存在变量“strContent”中。为了使保存内容的键名不重复，并且具有标记性，在生成键名时调用函数RetRndNum()，随机生成一个4位数字，并与字符“cnt”组合成新的字符串，保存在变量“strKey”中。为了保存更多的数据信息，保存点评内容的变量“strContent”通过“,”与时间数据组合成新的字符串，保存在变量“strVal”中。最后，通过方法setItem()将变量“strKey”与“strVal”分别作为键名与键值保存在localStorage对象中。文件js6.js的代码如下。

```
// JavaScript Document
function $$(id) {
    return document.getElementById(id);
}
//点击"发表"按钮时调用
function btnAdd_Click() {
    //获取文本框中的内容
    var strContent = $$("txtContent").value;
     //定义一个日期型对象
    var strTime = new Date();
     //如果不为空，则保存
    if (strContent.length > 0) {
        var strKey = "cnt" + RetRndNum(4);
        var strVal = strContent + "," + strTime.toLocaleTimeString();
        localStorage.setItem(strKey, strVal);
    }
    //重新加载
    getlocalData();
     //清空原先内容
     $$("txtContent").value="";
}

//获取保存数据并显示在页面中
function getlocalData() {
    //标题部分
    var strHTML = "<li class='li_h'>";
    strHTML += "<span class='spn_a'>编号</span>";
    strHTML += "<span class='spn_b'>内容</span>";
    strHTML += "<span class='spn_c'>时间</span>";
    strHTML += "</li>";
```

```
        //内容部分
        var strArr = new Array(); //定义一数组
        for (var intI = 0; intI < localStorage.length; intI++) {
            //获取 Key 值
            var strKey = localStorage.key(intI);
             //过滤键名内容
            if (strKey.substring(0, 3) == "cnt") {
                var strVal = localStorage.getItem(strKey);
                strArr = strVal.split(",");
                strHTML += "<li class='li_c'>";
                strHTML += "<span class='spn_a'>" + strKey + "</span>";
                strHTML += "<span class='spn_b'>" + strArr[0] + "</span>";
                strHTML += "<span class='spn_c'>" + strArr[1] + "</span>";
                strHTML += "</li>";
            }
        }
        $$("ulMessage").innerHTML = strHTML;
    }
    //生成指定长度的随机数
    function RetRndNum(n) {
        var strRnd = "";
        for (var intI = 0; intI < n; intI++) {
            strRnd += Math.floor(Math.random() * 10);
        }
         return strRnd;
    }
```

执行后的效果如图 7-11 所示。

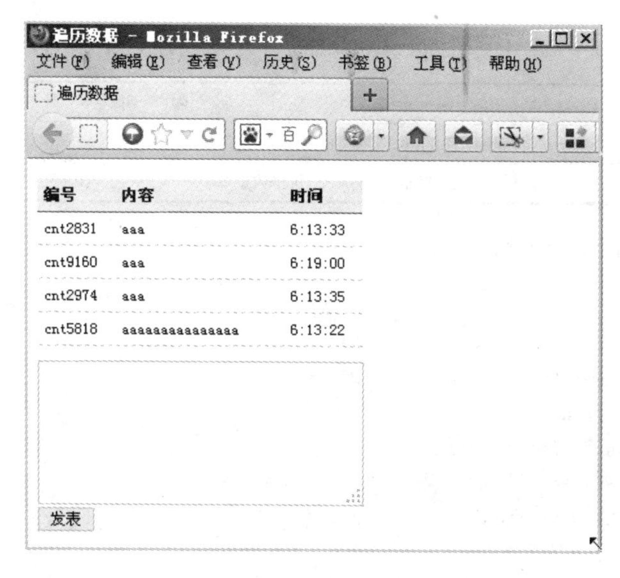

图 7-11　执行效果

7.4 WebDB 存储方式

本章前面已详细介绍了 Web Storage 存储本地数据的方法。虽然这种存储方法比较简单方便，但是 Web Storage 存储空间容量只有 5MB，所以这种以键值存储的方式会带来诸多不便，为此推出了 Web SQL 数据库（Web SQL DataBase 简称为 WebDB），它内置了 SQLite 数据库，对数据库的操作可以通过调用方法 executeSql()实现，允许使用 JavaScript 代码控制数据库的操作。

7.4.1 WebDB 存储基础

WebDB 可以实现数据的本地存储，它提供了关系数据库的基本功能，可以存储页面中交互的、复杂的数据。既可以保存数据，也可以缓存从服务器获取的数据。WebDB 通过事务驱动实现对数据的管理，因此可以支持多浏览器的并发操作，而不发生存储时的冲突。

如果要通过 WebDB 进行本地数据的存储，首先需要打开或创建一个数据库，打开或创建数据库的 API 是 openDatabase，其调用代码如下：

```
openDatabase (DBName,DBVersion,DBDescribe,DBSize, Callback());
```

- ❑ 参数 DBName：表示数据库名称。
- ❑ 参数 DBVersion：表示版本号。
- ❑ 参数 DBDescribe：表示对数据库的描述。
- ❑ 参数 DBSize：表示数据库的大小，单位为字节，如果是 2MB，必须写成 2*1024*1024。
- ❑ 参数 Callback()：表示创建或打开数据库成功后执行的一个回调函数。

当调用此方法时，如果指定的数据库名存在，则打开该数据库。否则新创建一个指定名称的空数据库。

下面将通过一个实例讲解使用 openDatabase 打开、创建数据库的方法。

实例 7-7	说　明
源码路径	daima\7\7.html
功能	使用 openDatabase 打开、创建数据库

实例文件 7.html 的实现代码如下。

```
<!DOCTYPE html>
<html>
<head>
<meta charset="utf-8" />
<title>打开/创建数据库</title>
<link href="Css/css8.css" rel="stylesheet" type="text/css">
<script type="text/javascript" language="jscript"
        src="Js/js7.js"/>
</script>
</head>
```

```
<body>
    <input id="btnCreateDb" type="button" value="创建数据库"
            class="inputbtn" onClick="btnCreateDb_Click();">
    <input id="btnTestConn" type="button" value="查看连接"
            class="inputbtn" onClick="btnTestConn_Click();">
    <p id="pStatus"></p>
</body>
</html>
```

编写脚本文件 js7.js，首先定义了一个全局性变量“db”来保存打开的数据库对象。当用户单击“创建数据库”按钮时，调用自定义函数 btnCreateDb_Click()，通过此函数“创建/打开”一个名为“Student”的数据库对象，此数据对象的版本号为“1.0”，大小为 2MB。如果创建成功则执行回调函数，并在回调函数中显示执行成功的提示信息。当单击“测试连接”按钮时，调用另外一个自定义的函数 btnTestConn_Click()，通过此函数根据全局变量“db”的状态，显示与数据库的连接是否正常的提示信息。文件 js7.js 的代码如下。

```
// JavaScript Document
function $$(id) {
    return document.getElementById(id);
}
var db;
//点击“创建数据库”按钮时调用
function btnCreateDb_Click() {
    db = openDatabase('Student3', '1.0', 'StuManage', 2 * 1024 * 1024,
    function() {
        $$("pStatus").style.display = "block";
        $$("pStatus").innerHTML = "数据库创建成功!";
    });
}
//点击“测试连接”按钮时调用
function btnTestConn_Click() {
    if (db) {
        $$("pStatus").style.display = "block";
        $$("pStatus").innerHTML = "数据库连接成功!";
    }
}
```

执行后的效果如图 7-12 所示。

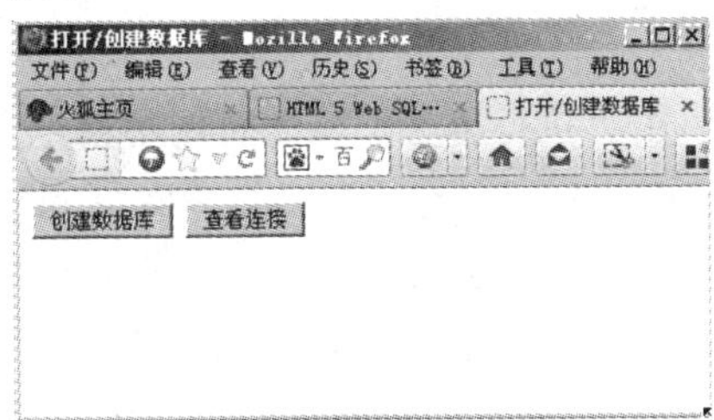

图 7-12 执行效果

7.4.2 执行事务操作

在“打开/创建”数据库后，可以使用数据库对象中的 transaction 方法执行事务处理。每一个事务处理请求都作为数据库的独立操作，这样可以有效地避免在处理数据时发生冲突。具体调用格式如下：

```
transaction (TransCallback,   ErrorCallback,SuccessCallback);
```

- 参数 TransCallback：表示事务回调函数，可以写入需要执行的 SQL 语句。
- 参数 ErroCallback：表示执行 SQL 语句出错时的回调函数。
- 参数 SuccessCallback：表示执行 SQL 语句成功时的回调函数。

下面通过一个实例讲解执行事务操作的方法。

实例 7-8	说　明
源码路径	daima\7\8.html
功能	执行事务操作

在本实例的页面中，添加了一个“执行事务”按钮，当用户单击该按钮时，执行一条新建名为表 StuInfo 的 SQL 语句，并在页面中显示执行后的结果。实例文件 8.html 的实现代码如下。

```
<!DOCTYPE html>
<html>
<head>
<meta charset="utf-8" />
<title>执行事务</title>
<link href="css.css" rel="stylesheet" type="text/css">
<script type="text/javascript" language="jscript"
          src="js8.js"/>
</script>
</head>
<body>
    <input id="btnCreateTrans" type="button" value="执行事务"
              class="inputbtn" onClick="btnCreateTrans_Click();">
    <p id="pStatus"></p>
</body>
</html>
```

编写脚本文件 js8.js，当单击“执行事务”按钮时调用自定义函数 btnCreateTransClick()。此函数先使用方法 openDatabase()打开/创建一个名为“Student”的数据库，如果成功（即数据对象 db 不为空）则定义一个 SQL 语句，通过字符变量 strSQL 保存。该 SQL 语句的功能是，如果不存在则新建一个名为“StuInfo”的表，该表中包含 4 个字段，分别为“StuID”、“Name”、“Sex”、“Score”。其中，字段“StuID”为主键，不允许重复，字段“Score”为 int 类型，其他两个字段为字符型。然后使用方法 transaction()执行事务，在该方法的第一个

参数中获取变量 strSQL 的值，调用 executeSql 方法执行对应的 SQL 语句。最后，将事务执行过程中的结果，通过 transaction 方法中的第二个与第三个回调函数显示在页面中。文件 js8.js 的代码如下。

```
function $$(id) {
    return document.getElementById(id);
}
var db;
//点击“执行事务”时执行
function btnCreateTrans_Click() {
    //创建/打开数据库
    db = openDatabase('Student', '1.0', 'StuManage', 2 * 1024 * 1024);
    if (db) {
        var strSQL = "0";
        strSQL += "(StuID unique,Name text,Sex text,Score int)";
        db.transaction(function(tx) {
            tx.executeSql(strSQL)
        },
        function() {
            Status_Handle("出错!");
        },
        function() {
            Status_Handle("成功!");
        })
    }
}
//自定义显示执行过程中状态的函数
function Status_Handle(message) {
    $$("pStatus").style.display = "block";
    $$("pStatus").innerHTML = message;
}
```

执行后的效果如图 7-13 所示。

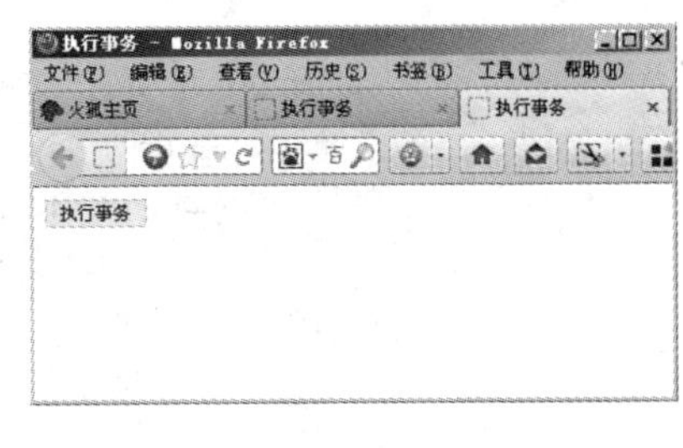

图 7-13　执行效果

7.4.3　调用执行 SQL 语句

在 HTML 5 中可以通过执行相应的 SQL 语句，在新建的表中插入一条记录。在实现时除了要调用事务方法，还要调用一个执行 SQL 语句的方法 executeSql。具体调用格式如下：

```
executeSql(strSQL,  [Arguments],  SuccessCallback,  ErrorCallback);
```

- 参数 strSQL：表示需要执行的 SQL 语句。
- 参数 Arguments：表示语句需要的实参。
- 参数 SuccessCallback：表示 SQL 语句执行成功时的回调函数。

❑ 参数 ErrorCallback：表示 SQL 语句执行出错时的回调函数。

在使用方法 executeSql 执行 SQL 语句时，允许使用“?”作为语句中的形参，与形参相对应的实参放置在第二个参数 Arguments 中。例如下面的语句是正确的：

```
executeSql( "insert   into   StuInfo   values(?,?,?,?)",
["1234","张三","男","0"],,);
```

形参“?”的数量必须与对应实参完全一致，如果 SQL 语句中没有形参“?”，则在第二个参数 Arguments 中不允许有任何出错内容，否则执行 SQL 语句时会报错。

下面将通过一个实例讲解调用执行 SQL 语句的方法。

实例 7-9	说　明
源码路径	daima\7\9.html
功能	调用执行 SQL 语句

本实例的功能是创建了一个用于输入学生资料信息的页面，用户可以在页面中输入姓名、性别、总分，单击“提交”按钮后，会将提交的数据信息通过调用方法 executeSql()插入到表 StuInfo 中，并将执行结果返回，显示在页面中。实例文件 9.html 的代码如下。

```
<!DOCTYPE html>
<html>
<head>
<meta charset="utf-8" />
<title>插入记录</title>
<link href="css.css" rel="stylesheet" type="text/css">
<script type="text/javascript" language="jscript"
         src="js9.js"/>
</script>
</head>
<body onLoad="Init_Data();">
   <p id="pStatus"></p>
   <fieldset>
      <legend>新增学生资料</legend>
      <span class="spanl">
      学号：<input type="text" readonly="true" id="txtStuID"
                  class="inputtxt" size="10"><br>
      姓名：<input type="text" id="txtName" class="inputtxt"
                  size="15">
      </span>
      <span class="spanr">
      性别：<select id="selSex">
               <option value="男">男</option>
               <option value="女">女</option>
            </select><br>
      总分：<input type="text" id="txtScore" class="inputtxt"
                  size="8">
```

```
            </span>
            <p class="btn">
            <input id="btnAdd" type="button" value="提交"
                    class="inputbtn" onClick="btnAdd_Click();">
            </p>
        </fieldset>
    </body>
    </html>
```

编写脚本文件 js9.js 中，在事务处理过程中调用方法 executeSql()执行编写好的 SQL 语句。在执行时获取在页面中输入的各项信息值作为实参，传递给 SQL 语句中的形参，从而实现将页面中输入的数据插入到表“StuInfo”中。文件 js9.js 的代码如下。

```
function $$(id) {
    return document.getElementById(id);
}
var db;
//点击“提交”按钮时调用
function btnAdd_Click() {
    //创建/打开数据库
    db = openDatabase('Student', '1.0', 'StuManage', 2 * 1024 * 1024);
    if (db) {
        var strSQL = "insert into StuInfo values";
        strSQL += "(?,?,?,?)";
        db.transaction(function(tx) {
            tx.executeSql(strSQL,[
                    $$("txtStuID").value,$$("txtName").value,
                    $$("selSex").value,$$("txtScore").value
                ],
                function(){
                    $$("txtName").value="";
                  $$("txtScore").value="";
                    Status_Handle("成功增加 1 条记录!")
                },
                function(tx,ex){
                    Status_Handle(ex.message)
                })
        })
    }
}
//自定义显示执行过程中状态的函数
function Status_Handle(message) {
    $$("pStatus").style.display = "block";
    $$("pStatus").innerHTML = message;
}
//生成指定长度的随机数
```

```
function RetRndNum(n) {
    var strRnd = "";
    for (var intI = 0; intI < n; intI++) {
        strRnd += Math.floor(Math.random() * 10);
    }
     return strRnd;
}
//初始化数据
function Init_Data(){
    $$("txtStuID").value=RetRndNum(6);
}
```

在上述代码中，加载页面时先调用一个自定义的函数 Init_Data()。该函数可以随机生成一个 6 位数的字符，并将该值赋于页面中的“学号”文本框。为了使该学号不能修改，特意将此文本框的属性设置为“只读”。当完成输入学生信息的其他资料，单击“提交”按钮调用自定义的函数 btnAddC1ick()，此函数先打开数据库。当成功执行 SQL 语句后，会清空页面中原有的内容值，并显示“成功增加 1 条记录!”的提示。如果 SQL 语句执行出错，将在页面中显示错误对象 ex 返回的错误信息。

执行后的效果如图 7-14 所示。

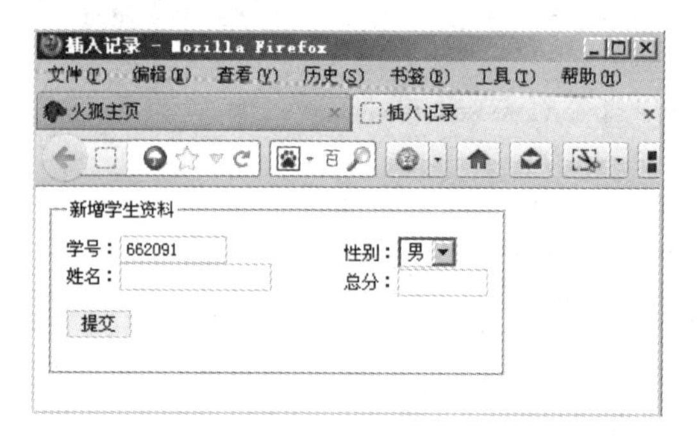

图 7-14　执行效果

7.5　实现一个日记式事务提醒系统

在 HTML 5 应用中，可以使用 localStorage 对象的方法 setItem 将数据永久保存在客户端计算机中，并且按照“键名/键值”的形式进行保存。将第一个参数设置为键名，将第二个参数设置为键值。保存时不允许重复保存相同的键名。保存后可以修改键值，但不允许修改键名，只能重新取键名，然后再保存键值。

```
变量= localStorage.getItem(key)
```

使用 localStorage 对象的方法 getItem 将数据读取到变量中，将参数指定为键名，返回键值并保存到变量中。

下面通过一个实例讲解开发一个日记式事务提醒系统的方法。

实例 7-10	说　明
源码路径	daima\7\10.html
功能	开发一个日记式事物提醒系统

本实例的功能是，制作一个 HTML 5 版本的日记式事务提醒系统。当打开浏览器浏览本实例网页时时，在日记式事务系统中显示当天日期和用户在当天有哪些必须要处理的事件。可以在日期文本框中使用选择的方式输入其他日期，然后在日记式事务系统中输入选择的日期所要处理的事件并保存。这样当用户在所选择的日期打开浏览器时，浏览器会在日记式事务提醒系统中显示在该日要处理的事件。实例文件 10.html 的实现代码如下。

```
<!DOCTYPE html>
<head>
<meta charset="UTF-8">
<title>开发一个日记式事务提醒系统</title>
<style>
div{
    -webkit-border-image: url(bg.png) 10;
    -moz-border-image: url(bg.png) 10;
    width:300px;
    height:300px;
    padding:35px;
    background:#eee;
    font-weight:bold;
}
li{
    list-style:none;
}
</style>
<script type="text/javascript" language="jscript" src="js10.js"/>
</script>
</head>
<body onload="window_onload()">
<h1>开发一个日记式事务提醒系统</h1>
选择日期：<input id="date1" type="date" onchange="date_onchange()"><input type="button" value=
"保存" onclick="save()"/><br/>
<div>
本日日期：<span id="today"></span><br/>
本日要事：<br/>
<ul  contentEditable="true">
<li id="li1">(没有记录）</li>
<li id="li2">(没有记录）</li>
<li id="li3">(没有记录）</li>
</ul>
</div>
</body>
</html>
```

编写脚本文件 js10.js，在脚本代码的开始处定义了脚本代码中所使用的两个全局变量，其中变量 dateElement 表示页面中的选择日期文本框，变量 today 表示页面中用来显示当天日期的 span 元素。文件 js10.js 的代码如下。

```
<script type="text/javascript">
var dateElement;
var today;
function window_onload()
{
    dateElement=document.getElementById("date1");
    today=document.getElementById("today");
    setToday();
}
function date_onchange()
{
    var obj;
    if(isNaN(Date.parse(dateElement.value)))
    {
        setToday();
        return;
    }
    today.innerHTML=dateElement.value;
    obj=JSON.parse(localStorage.getItem(dateElement.value));
    setInnerHTML(obj);
}
function save()
{
    var obj=new Object();
    obj.record=new Array();
    if(document.getElementById("li1").innerHTML!="(没有记录）")
        obj.record.push(document.getElementById("li1").innerHTML);
    if(document.getElementById("li2").innerHTML!="(没有记录）")
        obj.record.push(document.getElementById("li2").innerHTML);
    if(document.getElementById("li3").innerHTML!="(没有记录）")
        obj.record.push(document.getElementById("li3").innerHTML);
    if(document.getElementById("li4").innerHTML!="(没有记录）")
        obj.record.push(document.getElementById("li4").innerHTML);
    if(document.getElementById("li5").innerHTML!="(没有记录）")
        obj.record.push(document.getElementById("li5").innerHTML);
    localStorage.setItem(dateElement.value,JSON.stringify(obj));
}
function setInnerHTML(obj)
{
    if(obj==null||obj.record==null)
    {
        document.getElementById("li1").innerHTML="(没有记录）";
```

```
            document.getElementById("li2").innerHTML="(没有记录）";
            document.getElementById("li3").innerHTML="(没有记录）";
            document.getElementById("li4").innerHTML="(没有记录）";
            document.getElementById("li5").innerHTML="(没有记录）";
        }
        else
        {
            if(obj.record[0]!=null)
                document.getElementById("li1").innerHTML=obj.record[0];
            else
                document.getElementById("li1").innerHTML="(没有记录）";
            if(obj.record[1]!=null)
                document.getElementById("li2").innerHTML=obj.record[1];
            else
                document.getElementById("li2").innerHTML="(没有记录）";
            if(obj.record[2]!=null)
                document.getElementById("li3").innerHTML=obj.record[2];
            else
                document.getElementById("li3").innerHTML="(没有记录）";
            if(obj.record[3]!=null)
                document.getElementById("li4").innerHTML=obj.record[3];
            else
                document.getElementById("li4").innerHTML="(没有记录）";
            if(obj.record[4]!=null)
                document.getElementById("li5").innerHTML=obj.record[5];
            else
                document.getElementById("li5").innerHTML="(没有记录）";
        }
    }
    function setToday()
    {
        var date=new Date();
        var yearStr=String(date.getFullYear());
        var monthStr=String(date.getMonth()+1);
        var dateStr=String(date.getDate());
        if (monthStr.length == 1)     monthStr = '0' + monthStr;
        if (dateStr.length == 1) dateStr = '0' + dateStr;
        var str=yearStr+"-"+monthStr+"-"+dateStr;
        dateElement.value=str;
        today.innerHTML=dateElement.value;
        var obj=JSON.parse(localStorage.getItem(dateElement.value));
        setInnerHTML(obj);
    }
    </script>
```

执行后的效果如图 7-15 所示。

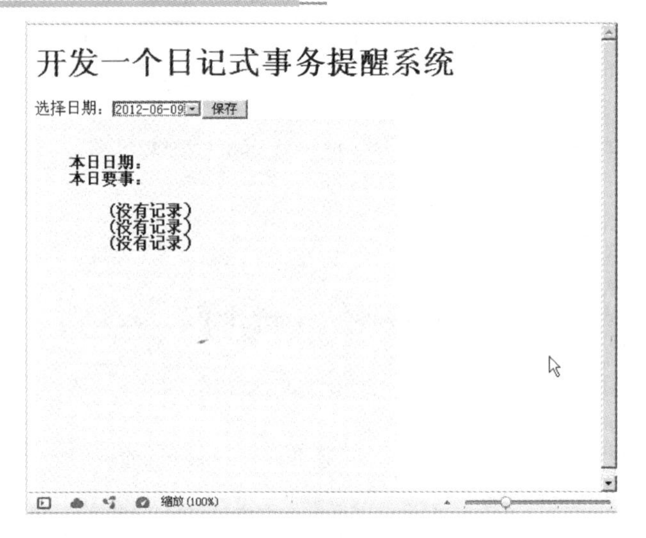

图 7-15　执行效果

7.6　使用 sessionStorage 来实现客户端的 session 功能

在 HTML 5 应用中，sessionStorage 有如下三个常用的方法。

（1）sessionStorage.setItem (key,value)

使用 sessionStorage 对象的 setItem 方法，可以将数据保存在客户端的 session 中，在保存数据时会按照"键名 / 键值"的形式进行保存。将第一个参数指定为键名，将第二个参数指定为键值。并且在保存时不允许重复保存相同的键名。保存后可以修改键值，但不允许修改键名（只能重新取键名，然后再保存键值）。

（2）变量= sessionStorage.getItem(key)

通过使用 sessionStorage 对象的 getItem 方法，可以读取 session 中的数据并保存到变量中，将参数指定为键名，返回键值并保存到变量中。

（3）sessionStorage.removeItem(key)

通过使用 sessionStorage 对象中的 removeItem 方法，可以删除客户端 session 中的指定键名所对应的键值数据。该方法接受一个参数 key，该参数指定 sessionStorage 中的键名。执行该方法后，会删除 sessionStorage 中与键名相对应的键值内容，下次读取该键名中的内容时将读取不到（被设为 NULL）。

下面通过一个实例讲解使用 sessionStorage 实现客户端 session 功能的方法。

实例 7-11	说　明
源码路径	daima\7\11.html
功能	使用 sessionStorage 来实现客户端的 session 功能

本实例的功能是，演示如何使用 Web Storage 中的 sessionStorage 来实现客户端的 session 功能。实例文件 11.html 的实现代码如下。

```
<!DOCTYPE html>
<html>
<head>
<meta charset="utf-8">
<title>
编辑订单信息
</title>
<style type ="text/css">
body {
    margin-left: 0px;
    margin-top: 0px;
}
ul{
    width:100%;
    display: -moz-box;
    display: -webkit-box;
    -moz-box-orient: vertical;
    -webkit-box-orient:vertical;
    margin:0px;
    padding:0px;
}
li{
    list-style:none;
}
ul li ul{
    display: -moz-box;
    display: -webkit-box;
    -moz-box-orient: horizontal;
    -webkit-box-orient:horizontal;
}
h1{
    font-size: 14px;
    font-weight: bold;
    color:white;
    background-color:#7088AD;
    text-align:left;
    padding-left:10px;
    display:block;
    width:100%;
    margin:0px;
}
li[id^=title]{
    font-size: 12px;
    color: #333333;
    background-color:#E6E6E6;
    text-align:right;
```

```
        padding-right:5px;
        width:110px;
    }
    li[id^=content]{
        height:22;
        background-color:#FAFAFA;
        text-align:left;
        padding-left:2px;
        width:210px;
    }
    span{
        color: #ff0000;
    }
    input{
        width: 95%;
        border-top-style: solid;
        border-right-style: solid;
        border-bottom-style: solid;
        border-left-style: solid;
        border-top-color: #426C7C;
        border-right-color: #CCCCCC;
        border-bottom-color: #CCCCCC;
        border-left-color: #426C7C;
        border:1px solid #0066cc;
        height: 18px;
    }
    input:read-only{
        background-color:yellow;
    }
    input:-moz-read-only{
        background-color:yellow;
    }
    input#tbxNum{
        text-align:right;
    }
    input#tbxPrice{
        text-align:right;
    }
    input#tbxMoney{
        text-align:right;
    }
    div{
        text-align:right;
    }
    div#buttonDiv{
        width:100%;
```

```
        }
        input[type="button"],input[type="submit"]{
            font-size: 12px;
            width: 68px;
            height: 20px;
            cursor: hand;
            border:none;
            font-family:宋体;
            background-color:White;
            background-image:   url(images/but_bg.gif);
            color: white;
        }
        </style>
        <script type="text/javascript" language="jscript"
                src="js11.js"/>
        </script>

        </head>
        <body onload="window_onload()">
        <section>
        <header id="div_head_title_big">
        <h1>编辑订单信息</h1>
        </header>
        <form id="form1" >
        <ul>
            <li>
                <ul>
                <li id="title_1"><span>*</span><label for="tbxCode">订单编号</label></li>
                <li id="content_1"><input type="text" id="tbxCode" name="tbxCode" maxlength="8"
autofocus/></li>
                <li id="title_2"><span>*</span><label for="tbxDate">订单日期</label></li>
                <li id="content_2"><input type="date" id="tbxDate" name="tbxDate" maxlength="10"
required/></li>
                <li id="title_3"><span>*</span><label for="tbxGoodsCode">商品编号</label></li>
                <li id="content_3"><input type="text"  id="tbxGoodsCode" name="tbxGoodsCode"
maxlength="12"  placeholder="必须输入商品编号"  required/></li>
             </ul>
            </li>
            <li>
             <ul>
                <li id="title_4"><label for="tbxBrandName">商    标</label></li>
                <li id="content_4"><input  type="text" id="tbxBrandName" name="tbxBrandName"
maxlength="50"  /></li>
                <li id="title_5"><label for="tbxNum">数    量</label></li>
                <li id="content_5"><input type="number" id="tbxNum" name="tbxNum" maxlength="6"
value="0" placeholder="必须输入一个整数值"     required onblur="tbxNum_onblur()" /></li>
```

```
                    <li id="title_6"><label for="tbxPrice">单    价</label></li>
                    <li id="content_6"><input type="text" id="tbxPrice" name="tbxPrice" maxlength="6"
value="0" placeholder="必须输入一个有效的单价"   required   onblur="tbxPrice_onblur()"/></li>
                </ul>
            </li>
            <li>
                <ul>
                    <li id="title_7"><label for="tbxMoney">金    额</label></li>
                    <li id="content_7"><input   type="text" id="tbxMoney" name="tbxMoney" readonly=
"readonly"   value="0" /></li>
                    <li id="title_8"><label for="tbxPersonName">负 责 人</label></li>
                    <li id="content_8"><input type="text" id="tbxPersonName" name="tbxPersonName"
maxlength="20"/></li>
                    <li id="title_9"><label for="tbxEmail">负责人 Email</label></li>
                    <li id="content_9"><input type="email" id="tbxEmail" name="tbxEmail" maxlength="20"
placeholder="请输入一个有效的邮件地址"/></li>
                </ul>
            </li>
        </ul>
        <div id="buttonDiv">
            <input type="submit" name="btnUpdate" id="btnUpdate" value="修改" formaction= "javascript:
btnUpdate_onclick();"/>
            <input type="button" name="btnDelete" id="btnDelete" value="删除" onclick="btnDelete_
onclick();" />
            <input type="button" name="btnClear" id="btnClear" value="清除"   onclick="btnClear_
onclick();" />
            <input type="button" name="btnReturn" id="btnReturn" value="返回"   onclick="btnReturn_
onclick();" />
        </div>
        </form>
        <section>
        </body>
        </html>
```

脚本文件 js11.js 的代码如下。

```
        var data;
        var db = openDatabase('MyData', '', 'test Database', 102400);
        function window_onload()
        {
            var str = sessionStorage.getItem("saveData");
            data =   JSON.parse(str);
            document.getElementById("tbxCode").value=data.Code;
            document.getElementById("tbxDate").value=data.Date;
            document.getElementById("tbxGoodsCode").value=data.GoodsCode;
            document.getElementById("tbxBrandName").value=data.BrandName;
            document.getElementById("tbxNum").value=data.Num;
```

```
        document.getElementById("tbxPrice").value=data.Price;
        document.getElementById("tbxMoney").value=data.Money;
        document.getElementById("tbxPersonName").value=data.PersonName;
        document.getElementById("tbxEmail").value=data.Email;
        document.getElementById("tbxCode").setAttribute("readonly",true);
    }
    function tbxNum_onblur()
    {
        var num,price;
        num=parseInt(document.getElementById("tbxNum").value);
        price=parseFloat(document.getElementById("tbxPrice").value);
        if (isNaN(num*price))
        {
            document.getElementById("tbxNum").value="0";
            document.getElementById("tbxMoney").value="0";
        }
        else
            document.getElementById("tbxMoney").value= num * price;
    }

    function tbxPrice_onblur()
    {
        var num,price;
        num=parseInt(document.getElementById("tbxNum").value);
        price=parseFloat(document.getElementById("tbxPrice").value);

        if (isNaN(num*price))
        {
            document.getElementById("tbxPrice").value="0";
            document.getElementById("tbxMoney").value="0";
        }
        else
            document.getElementById("tbxMoney").value= num * price;
    }
    function btnUpdate_onclick()
    {
        data.Code=document.getElementById("tbxCode").value;
        data.Date=document.getElementById("tbxDate").value;
        data.GoodsCode=document.getElementById("tbxGoodsCode").value;
        data.BrandName=document.getElementById("tbxBrandName").value;
        data.Num=document.getElementById("tbxNum").value;
        data.Price=document.getElementById("tbxPrice").value;
        data.PersonName=document.getElementById("tbxPersonName").value;
        data.Email=document.getElementById("tbxEmail").value;
        db.transaction(function(tx)
        {
```

```
                tx.executeSql('update orders set date=?,goodscode=?,brandName=?,num=?, price=?,person
Name=?,email=? where code=?',[data.Date,data.GoodsCode,data.BrandName,data.Num,data.Price,data.PersonName,
data.Email,data.Code],
                function(tx, rs)
                {
                    alert("成功修改数据!");
                },
                function(tx, error)
                {
                    alert(error.source + "::" + error.message);
                });
            });
        }
        function btnDelete_onclick()
        {
            data.Code=document.getElementById("tbxCode").value;
            db.transaction(function(tx)
            {
                tx.executeSql('delete from orders where code=?',[data.Code],
                function(tx, rs)
                {
                    alert("成功删除数据!");
                    btnReturn_onclick();
                },
                function(tx, error)
                {
                    alert(error.source + "::" + error.message);
                });
            });
        }
        function btnClear_onclick()
        {
            document.getElementById("tbxDate").value="";
            document.getElementById("tbxGoodsCode").value="";
            document.getElementById("tbxBrandName").value="";
            document.getElementById("tbxNum").value="0";
            document.getElementById("tbxPrice").value="0";
            document.getElementById("tbxMoney").value="0";
            document.getElementById("tbxPersonName").value="";
            document.getElementById("tbxEmail").value="";
        }
        function btnReturn_onclick()
        {
            sessionStorage.removeItem("saveData");
            window.location=setLocation();
        }
```

```
function setLocation()
{
    var location=String(window.location);
    location=location.replace("edit","search");
    return location;
}
```

文件 11_1.html 的代码如下。

```
<!DOCTYPE html>
<html>
<head>
<meta charset="utf-8">
<title>
检索订单信息
</title>
<style type ="text/css">
body {
    margin-left: 0px;
    margin-top: 0px;
}
ul{
    width:100%;
    display: -moz-box;
    display: -webkit-box;
    -moz-box-orient: vertical;
    -webkit-box-orient:vertical;
    margin:0px;
    padding:0px;
}
li{
    list-style:none;
}
ul li ul{
    display: -moz-box;
    display: -webkit-box;
    -moz-box-orient: horizontal;
    -webkit-box-orient:horizontal;
}
h1{
    font-size: 14px;
    font-weight: bold;
    color:white;
    background-color:#7088AD;
    text-align:left;
    padding-left:10px;
    display:block;
```

```
        width:100%;
        margin:0px;
    }
    li[id^=title]{
        font-size: 12px;
        color: #333333;
        background-color:#E6E6E6;
        text-align:right;
        padding-right:5px;
        width:110px;
    }
    li[id^=content]{
        height:22;
        background-color:#FAFAFA;
        text-align:left;
        padding-left:2px;
        width:210px;
    }
    input{
        width: 95%;
        border-top-style: solid;
        border-right-style: solid;
        border-bottom-style: solid;
        border-left-style: solid;
        border-top-color: #426C7C;
        border-right-color: #CCCCCC;
        border-bottom-color: #CCCCCC;
        border-left-color: #426C7C;
        border:1px solid #0066cc;
        height: 18px;
    }
    div#buttonDiv{
        text-align:left;
        padding-left:2px;
        width:100%;
    }
    input[type="submit"],button{
        font-size: 12px;
        width: 68px;
        height: 20px;
        cursor: hand;
        border:none;
        font-family:宋体;
        background-color:White;
        background-image:   url(but_bg.gif);
        color: white;
```

```
}
div#infoTable{
    overflow:auto;
    width:100%;
    height:100%;
}
div#infoTable table{
    width:100%;
    background-color:white;
    cellpadding:1;
    cellspacing:1;
    font-size: 12px;
    text-align: center;
}
div#infoTable    table th{
    height:22;
    background-color:#7088AD;
    color: #FFFFFF;
    width:8%;
}
div#infoTable    table tr{
    height:30;
}
div#infoTable    table tr:nth-child(odd){
    background-color:#E6E6E6;
    color: #333333;
}
div#infoTable    table tr:nth-child(even){
    background-color:#fafafa;
    color: black;
}
div#infoTable    table tr:nth-child(1){
    background-color:#7088AD;
    color: #FFFFFF;
}
</style>

<script type="text/javascript" language="jscript"
        src="js11_1.js"/>
</script>

</head>
<body>
<section>
<header id="div_head_title_big">
<h1>检索订单信息</h1>
```

```
        </header>
        <form id="form1">
        <ul>
            <li>
                <ul>
                 <li id="title_1"><label for="tbxCode">订单编号</label></li>
                 <li id="content_1"><input type="text" id="tbxCode" name="tbxCode" maxlength="8"/></li>
                </ul>
                <ul>
                 <li id="title_2"><label for="tbxDate">订单日期</label></li>
                 <li id="content_2"><input type="date" id="tbxDate" name="tbxDate" maxlength="10"/></li>
                </ul>
                <ul>
                 <li id="title_3"><label for="tbxGoodsCode">商品编号</label></li>
                 <li id="content_3"><input type="text"   id="tbxGoodsCode" name="tbxGoodsCode"
maxlength="12"/></li>
             </ul>
            </li>
        </ul>
        <div id="buttonDiv">
            <input type="submit" name="btnSearch" id="btnSearch" value="检索"   formaction= "javascript:
btnSearch_click();" />
        </div>
        </form>
        <section>
        <section>
        <header id="div_head_title_big">
        <h1>检索结果</h1>
        </header>
        <div id="infoTable">
        <table id="datatable">
        <tr>
            <th>订单编号</th>
            <th>订单日期</th>
            <th>商品编号</th>
            <th>商标</th>
            <th>数量</th>
            <th>单价</th>
            <th>金额</th>
            <th>负责人</th>
            <th>负责人 Email</th>
            <th></th>
        </tr>
        </table>
        </div>
        </section>
```

```
</body>
</html>
```

脚本文件 js11_1.js 的代码如下。

```
var data = new Object;
var datatable;
var db = openDatabase('MyData', '', 'test Database', 102400);
function btnSearch_click()
{
    datatable= document.getElementById("datatable");
    data.Code=document.getElementById("tbxCode").value.trim();
    data.Date=document.getElementById("tbxDate").value.trim();
    data.GoodsCode=document.getElementById("tbxGoodsCode").value.trim();
    if(data.Code==""&&data.Date==""&&data.GoodsCode=="")
        alert("必须输入一个检索条件");
    else
        SearchData();
}
function SearchData()
{
    db.transaction(function(tx)
    {
        var sql;
        var params=new Array();
        sql="SELECT * FROM orders where 1=1";
        if(data.Code!="")
        {
            sql+=" and code=?";
            params.push(data.Code);
        }
        if(data.Date!="")
        {
            sql+=" and date=?";
            params.push(data.Date);
        }
        if(data.GoodsCode!="")
        {
            sql+=" and goodscode=?";
            params.push(data.GoodsCode);
        }
        tx.executeSql(sql,params, function(tx, rs)
        {
            removeAllData();
            for(var i = 0; i < rs.rows.length; i++)
            {
                showData(rs.rows.item(i),i);
```

```
                }
            },
            function(tx, error)
            {
                alert(error.source + "::" + error.message);
            });
        });
    }
    function removeAllData()
    {
        datatable= document.getElementById("datatable");

        for (var i =datatable.childNodes.length-1; i>1; i--)
        {
            datatable.removeChild(datatable.childNodes[i]);
        }
    }
    function showData(row,i)
    {
        var tr = document.createElement('tr');
        var td1 = document.createElement('td');
        td1.innerHTML = row.code;
        var td2 = document.createElement('td');
        td2.innerHTML = row.date;
        var td3 = document.createElement('td');
        td3.innerHTML = row.goodscode;
        var td4 = document.createElement('td');
        td4.innerHTML = row.brandName;
        var td5 = document.createElement('td');
        td5.innerHTML = row.num;
        var td6 = document.createElement('td');
        td6.innerHTML = row.price;
        var td7 = document.createElement('td');
        td7.innerHTML = parseInt(row.num)*parseFloat(row.price);
        var td8 = document.createElement('td');
        td8.innerHTML = row.personName;
        var td9= document.createElement('td');
        td9.innerHTML = row.email;
        var td10= document.createElement('td');
        var btnEdit=document.createElement('button');
        btnEdit.innerHTML="编辑";
        btnEdit.setAttribute("onclick","btnEdit_click(this)");
        td10.appendChild(btnEdit);
        tr.appendChild(td1);
        tr.appendChild(td2);
        tr.appendChild(td3);
```

```
            tr.appendChild(td4);
            tr.appendChild(td5);
            tr.appendChild(td6);
            tr.appendChild(td7);
            tr.appendChild(td8);
            tr.appendChild(td9);
            tr.appendChild(td10);
            datatable.appendChild(tr);
        }
        function btnEdit_click(btnEdit)
        {
            var tr = btnEdit.parentElement.parentElement;
            data = new Object();
            data.Code=tr.cells[0].innerHTML;
            data.Date=tr.cells[1].innerHTML;
            data.GoodsCode=tr.cells[2].innerHTML;
            data.BrandName=tr.cells[3].innerHTML;
            data.Num=tr.cells[4].innerHTML;
            data.Price=tr.cells[5].innerHTML;
            data.Money=tr.cells[6].innerHTML;
            data.PersonName=tr.cells[7].innerHTML;
            data.Email=tr.cells[8].innerHTML;
            var str = JSON.stringify(data);
            sessionStorage.setItem("saveData",str);
            window.location=setLocation();
        }
        function setLocation()
        {
            var location=String(window.location);
            location=location.replace("search","edit");
            return location;
        }
```

执行后的效果如图 7-16 所示。

编辑订单信息

*订单编号 | *订单日期 | *商品编号 必须输入商品编号
商 标 | 数 量 0 | 单 价 0
金 额 0 | 负 责 人 | 负责人Email 请输入一个有效的邮件地址

修改 删除 清除 返回

检索订单信息

订单编号
订单日期
商品编号

检索结果

订单编号	订单日期	商品编号	商标	数量	单价	金额	负责人	负责人Email

图 7-16 执行效果

第 8 章　使用 Web Sockets API

Web Sockets API 是 HTML 5 提供的一种 Web 应用通信机制，通过这种机制实现了客户端与服务器端之间进行的非 HTTP 的通信功能。通过使用 Web Sockets API 技术，可以在服务器与客户端之间建立一个非 HTTP 的双向连接。当服务器想向客户端发送数据时，可以立即将数据推送到客户端的浏览器中，无须重新建立连接。只要客户端有一个被打开的 socket（套接字）并且与服务器建立了连接，服务器就可以把数据推送到这个 socket 上，服务器不再需要轮询客户端的请求，从被动转为主动。本章将详细介绍在 HTML 5 页面中使用 Web Sockets API 实现通信的方法，并通过几个具体实例来演示实现流程。

8.1　安装 jWebSocket 服务器

为了提高开发效率，诞生了以 Web Sockets 为基础开发的 jWebSocket 框架。jWebSocket 框架是一个成熟的可以用来实现 Socket 通信的框架，可以直接使用它所提供的服务器插件及 API 来开发强大的实现 Socket 通信的 Web 应用程序。jWebSocket 服务器是基于纯 Java 技术建立起来的，因此在运行 jWebSocket 服务器时一定要确保已经安装了 Java Runtime Environment (JRE) 1.6 或者更高版本，并且设置好 Java—HOME 环境变量并将其指向 Java 的安装路径。在 Windows 操作系统中，推荐在 PATH 环境变量中添加 java.exe 文件的所在路径，否则需要调整安装包内提供的启动 jWebSocket 服务器时所使用的批处理文件。另外，设置 JWEBSOCKET—HOME 环境变量并将其指向 jWebSocket 的安装路径。

安装 jWebSocket 服务器的步骤如下。

（1）下载 jWebSocket 服务器安装包（jWebSocketServer-<版本号>.zip）

该压缩文件中包括 jWebSocketServer-<版本号>.jar 文件，所有运行 jWebSocket 服务器时所必需的库文件以及 jWebSocketServer-<版本号>.bat 批处理文件。

（2）解压安装包

解压后的路径中包括 jWebSocketServer-<版本号>目录，该目录就是 jWebSocket 服务器的根目录，在此目录下包括如下 4 个子目录。

- conf 子目录：包含一个用于对 jWebSocket 服务器进行配置的 jWebSocket.xml 文件。
- Libs 子目录：包含 jWebSocketServer.jar 文件与所有运行 jWebSocket 服务器时所必需的库文件。利用插件或过滤器对 jWebSocket 进行扩展时所需要的 jar 文件也必须放在这个目录下。
- bin 目录：包含所有的 Windows 可执行文件、作为 Windows 服务被使用时的文件、启动 jWebSocket 服务器时所需要使用的批处理文件以及安装与卸载 Windows 的 32 位或 64 位的服务时所需要使用的文件。

❑ Logs 目录：包含作为日志来使用的 jWebSocket.log 日志文件。

（3）设置 JWEBSOCKET—HOME 环境变量并将其指向 jWebSocket 的根目录：jWeb SocketServer-<版本号>目录。

（4）在 Windows 操作系统中，运行 bin 目录下的批处理文件 jWebSocketServer.bat。同时在 bin 目录中，为 Mac OS X 操作系统提供了一个 jWebSocketServer.command 脚本文件，为 ubuntu 操作系统提供了一个 jWebSocketServer.sh 文件。如果 PATH 环境变量中没有包括 java.exe 文件的所在路径，需要手工修改 jWebSocketServer.bat 这个批处理文件以使其能够找到 java.exe 文件。

（5）如果想在所有操作系统中手动地采用统一方法来启动 jWebSocket 服务器，在命令行中输入“java -jar bin/jWebSocketServer-<version>.jar”即可启动服务器。

在运行 jWebSocket 服务器时，可以在命令行中添加一个“-config <jWebSocket 服务的配置文件的路径>”参数，这样可以在该参数中手动指定运行 jWebSocket 服务器时使用的配置文件及其路径，而不使用默认的配置文件。在为了测试目的而同时运行几个 jWebSocket 服务器并为每个服务器指定不同的配置文件时，这个命令行参数是十分有用的。

注意：其实在安装 jWebSocket 服务器后，还是不能使用 jWebSocket 框架的。为了方便在不同的编程环境下开发 jWebSocket 项目，接下来需要掌握在不同开发环境运行 jWebSocket 服务器的知识。至于什么开发环境，读者可以根据自己的具体情况进行。并且还需要将 jWebSocket 服务器设置为 Windows 服务，并且需要在客户端进行设置。因为用户们的操作系统不同，开发环境不同，所以在本书中不讲解上述相关内容。

8.2 实现跨文档传输数据

在 JavaScript 脚本程序中，出于对代码安全性的考虑，不允许跨域访问其他页面中的元素，这给不同区域的页面数据互访带来障碍。在 HTML 5 中，可以利用对象的 postMessage 方法，在两个不同域名与端口的页面之间实现数据的接收与发送功能。要想实现跨越页面间的数据互访，需要调用对象的 postMessage()方法，具体调用格式如下：

```
otherWindow.postMessage (message,targetOrlgin)
```

❑ otherWindow：数据接收数据页面的引用对象，可以是 window.open 的返回值，也可以是 iframe 的 contentWindow 属性，或是通过下标返回的 window.frames 单个实体对象。

❑ Message：表示所有发送的数据、字符类型，也可以是 JSON 对象转换后的字符内容。

❑ targetOrigin：表示发送数据的 URL 来源，用于限制 otherWindow 对象的接收范围，如果该值为通配符号(t)，则表示不限制发送来源，指向全部的地址。

下面通过一个实例讲解在网页中实现跨文档传输数据的方法。

实例 8-1	说　明
源码路径	daima\8\1.html
功能	在网页中实现跨文档传输数据

本实例演示了使用方法 postMessage()实现跨文档传输数据的过程。在本实例中创建了一个 HTML 5 页面，并在页面中添加一个<iframe>标记作为子页面。当在主页面的文本框中输入生成随机数的位数，并单击“请求”按钮后，子页面将接收该位数信息，并向主页面返回根据该位数生成的随机数。主页面能够接收指定位数的随机数，并将随机数显示在页面中，从而完成在不同文档间数据的互访功能。实例文件 1.html 的实现代码如下。

```
<!DOCTYPE html>
<html>
<head>
<meta charset="utf-8" />
<title>用 PostMessage()实现跨文档传输数据</title>
<link href="css.css" rel="stylesheet" type="text/css">
<script type="text/javascript" language="jscript"
        src="js1.js"/>
</script>
</head>
<body onLoad="pageload();">
 <fieldset>
   <legend>跨文档请求数据</legend>
   <p id="pStatus"></p>
   <input id="txtNum" type="text" class="inputtxt">
   <input id="btnAdd" type="button" value="请求"
          class="inputbtn" onClick="btnSend_Click();">
   <iframe id="ifrA" src="Message.html"
           width="0px" height="0px" frameborder="0"/>
 </fieldset>
</body>
</html>
```

CSS 样式文件 css.css 的代码如下。

```
@charset "utf-8";
/* CSS Document */
body {
      font-size:12px
}
.inputbtn {
      border:solid 1px #ccc;
      background-color:#eee;
      line-height:18px;
      font-size:12px
}
.inputtxt {
      border:solid 1px #ccc;
      line-height:18px;
      font-size:12px;
      padding-left:3px
```

```
}
fieldset{
    padding:10px;
    width:285px;
    float:left
}
#pStatus{
    display:none;
    border:1px #ccc solid;
    width:248px;
    background-color:#eee;
    padding:6px 12px 6px 12px;
    margin-left:2px
}
textarea{
    border:solid 1px #ccc;
    padding:3px;
    text-align:left;
    font-size:10px
}
.w176{
    width:176px
    }
.w85{
    width:85px
}
.pl140{
    padding-left:135px
}
.pl2{
    padding-left:2px
}
.ml4{
    margin-left:4px
}
#divMap{
    height:260px;
    width:560px;
}
```

脚本文件 js1.js 的代码如下。

```
function $$(id) {
    return document.getElementById(id);
}
var strOrigin = "http://localhost";
//自定义页面加载函数
```

```
function pageload() {
    window.addEventListener('message',
    function(event) {
        if (event.origin == = strOrigin) {
            $$("pStatus").style.display = "block";
            $$("pStatus").innerHTML += event.data;
        }
    },
    false);
}
//点击“请求”按钮时调用的函数
function btnSend_Click() {
    //获取发送内容
    var strTxtValue = $$("txtNum").value;
    if (strTxtValue.length > 0) {
        var targetOrigin = strOrigin;
        $$("ifrA").contentWindow.postMessage(strTxtValue, targetOrigin);
        $$("txtNum").value = "";
    }
}
```

然后通过<iframe>元素的“src”属性导入一个名称为 Message.html 的子页面，功能是接收主页面请求生成随机数长度的值，并返回根据该值生成的随机数。文件 Message.html 的代码如下。

```
<!DOCTYPE html>
<html>
<head>
<meta charset="utf-8" />
<title></title>
<link href="css.css" rel="stylesheet" type="text/css">
<script type="text/javascript" language="jscript"
        src="js162.js"/>
</script>
</head>
<body onLoad="PageLoadForMessage();">
</body>
</html>
```

在本实例的上述代码中，为了接收页面间传输的数据，主、子页面在页面加载时都为页面添加了 message 事件，添加方式如下：

```
window.addEventListener( 'messagel,function (event)   {…},false);
```

如果在页面中添加“message”事件成功，那么通过方法 postMessage()向页面发送数据请求时会触发该事件，并通过事件回调函数中 event 对象的“data”属性捕获发送来的数据。在本实例中，将捕获的数据 event.data 传递给另外一个自定义函数 RetRndNum()，此函数的功能

是生成随机数。另外，event 对象中还包含“source”与“origin”属性，分别代表发送数据对象与发送来源，可以使用“source”属性向发送数据页面返回数据；同时，还可以通过“origm”属性检测互通数据的域名是否正确，以规避因域名不正确产生的恶意代码来源，确保数据交互的安全性。在本实例中，主、子页面通过“event.origin==strOrigin”代码，判断各自请求来源是否为约定的 strOrigin 值。如果是，则进行下面的操作，否则不进行任何的数据交互操作。执行效果如图 8-1 所示。

图 8-1　执行效果

8.3　使用 WebSocket 传送数据

在 HTML 5 中，WebSocket 为客户端与服务器端搭起了一座双向通信的桥梁，实现了服务器端的信息推送功能。这座桥梁是一个实时、永久性的连接，服务器端一旦与客户端建立了这样的双向连接，就可以将数据推送至 Socket 中。而客户端只要有一个 Socket 绑定的地址和端口与服务器建立联系，就可以接收推送来的数据。

8.3.1　使用 Web Sockets API 的方法

使用 Web Sockets API 的方法十分简单，基本步骤如下：

（1）创建连接

新建一个 WebSocket 对象的具体代码如下：

```
var objns=new WebSocket ("ws://localhost:3131/test/demo");
```

其中，URL 必须以“ws”字符开头，剩余部分可以像使用 HTTP 地址一样来编写。该地址没有使用 HTTP，因为它的属性为 WebSocket URL；URL 必须由 4 个部分组成，分别是通信标记（ws）、主机名称（host）、端口号（port）及 Web Sockets Server。

（2）发送数据

当 WebSocket 对象与服务器建立联系后，使用如下代码发送数据：

```
objns.send(dataInfo);
```

其中，objns 为新创建的 WebSocket 对象，send()方法中的 dataInfo 参数为字符类型，即只能使用文本数据或者将 JSON 对象转换成文本内容的数据格式。

（3）接收数据

客户端添加事件机制用于接收服务器发送来的数据，代码如下：

```
objns.onmessage=function( event){
alert (event.data)
}
```

其中，通过回调函数中 event 对象的“data”属性来获取服务器端发送的数据内容，该内容可以是一个字符串或者 JSON 对象。

（4）设置状态标志

通过 WebSocket 对象的“readyState”属性记录连接过程中的状态值。属性“readyState”是一个连接的状态标志，用于获取 WebSocket 对象在连接、打开、关闭中和关闭时的状态。

8.3.2 实战演练

下面通过一个具体实例讲解在网页中使用 WebSocket 传送数据的方法。在本实例中新建了一个 HTML 页面，当用户在文本框中输入发送内容并单击“发送”按钮后，通过创建的 WebSocket 对象将内容发送至服务器端，同时页面接收服务器端返回来的数据，并展示在页面的<textarea>元素中。

实例 8-2	说　明
源码路径	daima\8\2.html
功能	在网页中使用 WebSocket 传送数据

实例文件 2.html 的实现代码如下。

```
<!DOCTYPE html>
<html>
<head>
<meta charset="utf-8" />
<title>使用 WebSocket 传送数据</title>
<link href="css.css" rel="stylesheet" type="text/css">
<script type="text/javascript" language="jscript"
        src="js2.js"/>
</script>
</head>
<body onLoad="pageload();">
    <textarea id="txtaList" cols="26" rows="12"
              readonly="true"></textarea><br>
    <input id="txtMessage" type="text" class="inputtxt">
    <input id="btnAdd" type="button" value="发送"
           class="inputbtn" onClick="btnSend_Click();">
</body>
</html>
```

编写脚本文件 js2.js，设置当页面加载 onLoad 事件时会调用自定义函数 pageload()。在该函数中，首先根据变量 SocketCreated 与 readyState 属性的值，检测是否还存在没有关闭的连

接，如果存在，则调用 WebSocket 对象的 close()方法关闭。然后使用 try 语句通过新创建的 WebSocket 对象与服务器请求连接，如果连接成功则将变量 SocketCreated 赋值为 true，否则执行 catch 部分代码，将错误显示在页面的<textarea>元素中。为了能实时捕捉与服务器端连接的各种状态，在函数 pageload()中自定义了 WebSocket 对象的打开（open）、接收数据（message）、关闭连接（close）、连接出错（error）事件，一旦触发这些事件，都将获取的数据显示在<textarea>元素中。当单击“发送”按钮时，先检测发送的内容是否为空，再调用 WebSocket 对象的 send()方法，将获取的数据发送至服务器端。文件 js2.js 的代码如下。

```
function $$(id) {
    return document.getElementById(id);
}
var strTip = "";
var objWs = null;
var conUrl = "ws://localhost:3131/test/demo";
var SocketCreated = false;
var arrState = new Array("正在建立连接...", "连接成功!",
                         "正在关闭连接...", "连接已关闭!",
                         "正在初始化值...", "连接出错!");
//自定义页面加载时函数
function pageload() {
    if (SocketCreated && (objWs.readyState == 0 || objWs.readyState == 1)) {
        objWs.close();
    } else {
        Handle_List(arrState[4]);
        try {
            objWs = new WebSocket(conUrl);
            SocketCreated = true;
        } catch(ex) {
            Handle_List(ex);
            return;
        }
    }
    //添加 socket 对象的打开事件
    objWs.onopen = function() {
        Handle_List(arrState[objWs.readyState]);
    }
    //添加 socket 对接收服务器数据事件
    objWs.onmessage = function(event) {
        Handle_List("系统消息:" +event.data);
    }
    //添加 socket 对象关闭开事件
    objWs.onclose = function() {
        Handle_List(arrState[objWs.readyState]);
    }
    //添加 socket 对象的出错事件
```

```
        objWs.onerror = function() {
            Handle_List(arrState[5]);
        }
    }
    //自定义点击“发送”按钮时调用的函数
    function btnSend_Click() {
        var strTxtMessage = $$("txtMessage").value;
        if (strTxtMessage.length > 0) {
            objWs.send(strTxtMessage);
            Handle_List("我说:" + strTxtMessage);
            $$("txtMessage").value = "";
        }
    }
    //自定义显示与服务器交流内容的函数
    function Handle_List(message) {
        strTip += message + "\n";
        $$("txtaList").innerHTML = strTip;
    }
```

执行效果如图 8-2 所示。

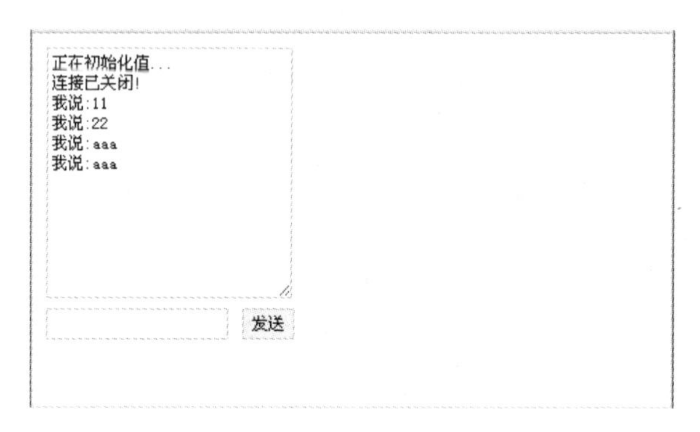

图 8-2　执行效果

注意：要想实现客户端与服务器端的连接并且双方互通数据，首要条件是需要在服务器端进行一些系统的配置，并使用服务器端代码编写程序，支持客户端的请求。

8.4　处理 JSON 对象

在 HTML 5 网页中，客户端能够发送与接收 JSON 对象。但是，在发送与接收过程中需要借助 JavaScript 中的两个方法：JSON.parse 和 JSON.stringify，前者用于将文本数据转换成 JSON 对象，后者用于将 JSON 对象转换成文本数据。由于 WebScoket 对象的 send()方法只能接收字符型的数据，因此，在发送时需要将 JSON 对象转换成文本数据，在接收过程中再将服务器推送的文本数据转换成 JSON 对象。

下面通过一个实例讲解在网页中传送 JSON 对象的方法。

实例 8-3	说　明
源码路径	daima\8\3.html
功能	在网页中传送 JSON 对象

本实例以前面的实例 8-2 为基础，新添加了一个<textarea>元素，用于显示从服务器接收的在线人员数据。用户输入发送内容并单击“发送”按钮后，将使用 JSON 对象的形式向服务器端发送输入的发送内容与时间。实例文件 3.html 的实现代码如下。

```
<!DOCTYPE html>
<html>
<head>
<meta charset="utf-8" />
<title>用 WebSocket 传送对象</title>
<link href="Ccss.css" rel="stylesheet" type="text/css">
<script type="text/javascript" language="jscript"
        src="js3.js"/>
</script>
</head>
<body onLoad="pageload();">
 <fieldset>
    <legend>用 JSON 对象传输数据</legend>
        <div>
            <span><b>对话记录</b></span>
            <span class="pl140">
                    <b>在线人员</b>
            </span>
        </div>
    <textarea id="txtaList" cols="26" rows="12"
              readonly="true"></textarea>
    <textarea id="txtaUser" cols="10" rows="12"
              readonly="true"></textarea>
        <div class="pl2">
    <input id="txtMessage" type="text" class="inputtxt w176">
    <input id="btnAdd" type="button" value="发送"
            class="inputbtn w85 ml4" onClick="btnSend_Click();">
        </div>
  </fieldset>
</body>
</html>
```

编写脚本文件 js3.js，此文件与前面实例 8-2 基本相同，但是两段代码也存在了明显差别，分别是发送客户端数据与接收服务器推送来的数据处理方式。在本实例中，为了能够向服务器端发送输入内容与对应时间，需要将获取的内容变量 strTxtMessage 与当前时间 strTime.toLocaleTimeString()这两项内容，通过调用 JSON.stringify 方法转成文本数据，再调用 send()方法向服务器端发送数据。在本实例的 message 事件中，为了更好地接收服务器端推送来的数据，先调用 JSON.parse 方法将获取的 event.data 数据转成 JSON 对象，再通过遍历对象元素的方法，将接收的全部数据信息展示在对应的<textarea>元素中。文件 js3.js 的代码如下。

```
function $$(id) {
    return document.getElementById(id);
}
var strList = "";
var strUser = "";
var objWs = null;
var conUrl = "ws://localhost:3131/test/JSON";
var SocketCreated = false;
var arrState = new Array("正在建立连接...", "连接成功!", "正在关闭连接...",
                         "连接已关闭!", "正在初始化值...", "连接出错!");
//自定义页面加载时函数
function pageload() {
    if (SocketCreated && (objWs.readyState == 0 || objWs.readyState == 1)) {
        objWs.close();
    } else {
        Handle_List(arrState[4]);
        try {
            objWs = new WebSocket(conUrl);
            SocketCreated = true;
        } catch(ex) {
            Handle_List(ex);
            return;
        }
    }
    //添加 socket 对象的打开事件
    objWs.onopen = function() {
        Handle_List(arrState[objWs.readyState]);
    }
    //添加 socket 对接收服务器数据事件
    objWs.onmessage = function(event) {
        var objJSON =JSON.parse(event.data);
        for (var intI = 0; intI < objJSON.length; i++) {
            Handle_User(objJSON[intI].UserName);
            Handle_User(objJSON[intI].Stauts);
        }
    }
    //添加 socket 对象关闭开事件
    objWs.onclose = function() {
        Handle_List(arrState[objWs.readyState]);
    }
    //添加 socket 对象的出错事件
    objWs.onerror = function() {
        Handle_List(arrState[5]);
```

```
        }
    }
    //自定义点击"发送"按钮时调用的函数
    function btnSend_Click() {
        var strTxtMessage = $$("txtMessage").value;
        //定义一个日期型对象
        var strTime = new Date();
        if (strTxtMessage.length > 0) {
            objWs.send(JSON.stringify({
                content: strTxtMessage,
                datetime: strTime.toLocaleTimeString()
            }));
            Handle_List(strTime.toLocaleTimeString());
            Handle_List("我说:" + strTxtMessage);
            $$("txtMessage").value = "";
        }
    }
    //自定义显示对话记录内容的函数
    function Handle_List(message) {
        strList += message + "\n";
        $$("txtaList").innerHTML = strList;
    }
    //自定义显示在线人员内容的函数
    function Handle_User(message) {
        strUser += message + "\n";
        $$("txtaUser").innerHTML = strUser;
    }
```

执行效果如图 8-3 所示。

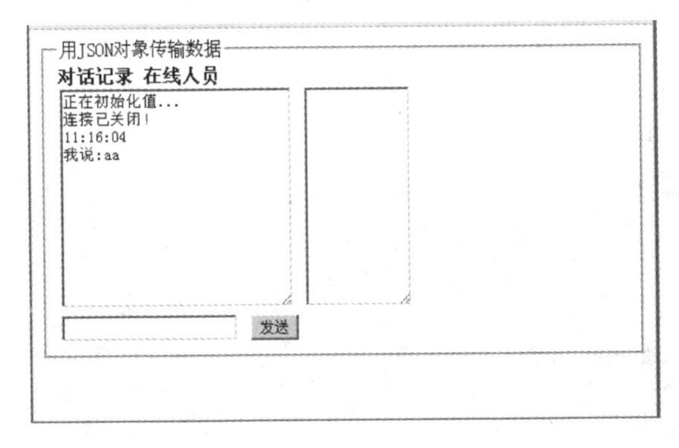

图 8-3　执行效果

8.5　jWebSocket 框架

jWebSocket 是一个安全、可靠、快速的纯 Web 的 Java/JavaScript 高速双向通信解决方案。

可以通过 jWebSocket 创建基于 HTML5 的流媒体和通信 web 应用程序。HTML5 WebSockets 将是一种超高速双向 TCP 套接字通信技术，是实现 HTML5 上的 WebSocket 功能的 Java 和 JavaScript 的开源框架。本节将详细讲解在 HTML 5 中使用 jWebSocket 框架的基本知识。

8.5.1 使用 jWebSocketTest 框架进行通信

jWebSocketTest 包含 jWebSocket Server、jWebSocket Clients 以及 jWebSocket 和 FlashBridge。具体说明如下所示。

- jWebSocket Server：基于 Java 的 WebSocket 服务器，用于 server-to-client（S2C）客户端到服务器的流媒体解决方案，和服务器控制（C2C）client-to-client 客户端到客户端的通信。
- jWebSocket Clients：纯 JavaScript 的 WebSocket 客户端，多个子协议和可选的用户、session、timeout 管理机制。无需插件。并且现在可以应用在任何其他 Java、Android 客户端。
- jWebSocket：基于 Flash 的 WebSocket 插件的跨浏览器兼容性。
- FlashBridge：告诉双向所有浏览器双向通信。

下面通过一个实例讲解在网页中使用 jWebSocketTest 框架进行通信的方法。

实例 8-4	说　明
源码路径	daima\8\hello_world.html
功能	在网页中使用 jWebSocketTest 框架进行通信

在本实例中，首先对利用 jWebSocket 框架进行 Socket 通信的客户端与服务器端之间的通信状况进行简要说明。在 HTML 5 页面中利用 jWebSocket 框架进行 Socket 通信，需要在客户端建立一个与 jWebSocket 服务器之间的连接。建立连接之后，客户端可以向 jWebSocket 服务器端或向其他所有与 jWebSocket 服务器建立连接的客户端发送消息。相反，服务器端也可以通过同一个连接（客户端与服务器端的连接）向客户端发送消息。除非客户端或服务器端关闭连接，否则任何一方都可以向另一方发送任何消息。

实例文件 hello_world.html 的实现代码如下。

```
<!DOCTYPE html>
<html>
<head>
<meta charset="UTF-8">
<title>jWebSocket 示例</title>
<style>
div#msg{
    border: 0px;
    margin:10px 0px 10px 0px;
    padding: 3px;
    background-color: #f0f0f0;
    -moz-border-radius: 5px;
    -webkit-border-radius: 5px;
```

```
            position:relative;
            height:300px;
            overflow:auto;
            font-size: 14px;
        }
        </style>
        <script type="text/javascript" src="jWebSocket.js"></script>
        <script type="text/javascript" src="samplesPlugIn.js"></script>
        <script type="text/javascript" language="JavaScript">
        var jWebSocketClient;
        var userName;
        function window_onload()
        {
            if( jws.browserSupportsWebSockets() ) {
                jWebSocketClient = new jws.jWebSocketJSONClient();
                jWebSocketClient.setSamplesCallbacks({OnSamplesServerTime:getServerTimeCallback});
                document.getElementById("btnConnect").disabled="";
            }
            else {
                var lMsg = jws.MSG_WS_NOT_SUPPORTED;
                alert( lMsg );
            }
        }
        function btnConnect_click()
        {
            var lURL = jws.JWS_SERVER_URL;
            userName = document.getElementById("userName").value;
            var userPass = document.getElementById("userPass").value;
            var msg=document.getElementById("msg");
            msg.innerHTML="连接到地址：  " + lURL + "  并且以\"" + userName + "\"用户名与服务器建立
链接..." ;
            var lRes = jWebSocketClient.logon(lURL,userName,userPass, {
                OnOpen: function( aEvent ) {
                    msg.innerHTML+="<br/>jWebSocket 连接已建立." ;
                },
                OnMessage: function( aEvent, aToken ) {
                    msg.innerHTML+="<br/>jWebSocket \"" + aToken.type + "\"  令牌收到，消息字符串为:
\"" + aEvent.data + "\"" ;
                },
                OnClose: function( aEvent ) {
                    msg.innerHTML+="<br/>jWebSocket 连接被关闭." ;
                    document.getElementById("btnbroadcastText").disabled="disabled";
                    document.getElementById("btnDisConnect").disabled="disabled";
                    document.getElementById("btnTestPlugIn").disabled="disabled";
                }
            });
```

```
            msg.innerHTML+="<br/>"+jWebSocketClient.resultToString(lRes);
            if(lRes.code==0)
            {
                document.getElementById("btnbroadcastText").disabled="";
                document.getElementById("btnDisConnect").disabled="";
                document.getElementById("btnTestPlugIn").disabled="";
            }
        }
        function btnbroadcastText_click()
        {
            var sendMsg=document.getElementById("sendMsg").value;
            var msg=document.getElementById("msg");
            msg.innerHTML+="<br/>广播消息：\""+sendMsg+"\"...";
            var lRes = jWebSocketClient.broadcastText("",sendMsg);
            if(lRes.code!=0)
                msg.innerHTML=jWebSocketClient.resultToString( lRes );
            document.getElementById("sendMsg").value="";
        }
        function btnDisConnect_click()
        {
            if(jWebSocketClient)
            {
                var msg=document.getElementById("msg");
                msg.innerHTML+="<br/>用户"+"\""+userName+"\"关闭连接";
                var lRes=jWebSocketClient.close();
                msg.innerHTML+="<br/>"+jWebSocketClient.resultToString( lRes );
                if(lRes.code==0)
                {
                    document.getElementById("btnbroadcastText").disabled="disabled";
                    document.getElementById("btnDisConnect").disabled="disabled";
                    document.getElementById("btnTestPlugIn").disabled="disabled";
                }
            }
        }
        function btnTestPlugIn_click()
        {
            var msg=document.getElementById("msg");
            msg.innerHTML+="<br/>通过 WebSockets 获取服务器的系统时间..." ;
            var lRes = jWebSocketClient.requestServerTime();
            //发生错误时显示错误消息
            if( lRes.code != 0 )
                msg.innerHTML+="<br/>"+jWebSocketClient.resultToString(lRes);
        }
        function getServerTimeCallback( aToken ) {
            msg.innerHTML+="<br/>服务器的系统时间: " + aToken.time ;
        }
```

```
        function window_onunload()
        {
            if(jWebSocketClient)
            {
                jWebSocketClient.close({timeout:3000});
            }
        }

        </script>
        <body onload="window_onload()" onunload="window_onunload()">
        用 户  名：<input type="text" id="userName"><br/>
        密      码：<input type="text" id="userPass"><br/>
        发送消息：<input type="text" id="sendMsg"><br/>
        <input type="button" id="btnConnect" onclick="btnConnect_click()" value="建立连接"  disabled=
"disabled">
        <input type="button" id="btnbroadcastText" onclick="btnbroadcastText_click()" value="广播消息"
disabled="disabled">
        <input type="button" id="btnDisConnect" onclick="btnDisConnect_click()" value="关闭连接"
disabled="disabled">
        <input type="button" id="btnTestPlugIn" onclick="btnTestPlugIn_click()" value="测试插件" disabled=
"disabled">
        <div id="msg">
        </body>
        <html>
```

要在页面中使用 jWebSocket 插件进行 Socket 通信，需要在页面中加入对 jWebSocket.js 文件或 jWebSocket_min.js 的引用。接下来需要在页面脚本代码的开头处定义两个全局变量，其中变量 jWebSocketClient 代表在 jWebSocket 中使用的一个 jWebSocketjSONClient 类的对象，jWebSocketjSONClient 类的命名空间为 jws。jWebSocketjSONClient 类提供了通过 JSON 协议来建立和关闭客户端与 jWebSocket 服务器端的连接以及互相发送消息的方法。全局变量 userName 则代表了用户登录到 jWebSocket 服务器中时所使用的用户名。执行后的效果如图 8-4 所示。

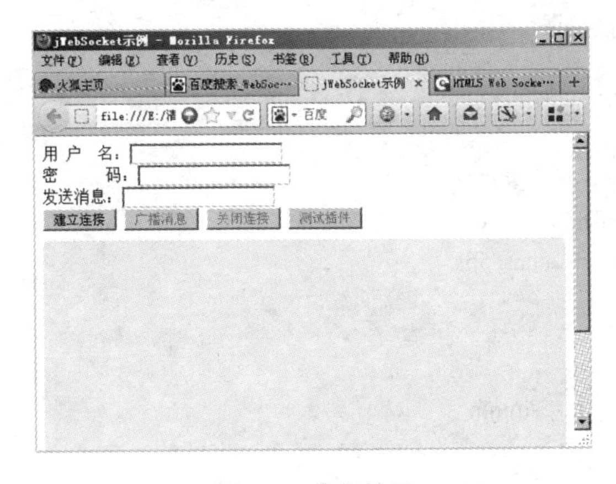

图 8-4 执行效果

8.5.2 使用 jWebSocketTest 开发一个聊天系统

下面将通过一个具体实例讲解在网页中使用 jWebSocketTest 框架进行通信的方法。在本实例中，通过一个利用 jWebSocket 服务器创建简单聊天室的案例的过程，进一步展示如何用 jWebSocket 服务器进行通信的客户端页面。在此页面中有一个聊天室，用户可以在此页面中输入用户名后单击登录按钮登录聊天服务器，然后与其他已登录聊天服务器的用户进行文字聊天。在页面中还显示一个用户列表，当用户登录或退出聊天室时随时更新用户列表，显示当前登录到聊天室中的所有用户的用户名+“@”+该用户的客户端 ID。

实例 8-5	说　明
源码路径	daima\8\chat.html
功能	在网页中使用 jWebSocketTest 框架进行通信

实例文件 chat.html 的实现代码如下。

```
<!DOCTYPE html>
<html>
<head>
<title>jWebSocket 聊天室</title>
<style>
h1 {
        font-family: Arial, Helvetica, sans-serif;
      font-weight: bold;
      font-size: 14pt;
      color: #006bb5;
      background-color: #f0f0f0;
      -moz-border-radius: 5px;
      -webkit-border-radius: 5px;
      border: 1px solid #f0f0f0;
      padding: 5px 5px 5px 5px;
      margin: 0px 0px 18px 0px;
}
div[id^=divContainer]{
      border: 0px;
      margin:10px 0px 10px 0px;
      padding: 3px;
      background-color: #f0f0f0;
      -moz-border-radius: 5px;
      -webkit-border-radius: 5px;
}
div#divLeft{
     width:85%;
     background-color: #f0f0f0;
     float:left;
}
```

```
div#divRight{
    width:15%;
    background-color:white;
    float:right;
    font-weight:bold;
    font-size:12px;
}
div#divchat{
     border: 0px;
     margin:10px 0px 10px 0px;
     padding: 3px;
     background-color: #f0f0f0;
     -moz-border-radius: 5px;
     -webkit-border-radius: 5px;
    position:relative;
    height:300px;
    overflow:auto;
    font-size: 12px;
}
table#tbDlg {
     font-family: Verdana, Helvetica, sans-serif;
     font-weight: normal;
     font-size: 12px;
     background-color: #f0f0f0;
}
tr#trDlg，td#tdDlg {
     background-color: #f0f0f0;
     font-size: 10px;
}
textarea {
     font-family: inherit;
     font-size: 10pt;
     border: 1px solid #444;
     background-color: white;
     width:100%;
}
input[type="button"] {
     font-family: inherit;
     border: 1px solid #808080;
     -moz-border-radius: 10px;
     -webkit-border-radius: 10px;
     margin: 1px;
     color: white;
     background-color: #81a0b5;
     width: 100px;
}
```

```
input[type="button"]:hover {
        margin: 1px;
        background-color: #006bb5;
}
input[type="button"]:active {
        margin: 1px;
        font-weight: bold;
        background-color: #006bb5;
}
input[type="button"]:focus {
        margin: 0px;
        font-weight: bold;
        background-color: #006bb5;
}
</style>
</head>
<script src="jWebSocket.js" type="text/javascript"></script>
<script type="text/javascript">
var jWebSocketClient;
var divChat,tbxUsername,tbxMsg,userName;
var IN=0,OUT=1;
var SYS="系统消息";
function window_onload()
{
      divChat=document.getElementById("divchat");
      tbxUsername=document.getElementById("tbxUsername");
      tbxMsg=document.getElementById("tbxMsg");
      if(jws.browserSupportsWebSockets())
      {
            jWebSocketClient = new jws.jWebSocketJSONClient();
            tbxUsername.focus();
            tbxUsername.select();
      }
      else
      {
            document.getElementById("btnSend").disabled="disabled";
            document.getElementById("btnLogin").disabled="disabled";
            document.getElementById("btnLogout").disabled="disabled";
            var lMsg = jws.MSG_WS_NOT_SUPPORTED;
            alert( lMsg );
            log(SYS, IN, lMsg );
      }
}
function log(username,event,string ) {
      var lFlag;
      if(event==IN)
```

```
            lFlag = "<";
        else
            lFlag = ">";
        if(!username)
            username = jWebSocketClient.getUsername();
        //如果用户没有登录，则设置 username 为默认用户名
        if( !username )
            username = "游客";
      divChat.innerHTML+=username + " " +lFlag + " " +string + "<br>";
        if( divChat.scrollHeight > divChat.clientHeight )
            divChat.scrollTop = divChat.scrollHeight - divChat.clientHeight;
    }
    function btnLogin_onclick()
    {
        //var lURL = jws.JWS_SERVER_URL + "/;,timeout=360000";
        var lURL = jws.JWS_SERVER_URL + "/;,timeout=5000";
        var clientArray;
        if(tbxUsername.value.trim()=="")
        {
            alert("请输入用户名");
            return;
        }
        log( SYS, OUT, "连接到 jWebSocket 聊天服务器 ， 地址为： " + lURL + "..." );
        var lRes=jWebSocketClient.logon(lURL,tbxUsername.value, "", {
            OnOpen: function(aEvent){
                log(SYS,IN,"与 jWebSocket 聊天服务器的连接已建立.");
                //var options={};
                var options=new Object();
                options.immediate=false;
                options.interval = 3000;
                jWebSocketClient.startKeepAlive(options);
            },
            OnMessage: function( aEvent, aToken ) {
                if(aToken)
                {
                    if(aToken.type == "response")
                    {
                        if(aToken.reqType == "login")
                        {
                            if( aToken.code == 0 )
                            {
                                log(SYS, IN, "欢迎 用户'" + aToken.username+"'进入聊天室" );
                                jWebSocketClient.getAuthClients({pool: null});
                            }
                            else
                                log(SYS, IN, "登录失败，错误消息为：" + aToken.msg );
```

```
    }
                    else if(aToken.reqType == "getClients")
                    {
                        var divRight=document.getElementById("divRight");
                        divRight.innerHTML="用户列表(@之后的文字为用户的客户端 id)：";
                        for(var i=0;i<aToken.clients.length;i++)
                        {

                            divRight.innerHTML+="<br/>"+aToken.clients[i];
                        }
                    }
                }
                else if(aToken.type == "goodBye")
                    log(SYS,IN,"jWebSocket 聊天服务器 断开与客户端的连接(原因: " + aToken.
reason + ")!" );
                else if(aToken.type == "broadcast")
                {
                    if(aToken.data)
                        log( aToken.sender,IN,aToken.data);
                }
                else if(aToken.type == "event")
                {
                    jWebSocketClient.getAuthClients({pool: null});
                    var data=JSON.parse(aEvent.data);
                    if(data.name=="login")
                    {
                        log(SYS, IN, "欢迎 用户'" + data.username+"'进入聊天室" );
                    }
                    if(data.name=="logout")
                    {
                        log(SYS, IN, "用户'" + data.username+"'退出聊天室" );
                    }
                }
            }
        },
        OnClose:function(aEvent){
            log(SYS,IN,"与 jWebSocket 聊天服务器 的连接已关闭.");
            document.getElementById("btnSend").disabled="disabled";
            document.getElementById("btnLogout").disabled="disabled";
            jWebSocketClient.stopKeepAlive();
        }
    });
    if(lRes.code==0)
    {
        userName=tbxUsername.value;
        document.getElementById("btnSend").disabled="";
```

```
                document.getElementById("btnLogout").disabled="";
            }
        }
        function btnSend_onclick()
        {
            var msg = tbxMsg.value;
            if(msg.length > 0)
            {
                log(userName,OUT,msg);
                var lRes = jWebSocketClient.broadcastText("",msg);
                if(lRes.code!=0)
                    log(SYS,OUT,lRes.msg);
                tbxMsg.value="";
            }
        }
        function btnLogout_onclick()
        {
            var lRes = jWebSocketClient.close();
            log(SYS, OUT, "用户"+userName+"退出聊天室: "+ lRes.msg );
            if(lRes.code==0)
            {
                document.getElementById("btnSend").disabled="disabled";
                document.getElementById("btnLogout").disabled="disabled";
            }
        }
        function window_onunload()
        {
            if(document.getElementById("btnSend").disabled=="")
              jWebSocketClient.close();
        }
        </script>
        <body  onload="window_onload()" onunload="window_onunload()">
        <h1>jWebSocket 聊天室</h1>
        <div id="divContainer1">
            <table id="tbDlg" border="0" cellpadding="3" cellspacing="0" width="100%">
                <tr id="trDlg">
                      <td id="tdDlg" width="5">
                                  用户名： 
                        <input id="tbxUsername" type="text" value="游客" size="20">
                        <input id="btnLogin" type="button" value="登录" onclick="btnLogin_onclick();">
                        <input id="btnLogout" type="button" value="退出" onclick="btnLogout_onclick();"
disabled>
                      </td>
                </tr>
            </table>
        </div>
```

```
        <div id="divLeft">
            <div id="divchat">
            </div>
            <div id="divContainer3">
                <table id="tbDlg" border="0" cellpadding="3" cellspacing="0" width="100%">
                    <tr id="trDlg">
                        <td valign="top" id="tdDlg" nowrap>对话</td>
                        <td valign="top" id="tdDlg"><textarea id="tbxMsg" cols="255" rows="2" style=
"width:100%"></textarea></td>
                        <td valign="top" id="tdDlg"><input id="btnSend" type="button" value="发送"
onclick="btnSend_onclick();" disabled></td>
                    </tr>
                </table>
            </div>
        </div>
        <div id="divRight">
        用户列表(@之后的文字为用户的客户端 id):
        </div>
        </body>
        </html>
```

在本实例中，在 JavaScript 脚本代码中用到了 KeepAlive 功能。在使用 jWebSocket 框架进行 Socket 通信的时候，当客户端处于非活动状态（客户端不向服务器端发出任何请求）一段时间且该时间超出指定的 timeout 时间值后，服务器端将中止会话，将客户端与服务器端之间的连接关闭。因为服务器端不能主动对客户端进行操作，所以通过指定超时时间来管理会话与连接是一种必需的管理机制。这样，客户端可以通过主动发送 close 令牌来向服务器端请求关闭客户端与服务器端的连接，服务器端也可以在指定的超时时间过去之后将其与一些由于网络原因而与服务器端意外断开连接（没有向服务器端发出关闭连接请求而被意外中断连接）的客户端之间的连接关闭，将被这些客户端占用的端口释放。如果没有这种超时管理机制，服务器端的端口将很快被用尽（因为得不到释放）。

超时管理机制是以客户端是否在指定时间范围内与服务器端进行交互操作为依据进行管理的，如果超出超时时间而客户端没有向服务器端发出任何请求，服务器端就结束会话，关闭连接。在某些特殊场合下（例如，在网页中展示较长篇幅的文章或其他流数据时），用户在较长时间内不再向服务器端发出任何请求，只是处于对文章或流数据进行阅读的状态中，这时尽管超出了超时限制，用户还是希望服务器端保持与客户端的连接。在这种情况下，可以让客户端每隔一段时间向服务器端自动发送一个 ping 令牌以声明自己处于活动状态，以确保服务器端不会结束会话，不会断开连接。服务器端也可以向客户端返回一个响应令牌，客户端根据这个响应令牌来确认服务器端与自己处于连接状态。客户端每隔一段时间自动发送 ping 令牌来声明自己处于活动状态的功能就叫 KeepAlive 功能。

打开 KeepAlive 功能的代码如下所示。

```
jWebSocketClient. startKeepAlive(options);
```

在上述代码中，jWebSocketClient 为一个 jWebSocketjSONClient 类的对象，通过该语句

来启动一个 KeepAlive 计时器。该计时器控制客户端每隔一段时间自动向服务器端发送一个 ping 令牌。如果执行该语句时 KeepAlive 计时器已经启动，则之前启动的 KeepAlive 计时器被自动停止，重新启动一个新的 KeepAlive 计时器，并且通过 options 参数对该计时器进行初始化工作。

在参数 options 中保存了如下几个可选参数，通过这些参数可以初始化 KeepAlive 计时器。

- options.interval：指定计时器的时间间隔，以毫秒为单位，参数值为整数类型的毫秒数。
- options.echo：指定服务器端是否需要向客户端返回响应令牌，参数值为布尔类型 True 或 False。
- options.immediate：指定执行该语句后客户端是否立即发送第一个 ping 令牌，而不等待计时器的通知。

执行后的效果如图 8-5 所示。

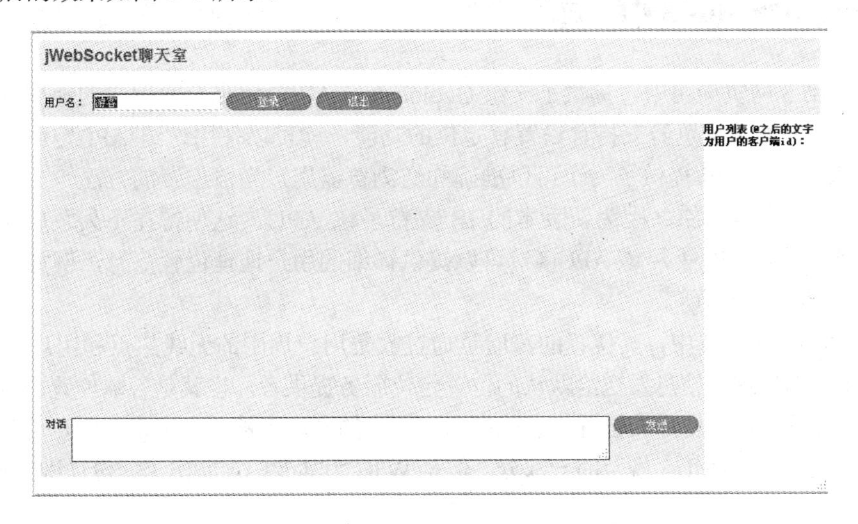

图 8-5　执行效果

第 9 章　使用 Geolocation API

Geolocation API（地理位置应用程序接口）的功能是，将用户的当前地理位置信息共享给信任的站点。因为这会涉及到用户的隐私安全问题，所以当一个站点需要获取用户的当前地理位置，浏览器会提示用户是“允许”或者“拒绝”。本章将讲解在 HTML 5 页面中使用 Geolocation API 实现定位处理的方法。

9.1　Geolocation API 介绍

在 HTML 5 网页应用中，提供了一组 Geolocation API，用来获取用户的地理位置信息。在移动设备中，如果浏览器支持且设置有定位的功能，就可以使用这组 API 定位用户的地理位置。Geolocation API 提供了一个可以准确知道浏览器用户当前位置的方法。且目前看来浏览器的支持情况还算不错（因为新版本的 IE 支持了该 API），这使得在不久之后就可以使用这一浏览器内置的 API 了。该 API 接口可以提供详细的用户地理位置信息，例如经纬度、海拔、精确度和移动速度等。

在 Geolocation API 中，其位置的获取是通过收集用户周围的无线热点和用户 PC 的 IP 地址。然后浏览器把这些信息发送给默认的位置定位服务提供者，也就是谷歌位置服务，由它来计算用户的位置。最后用户的位置信息就在用户请求的网站上被共享出来。到目前为止，虽然 Geolocation 还不是 HTML 5 规范的一部分，但是 W3C 为其专门定制出了一份详细的规范。

9.1.1　对浏览器的支持情况

目前 W3C 地理位置 API 被以下电脑浏览器支持：

- Firefox 3.5+
- Chrome 5.0+
- Safari 5.0+
- Opera 10.60+
- Internet Explorer 9.0+

W3C 地理位置 API 还可以被如下的手机设备所支持：

- Android 2.0+
- iPhone 3.0+
- Opera Mobile 10.1+
- Symbian (S60 3rd & 5th generation)
- Blackberry OS 6
- Maemo

9.1.2　使用 API

在使用地理位置 API 之前，首先要检测浏览器是否支持，例如下面的测试代码。

```
if (navigator.geolocation) {
  // 我们的目的
}
```

当然，这个 if 判断也能用来进行浏览器的判断操作，可以区分 IE 6～8 版本浏览器与 IE 9 和其他新型的浏览器。这在用户使用某些 CSS 3 属性时非常有用，检测浏览器是否支持某些 CSS3 属性相对比较麻烦。当然也可以在知道浏览器对该 CSS3 属性的支持情况下检测浏览器。一般来说，就是区分区分 IE6～8 浏览器和其他浏览器，这与 navigator.geolocation 的检测是一致的。

通过这个 API，使用如下两个方法变量可以获取用户的地理位置。

- getCurrentPosition
- watchPosition

这两个方法都支持三个参数。例如 getCurrentPosition 的格式为：

```
navigator.geolocation.getCurrentPosition(successCallback, errorCallback, options)
```

- successCallback：为方法成功时的回调，此参数必须。
- errorCallback：为方法失败时的回调，此参数可选。
- option：为额外参数，也是可选参数对象。option 参数支持如下三个可选参数 API：
  - enableHighAccuracy：表示是否高精度可用，为 Boolean 类型，默认为 false，如果开启，响应时间会变慢，同时，在手机设备上会用掉更多的流量。
  - timeout：表示等待响应的最大时间，默认是 0 毫秒，表示无穷时间。
  - maximumAge：表示应用程序的缓存时间。单位毫秒，默认是 0，意味着每次请求都是立即去获取一个全新的对象内容。

clearWatch 方法只接受一个参数，这个参数是由 watchPosition 方法返回的 watchID。

请注意两个方法的差异。getCurrentPosition 方法属于一次性取用户的地理位置信息，而 watchPosition 方法则不停地取用户的地理位置信息，不停地更新用户的位置信息，这在开汽车的时候实时获知自己的位置比较有用。watchPosition 方法可以通过 watchPosition 方法停掉（停止不断更新用户地理位置信息），方法就是传递 watchPosition 方法返回的 watchID。当用户的位置被返回的时候，会藏在一个位置对象中，该对象包括一些属性，具体见表 9-1。

表 9-1　属性说明

属　　性	释　　义
coords.latitude	纬度数值
coords.longitude	经度数值
coords.altitude	参考椭球之上的高度

（续）

属　性	释　义
coords.accuracy	精确度
coords.altitudeAccuracy	高度的精确度
coords.heading	设备正北顺时针前进的方位
coords.speed	设备外部环境的移动速度(m/s)
timestamp	当位置捕获到时的时间戳

9.2　获取当前地理位置

在HTML 5网页中，使用方法getCurrentPosition()可以获取当前的地理位置。如果浏览器需要获取用户当前的地理位置信息，需要通过API访问window.navigator对象中新添加的geolocation属性，并调用该属性中的getCurrentPositiont()方法获取用户当前地理位置信息，其调用的代码格式如下：

```
navigator.geolocation.getCurrent Position(
successCallback,
errorCallback,
 [Options]
)
```

（1）参数successCallback：是一个函数，用于成功获取用户当前地理位置信息时的回调操作。该回调函数中有一个形参position，该参数是一个对象，用于描述位置的详细数据信息。

（2）参数errorCallback：是一个获取地理位置失败时回调的函数，该函数中通过一个error对象作为形参，根据该对象的"code"属性获取定位失败的原因。该属性包括如下4个值：

- 0：表示未知错误信息。
- 1：表示用户拒绝了定位服务的请求。
- 2：表示没有获取正确的地理位置信息。
- 3：表示获取位置的操作超时。

在error对象中，除了属性"code"表示出错数字外，还可以通过属性"message"获取出错的详细文字信息。该属性是一个字符串，包含与"code"属性值相对应的错误说明信息。

（3）参数Options：这是一个可选择的对象，设置后可以为对象添加一些属性内容。

下面通过一个实例讲解在网页中获取当前地理位置的方法。

实例9-1	说　明
源码路径	daima\9\1.html
功能	在网页中获取当前地理位置

在本实例中，当使用方法getCurrentPosition获取当前用户的浏览器地理位置信息时，在弹出的是否共享窗口中，如果用户选择了"拒绝"，则将捕获的错误信息通过回调函数errorCallback()中的error.code与errormessage显示在页面中。实例文件1.html的实现代码如下。

```
<!DOCTYPE html>
<html>
<head>
<meta charset="utf-8" />
<title>用 getCurrentPosition 获取出错信息</title>
<link href="css.css" rel="stylesheet" type="text/css">
<script type="text/javascript" language="jscript"
        src="js1.js"/>
</script>
<script type="text/javascript" language="jscript"
        src="http://maps.google.com/maps/api/js?sensor=false"/>
</script>
</head>
<body onLoad="pageload();">
    <p id="pStatus"></p>
</body>
</html>
```

脚本文件 js1.js 的代码如下。

```
function $$(id) {
    return document.getElementById(id);
}
//自定义页面加载时调用的函数
function pageload() {
    if (navigator.geolocation) {
        navigator.geolocation.getCurrentPosition(function(ObjPos) {
            Status_Handle("获取成功!");
        },
        function(objError) {
            Status_Handle(objError.code + ":" + objError.message);
        },
        {
            maximumAge: 3 * 1000 * 60,
            timeout: 3000
        });
    }
}
//自定义显示执行过程中状态的函数
function Status_Handle(message) {
    $$("pStatus").style.display = "block";
    $$("pStatus").innerHTML = message;
}
```

在上述代码中，如果浏览器第一次调用 getCurrentPosition()方法，出于安全的考虑，浏览器会询问用户是否共享位置数据信息。如果用户拒绝则该方法将出现错误，无法获取用户的地理位置数据，只有当用户允许共享地理位置时，方法 getCurrentPosition()才能生效。执行效

果如图 9-1 所示。

图 9-1 执行效果

目前，各浏览器厂商对该 Geolocation API 的支持情况不完全相同，因此在调用 getCurrent Position()方法之前，需要先用方法 navigator.geolocation()检测当前浏览器是否支持定位功能，然后才开始调用方法 getCurrentPosition()获取用户地理位置信息。当在使用方法 getCurrent Position()获取当前浏览器地理位置信息时，用户允许了位置共享，并且浏览器也支持定位功能，那么该方法就可以正确地获取当前地理位置数据。

在使用 getCurrentPosition()方法时，如果获取位置成功，则回调 successCallback()函数。该函数通过一个对象参数 position 返回所有的地理位置详细数据信息，这些信息以对象的属性形式进行展示。position 对象包含两个重要的属性，分别为“timestamp”和“coords”，其中属性“timestamp”表示获取地理位置时的时间，而属性“coords”则包含多个值。

注意： 地理位置属于用户的隐私信息之一，因此浏览器是不会直接把用户的地理位置信息呈现出来的，当需要获取用户地理位置信息的时候，浏览器会询问用户，是否愿意透露自己的地理位置信息，如图 9-2 所示。

图 9-2 设置截图

如果选择不共享，则浏览器不会做任何事情。如果不小心对某个站点共享了地理位置，可以随时将其取消，具体方法如下。

（1）对于 IE9 浏览器来说，依次选择“Internet 选项”→“隐私”→“位置（清除站点）”，如图 9-3 所示。

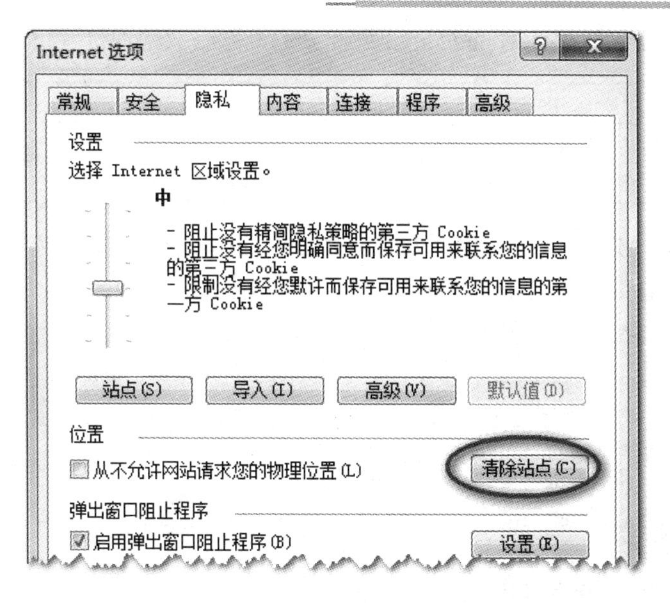

图 9-3　IE 浏览器

（2）对于 FireFox 浏览器来说，依次单击地址栏前面的“网站小图标”→“更多信息”→“权限”→“共享方位信息”→“阻止”，具体步骤如图 9-4 所示。

图 9-4　FireFox 浏览器

如果是 Chrome 浏览器，则直接单击地址栏右边的小图标，就会看到可以取消地理位置的选框了。如图 9-5 所示。

图 9-5　Chrome 浏览器

9.3　使用 getCurrentPosition()方法

在 HTML 5 网页应用中，使用 getCurrentPosition()方法也可以获取地理位置信息。

下面通过一个实例讲解使用 getCurrentPosition()方法获取地理位置信息的方法。

实例 9-2	说　明
源码路径	daima\9\2.html
功能	使用 getCurrentPosition()方法获取地理位置信息

在本实例的 HTML 页面中，调用方法 getCurrentPosition()成功获取当前浏览器的地理位置，并将获取的位置信息展示在页面的<p>元素中。实例文件 2.html 的实现代码如下。

```
<!DOCTYPE html>
<html>
<head>
<meta charset="utf-8" />
<title>用 getCurrentPosition 获取地理位置</title>
<link href="css.css" rel="stylesheet" type="text/css">
<script type="text/javascript" language="jscript"
        src="js2.js"/>
</script>
<script type="text/javascript" language="jscript"
        src="http://maps.google.com/maps/api/js?sensor=false"/>
</script>
</head>
<body onLoad="pageload();">
    <p id="pStatus"></p>
</body>
</html>
```

编写脚本文件 js2.js，当使用方法 getCurrentPosition()成功获取地理位置数据后，可以回调函数 successCallback()。解析对象参数 objPos，如果需要展示获取时间，则调用该对象的“timestamp”属性。如果需要展示地理位置数据，则通过对象的“coords”各个属性值来显示。文件 js2.js 的代码如下。

```
function $$(id) {
    return document.getElementById(id);
}
var objNav = null;
var strHTML = "";
function pageload() {
    if (objNav == null) {
        objNav = window.navigator;
    }
    if (objNav != null) {
        var objGeoLoc = objNav.geolocation;
        if (objGeoLoc != null) {
            objGeoLoc.getCurrentPosition(function(objPos) {
                var objCrd = objPos.coords;
                strHTML += "纬度值：<b>" + objCrd.latitude + "</b><br>";
```

```
                    strHTML += "精准度：<b>" + objCrd.accuracy + "</b><br>";
                    strHTML += "精度值：<b>" + objCrd.longitude + "</b><br>";
                    strHTML += "时间戳：<b>" + objPos.timestamp + "</b><br>";
                        var objAdd = objPos.address;
                        strHTML +="------------------------------<br>";
                        strHTML += "国家：<b>" + objAdd.country + "</b><br>";
                    strHTML += "省份：<b>" + objAdd.region + "</b><br>";
                    strHTML += "城市：<b>" + objAdd.city + "</b><br>";
                    Status_Handle(strHTML);
                },
                function(objError) {
                    Status_Handle(objError.code + ":" + objError.message);
                },
                {
                    maximumAge: 3 * 1000 * 60,
                    timeout: 3000
                });
            }
        }
    }
    //自定义显示执行过程中状态的函数
    function Status_Handle(message) {
        $$("pStatus").style.display = "block";
        $$("pStatus").innerHTML = message;
    }
```

因为各浏览器对 Geolocation API 支持的情况不同，所以同一代码在两个不同浏览器中执行会返回的结果会出现一些偏差或对某些属性不支持，如 Firefox 5.0 中支持显示地理位置所在的国家、省份、城市等信息，而 Chrome 10 浏览器则不支持。

此外，如果需要持续监测当前的地理位置，可以调用以下方法：

```
var intWatchID=navigator.geolocation.watchCurrentPosition(successCallback, errorCallback, [Options])
```

其中的参数与 getCurrentPosition()方法一样，但该方法还返回一个“intWatchID”值，用于停止持续监测的操作。如果需要停止持续监测，则调用如下方法：

```
clearWatch (intWatchID)
```

此方法通过清除持续监测时返回的 intWatchID 值，实现停止持续监测的功能。

9.4 在网页中使用地图

在本章前面的内容中，详细介绍了使用方法 getCurrentPosition()获取用户地理位置信息的过程。其实完全可以通过使用 Google 地图中的 Google Map API，将获取的位置信息标记在地图中，从而实现在 Google 地图中锁定位置的功能。

9.4.1 在网页中调用地图

下面通过一个实例讲解在HTML 5网页中使用地图的方法。在本实例的HTML页面中，通过<div>元素显示一幅Google地图，并将Google Map API中的对象与getCurrentPosition()方法相结合，在地图中标注当前地理位置，当该位置发生变化时，地图中的标注信息也随之发生变化。

实例 9-3	说　明
源码路径	daima\9\3.html
功能	在 HTML 5 网页中使用地图

实例文件3.html的实现代码如下。

```
<!DOCTYPE html>
<html>
<head>
<meta charset="utf-8" />
<title>使用 Google 地图</title>
<link href="css.css" rel="stylesheet" type="text/css">
<script type="text/javascript" language="jscript"
        src="js3.js"/>
</script>
<script type="text/javascript" language="jscript"
        src="http://maps.google.com/maps/api/js?sensor=false"/>
</script>
</head>
<body onLoad="pageload();">
    <div id="divMap"></div>
</body>
</html>
```

编写脚本文件js3.js，为了能够使用Google地图及Google Map API，需要使用<script>元素导入对应的脚本文件，文件的URL为“http://maps.google.com/maps/api/js?sensor=false”。通过getCurrentPosition()方法获取经度与纬度，创建一个地图中心坐标latlng，并将该中心点设置为页面打开时Google地图的中心点；同时将设置好的地图与页面中ID号为“divMap”的元素绑定，将地图显示在页面中。最后在地图中创建一个锁定标记objMrk，并在创建的标记窗口objInf中设定标记在地图中显示的注释中文，通过调用地图的open()方法，在地图中打开带有注释中文的标记窗口。文件js3.js的代码如下。

```
function $$(id) {
    return document.getElementById(id);
}
var objNav = null;
var strHTML = "";
//自定义页面加载时调用的函数
```

```
function pageload() {
    if (objNav == null) {
        objNav = window.navigator;
    }
    if (objNav != null) {
        var objGeoLoc = objNav.geolocation;
        if (objGeoLoc != null) {
            objGeoLoc.getCurrentPosition(function(objPos) {
                var objCrd = objPos.coords;
                var lat = objCrd.latitude;
                var lng = objCrd.longitude;
                //根据获取的经度与纬度创建一个地图中心坐标
                var latlng = new google.maps.LatLng(lat, lng);
                //将中心点设置为页面打开时 google 地图的中心点
                var objOpt = {
                    zoom: 16,
                    center: latlng,
                    mapTypeId: google.maps.MapTypeId.ROADMAP
                };
                //创建地图，并与页面中 ID 号为"divMap"的元素相绑定
                var objMap = new google.maps.Map($$("divMap"), objOpt);
                //创建一个地图标记
                var objMrk = new google.maps.Marker({
                    position: latlng,
                    map: objMap
                });
                //创建一个地图标记窗口并设置注释内容
                var objInf = new google.maps.InfoWindow({
                    content: "我在这里"
                });
                //在地图中打开标记窗口
                objInf.open(objMap, objMrk);
            },
            function(objError) {
                Status_Handle(objError.code + ":" + objError.message);
            },
            {
                maximumAge: 3 * 1000 * 60,
                timeout: 3000
            });
        }
    }
}
```

执行效果如图 9-6 所示。

图 9-6　执行效果

9.4.2　在地图中显示当前的位置

在 HTML 5 网页中，可以先在页面中制作一幅地图，然后在页面中显示用户计算机或移动设备所在地的地图。在浏览器中打开案例页面时，浏览器会询问用户是否共享用户计算机或移动设备的地理位置信息。在不支持 Geolocation API 的浏览器中，打开浏览器时会显示错误提示信息。在支持 Geolocation API 的浏览器中，当浏览器询问用户是否共享用户计算机或移动设备的地理位置信息时，选择共享地理位置信息后，在浏览器中将会显示用户计算机或移动设备所在地的地图。

下面将通过一个实例讲解在网页地图中显示当前的位置的方法。

实例 9-4	说　明
源码路径	daima\9\4.html
功能	在网页地图中显示当前的位置

在本实例页面中，用户单击监视位置更改按钮后，浏览器将会对用户的计算机或移动设备所在地进行监视，每隔一段时间检查用户的计算机或移动设备的地理位置是否发生改变。如果当前计算机或移动设备的地理位置发生改变则更新页面中的地图。用户单击停止监视按钮后会取消该监视。实例文件 4.html 的实现代码如下。

```
<!DOCTYPE html>
<head>
<meta name="viewport" content="width=620" />
<title>Geolocation API 示例</title>
<script type="text/javascript">
```

```
var streetNumber,street,city,province,country;
var watchId;
function window_onload() {
    if(navigator.geolocation==null)
        alert("您的浏览器不支持 Geolocation API");
    else
navigator.geolocation.getCurrentPosition(showMap,onError,{timeout:60000,enableHighAccuracy:true});
}
function watchPosition() {
    watchId=navigator.geolocation.watchPosition(showMap);
}
function clearWatch()
{
    navigator.geolocation.clearWatch(watchId);
}
function showMap(position)
{
    var coords = position.coords;
    var latlng = new google.maps.LatLng(coords.latitude, coords.longitude);
    var myOptions = {
        zoom: 18,
        center: latlng,
        mapTypeId: google.maps.MapTypeId.ROADMAP
    };
    var map1= new google.maps.Map(document.getElementById("map"), myOptions);
    var marker = new google.maps.Marker({
        position: latlng,
        map: map1
    });
    var infowindow = new google.maps.InfoWindow({
        content: "当前位置!"
    });
    infowindow.open(map1, marker);
}
function onError(error)
{
    var message = "";
    switch (error.code) {
      case error.PERMISSION_DENIED:
          message = "位置服务被拒绝";
          break;
       case error.POSITION_UNAVAILABLE:
          message = "未能获取到位置信息";
          break;
       case error.PERMISSION_DENIED_TIMEOUT:
          message = "在规定时间内未能获取到位置信息";
```

```
                break;
            }
            if (message == "")
            {
                var strErrorCode = error.code.toString();
                message = "由于不明原因，未能获取到位置信息（错误号："+strErrorCode+").";
            }
            alert(message);
            document.getElementById("watchPosition").disabled="disabled";
            document.getElementById("clearWatch").disabled="disabled";
        }
        </script>
        <script type="text/javascript" src=http://maps.google.com/maps/api/js?sensor=false></script>
        </head>
        <body onload="window_onload()">
            <input type="button" id="watchPosition" value="监视位置更改" onclick="watchPosition()"/>
<input type="button" id="clearWatch" value="停止监视" onclick="clearWatch"/>
            <div id="map" style="width:500px; height:460px"></div>
        </body>
        </html>
```

执行效果如图 9-7 所示。

图 9-7　执行效果

9.4.3　在网页中居中显示定位地图

本实例只是以前面的实例为基础进行了简单的修改，将地图在网页的中间位置显示。下

面通过一个实例讲解在网页中居中显示定位地图的方法。

实例 9-5	说　　明
源码路径	daima\9\5.html
功能	在网页中居中显示定位地图

实例文件 5.html 的实现代码如下。

```
<!DOCTYPE html>
<meta charset="utf-8" />
<head>

    <meta name="viewport" content="user-scalable=no, width=device-width, initial-scale=1.0,
maximum-scale=1.0"/>
    <meta name="apple-mobile-web-app-capable" content="yes" />
    <meta name="apple-mobile-web-app-status-bar-style" content="black" />


    <title>GeoGoogleMapTest</title>
<script src="http://maps.google.com/maps/api/js?sensor=true"></script>
<script>

    if(navigator.geolocation) {

        function hasPosition(position) {
            var point = new google.maps.LatLng(position.coords.latitude, position.coords.longitude),

            myOptions = {
                zoom: 15,
                center: point,
                mapTypeId: google.maps.MapTypeId.ROADMAP
            },

            mapDiv = document.getElementById("mapDiv"),
            map = new google.maps.Map(mapDiv, myOptions),

            marker = new google.maps.Marker({
                position: point,
                map: map,
                title: "You are here"
            });
        }
        function positionError(error)
        {
            //做错误处理
        }
        //navigator.geolocation.getCurrentPosition(hasPosition);
```

```
                navigator.geolocation.getCurrentPosition(hasPosition, positionError, { enableHigh Accuracy: true });
            }
        </script>
        <style>
        #mapDiv {
            width:320px;
            height:460px;
            border:1px solid #efefef;
            margin:auto;
            -moz-box-shadow:5px 5px 10px #000;
            -webkit-box-shadow:5px 5px 10px #000;
        }
        </style>
        </head>
        <body>
        <div id="mapDiv"></div>

        </body>
        </html>
```

执行效果如图 9-8 所示。

图 9-8　执行效果

9.4.4　利用百度地图实现定位处理

下面通过一个实例讲解在 HTML 5 网页中利用百度地图实现定位的方法。

实例 9-6	说　明
源码路径	daima\9\6.html
功能	在 HTML 5 网页中利用百度地图实现定位

实例文件 6.html 的具体实现代码如下。

```
<!DOCTYPE HTML>
<html>
<head>
<meta charset='utf-8'>
<title>百度地图</title>
<script type='text/javascript' src='http://api.map.baidu.com/api?v=1.3'></script>
<script type='text/javascript'>

function getLocation()
{
    if(navigator.geolocation){
        navigator.geolocation.getCurrentPosition(showMap, handleError, {enableHighAccuracy:true,
maximumAge:1000});
    }else{
        alert('您的浏览器不支持使用 HTML 5 来获取地理位置服务');
    }
}

function showMap(value)
{
    var longitude = value.coords.longitude;
    var latitude = value.coords.latitude;
    var map = new BMap.Map('map');
    var point = new BMap.Point(longitude, latitude);                    // 创建点坐标
    map.centerAndZoom(point, 15);
    var marker = new BMap.Marker(new BMap.Point(longitude, latitude)); // 创建标注
    map.addOverlay(marker);                                             // 将标注添加到地图中
}

function handleError(value)
{
    switch(value.code){
        case 1:
            alert('位置服务被拒绝');
            break;
        case 2:
            alert('暂时获取不到位置信息');
```

```
                    break;
                case 3:
                    alert('获取信息超时');
                    break;
                case 4:
                    alert('未知错误');
                break;
        }
    }

    function init()
    {
        getLocation();
    }

    window.onload = init;

    </script>
    </head>

    <body>
    <div id='map' style='width:600px;height:600px;'></div>
    </body>
    </html>
```

执行效果如图 9-9 所示。

图 9-9　执行效果

9.5 在弹出框中显示定位信息

下面通过一个实例讲解在网页的弹出对话框中显示定位信息的方法。本实例比较简单，是基于前面几个实例为基础的，功能是在弹出窗口中显示定位信息。

实例 9-7	说　明
源码路径	daima\9\7.html
功能	在 HTML 5 网页的弹出对话框中显示定位信息

实例文件 7.html 的实现代码如下。

```
<!DOCTYPE html>

<head>
<meta http-equiv="Content-Type" content="text/html; charset=utf-8" />
<title>无标题文档</title>
<script type="text/javascript" language="jscript" >
                function initLocation() {
                    //预定义
                    if (window.google && google.gears) {
                        return;
                    }

                    var factory = null;

                    // Firefox 浏览器
                    if (typeof GearsFactory != 'undefined') {
                        factory = new GearsFactory();
                    } else {
                        // IE 览器
                        try {
                          factory = new ActiveXObject('Gears.Factory');
                          // privateSetGlobalObject is only required and supported on IE
Mobile on

                          // WinCE 览器
                          if (factory.getBuildInfo().indexOf('ie_mobile') != -1) {
                              factory.privateSetGlobalObject(this);
                          }
                        } catch (e) {
                          // Safari 览器
                          if ((typeof navigator.mimeTypes != 'undefined') && navigator.
mimeTypes["application/x-googlegears"]) {
                              factory = document.createElement("object");
                              factory.style.display = "none";
                              factory.width = 0;
```

```
                    factory.height = 0;
                    factory.type = "application/x-googlegears";
                    document.documentElement.appendChild(factory);
                    if(factory && (typeof factory.create == 'undefined')) {
                        // If NP_Initialize() returns an error, factory will still be
created.
                        // 确保这种情况下不会出现齿轮效果
                        //初始化.
                        factory = null;
                    }
                }
            }
        }

        // *如果没有安装齿轮,不要定义任何对象
        if (!factory) {
            return;
        }

        //现已建立对象，小心不要覆盖任何东西。
        //注意：在IE窗口移动，你不能添加属性窗口对象。
        //然而，全局对象会自动添加属性窗口对象在所有浏览器。
        if (!window.google) {
            google = {};
        }

        if (!google.gears) {
            google.gears = {factory: factory};
        }
    };

    function getGeoLocation(okCallback,errorCallback){
        initLocation();
        try {
            if(navigator.geolocation) {
                geo = navigator.geolocation;
            } else {
                geo = google.gears.factory.create('beta.geolocation');
            }
        }catch(e){}

        if (geo) {
            //watch 会触发多次，以便随时监控 ip 改变，iphone 在开始会调
用两次，屏幕旋转和解锁也会调用，汗。。。
            //navigator.geolocation.watchPosition(successCallback,
errorCallback, options);
```

```
                    geo.getCurrentPosition(okCallback , errorCallback);
                } else {
                    alert("不好意思，你不让我定位！");
                }

            }


            function okCallback(d){
                alert('当前位置(纬度，经度): ' + d.latitude + ',' + d.longitude);
                //iphone
                if(d.coords)
                    alert('当前位置(纬度，经度): ' + d.coords.latitude + ',' + d.coords.
longitude);

                if(d.gearsAddress)
                    alert(d.gearsAddress.city);

            };
            function errorCallback(err){
              alert(err.message);
            };
    </script>
    </head>

    <body>
        获取当前的定位信息
        <input onclick="getGeoLocation(okCallback,errorCallback)" type="button" value="获取">
    </body>
    </html>
```

执行后的效果如图 9-10 所示，单击“获取”按钮后会在弹出的对话框中显示当前的定位信息，如图 9-11 所示。

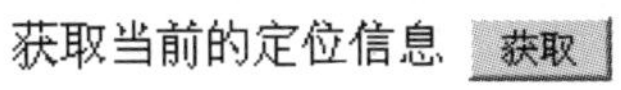

获取当前的定位信息 [获取]

图 9-10　执行效果

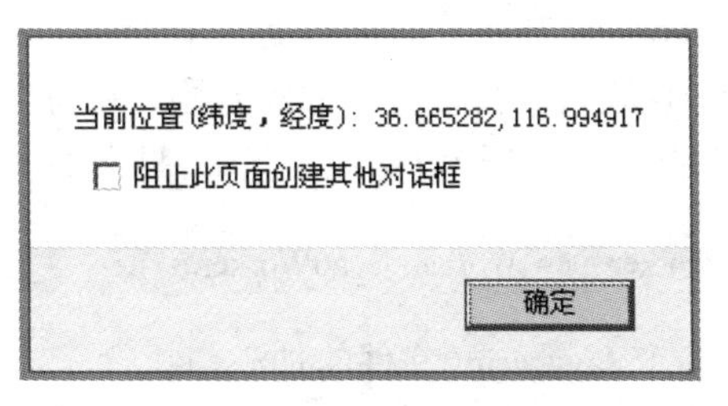

图 9-11　显示当前的定位信息

第 10 章　使用 Web Workers API

在 HTML 5 网页应用中，使用 Worker 可以将前台中的 JavaScript 代码分割成若干个分散的代码块，分别由不同的后台线程负责执行，这样可以避免由于前台单线程执行缓慢出现用户等待的局面。后台的单个独立线程不仅可以被前台所调用，实现数据间的互访，而且在后台线程中还可以调用新的子线程，分割父线程的功能，实现线程的嵌套调用。本章将详细介绍使用 Worker 线程方式实现前、后台数据交互的过程，并通过实例演示实现流程。

10.1　Web Workers API 基础

从传统意义上来说，浏览器是单线程的，它们会强制应用程序中的所有脚本一起在单个UI 线程中运行。虽然可以通过使用文档对象模型 (DOM) 事件和 setTimeout API 造成一种多个任务同时在运行的假象，但只需一个计算密集型任务就会使用户体验出来。将简要介绍 Web Workers API 的基本知识。

10.1.1　使用 HTML5 Web Workers API

使用 Web Workers 的方法非常简单，只需创建一个 Web Workers 对象，然后传入希望执行的 JavaScript 文件。另外，在页面中再设置一个事件监听器，用来监听由 Web Worker 发来的消息和错误信息。如果想要在页面与 Web Workers 之间建立通信，数据需要通过函数 postMessage()来传递。对于 Web Worker Javascript 中的代码也是如此，也必须通过设置事件处理程序来处理发来的消息和错误信息，通过 postMessage 函数实现与页面的数据交互。

（1）创建 HTML5 Web Workers

Web Workers 初始化时会接受一个 Javascript 文件的 URL 地址，其中包含了供 Worker 执行的代码。这段代码会设置事件监听器，并与生成 Worker 的容器进行通信。Javascript 文件的 URL 可以是相对或者绝对路径，只要是同源（相同协议、主机和端口）即可：

```
worker=new Worker("echoWorker.js");
```

（2）多个 Javascript 文件的加载与执行

对于由多个 Javascript 文件组成的应用程序来说，可以通过包含<script>元素的方式，在页面加载的时候同步加载 Javascript 文件。然而，由于 Web Workers 没有访问 document 对象的权限，所以在 Worker 中必须使用另外一种方法导入其他的 Javascript 文件——importScripts：

```
importScripts("helper.js");
```

导入的 Javascript 文件只会在某一个已有的 Worker 中加载和执行。多个脚本的导入同样也可以使用 importScript 函数，它们会按顺序执行：

```
importScripts("helper.js","anotherHelper.js");
```

（3）与 HTML5 Web Workers 通信

一旦生成 Web Work，就可以使用 postMessage API 传送和接收数据。postMessage API 还支持跨框架和跨窗口通信。大多数 Javascript 对象都可以通过 postMessage 发送，但含有循环引用的除外。

10.1.2　需要使用.js 文件

Web Worker API 为 Web 应用程序的创作人员提供了一种方法，用于生成与主页并行运行的后台脚本。可以一次生成多个线程以用于长时间运行的任务。新的 worker 对象需要一个.js 文件，该文件通过一个发给服务器的异步请求包含在内。

```
var myWorker = new Worker('worker.js');
```

往来于 worker 线程的所有通信都通过消息进行管理。主机 worker 和 worker 脚本可以通过 postMessage 发送消息并使用 onmessage 事件侦听响应。消息的内容作为事件的数据属性进行发送。

例如下面的代码创建了一个 worker 线程并侦听消息。

```
var hello = new Worker('hello.js');
hello.onmessage = function(e) {
  alert(e.data);
};
```

这样 worker 线程可以发送要显示的消息。

```
postMessage('Hello world!');
```

10.1.3　与 Web Worker 进行双向通信

要建立双向通信，主页和 worker 线程都要侦听 onmessage 事件。例如下面演示代码中的 Worker 线程在指定的延迟后返回消息。

首先，该脚本创建 worker 线程。

```
var echo = new Worker('echo.js');
echo.onmessage = function(e) {
  alert(e.data);
}
```

消息文本和超时值在表单中进行指定。当用户单击“提交”按钮时，脚本会将两条信息以 JavaScript 对象文本的形式传递给 worker。为了防止页面在新的 HTTP 请求中提交表单值，事件处理程序还对事件对象调用 preventDefault。

注：不能将对 DOM 对象的引用发送给 worker 线程。Web Worker 并非可以访问所有数据。只允许访问 JavaScript 基元（例如 Object 或 String 值）。

```
<script>
window.onload = function() {
  var echoForm = document.getElementById('echoForm');
  echoForm.addEventListener('submit', function(e) {
    echo.postMessage({
      message : e.target.message.value,
      timeout : e.target.timeout.value
    });
    e.preventDefault();
  }, false);
  }
</script>
<form id="echoForm">
  <p>Echo the following message after a delay.</p>
  <input type="text" name="message" value="Input message here."/><br/>
  <input type="number" name="timeout" max="10" value="2"/> seconds.<br/>
  <button type="submit">Send Message</button>
</form>
```

最后，worker 开始侦听消息，并在指定的超时间隔之后将其返回。

```
onmessage = function(e)
{
  setTimeout(function()
  {
    postMessage(e.data.message);
  },
  e.data.timeout * 1000);
}
```

在 Internet Explorer 10 和使用 JavaScript 的 Metro 风格应用中，Web Worker API 支持表 10-1 所示的方法。

表 10-1　Web Worker API 支持的方法

方　法	描　述
void close()	终止 worker 线程
void importScripts(inDOMString... urls)	导入其他 JavaScript 文件的逗号分隔列表
void postMessage（在任何数据中）	从 worker 线程发送消息或发送消息到 worker 线程

Internet Explorer 10 和使用 JavaScript 的 Metro 风格应用，支持表 10-2 所示的 Web Workers API 属性。

表 10-2　Web Workers API 属性

属　性	类　型	描　述
location	WorkerLocation	代表绝对 URL，包括 protocol、host、port、hostname、pathname、search 和 hash 组件
navigator	WorkerNavigator	代表用户代理客户端的标识和 onLine 状态
self	WorkerGlobalScope	Worker 范围，包括 WorkerLocation 和 WorkerNavigator 对象

Internet Explorer 10 和使用 JavaScript 的 Metro 风格应用，支持表 10-3 所示的 Web Workers API 事件。

表 10-3　Web Workers API 事件

事　件	描　述
onerror	出现运行时错误
onmessage	接收到消息数据

Web Worker API 还支持更新的 HTML5 WindowTimers 功能，如表 10-4 所示。

表 10-4　WindowTimers 方法

方　法	描　述
void clearInterval(inlonghandle)	取消由句柄所确定的超时
void clearTimeout(inlonghandle)	取消由句柄所确定的超时
long setInterval(inanyhandler, inoptionalany timeout, inany... args)	计划在指定的毫秒数之后重复运行的超时。注：现在可以将其他参数直接传递到处理程序。如果处理程序是 DOMString，它被编译成 JavaScript。将句柄返回到超时，清除 clearInterval
long setTimeout(inanyhandler，在可选的任何超时中，在任何...参数中）	计划在指定的毫秒数之后运行的超时。注：现在可以将其他参数直接传递到处理程序。如果处理程序是 DOMString，它被编译成 JavaScript。将句柄返回到超时，清除 clearTimeout

10.2　Worker 线程处理

如果一个网页的执行时间较长，则可能需要用户等待一段时间去操作，此时可以将工作交给后台线程 Worker 去处理。虽然它与前台的线程分离，互不影响，但是可以通过方法 postMessage()与 onmessage 事件进行数据的交互。方法 postMessage()用于通过 worker 对象发送数据，具体调用的格式如下：

```
var objWorker=new Worker（"脚本文件 URL"）;
objWorker.postMessage (data);
```

- 第一行代码：用于实例化一个 Worker 类对象，创建了一个名为 objWorker 的后台线程。
- 第二行代码：通过 obj Worker 调用方法 postMessage()，向后台线程发送文本格式的 data 数据。

为了在前台接收后台线程返回的数据，需要在定义 obj Worker 对象后添加一个 message 事件，用于捕捉后台线程返回的数据。具体调用的格式如下：

```
obj Worker.addEventListener(' message',
function (event)    {
```

```
alert (event.data);
},
false);
```

其中，event.data 表示后台线程处理完成后返回给前台的数据。

10.2.1 使用 Worker 处理线程

下面将通过一个实例讲解使用 Worker 处理线程的方法。本实例创建了一个 HTML 5 页面，当页面在加载时创建了一个 Worker 后台线程。当用户在文本框中输入生成随机数的位数并单击“请求”按钮时，向该后台线程发送文本框中的输入值，后台线程将根据接收的数据生成指定位数的随机数，返回给前台调用代码并显示在页面中。

实例 10-1	说　　明
源码路径	daima\10\1.html
功能	使用 Worker 处理线程

实例文件 1.html 的实现代码如下。

```
<!DOCTYPE html>
<html>
<head>
<meta charset="utf-8" />
<title>Worker 处理线程</title>
<link href="css.css" rel="stylesheet" type="text/css">
<script type="text/javascript" language="jscript"
        src="js1.js"/>
</script>
</head>
<body onLoad="pageload();">
 <fieldset>
   <legend>线程脚本处理数据</legend>
   <p id="pStatus"></p>
   <input id="txtNum" type="text" class="inputtxt">
   <input id="btnAdd" type="button" value="请求"
          class="inputbtn" onClick="btnSend_Click();">
 </fieldset>
</body>
</html>
```

在上述页面中导入一个 JavaScript 文件 js1.js，在里面自定义了两个函数，分别在页面加载与单击“请求”按钮时调用。文件 js1.js 的代码如下。

```
function $$(id) {
    return document.getElementById(id);
}
var objWorker = new Worker("js1_1.js");
```

```
//自定义页面加载时调用的函数
function pageload() {
    objWorker.addEventListener('message',
    function(event) {
        $$("pStatus").style.display = "block";
        $$("pStatus").innerHTML += event.data;
    },
    false);
}
//自定义点击"请求"按钮时调用的函数
function btnSend_Click() {
    //获取发送内容
    var strTxtValue = $$("txtNum").value;
    if (strTxtValue.length > 0) {
        objWorker.postMessage(strTxtValue);
        $$("txtNum").value = "";
    }
}
```

在上述 JavaScript 文件 js1.js 的代码中，通过 Worker 对象调用了一个后台线程脚本文件 js1_1.js。在该文件中，根据获取的位数生成随机数并将该数值返回前台。文件 js1_1.js 的实现代码如下所示。

```
self.onmessage = function(event) {
    var strRetHTML = "<span><b> ";
    strRetHTML += event.data + " </b>位随机数为：<b> ";
    strRetHTML += RetRndNum(event.data);
    strRetHTML += " </b></span><br>";
    self.postMessage(strRetHTML);
}
//生成指定长度的随机数
function RetRndNum(n) {
    var strRnd = "";
    for (var intI = 0; intI < n; intI++) {
        strRnd += Math.floor(Math.random() * 10);
    }
    return strRnd;
}
```

样式文件 css.css 的代码如下。

```
@charset "utf-8";
/* CSS Document */
body {
    font-size:12px
}
.inputbtn {
```

```
        border:solid 1px #ccc;
        background-color:#eee;
        line-height:18px;
        font-size:12px
}
.inputtxt {
        border:solid 1px #ccc;
        line-height:18px;
        font-size:12px;
        padding-left:3px
}
fieldset{
        padding:10px;
        width:285px;
        float:left
}
#pStatus{
        display:none;
        border:1px #ccc solid;
        width:248px;
        background-color:#eee;
        padding:6px 12px 6px 12px;
        margin-left:2px
}
textarea{
        border:solid 1px #ccc;
        padding:3px;
        text-align:left;
        font-size:10px
}
.w2{
        width:2px
        }
.w85{
        width:85px
}
.pl140{
        padding-left:135px
}
.pl2{
        padding-left:2px
}
.ml4{
        margin-left:4px
}
#divMap{
```

```
        height:260px;
        width:560px;
    }
```

本实例首先定义一个后台线程 obj Worker，其脚本文件指向 js175_1.js，表示由该文件实现前台请求的操作。当用户在文本框中输入随机数长度并单击“请求”按钮时，该输入的内容通过调用线程 obj Worker 对象的 postMessage()方法，发送至脚本文件 js175_1.js。在脚本文件 js175_1.js 中，通过添加 message 事件获取前台传回的数据，并将该数据值 event.data 作为自定义函数 RetRndNum()的实参，生成指定位数的随机数，并将该随机数通过方法 self.postMessage()发送至调用后台线程的前台程序。在前台代码中，通过添加 message 事件获取后台线程处理完成后传回的数据，并将数据的信息展示在页面中。虽然后台线程可以处理前台的代码，但是不允许后台线程中访问前台页面的对象或元素。如果访问后台线程将报错，它们只限于进行数据的交互。

执行后的效果如图 10-1 所示。

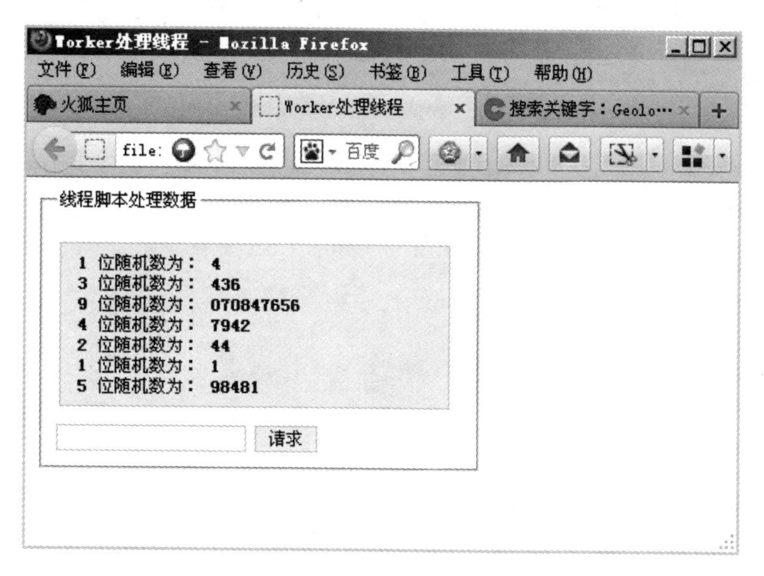

图 10-1　执行效果

10.2.2　使用线程传递 JSON 对象

在 HTML 5 网页中，可以使用后台线程传递 JSON 对象。具体方法是通过后台线程传递一个 JSON 对象给前台，然后前台接收并显示 JSON 对象内容。

下面通过一个具体实例讲解使用线程传递 JSON 对象的方法。在本实例新建的 HTML 5 页面中，当加载页面时创建一个 Worker 后台线程，该线程将返回给前台页面一个 JSON 对象，前台获取该 JSON 对象，使用遍历的方式显示对象中的全部内容。

实例 10-2	说　明
源码路径	daima\10\2.html
功能	使用线程传递 JSON 对象

实例文件2.html的实现代码如下。

```
<!DOCTYPE html>
<html>
<head>
<meta charset="utf-8" />
<title>使用线程传递 JSON 对象</title>
<link href="css.css" rel="stylesheet" type="text/css">
<script type="text/javascript" language="jscript"
        src="js2.js"/>
</script>
</head>
<body onLoad="pageload();">
  <fieldset>
    <legend>使用线程传递 JSON 对象</legend>
    <p id="pStatus"></p>
  </fieldset>
</body>
</html>
```

在上述页面中导入了一个JavaScript文件js2.js，在里面自定义了一个函数pageload()，在页面加载时调用。文件js2.js的实现代码如下。

```
function $$(id) {
    return document.getElementById(id);
}
var objWorker = new Worker("js2_1.js");
//自定义页面加载时调用的函数
function pageload() {
    objWorker.addEventListener('message',
    function(event) {
        var strHTML = "";
        var ev = event.data;
        for (var i in ev) {
            strHTML +="<span>"+ i + " :";
              strHTML +="<b> " + ev[i] + " </b></span><br>";
        }
        $$("pStatus").style.display = "block";
        $$("pStatus").innerHTML = strHTML;
    },
    false);
    objWorker.postMessage("");
}
```

在上述JavaScript文件js2.js的代码中，调用了后台线程脚本文件js2_1.js，在此文件中通过方法postMessage()向前台发送JSON对象。文件js2_1.js的实现代码如下。

```
var json = {
    姓名: "约翰内斯堡",
    性别: "男",
    邮箱: "????????@163.com",
    武器: "光芒神剑",
    攻击值: "100"
};
self.onmessage = function(event) {
    self.postMessage(json);
    close();
}
```

在本实例的上述代码中，当加载页面时触发 onLoad 事件，该事件调用了 pageload()函数。该函数首先定义一个后台线程对象 obj Worker，脚本文件指向 js2_1.js，并通过调用对象的方法 postMessage()向后台线程发送一个空字符请求。在后台线程指向文件 js2_1.js 中，先自定义一个 JSON 对象 json，当通过 message 事件监测前台页面请求后，调用方法 selfpostMessage()向前台代码传递 JSON 对象，并使用 close 语句关闭后台线程。前台为了在 message 事件中获取传递来的 JSON 对象内容，使用 for 语句的遍历了整个 JSON 对象的内容，并将内容显示在页面中。执行后的效果如图 10-2 所示。

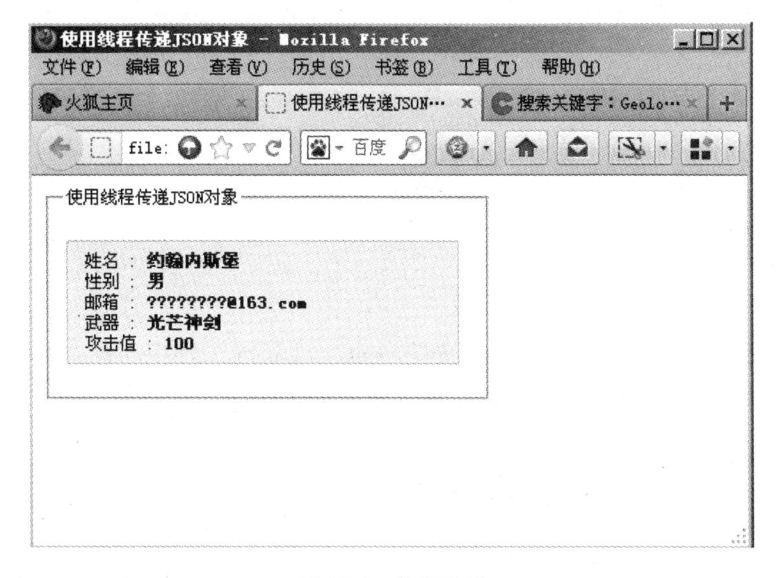

图 10-2　执行效果

10.2.3　使用线程嵌套交互数据

在后台线程中还可以继续调用线程，实现分割主线程的功能，并最终形成线程嵌套处理代码的格局。这种方式可以将各个功能块分离，形成独立的子模块，有利于开发 Web 应用。

下面将通过一个具体实例讲解使用线程嵌套交互数据的方法。本实例以于前面的实例 10-2 为基础，新添加了一个显示随机数奇偶特征的功能。当用户在页面中输入生成随机数的位数并单击“请求”按钮后，不仅在页面中显示对应位数的随机数，而且将随机数的奇偶特征一起显示在页面中。

实例 10-3	说　明
源码路径	daima\10\3.html
功能	使用线程嵌套交互数据

注意：目前，只有 Firefox 5.0 浏览器支持这种后台子线程嵌套交互数据的方法。

实例文件 3.html 的具体实现代码如下。

```
<!DOCTYPE html>
<html>
<head>
<meta charset="utf-8" />
<title>使用线程嵌套交互数据</title>
<link href="css.css" rel="stylesheet" type="text/css">
<script type="text/javascript" language="jscript"
        src="js3.js"/>
</script>
</head>
<body onLoad="pageload();">
  <fieldset>
    <legend>线程嵌套请交互求数据</legend>
    <p id="pStatus"></p>
    <input id="txtNum" type="text" class="inputtxt">
    <input id="btnAdd" type="button" value="请求"
           class="inputbtn" onClick="btnSend_Click();">
  </fieldset>
</body>
</html>
```

在上述 HTML 5 页面中导入了一个 JavaScript 文件 js3.js，在里面自定义了两个函数，分别供在页面加载与单击“请求”按钮时调用。文件 js3.js 的实现代码如下：

```
function $$(id) {
    return document.getElementById(id);
}
var objWorker = new Worker("js3_1.js");
//自定义页面加载时调用的函数
function pageload() {
    objWorker.addEventListener('message',
    function(event) {
        $$("pStatus").style.display = "block";
        $$("pStatus").innerHTML += event.data;
    },
    false);
}
//自定义点击"请求"按钮时调用的函数
```

```
function btnSend_Click() {
    //获取发送内容
    var strTxtValue = $$("txtNum").value;
    if (strTxtValue.length > 0) {
        objWorker.postMessage(strTxtValue);
        $$("txtNum").value = "";
    }
}
```

在上述 JavaScript 文件 js3.js 代码中，调用了后台线程脚本文件 js3_1.js，此文件能够通过指定位数生成随机数。文件 js3_1.js 的实现代码如下。

```
self.onmessage = function(event) {
    var intLen = event.data;
    var LngRndNum = RetRndNum(intLen);
    var objWorker = new Worker("js3_1_1.js");
    objWorker.postMessage(LngRndNum);
    objWorker.onmessage = function(event) {
        var strRetHTML = "<span><b> ";
        strRetHTML += intLen + " </b>位随机数为：<b> ";
        strRetHTML += LngRndNum;
        strRetHTML += " </b> " + event.data + " </span><br>";
        self.postMessage(strRetHTML);
    }
}
//生成指定长度的随机数
function RetRndNum(n) {
    var strRnd = "";
    for (var intI = 0; intI < n; intI++) {
        strRnd += Math.floor(Math.random() * 10);
    }
    return strRnd;
}
```

在上述 JavaScript 文件 js3_1.js 代码中，调用了另外一个后台线程脚本文件 js3_1_1.js，此文件可以检测随机数奇偶的特征。文件 js3_1_1.js 的实现代码如下。

```
self.onmessage = function(event) {
    if (event.data % 2 == 0) {
        self.postMessage("oushu");
    } else {
        self.postMessage("jishu");
    }
    self.close();
}
```

本实例是以前面的实例 10-2 为基础的，为了既在前台页面中显示按指定位数生成的随机数，也能够检测随机数奇偶特征，在调用的后台线程中使用了嵌套的方式来实现。在脚本文件 js3.js 中指定的后台线程文件 js3_1.js 为主线程。文件 js3_1.js 的运作流程如下：

（1）在 message 事件中获取前台页面传来的生成随机数的长度值 event.data，并保存至变量 intLen 中。

（2）根据该变量值调用函数 RetRndNum()，生成一个指定长度的随机数，并保存至变量 LngRndNum 中。

（3）创建一个后台子线程对象 obj Worker，并指定该对象的脚本文件为 js3_1_1.js，通过方法 postMessage()将生成的随机数发送给 objWorker 对象对应的脚本文件。

子线程文件 js3_1_1.js 的功能是通过监测 message 事件获取 event.data 值，得到主线程传回的随机数，并通过“event.data%2”的方法检测随机数的奇偶性，通过 postMessage()方法返回给主线程。主线程 js3_1.js 文件在监测的 message 事件中接收子线程传回的随机数奇偶特征，与生成的随机数一起组成一个字符串，通过方法 self.postMessage()将字符串传递给前台页面。前台页面在监测的 message 事件中，获取后台主线程传回的数据 event.data，即将字符串内容显示在页面中。

执行后的效果如图 10-3 所示。

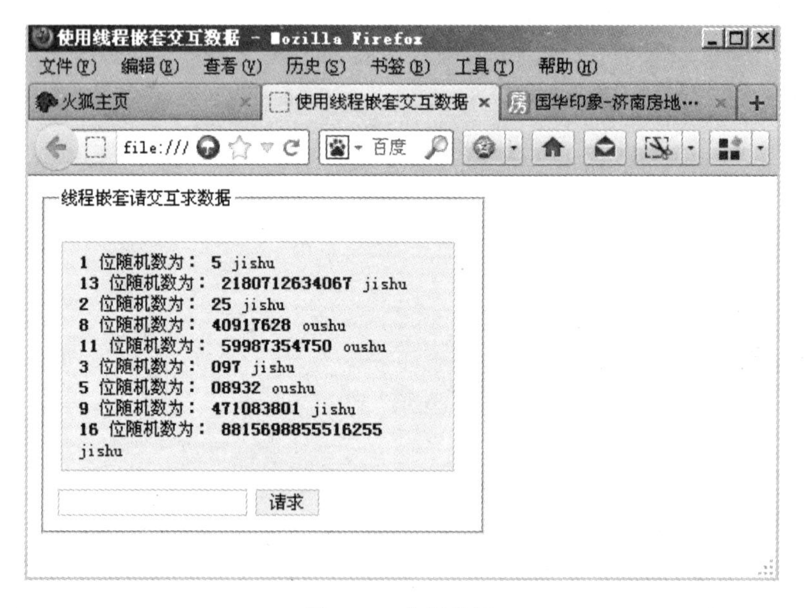

图 10-3 执行效果

需要说明的是，主线程向子线程发送数据时，使用子线程对象的 postMessage()方法，即 objWorker.postMessage(LngRndNum)；而在向前台页面发送数据时，则使用线程自身的 postMessage()方法，即 self postMessage(strRetHTML)，或者也可以省略 self。

10.2.4 通过 JSON 发送消息

众所周知，Web Workers 可以通过 Message channels 进行通信。虽然在大多数情况下，用户会发送更加结构化的数据给 Workers。但是使用 JSON 格式是唯一可以给 worker 发送结构化消息的方法。幸运的是，浏览器现在支持 worker 的程度已经与原生支持 JSON 的程度一样好了。

下面通过一个实例讲解通过 JSON 发送消息的方法。在本实例中编写另一个 WorkerMessage 类型的对象，这种类型将被用来向 Web Workers 发送一些带参数的命令。

实例 10-4	说明
源码路径	daima\10\4.html
功能	通过 JSON 发送消息

实例文件 4.html 的具体实现代码如下。

```
<!DOCTYPE html>
<html>
<head>
    <title>Hello Web Workers</title>
</head>
<body>
    <input id=inputForWorker />
<button id=btnSubmit>Send to the worker</button>
<button id=killWorker>Stop the worker</button>
    <div id="output"></div>
    <script src="js4.js" type="text/javascript"></script>
</body>
</html>
```

脚本文件 js4.js 的具体代码如下。

```
function WorkerMessage(cmd, parameter) {
this.cmd = cmd; this.parameter = parameter;
}
// 显示输出部分
var _output = document.getElementById("output");
/* Checking if Web Workers are supported by the browser */
if (window.Worker) {
//被引用到其他 3 个元素
var _btnSubmit = document.getElementById("btnSubmit");
var _inputForWorker = document.getElementById("inputForWorker");
var _killWorker = document.getElementById("killWorker");
var myHelloWorker = new Worker('helloworkersJSON_EN.js');
myHelloWorker.addEventListener("message", function (event) {
_output.textContent = event.data;
}, false);
// 发送初始化命令
myHelloWorker.postMessage(new WorkerMessage('init', null));
//添加的提交按钮单击事件
// 发送信息
_btnSubmit.addEventListener("click", function (event) {
// We're now sending messages via the 'hello' command
myHelloWorker.postMessage(new WorkerMessage('hello', _inputForWorker.value));
```

```
        }, false);
        //添加的按钮单击事件
        // which will stop the worker. It won't be usable anymore after that.
        _killWorker.addEventListener("click", function (event) {
        myHelloWorker.terminate();
        _output.textContent = "The worker has been stopped.";
        }, false);
        } else {
        _output.innerHTML = "Web Workers are not supported by your browser. Try with IE10: <a href=\"http:
//ie.microsoft.com/testdrive\">download the latest IE10 Platform Preview</a>";
        }
```

在上述 JavaScript 代码中，使用了一种非侵入式的 JavaScript 方法来帮助用户分离表现层和逻辑层。执行后的效果如图 10-4 所示。

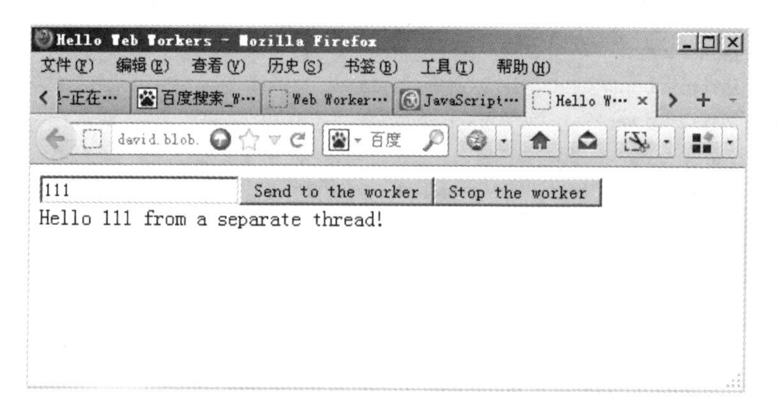

图 10-4　执行效果

10.3　执行大计算量任务

众多程序员，特别是游戏程序员，一直致力于寻求一种高性能的图形渲染方法，而路径查找则是一个非常有用的功能，可以用于创建道路或显示角色从 A 点到 B 点的过程。也就是说，路径查找算法就是要在 n 维（通常是 2D 或 3D）空间中找出两点间的最短路线。

处理路径查找的一种最佳算法叫做 A*算法，是迪杰斯特拉（Dijkstra）算法的变体。路径查找（或者类似的计算时间超过数毫秒的操作）的问题在于，它们会导致 JavaScript 产生一种名为“界面锁定”的效果，也就是在操作完成以前，浏览器将一直被冻结。HTML5 规范也提供了一个名为 Web Workers 的新 API。Web Workers（通常称为“worker”）可以让用户在后台执行计算量相对较大以及执行时间较长的脚本，而不会影响浏览器的主用户界面。

创建 worker 的语法格式如下：

```
var worker = new Worker(PATH_TO_A_JS_SCRIPT);
```

其中的 PATHTOAJSSCRIPT 可以是一个脚本文件，比如 astar.js。在创建了 worker 之后，

随时可以调用 worker.close()终止它的执行。如果终止了一个 worker，然后又需要执行一个新操作，那就得再创建一个新的 worker 对象。在 Web Workers 之间的通信，是通过在 worker.onmessage 事件的回调函数中调用 worker.postMessage(object) 来实现的。此外，还可以通过 onerror 事件处理程序来处理 worker 的错误。与普通的网页类似，Web Workers 也支持引入外部脚本，使用的是 importScripts()函数。此函数可以接受 0 个或多个参数，如果有参数，每个参数都应该是一个 JavaScript 文件。

下面通过一个实例讲解使用 Web Workers API 执行大计算量任务的方法。

实例 10-5	说　明
源码路径	daima\10\5.html
功能	使用 Web Workers API 执行大计算量任务

在本实例的 HTML 5 页面中，定义了一个用 JavaScript 实现的 A* 算法，在实现过程中使用了 Web Worders。实例文件 5.html 的实现代码如下。

```
<!DOCTYPE html>
<html lang="en">
<head>
<meta charset="UTF-8" />
<title>使用 web workers)</title>
<script>
window.onload = function () {
var tileMap = [];
var path = {
start: null,
stop: null
}
var tile = {
width: 6,
height: 6
}
var grid = {
width: 100,
height: 100
}
var canvas = document.getElementById('myCanvas');
canvas.addEventListener('click', handleClick, false);
var c = canvas.getContext('2d');
// 随机生成 1000 个元素
for (var i = 0; i < 1000; i++) {
generateRandomElement();
}
// 绘制整个网格
draw();
function handleClick(e) {
```

```
// 检测到鼠标单击后，把鼠标坐标转换为像素坐标
var row = Math.floor((e.clientX - 10) / tile.width);
var column = Math.floor((e.clientY - 10) / tile.height);
if (tileMap[row] == null) {
tileMap[row] = [];
}
if (tileMap[row][column] !== 0 && tileMap[row][column] !== 1) {
tileMap[row][column] = 0;
if (path.start === null) {
path.start = {x: row, y: column};
} else {
path.stop = {x: row, y: column};
callWorker(path, processWorkerResults);
path.start = null;
path.stop = null;
}
draw();
}
}
function callWorker(path, callback) {
var w = new Worker('js5.js');
w.postMessage({
tileMap: tileMap,
grid: {
width: grid.width,
height: grid.height
},
start: path.start,
stop: path.stop
});
w.onmessage = callback;
}
function processWorkerResults(e) {
if (e.data.length > 0) {
for (var i = 0, len = e.data.length; i < len; i++) {
if (tileMap[e.data[i].x] === undefined) {
tileMap[e.data[i].x] = [];
}
tileMap[e.data[i].x][e.data[i].y] = 0;
}
}
draw();
}
function generateRandomElement() {
var rndRow = Math.floor(Math.random() * (grid.width + 1));
var rndCol = Math.floor(Math.random() * (grid.height + 1));
```

```
if (tileMap[rndRow] == null) {
tileMap[rndRow] = [];
}
tileMap[rndRow][rndCol] = 1;
}
function draw(srcX, srcY, destX, destY) {
srcX = (srcX === undefined) ? 0 : srcX;
srcY = (srcY === undefined) ? 0 : srcY;
destX = (destX === undefined) ? canvas.width : destX;
destY = (destY === undefined) ? canvas.height : destY;
c.fillStyle = '#FFFFFF';
c.fillRect (srcX, srcY, destX + 1, destY + 1);
c.fillStyle = '#000000';
var startRow = 0;
var startCol = 0;
var rowCount = startRow + Math.floor(canvas.width / tile.
width) + 1;
var colCount = startCol + Math.floor(canvas.height / tile.
height) + 1;
rowCount = ((startRow + rowCount) > grid.width) ? grid.width :
rowCount;
colCount = ((startCol + colCount) > grid.height) ? grid.height :
colCount;
for (var row = startRow; row < rowCount; row++) {
for (var col = startCol; col < colCount; col++) {
var tilePositionX = tile.width * row;
var tilePositionY = tile.height * col;
if (tilePositionX >= srcX && tilePositionY >= srcY &&
tilePositionX <= (srcX + destX) &&
tilePositionY <= (srcY + destY)) {
if (tileMap[row] != null && tileMap[row][col] != null) {
if (tileMap[row][col] == 0) {
c.fillStyle = '#CC0000';
} else {
c.fillStyle = '#0000FF';
}
c.fillRect(tilePositionX, tilePositionY, tile.width,
tile.height);
} else {
c.strokeStyle = '#CCCCCC';
c.strokeRect(tilePositionX, tilePositionY, tile.width,
tile.height);
}
}
}
}
```

```
}
}
</script>
</head>
<body>
<canvas id="myCanvas" width="600" height="300"></canvas>
<br />
</body>
</html>
```

脚本文件 js5.js 的代码如下。

```
//此 worker 处理负责 aStar 类的实例
onmessage = function(e){
var a = new aStar(e.data.tileMap, e.data.grid.width, e.data.grid.height,
e.data.start, e.data.stop);
postMessage(a);
}
// 基于非连续索引的 tileMap 调整后的 A* 路径查找类
var aStar = function(tileMap, gridW, gridH, src, dest, createPositions) {
this.openList = new NodeList(true, 'F');
this.closedList = new NodeList();
this.path = new NodeList();
this.src = src;
this.dest = dest;
this.createPositions = (createPositions === undefined) ? true :
createPositions;
this.currentNode = null;
var grid = {
rows: gridW,
cols: gridH
}
this.openList.add(new Node(null, this.src));
while (!this.openList.isEmpty()) {
this.currentNode = this.openList.get(0);
this.currentNode.visited = true;
if (this.checkDifference(this.currentNode, this.dest)) {
// 到达目的地 :)
break;
}
this.closedList.add(this.currentNode);
this.openList.remove(0);
// 检查与当前节点相近的 8 个元素
var nstart = {
HTML5 声音及处理优化 | 219
x: (((this.currentNode.x - 1) >= 0) ? this.currentNode.x - 1 : 0),
y: (((this.currentNode.y - 1) >= 0) ? this.currentNode.y - 1 : 0),
```

```
}
var nstop = {
x: (((this.currentNode.x + 1) <= grid.rows) ? this.currentNode.
x + 1 : grid.rows),
y: (((this.currentNode.y + 1) <= grid.cols) ? this.currentNode.
y + 1 : grid.cols),
}
for (var row = nstart.x; row <= nstop.x; row++) {
for (var col = nstart.y; col <= nstop.y; col++) {
// 在原始的 tileMap 中还没有行，还继续吗？
if (tileMap[row] === undefined) {
if (!this.createPositions) {
continue;
}
}
// 检查建筑物或其他障碍物
if (tileMap[row] !== undefined && tileMap[row][col] === 1) {
continue;
}
var element = this.closedList.getByXY(row, col);
if (element !== null) {
// 这个元素已经在 closedList 中了
continue;
} else {
element = this.openList.getByXY(row, col);
if (element !== null) {
// 这个元素已经在 closedList 中了
continue;
}
}
// 还不在任何列表中，继续
var n = new Node(this.currentNode, {x: row, y: col});
n.G = this.currentNode.G + 1;
n.H = this.getDistance(this.currentNode, n);
n.F = n.G + n.H;
this.openList.add(n);
}
}
}
while (this.currentNode.parentNode !== null) {
this.path.add(this.currentNode);
this.currentNode = this.currentNode.parentNode;
}
}
aStar.prototype.checkDifference = function(src, dest) {
return (src.x === dest.x && src.y === dest.y);
```

```
}
aStar.prototype.getDistance = function(src, dest) {
return Math.abs(src.x - dest.x) + Math.abs(src.y - dest.y);
}
function Node(parentNode, src) {
this.parentNode = parentNode;
this.x = src.x;
this.y = src.y;
this.F = 0;
this.G = 0;
this.H = 0;
}
var NodeList = function(sorted, sortParam) {
this.sort = (sorted === undefined) ? false : sorted;
this.sortParam = (sortParam === undefined) ? 'F' : sortParam;
this.list = [];
this.coordMatrix = [];
}
NodeList.prototype.add = function(element) {
this.list.push(element);
if (this.coordMatrix[element.x] === undefined) {
this.coordMatrix[element.x] = [];
}
this.coordMatrix[element.x][element.y] = element;
if (this.sort) {
var sortBy = this.sortParam;
this.list.sort(function(o1, o2) { return o1[sortBy] - o2[sortBy]; });
}
}
NodeList.prototype.remove = function(pos) {
this.list.splice(pos, 1);
}
NodeList.prototype.get = function(pos) {
return this.list[pos];
}
NodeList.prototype.size = function() {
return this.list.length;
}
NodeList.prototype.isEmpty = function() {
return (this.list.length == 0);
}
NodeList.prototype.getByXY = function(x, y) {
if (this.coordMatrix[x] === undefined) {
return null;
} else {
var obj = this.coordMatrix[x][y];
```

```
if (obj == undefined) {
return null;
} else {
return obj;
}
}
}
NodeList.prototype.print = function() {
for (var i = 0, len = this.list.length; i < len; i++) {
console.log(this.list[i].x + ' ' + this.list[i].y);
}
}
```

执行后的效果如图 10-5 所示。

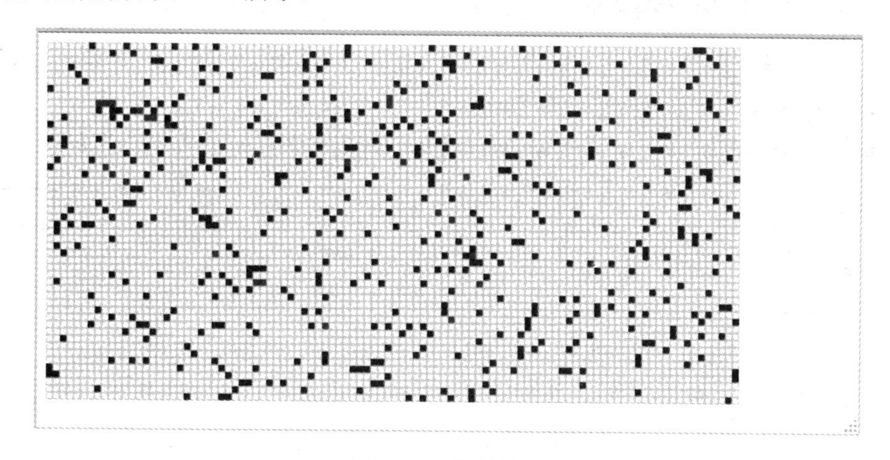

图 10-5　执行效果

10.4　在后台运行耗时较长的运算

Web Workers 是 HTML 5 新增的，用来在 Web 应用程序中实现后台处理的一项技术。在使用 HTML 4 与 JavaScript 创建出来的 Web 程序中，因为所有的处理都是在单线程内执行的，所以如果花费的时间比较长的话，程序界面会处于长时间没有响应的状态。最恶劣的是，如时间长到一定程度，浏览器还会跳出一个提示脚本运行时间过长的提示框，使用户不得不中断正在执行的处理。为了解决这个问题，HTML 5 新增了一个 Web Workers API。使用这个 API，用户可以很容易地创建在后台运行的线程（在 HTML 5 中被称为 worker），如果将可能耗费较长时间的处理交给后台去执行的话，对用户在前台页面中执行的操作就完全没有影响了。

创建后台线程的步骤十分简单。只要在 Worker 类的构造器中，将需要在后台线程中执行的脚本文件的 URL 地址作为参数，然后创建 Worker 对象就可以了，例如下面的代码。

```
var worker=new Worker("worker.js");
```

需要注意在后台线程中是不能访问页面或窗口对象的。如果在后台线程的脚本文件中使用到 window 对象或 document 对象，则会引起错误。另外，可以通过发送和接收消息来与后台线程互相传递数据。通过对 Worker 对象的 onmessage 事件句柄的获取可以在后台线程之中接收消息，例如下面的代码。

```
worker.onme8sage=function(event)
{
    //处理收到的消息
}
```

使用 Worker 对象的 postMessage 方法来对后台线程发送消息，如下例所示。发送的消息是文本数据，但也可以是任何 JavaScript 对象。需要通过 JSON 对象的 stringify 方法将其转换成文本数据。

```
worker.postMessage(message);
```

另外，还可以通过获取 Worker 对象的 onmessage 事件句柄及 Worker 对象的 postMessage 方法在后台线程内部进行消息的接收和发送。

下面通过一个实例讲解使用 WebWorkers API 让耗时较长的运算在后台运行的方法。

实例 10-6	说　明
源码路径	daima\10\6.html
功能	使用 WebWorkers API 让耗时较长的运算在后台运行

编写实例文件 6.html，此文件是用 HTML 4 实现的。在上述代码中放置了一个文本框，用户在该文本框中输入数字，然后单击旁边的计算按钮，在后台计算从 1 到给定数值的合计值。虽然对于从 1 到给定数值的求和计算只需要用一个求和公式就可以了，但在本示例中，为了展示后台线程的使用方法，采取了循环计算的方法。文件 6.html 的实现代码如下。

```
<!DOCTYPE html>
<html>
<head>
<meta charset="utf-8">
<script type="text/javascript">
function calculate()
{
    var num = parseInt(document.getElementById("num").value, 10);
    var result = 0;
    //循环计算求和
    for (var i = 0; i <= num; i++)
    {
      result += i;
    }
    alert("合计值为" + result + "。");
}
</script>
</head>
```

```
<body>
<h1>从 1 到给定数值的求和示例</h1>
输入数值:<input type="text" id="num">
<button onclick="calculate()">计算</button>
</body>
</html>
```

执行后的效果如图 10-6 所示。

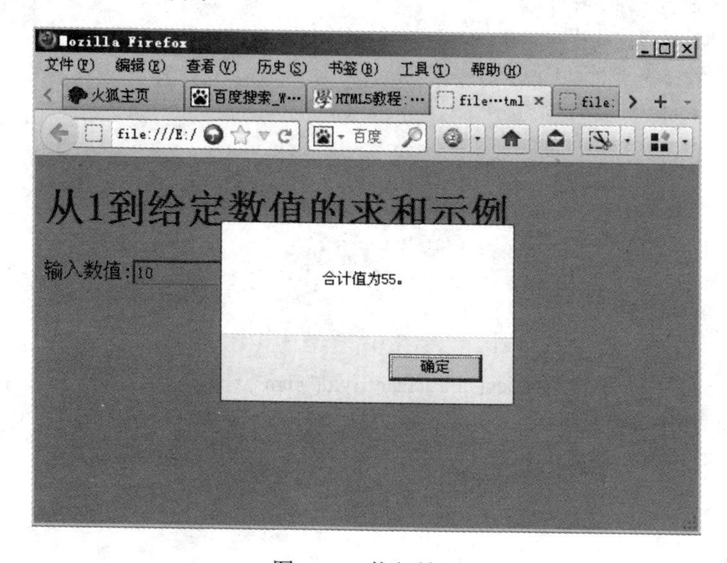

图 10-6　执行效果

执行上述代码时，在数值文本框中输入数值，单击计算按钮之后，并在弹出合计值消息框之前，用户是不能在该页面上进行操作的。另外，虽然用户在文本框中输入比较小的值时，不会有什么问题，但是当用户在该文本框中输入大数字时，例如 100 亿时，浏览器会弹出一个如图 10-7 所示的提示脚本运行时间过长的对话框，导致不得不停止当前计算。

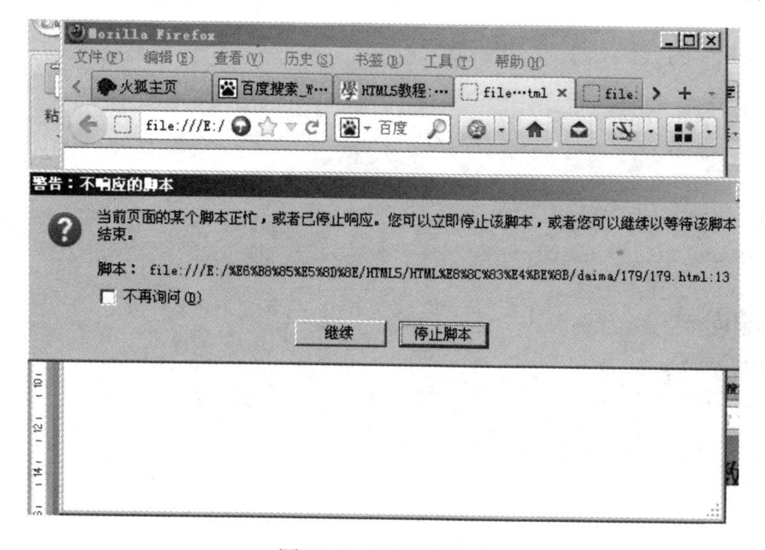

图 10-7　计算大数时

接下来新建一个 HTML 5 页面，对以上文件重新书写，使用 WebWorkers API 让耗时较长的运算在后台运行，这样在上例的文本框中无论输入多么大的数值都可以正常运算了。文件 6_1.html 是对上例进行修改后的 HTML 5 代码，具体代码如下。

```
<!DOCTYPE html>
<head>
<meta charset="UTF-8">
<script type="text/javascript">
// 创建执行运算的线程
var worker = new Worker("js6.js");
//接收从线程中传出的计算结果
worker.onmessage = function(event)
{
    //消息文本放置在 data 属性中,可以是任何 JavaScript 对象.
    alert("合计值为" + event.data + "。");
};
function calculate()
{
    var num = parseInt(document.getElementById("num").value, 10);
    //将数值传给线程
    worker.postMessage(num);
}
</script>
</head>
<body>
<h1>从 1 到给定数值的求和示例</h1>
输入数值:<input type="text" id="num">
<button onClick="calculate()">计算</button>
</body>
</html>
```

脚本文件 js6.js 的代码如下。

```
onmessage = function(event
{
    var num = event.data;
    var result = 0;
    for (var i = 0; i <= num; i++)
    result += i;
    //向线程创建源送回消息
    postMessage(result);
}
```

此时就可以在后台运行大数运算的操作了。

第 11 章　在 Android 手机中使用 HTML 5

在过去的几年，智能手机市场发生了巨大的变化，安卓手机和 iPhone 横空出世。智能手机系统已经发展到和电脑一样的功能，移动设备已经成为了一台移动电脑。无论是在大街小巷，还是上下班的地铁中，总有很多人在用手机浏览着网页。由此可见，设计智能手机站点将是设计师们的一块大蛋糕。本节简单介绍为 Android 手机设计网页的基本知识。

11.1　搭建开发环境

开发人员都很希望用 HTML、CSS 和 JavaScript 技术来构建适用于 Android 系统的应用程序。这个过程的第一步是为 HTML 添加有亲和力的样式，使它们更像移动应用程序。在实现这个功能的时候，用户可以将 CSS 样式应用到传统的 HTML 网页上，让它们在 Android 手机上正常浏览。

11.1.1　搭建 Android 开发环境

Android 工具是由多个开发包组成的，具体说明如下。

- JDK：可以到网址 http://java.sun.com/javase/downloads/index.jsp 处下载。
- Eclipse（Europa）：可以到网址 http://www.eclipse.org/downloads/处下载 Eclipse IDE for Java Developers。
- Android SDK：可以到网址 http://developer.android.com 处下载。
- 对应的开发插件。

因为只是进行静态网页开发，所以不必安装 Java 环境和 Eclipse 等开发工具，只需安装 Android SDK 即可。安装 Android SDK 的步骤如下。

（1）进入 Android 开发者社区网址 http://developer.android.com/，然后转到 SDK 下载页面（笔者安装的是 2.3 版本，网址是 http://developer.android. com/sdk/2.3_r1/index.html），如图 11-1 所示。

（2）在此选择用于 Windows 平台的“android-sdk_r04-windows.zip”，下载页面如图 11-2 所示。

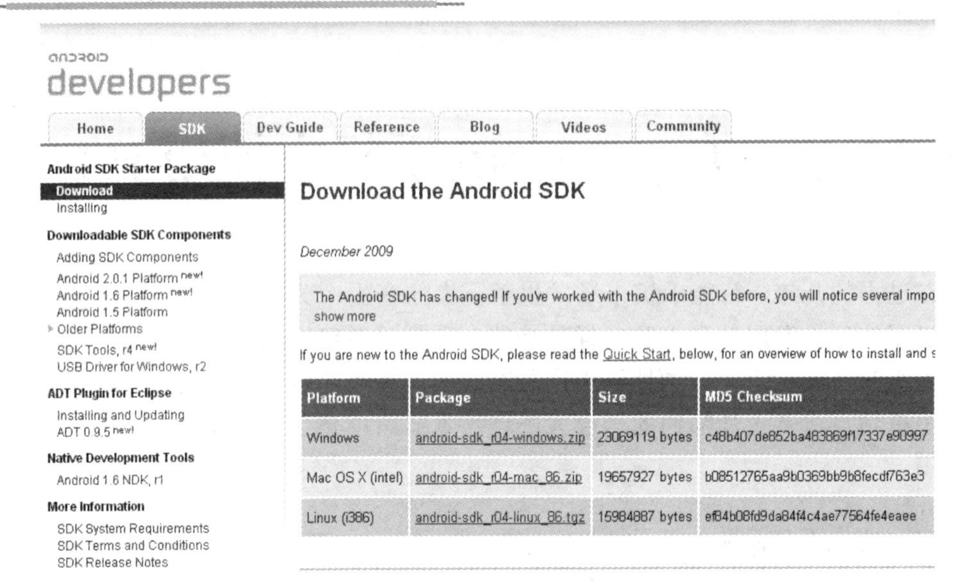

图 11-1　SDK 下载页面

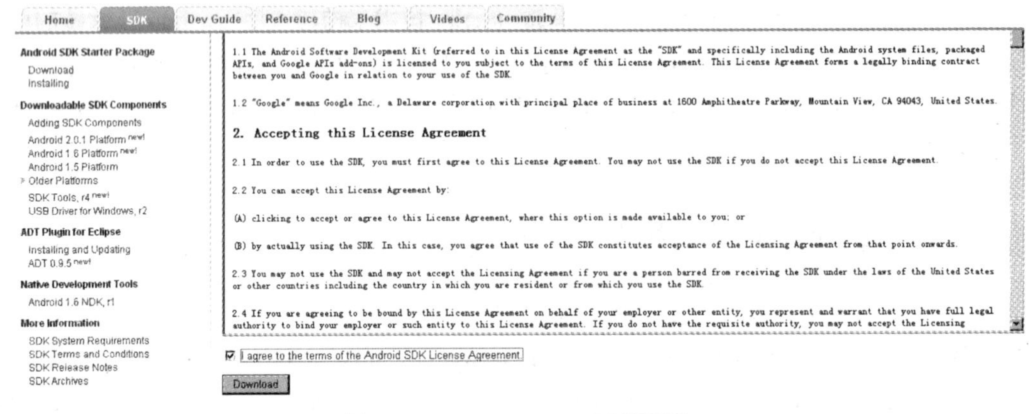

图 11-2　Android　SDK 下载页面

（3）选中“I agree to the terms of the Android SDK License Agreement”复选框，单击“Download”按钮开始下载。

（4）下载完成后解压缩文件，假设下载后的文件解压存放在“F:\android\”目录下，打开此目录找到文件“SDK Manager.exe”，如图 11-3 所示。

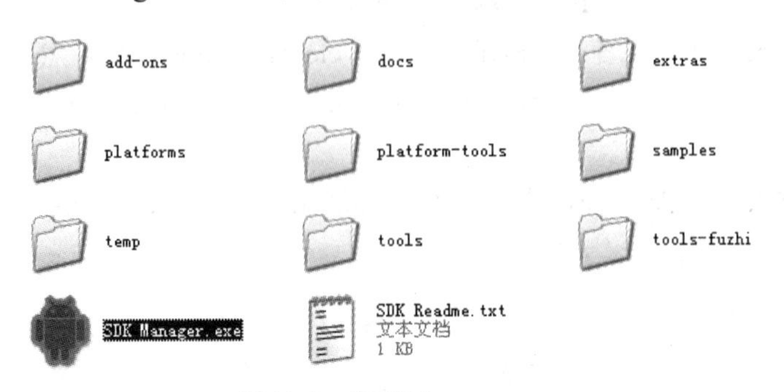

图 11-3　SDK Manager.exe

（5）双击打开文件“SDK Manager.exe”，打开的“Android SDK and AVD Manager”界面，如图 11-4 所示。

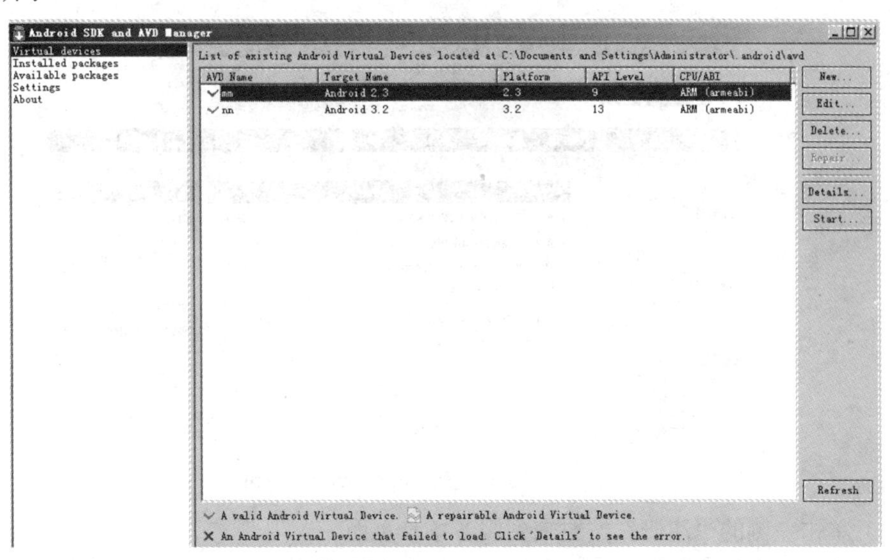

图 11-4　“Android SDK and AVD Manager”界面

（6）选择一个 Android 版本，然后单击“Start”按钮开始运行这个模拟器，笔者选择的是 2.3 版本。模拟器的运行效果如图 11-5 所示。

图 11-5　模拟运行成功

11.1.2　搭建网页运行环境

搭建开发环境比较简单，只需要有一个网络空间即可。做好的网页上传到空间中，然后保证在 Android 模拟器中上网浏览这个网页即可。可能有的用户本来就有自己的网站，也有的没有。没有的用户可以申请一个免费的空间。很多网站提供了免费空间服务，例如网址

http://www.3v.cm/。申请免费空间的基本流程如下。

（1）登录网址 http://www.3v.cm/，如图 11-6 所示。

图 11-6　登录 http://www.3v.cm/

（2）单击左侧的“注册”按钮来到服务条款页面。

（3）单击“我同意”按钮后，来到填写用户名界面，如图 11-7 所示。

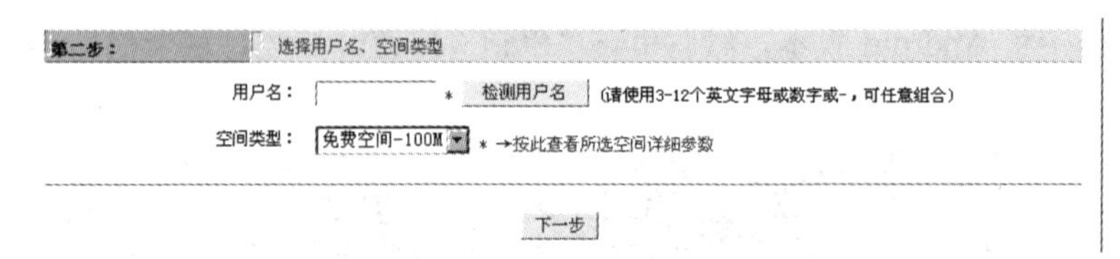

图 11-7　填写用户名界面

（4）填写完毕后单击“下一步”按钮，再在填写信息界面填写注册信息，如图 11-8 所示。

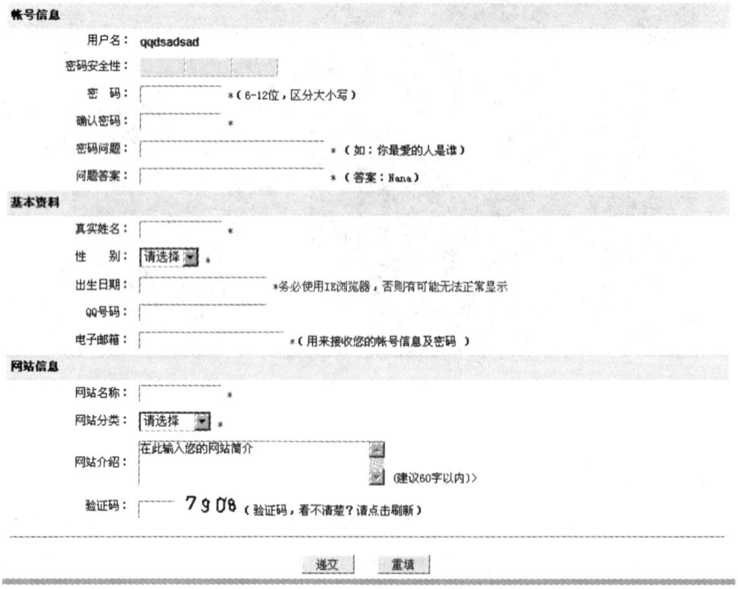

帐号信息
用户名：qqdsadsad
密码安全性：
密 码： *（6-12位，区分大小写）
确认密码： *
密码问题： *（如：你最爱的人是谁）
问题答案： *（答案：Nana）
基本资料
真实姓名： *
性 别：请选择 *
出生日期： *务必使用IE浏览器，否则有可能无法正常显示
QQ号码：
电子邮箱： *（用来接收您的帐号信息及密码）
网站信息
网站名称： *
网站分类：请选择 *
网站介绍：在此输入您的网站简介 (建议60字以内)
验证码： 7908（验证码，看不清楚？请点击刷新）
递交 重填

图 11-8　填写注册信息界面

（5）填写完毕后单击“递交”按钮完成注册，在注册中心界面可以管理自己的空间，如图 11-9 所示。

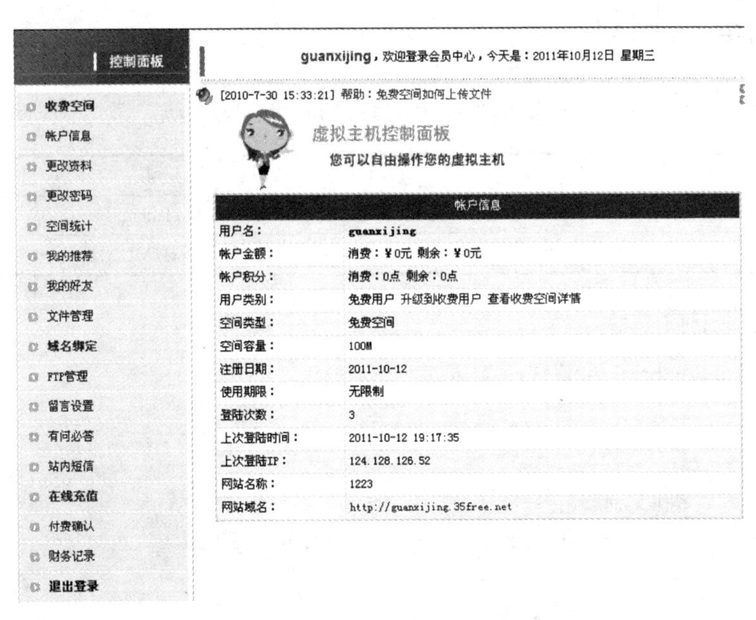

图 11-9　用户中心界面

（6）单击左侧的“FTP 管理”链接更改 FTP 密码，并且可以查看空间的 IP 地址，如图 11-10 所示。

（7）单击左侧的“文件管理”链接，在弹出的界面中可以在线管理空间中的文件，如图 11-11 所示。根据图 11-11 中的资料，用户可以用专业的上传工具上传编写的程序文件。

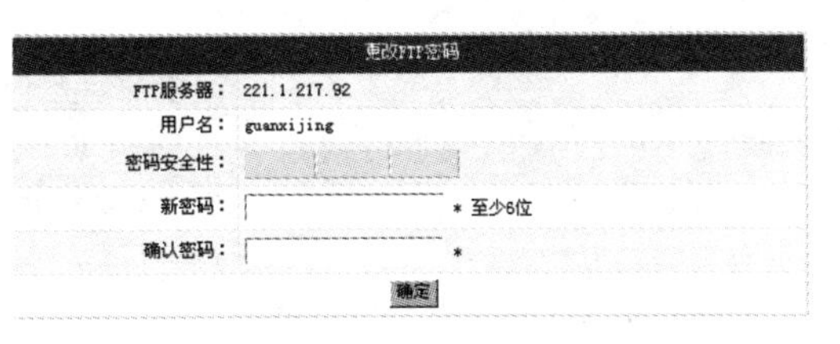

图 11-10　FTP 管理

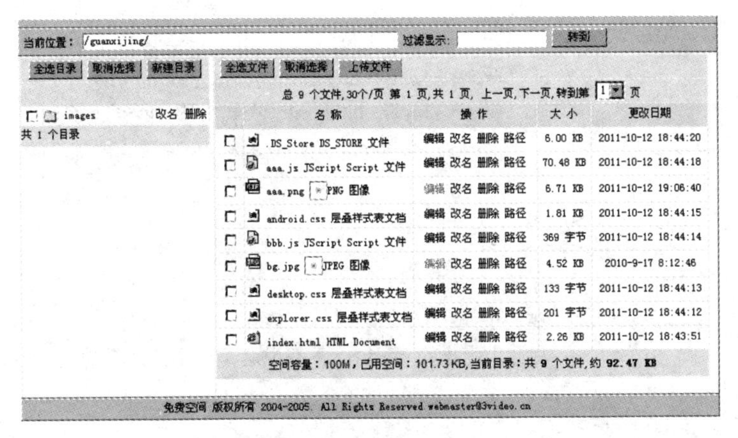

图 11-11　文件管理

单击每一个文件的“路径”链接，都可以获取这个文件的 URL 地址，这样在 Android 手机中就可以用这个 URL 来访问此文件，查看此文件在 Android 手机中的执行效果。

11.2 先看一段代码

下面通过一个实例讲解实现一个简单的 HTML 网页的方法。

实例 11-1	说　明
源码路径	daima\11\first\
功能	一个简单的 HTML 网页

11.2.1 实现主页

主页文件 index.html 的源代码如下。

```
<html>
    <head>
        <title>aaa</title>
        <link rel="stylesheet" href="desktop.css" type="text/css" />
    <body>
        <div id="container">
            <div id="header">
                <h1><a href="./">AAAA</a></h1>
                <div id="utility">
                    <ul>
                        <li><a href="about.html">关于我们</a></li>
                        <li><a href="blog.html">博客</a></li>
                        <li><a href="contact.html">联系我们</a></li>
                    </ul>
                </div>
                <div id="nav">
                    <ul>
                        <li><a href="bbb.html">Android 之家</a></li>
                        <li><a href="ccc.html">电话支持</a></li>
                        <li><a href="ddd.html">在线客服</a></li>
                        <li><a href="http://www.aaa.com">在线视频</a></li>
                    </ul>
                </div>
            </div>
            <div id="content">
                <h2>About</h2>
                <p>欢迎大家学习 Android，都说这是一个前途辉煌的职业，我也是这么是认为
的，希望事实如此....</p>
            </div>
            <div id="sidebar">
                <img alt="好图片" src="aaa.png">
                <p>欢迎大家学习 Android，都说这是一个前途辉煌的职业，我也是这么是认为
```

```
的，希望事实如此....</p>
                </div>
                <div id="footer">
                    <ul>
                        <li><a href="bbb.html">Services</a></li>
                        <li><a href="ccc.html">About</a></li>
                        <li><a href="ddd.html">Blog</a></li>
                    </ul>
                    <p class="subtle">学习 HTML 5</p>
                </div>
            </div>
        </body>
    </html>
```

根据“样式和表现相分离”的原则，用户需要单独写一个 CSS 文件，通过这个 CSS 文件来修饰上述这个网页，修饰的最终目的是能够在 Android 手机上浏览。

在现实中开发应用时，最好将桌面浏览器的样式表和 Android 样式表划清界限。建议写两个完全独立的文件。当然还有另一种做法是把所有的 CSS 规则放到一个单一的样式表中，但是这种做法不值得提倡，这是因为文件太长了就显得麻烦，不利于维护。如果把太多不相关的桌面样式规则发送到手机上，这会浪费一些宝贵的带宽和存储空间。

11.2.2　编写 CSS 文件

接下来开始写 CSS 文件，为了适用于 Android 系统，写下面 link 标签。

```
<link rel="stylesheet" type="text/css"
 href="android.css" media="only screen and (max-width: 480px)" />
<link rel="stylesheet" type="text/css"
 href="desktop.css" media="screen and (min-width: 481px)" />
```

在上述代码中，最明显的变动是浏览器宽度的变化，即：

```
max-width: 480px
min-width: 481px
```

这是因为手机屏幕的宽度和电脑屏幕的宽度是不一样的（当然长度也不一样，但是都具有下拉功能），480 像素（px）是 Android 系统的标准宽度，上述代码的功能是不管浏览器的窗口是多大，桌面用户看到的都是文件 desktop.css 中样式修饰的页面，宽度都是用如下代码设置的宽度。

```
max-width: 480px
min-width: 481px
```

上述代码中有两个 CSS 文件，一个是 desktop.css，此文件是在开发电脑页面时编写的样式文件，就是为这个 HTML 页面服务的。而文件 Android.css 是一个新文件，也是本章将要讲解的重点，通过这个 Android.css，可以将上面的计算机网页显示在 Android 手机中。当读者开发出完整的Android.css后，可以直接在HTML文件中将如下代码删除，即不再用这个修饰文件了。

```
<link rel="stylesheet" type="text/css"
 href="desktop.css" media="screen and (min-width: 481px)" />
```

此时在Chrome浏览器中来浏览修改后的HTML文件，不管从Android手机浏览器还是从PC机浏览器，执行后都将得到一个完整的页面展示。此时的完整代码如下。

```
<html>
    <head>
        <title>AAAA</title>
        <link rel="stylesheet" type="text/css" href="android.css" media="only screen and (max-width:
480px)" />
        <link rel="stylesheet" type="text/css" href="desktop.css" media="screen and (min-width:
481px)" />
        <!--[if IE]>
            <link rel="stylesheet" type="text/css" href="explorer.css" media="all" />
        <![endif]-->
        <script type="text/javascript" src="jquery.js"></script>
        <script type="text/javascript" src="android.js"></script>
    <meta http-equiv="Content-Type" content="text/html; charset=gb1212">
    </head>
    <body>
        <div id="container">
          <div id="header">
                <h1><a href="./">AAAA</a></h1>
                <div id="utility">
                    <ul>
                        <li><a href="about.html">关于我们</a></li>
                        <li><a href="blog.html">博客</a></li>
                        <li><a href="contact.html">联系我们</a></li>
                    </ul>
                </div>
                <div id="nav">
                    <ul>
                        <li><a href="bbb.html">Android 之家</a></li>
                        <li><a href="ccc.html">电话支持</a></li>
                        <li><a href="ddd.html">在线客服</a></li>
                        <li><a href="http://www.aaa.com">在线视频</a></li>
                    </ul>
                </div>
            </div>
            <div id="content">
                <h2>About</h2>
                <p>欢迎大家学习 Android，都说这是一个前途辉煌的职业，我也是这么是认为
的，希望事实如此....</p>
```

```
				</div>
				<div id="sidebar">
					<img alt="好图片" src="aaa.png">
					<p>欢迎大家学习 Android，都说这是一个前途辉煌的职业，我也是这么是认为
的，希望事实如此....</p>
				</div>
				<div id="footer">
					<ul>
						<li><a href="bbb.html">Services</a></li>
						<li><a href="ccc.html">About</a></li>
						<li><a href="ddd.html">Blog</a></li>
					</ul>
					<p class="subtle">学习 HTML 5</p>
				</div>
			</div>
		</body>
	</html>
	</html>
```

desktop.css 的代码如下。

```
For example:
body {
	margin:0;
	padding:0;
	font: 75% "Lucida Grande", "Trebuchet MS", Verdana, sans-serif;
}
```

执行效果如图 11-12 所示。

AAAA

- 关于我们
- 博客
- 联系我们

- Android之家
- 电话支持
- 在线客服
- 在线视频

About

欢迎大家学习Android，都说这是一个前途辉煌的职业，我也是这么是认为的，希望事实如此....

欢迎大家学习Android，都说这是一个前途辉煌的职业，我也是这么是认为的，希望事实如此....

- Services
- About
- Blog

学习HTML 5

图 11-12　执行效果

11.2.3 实现页面自动缩放

浏览器"很认死理"，除非用户明确"告诉"Android浏览器，否则它会认为页面宽度是980像素。当然这在大多数情况下能工作得很好，因为计算机已经适应了这个宽度。但是如果针对的是小尺寸屏幕的Android手机，必须做一些调整，必须在HTML文件的（head）元素里加一个viewport的元标签，让移动浏览器知道屏幕大小。

```
<meta name="viewport" content="user-scalable=no, width=device-width" />
```

这样就实现了屏幕的自动缩放，可以根据显示屏的大小带给用户不同大小的显示页面。用户无需担心加上viewport后在计算机上的显示影响，因为桌面浏览器会忽略viewport元标签。

如果不设置viewport的宽度，页面在加载后会缩小。我们不知道缩放的大小是多少，因为Android浏览器的设置项允许用户设置默认缩放大小。选项有"大"、"中"（默认）、"小"。即使设置过viewport宽度，这个设置项也会影响页面的缩放大小。

11.3 添加Android的CSS

下面接着上一节的演示代码继续讲解，前面代码中的android.css一直没用，接下来将开始编写这个文件，目的是使用户的网页在Android手机上完美显示。

11.3.1 编写基本的样式

所谓的基本样式是指诸如背景颜色、文字大小和颜色等样式，在上一节实例的基础上继续扩展，具体实现流程如下。

（1）在文件android.css中设置<body>元素的如下基本样式。

```
body {
    background-color: #ddd; /* 背景颜色 r */
    color: #122;            /* 字体颜色 */
    font-family: Helvetica;  /* 字体 */
    font-size: 14px;  /* 字体大小 */
    margin: 0;               /* 外边距 */
    padding: 0;              /* 内边距 */
}
```

（2）开始处理<header>中的<div>内容，它包含主要入口的链接（也就是logo）和一级、二级站点导航。第一步是把logo链接的格式调整得像可以单击的标题栏，在此需要将下面的代码加入到文件android.css中。

```
#header h1 {
    margin: 0;
    padding: 0;
}
#header h1 a {
```

```
        background-color: #ccc;
        border-bottom: 1px solid #666;
        color: #122;
        display: block;
        font-size: 20px;
        font-weight: bold;
        padding: 10px 0;
        text-align: center;
        text-decoration: none;
    }
```

（3）用同样的方式格式化一级和二级导航的<ul>元素。在此只需用通用的标签选择器(也就是#header ul)就够用了，不必再设置标签<ID>，也就是不必设置诸如下面的样式了。

- #header ul
- #utility
- #header ul
- #nav

此步骤的代码如下。

```
    #header ul {
        list-style: none;
        margin: 10px;
        padding: 0;
    }
    #header ul li a {
        background-color: #FFFFFF;
        border: 1px solid #999999;
        color: #121212;
        display: block;
        font-size: 17px;
        font-weight: bold;
        margin-bottom: -1px;
        padding: 12px 10px;
        text-decoration: none;
    }
```

（4）给 content 和 sidebar div 加点内边距，让文字到屏幕边缘之间空出点距离。代码如下。

```
    #content, #sidebar {
        padding: 10px;
    }
```

（5）接下来设置<footer>中内容的样式，<footer>里面的内容比较简单，只需将 display 设置为 none 即可。其代码如下。

```
    #footer {
```

```
        display: none;
    }
```

将上述代码在计算机中执行的效果如图 11-13 所示。在 Android 中的执行效果如图 11-14 所示。

AAAA

- 关于我们
- 博客
- 联系我们

- Android之家
- 电话支持
- 在线客服
- 在线视频

About

欢迎大家学习Android，都说这是一个前途辉煌的职业，我也是这么是认为的，希望事实如此....

欢迎大家学习Android，都说这是一个前途辉煌的职业，我也是这么是认为的，希望事实如此....

- Services
- About
- Blog

学习HTML 5

图 11-13　计算机中的执行效果

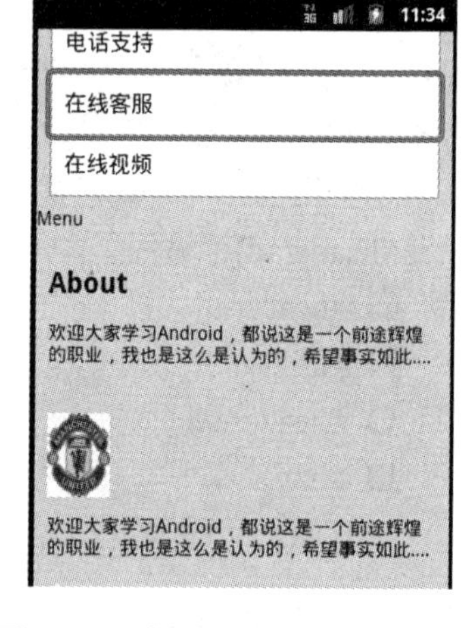

图 11-14　在 Android 中的执行效果

因为添加了自动缩放，并且添加了修饰 Menu 的样式，所以整个界面看上去很美。

11.3.2　添加视觉效果

为了使页面变得精彩，用户可以尝试加一些充满视觉效果的样式。

（1）给<header>文字加 1 像素（px）向下的白色阴影，背景加上 CSS 渐变效果。具体代码如下。

```
    #header h1 a {
        text-shadow: 0px 1px 1px #fff;
        background-image: -webkit-gradient(linear, left top, left bottom, from(#ccc), to(#999));
    }
```

对于上述代码有两点说明。

- text-shadow 声明：参数从左到右分别表示水平偏移、垂直偏移、模糊效果和颜色。在大多数情况下，可以将文字设置成上面代码中的数值，这在 Android 界面中的显示效果也不错。在大部分浏览器上，将模糊范围设置为 0 像素也能看到效果。但 Andorid 要求模糊范围最少是 1 像素，如果设置成 0 像素，则在 Android 设备上将显示不出文字的阴影。
- webkit-gradient：功能是让浏览器在运行时产生一张渐变的图片。因此，可以把 CSS 渐变功能用在任何平常指定图片（比如背景图片或者列表式图片）url 的地方。参数从左到右的排列顺序分别是：渐变类型（可以是 linear 或者 radial 的）、渐变起点(可以是 left top、left bottom、right top 或者 right bottom)、渐变终点、起点颜色、终点颜色。

注意：在赋值时，不能颠倒描述渐变起点、终点常量(left top、left bottom、right top. right bottom)的水平和垂直顺序。也就是说 top left、bottom left、top right 和 bottom right 是不合法的值。

（2）给导航菜单加上圆角样式，代码如下。

```
#header ul li:first-child a {
    -webkit-border-top-left-radius: 8px;
    -webkit-border-top-right-radius: 8px;
}
#header ul li:last-child a {
    -webkit-border-bottom-left-radius: 8px;
    -webkit-border-bottom-right-radius: 8px;
}
```

上述代码使用-webkit-border- radius 属性描述角的方式，定义列表第一个元素的上两个角和最后一个元素的下两个角为以 8 像素为半径的圆角。此时在 Android 中的执行效果如图 11-15 所示。

图 11-15 在 Android 中的执行效果

此时会发现列表显示样式变为了圆角样式，整个外观显得更加圆滑和自然。

11.4 添加 JavaScript

经过前面的步骤，一个基本的 HTML 页面就设计完成了，并且这个页面可以在 Android 手机上完美显示。为了使页面更加完美，接下来将详细讲解在上述页面中添加 JavaScript 行为特效的基本知识。

11.4.1 jQuery 框架介绍

jQuery 是继 prototype 之后又一个优秀的 JavaScript 框架。它是轻量级的 js 库（压缩后只有 21KB），它兼容 CSS3，还兼容各种浏览器。jQuery 使用户能更方便地处理 HTML documents、events，实现动画效果，并且方便地为网站提供 Ajax 交互。jQuery 还有一个比较大的优势是，它的文档说明很全，而且各种应用也说得很详细，同时还有许多成熟的插件可供选择。jQuery 能够使用户的 HTML 页面保持代码和 HTML 内容分离，也就是说，不用再在 HTML 里面插入一堆 js 来调用命令了，只需定义 ID 即可。

1. 语法

jQuery 的语法是为 HTML 元素的选取编制的，可以对元素执行某些操作。基础语法格式如下。

```
$(selector).action()
```

- 美元符号：定义 jQuery。
- 选择符（selector）：“查询”和“查找”HTML 元素。
- * jQuery 的 action()：执行对元素的操作。

例如下面的代码：

```
$(this).hide() //隐藏当前元素
$("p").hide()//隐藏所有段落
$("p.test").hide()//隐藏所有 class="test" 的段落
$("#test").hide()//隐藏所有 id="test" 的元素
```

2. 简单应用

下面通过一段简单的代码，让读者认识jQuery 的强大功能。具体代码如下。

```
<html>
<head>
<script type="text/javascript" src="/jquery/jquery.js"></script>
<script type="text/javascript">
$(document).ready(function(){
  $("button").click(function(){
    $("#test").hide();
  });
});
</script>
</head>

<body>
<h2>This is a heading</h2>
<p>This is a paragraph.</p>
<p id="test">This is another paragraph.</p>
<button type="button">Click me</button>
</body>

</html>
```

上述代码演示了 jQuery 中 hide()函数的基本用法，功能是隐藏了当前的 HTML 元素。执

行效果如图 11-16 所示，只显示一个按钮。单击这个按钮后，会隐藏所有的 HTML 元素，包括这个按钮，此时页面一片空白。

注意：本书的重点不是 jQuery，所以不再对其使用知识进行讲解。读者可以参阅其他书籍或网上教程。

Click me

图 11-16　未被隐藏时

11.4.2　具体实践

接下来的步骤是给页面添加一些 JavaScript 元素，让页面支持一些基本的动态行为。在具体实现的时候，当然是基于前面介绍的 jQuery 框架。具体要做的是，让用户控制是否显示页面顶部那个太引人注目的导航栏，这样用户可以只在想看的时候去看。具体的实现流程如下。

（1）隐藏<header>中的<ul>元素，让它在用户第一次加载页面之后不会显示出来。具体代码如下。

```
#header u1．hide{
display：none;
)
```

（2）定义显示和隐藏菜单的按钮，代码如下。

```
<div class=” leftButton” onclick= “toggleMenu() “>Menu< / div>
```

定义一个带有 leftButton 类的<div>元素，它将被放在 header 里面。下面是这个按钮的完整 CSS 样式代码。

```
#header div.leftButton {
    position: absolute;
    top: 7px;
    left: 6px;
    height: 30px;
    font-weight: bold;
    text-align: center;
    color: white;
    text-shadow: rgba (0,0,0,0.6) 0px -1px 1px;
    line-height: 28px;
    border-width: 0 8px 0 8px;
    -webkit-border-image: url(images/button.png) 0 8 0 8;
}
```

上述代码的说明如下。

- position: absolute：从顶部开始，设置 position 为 absolute，相当于把这个<div>元素从 HTML 文件流中去掉，从而可以设置自己的最上面和最左面的坐标。
- height: 30px：设置高度为 30 像素。
- font-weight: bold：定义文字格式为粗体，白色带有一点向下的阴影，在元素里居中显示。
- text-shadow: rgba：rgb(255，255，255)和 rgb(100%，100%，l0096)和#FFFFFF 一个原理，都是表示颜色的。在 rgba()函数中，它的第 4 个参数用来定义 alpha 值（透明度），

取值范围从 0 到 1。其中 0 表示完全透明，1 表示完全不透明，0 到 1 之间的小数表示不同程度的半透明。

- line-height：把元素中的文字往下移动的距离，使之不会和上边框齐平。
- border-width 和-webkit-border-image：这两个属性一起决定把一张图片的一部分放入某一元素的边框中去。如果元素大小由于文字的增减而改变，图片会自动拉伸适应这样的变化。这一点其实很有用，意味着只需要不多的图片、少量的工作、低带宽和更少的加载时间。
- border-width：让浏览器把元素的边框定位在距上 0 像素、距右 8 像素、距下 0 像素、距左 8 像素的地方（4 个参数从上开始，以顺时针为序）。不需要指定边框的颜色和样式。边框宽度定义好之后，就要确定放进去的图片了。
- url(images/button.png) 0 8 0 8：5 个参数从左到右分别是：图片的 URL、上边距、右边距、下边距、左边距（再一次，从上开始，顺时针）为序。URL 可以是绝对(比如 http://example.com/ myBorderlmage.png)或者相对路径，后者是相对于样式表所在的位置的，而不是引用样式表的 HTML 页面的位置。

（3）开始在 HTML 文件中插入引入 JavaScript 的代码，将对 aaa.js 和 bbb.js 的引用写到 HTML 文件中。

```
<script type="text/javascript" src="aaa.js"></script>
<script type="text/javascript" src="bbb.js"></script>
```

在文件 bbb.js 中，编写一段 JavaScript 代码，这段代码的主要作用是让用户显示或者隐藏 nav 菜单。代码如下。

```
if (window.innerWidth && window.innerWidth <= 480) {
    $(document).ready(function(){
        $('#header ul').addClass('hide');
        $('#header').append('<div class="leftButton" onclick="toggleMenu()">Menu</div>');
    });
    function toggleMenu() {
        $('#header ul').toggleClass('hide');
        $('#header .leftButton').toggleClass('pressed');
    }
}
```

对上述代码的具体说明如下。

第 1 行：括号中的代码，表示当 Window 对象的 innerWidth 属性存在，并且 innerWidth 小于或等于 480 像素（这是大部分手机合理的最大宽度值）时才执行到内部。这一行保证只有当用户用 Android 手机或者类似大小的设备访问这个页面时，上述代码才会执行。

第 2 行：使用了函数 document ready()，此函数是“网页加载完成”函数。这段代码的功能是设置当网页加载完成之后才运行里面的代码。

第 3 行：使用了典型的 jQuery 代码，目的是选择 header 中的<ul>元素并且往其中添加 hide 类开始。

此处的 hide 前面 CSS 文件中的选择器，这行代码执行的效果是隐藏 header 的<ul>元素。

第 4 行：此处是给 header 添加按钮的地方，目的是可以显示和隐藏菜单。

第 7 行：函数 toggleMenu()用 jQuery 的 toggleClass()函数来添加或删除所选择对象中的某个类。这里应用了 header 的<ul>里的 hide 类。

第 8 行：在 header 的 leftButton 里添加或删除 pressed 类，类 pressed 的代码如下。

```
#header div.pressed {
    -webkit-border-image: url(images/button_clicked.png) 0 8 0 8;
}
```

通过上述样式和 JavaScript 行为设置以后，Menu 默认是隐藏了链接内容，单击之后才会在下方显示链接信息，如图 11-17 所示。

图 11-17　下方显示信息

11.5　使用 Ajax

Ajax（Asynchronous JavaScript And XML）是指异步 JavaScript 及 XML，Ajax 不是一种新的编程语言，而是一种用于创建更好更快以及交互性更强的 Web 应用程序的技术。通过使用 Ajax，用户的 JavaScript 可使用 JavaScript 的 XMLHttpRequest 对象来直接与服务器进行通信。通过这个对象，用户的 JavaScript 可在不重载页面的情况下与 Web 服务器交换数据。

Ajax 在浏览器与 Web 服务器之间使用异步数据传输（HTTP 请求），这样就可使网页从服务器请求少量的信息，而不是整个页面。

既然 Ajax 和 JavaScript 关系这么密切，就很有必要在开发的 Android 网页中使用 Ajax，这样可以给用户带来更精彩的体验。

下面通过一个实例讲解给手机网页加 Ajax 的方法。

实例 11-2	说　　明
源码路径	daima\11\gaoji\
功能	给手机网页加 Ajax

11.5.1 编写 HTML 文件

（1）编写一个简单的 HTML 文件，命名为 android.html，具体代码如下。

```
<html>
    <head>
        <title>Jonathan Stark</title>
        <meta name="viewport" content="user-scalable=no, width=device-width" />
        <link rel="stylesheet" href="android.css" type="text/css" media="screen" />
        <script type="text/javascript" src="jquery.js"></script>
        <script type="text/javascript" src="android.js"></script>
    </head>
    <body>
        <div id="header"><h1>AAA</h1></div>
        <div id="container"></div>
    </body>
</html>
```

（2）编写样式文件 android.css，主要代码如下。

```
body {
    background-color: #ddd;
    color: #122;
    font-family: Helvetica;
    font-size: 14px;
    margin: 0;
    padding: 0;
}
#header {
    background-color: #ccc;
    background-image: -webkit-gradient(linear, left top, left bottom, from(#ccc), to(#999));
    border-color: #666;
    border-style: solid;
    border-width: 0 0 1px 0;
}
#header h1 {
    color: #122;
    font-size: 20px;
    font-weight: bold;
    margin: 0 auto;
    padding: 10px 0;
    text-align: center;
    text-shadow: 0px 1px 1px #fff;
    max-width: 160px;
    overflow: hidden;
    white-space: nowrap;
    text-overflow: ellipsis;
```

```
}
ul {
    list-style: none;
    margin: 10px;
    padding: 0;
}
ul li a {
    background-color: #FFF;
    border: 1px solid #999;
    color: #122;
    display: block;
    font-size: 17px;
    font-weight: bold;
    margin-bottom: -1px;
    padding: 12px 10px;
    text-decoration: none;
}
ul li:first-child a {
    -webkit-border-top-left-radius: 8px;
    -webkit-border-top-right-radius: 8px;
}
ul li:last-child a {
    -webkit-border-bottom-left-radius: 8px;
    -webkit-border-bottom-right-radius: 8px;
}
ul li a:active, ul li a:hover {
    background-color: blue;
    color: white;
}
#content {
    padding: 10px;
    text-shadow: 0px 1px 1px #fff;
}
#content a {
    color: blue;
}
```

（3）继续编写如下 HTML 文件

- about.html
- blog.html
- contact.html
- consulting-clinic.html
- index.html

为了简单起见，代码都是一样的，具体代码如下。

```
<html>
```

```
            <head>
                <title>AAA</title>
                <meta name="viewport" content="user-scalable=no, width=device-width" />
                <link rel="stylesheet" type="text/css" href="android.css" media="only screen and (max-width:
480px)" />
                <link rel="stylesheet" type="text/css" href="desktop.css" media="screen and (min-width:
481px)" />
                <!--[if IE]>
                    <link rel="stylesheet" type="text/css" href="explorer.css" media="all" />
                <![endif]-->
                <script type="text/javascript" src="jquery.js"></script>
                <script type="text/javascript" src="android.js"></script>
            <meta http-equiv="Content-Type" content="text/html; charset=gb1212">
            </head>
            <body>
                <div id="container">
              <div id="header">
                        <h1><a href="./">AAAA</a></h1>
                        <div id="utility">
                            <ul>
                                <li><a href="about.html">AAA</a></li>
                                <li><a href="blog.html">BBB</a></li>
                                <li><a href="contact.html">CCC</a></li>
                            </ul>
                        </div>
                        <div id="nav">
                            <ul>
                                <li><a href="bbb.html">DDD</a></li>
                                <li><a href="ccc.html">EEE</a></li>
                                <li><a href="ddd.html">FFF</a></li>
                                <li><a href="http://www.aaa.com">GGG</a></li>
                            </ul>
                        </div>
                    </div>
                    <div id="content">
                        <h2>About</h2>
                        <p>欢迎大家学习 Android，都说这是一个前途辉煌的职业，我也是这么是认为
的，希望事实如此....</p>
                    </div>
                    <div id="sidebar">
                        <img alt="好图片" src="aaa.png">
                        <p>欢迎大家学习 Android，都说这是一个前途辉煌的职业，我也是这么是认为
的，希望事实如此....</p>
                    </div>
                    <div id="footer">
                        <ul>
```

```
                <li><a href="bbb.html">Services</a></li>
                <li><a href="ccc.html">About</a></li>
                <li><a href="ddd.html">Blog</a></li>
            </ul>
            <p class="subtle">学习 HTML 5</p>
        </div>
    </div>
  </body>
</html>
```

11.5.2　编写 JavaScript 文件

在 JavaScript 文件 android.js 中使用了 Ajax 技术，具体代码如下。

```
var hist = [];
var startUrl = 'index.html';
$(document).ready(function(){
    loadPage(startUrl);
});
function loadPage(url) {
    $('body').append('<div id="progress">wait for a moment...</div>');
    scrollTo(0,0);
    if (url == startUrl) {
        var element = ' #header ul';
    } else {
        var element = ' #content';
    }
    $('#container').load(url + element, function(){
        var title = $('h2').html() || '你好!';
        $('h1').html(title);
        $('h2').remove();
        $('.leftButton').remove();
        hist.unshift({'url':url, 'title':title});
        if (hist.length > 1) {
            $('#header').append('<div class="leftButton">'+hist[1].title+'</div>');
            $('#header .leftButton').click(function(e){
                $(e.target).addClass('clicked');
                var thisPage = hist.shift();
                var previousPage = hist.shift();
                loadPage(previousPage.url);
            });
        }
        $('#container a').click(function(e){
            var url = e.target.href;
            if (url.match(/aaa.com/)) {
                e.preventDefault();
```

```
                    loadPage(url);
                }
            });
            $('#progress').remove();
        });
    }
```

对于上述代码的具体说明如下。

- ❑ 第 1～5 行：使用了 jQuery 的 document.ready()函数，目的是使浏览器在加载页面完成后运行 loadPage()函数。
- ❑ 剩余的行数是函数 loadPage(url)部分，此函数的功能是载入地址为 URL 的网页，但是在载入时使用了 Ajax 技术特效。具体说明如下。
- ● 第 7 行：为了使 Ajax 效果能够显示出来，在这个 loadPage()函数启动时，在 body 中增加了一个正在加载的<div>，然后在 hij ackLinks()函数结束的时候删除。
- ● 第 8 行换掉这个<div>。
- ● 第 9～13 行：如果没有在调用函数的时候指定 url（比如第一次在 document.ready()函数中调用），url 将会是 undefined，这一行会被执行。如果把这几行翻译出来，它的意思是“从 index.html 中找出所有#header 中的<ul>元素，并把它们插入当前页面的#container 元素中，完成之后再调用 hij ackLinks()函数”。当 url 参数有值的时候，执行第 12 行。从效果上看，“从传给 loadPage()函数的 url 中得到#content 元素，并把它们插入当前页面的#container 元素，完成之后调用 hij ackLinks()函数。

11.5.3 最后的修饰

为了能使设计的页面体现出 Ajax 效果，还需继续设置样式文件 android.css。为了能够显示出“加载中…”的样式，需要在 android.css 中添加如下相应的修饰代码。

```
#progress {
    -webkit-border-radius: 10px;
    background-color: rgba(0,0,0,.7);
    color: white;
    font-size: 18px;
    font-weight: bold;
    height: 80px;
    left: 60px;
    line-height: 80px;
    margin: 0 auto;
    position: absolute;
    text-align: center;
    top: 120px;
    width: 200px;
}
```

用边框图片修饰“返回”按钮，并清除默认的单击后高亮显示的效果。在文件 android.css

中添加如下修饰代码。

```
#header div.leftButton {
    font-weight: bold;
    text-align: center;
    line-height: 28px;
    color: white;
    text-shadow: 0px -1px 1px rgba(0,0,0,0.6);
    position: absolute;
    top: 7px;
    left: 6px;
    max-width: 50px;
    white-space: nowrap;
    overflow: hidden;
    text-overflow: ellipsis;
    border-width: 0 8px 0 14px;
    -webkit-border-image: url(images/back_button.png) 0 8 0 14;
    -webkit-tap-highlight-color: rgba(0,0,0,0);
}
```

在 Android 中执行上述文件，执行后先加载页面，在加载时会显示“wait for a moment...”的提示，如图 11-18 所示。在滑动选择某个链接的时候，被选中的会有不同的颜色，如图 11-19 所示。

而文件 android.html 的执行效果和其他文件相比稍有不同，如图 11-20 所示。这是编码时有意而为之的。

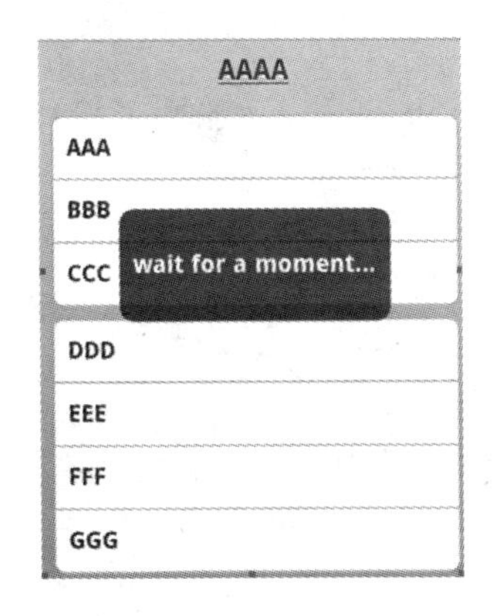

图 11-18　提示特效

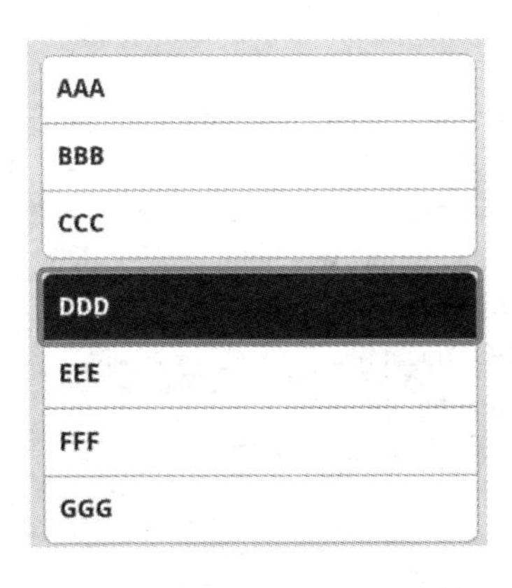

图 11-19　被选择的不同颜色

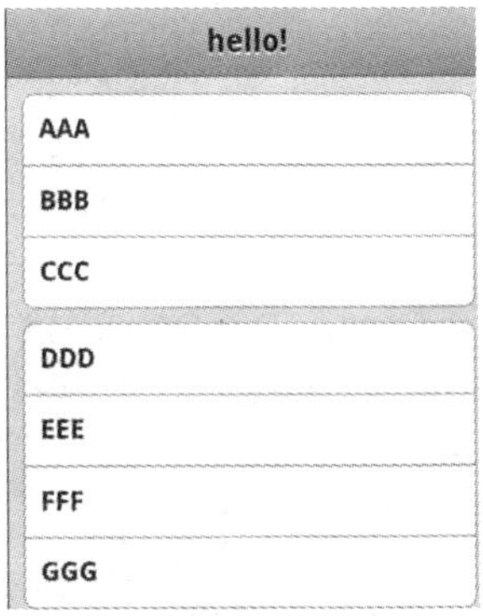

图 11-20　文件 android.html

11.6　让网页动起来

在前面实现的网页，表面看来已经够绚丽了，既有特效也有 Ajax 体验。本节将为其加上动画的效果，可让网页在 Android 手机上动起来。

11.6.1 一个开源框架——jQTouch

jQTouch 是能够提供一系列功能为手机浏览器 WebKit 服务的 jQuery 插件。目前，随着 Android 手机、iPhone、iTouch、iPad 等产品的流行，越来越多的开发者想开发相关的应用程序。但目前苹果只提供了 Objective-C 语言去编写 iPhone 应用程序。可惜的是，Objective-C 语言不容易学习，跟开发 Web 网站相比更加复杂。但是，这一切将发生变化，因为 jQuery 的工具 jQTouch 出现了。

使用 jQTouch 使构建基于 Android 和 iPhone 的应用变得更加容易，只需要一点 HTML、CSS 和 JavaScript 知识，就能够创建可在 WebKit 浏览器上（iPhone、Android、Palm Pre）运行的手机应用程序。

读者可以去其官方地址 http://www.jqtouch.com/下载资源，因为是开源的，所以下载后可以直接使用。

11.6.2 一个简单应用

下面用一个实例来讲解使用 jQTouch 框架开发适应于 Android 的动画网页。

实例 11-3	说　明
源码路径	daima\11\donghua\
功能	给手机网页添加动画

HTML 5 文件 index.html 的代码如下。

```
<!DOCTYPE html>
<html>
    <head>
        <title>AAA</title>
        <link type="text/css" rel="stylesheet" media="screen" href="jqtouch/jqtouch.css">
        <link type="text/css" rel="stylesheet" media="screen" href="themes/jqt/theme.css">
        <script type="text/javascript" src="jqtouch/jquery.js"></script>
        <script type="text/javascript" src="jqtouch/jqtouch.js"></script>
        <script type="text/javascript">
            var jQT = $.jQTouch({
                icon: 'kilo.png'
            });
        </script>
    </head>
    <body>
        <div id="home">
            <div class="toolbar">
                <h1>Data</h1>
                <a class="button flip" href="#settings">Settings</a>
            </div>
            <ul class="edgetoedge">
                <li class="arrow"><a href="#dates">Dates</a></li>
```

```
                <li class="arrow"><a href="#about">About</a></li>
            </ul>
        </div>
        <div id="about">
            <div class="toolbar">
                <h1>About</h1>
                <a class="button back" href="#">Back</a>
            </div>
            <div>
                <p>Choose you food.</p>
            </div>
        </div>
        <div id="dates">
            <div class="toolbar">
                <h1>Time</h1>
                <a class="button back" href="#">Back</a>
            </div>
            <ul class="edgetoedge">
                <li class="arrow"><a id="0" href="#date">AAA</a></li>
                <li class="arrow"><a id="1" href="#date">BBB</a></li>
                <li class="arrow"><a id="2" href="#date">CCC</a></li>
                <li class="arrow"><a id="3" href="#date">DDD</a></li>
                <li class="arrow"><a id="4" href="#date">EEE</a></li>
                <li class="arrow"><a id="5" href="#date">FFF</a></li>
            </ul>
        </div>
        <div id="date">
            <div class="toolbar">
                <h1>Time</h1>
                <a class="button back" href="#">Back</a>
                <a class="button slideup" href="#createEntry">+</a>
            </div>
            <ul class="edgetoedge">
                <li id="entryTemplate" class="entry" style="display:none">
                    <span class="label">Label</span> <span class="calories">000</span> <span
class="delete">Delete</span>
                </li>
            </ul>
        </div>
        <div id="createEntry">
            <div class="toolbar">
                <h1>WHY</h1>
                <a class="button cancel" href="#">Cancel</a>
            </div>
            <form method="post">
                <ul class="rounded">
```

```
                    <li><input type="text" placeholder="Food" name="food" id="food" autocapitalize="off" autocorrect="off" autocomplete="off" /></li>
                    <li><input type="text" placeholder="Calories" name="calories" id="calories" autocapitalize="off" autocorrect="off" autocomplete="off" /></li>
                    <li><input type="submit" class="submit" name="waction" value="Save Entry" /></li>
                </ul>
            </form>
        </div>
        <div id="settings">
            <div class="toolbar">
                <h1>Control</h1>
                <a class="button cancel" href="#">Cancel</a>
            </div>
            <form method="post">
                <ul class="rounded">
                    <li><input placeholder="Age" type="text" name="age" id="age" /></li>
                    <li><input placeholder="Weight" type="text" name="weight" id="weight" /></li>
                    <li><input placeholder="Budget" type="text" name="budget" id="budget" /></li>
                    <li><input type="submit" class="submit" name="waction" value="Save Changes" /></li>
                </ul>
            </form>
        </div>
    </body>
</html>
```

接下来开始对上述代码进行讲解。

（1）通过如下代码调用 jQTouch 框架和 jQuery 框架。

```
<script type="text/javascript" src="jqtouch/jquery.js"></script>
<script type="text/javascript" src="jqtouch/jqtouch.js"></script>
```

（2）实现 home 面板，具体代码如下。

```
<div id="home">
    <div class="toolbar">
        <h1>Data</h1>
        <a class="button flip" href="#settings">Settings</a>
    </div>
    <ul class="edgetoedge">
        <li class="arrow"><a href="#dates">Dates</a></li>
        <li class="arrow"><a href="#about">About</a></li>
    </ul>
</div>
```

对应的效果如图 11-21 所示。

（3）实现 about 面板，具体代码如下。

```
<div id="about">
    <div class="toolbar">
        <h1>About</h1>
        <a class="button back" href="#">Back</a>
    </div>
    <div>
        <p>Choose you food.</p>
    </div>
</div>
```

对应的效果如图 11-22 所示。

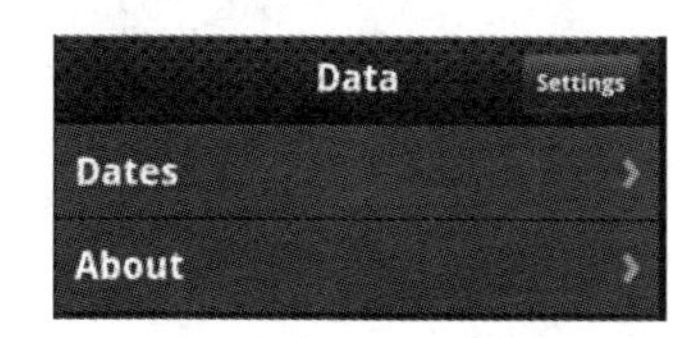

图 11-21　home 面板

图 11-22　about 面板

（4）实现 dates 面板，具体代码如下。

```
<div id="dates">
    <div class="toolbar">
        <h1>Time</h1>
        <a class="button back" href="#">Back</a>
    </div>
    <ul class="edgetoedge">
        <li class="arrow"><a id="0" href="#date">AAA</a></li>
        <li class="arrow"><a id="1" href="#date">BBB</a></li>
        <li class="arrow"><a id="2" href="#date">CCC</a></li>
        <li class="arrow"><a id="3" href="#date">DDD</a></li>
        <li class="arrow"><a id="4" href="#date">EEE</a></li>
        <li class="arrow"><a id="5" href="#date">FFF</a></li>
    </ul>
</div>
```

对应的效果如图 11-23 所示。

图 11-23　dates 面板

（5）实现 date 面板，具体代码如下。

```
<div id="date">
    <div class="toolbar">
        <h1>Time</h1>
        <a class="button back" href="#">Back</a>
        <a class="button slideup" href="#createEntry">+</a>
    </div>
    <ul class="edgetoedge">
        <li id="entryTemplate" class="entry" style="display:none">
            <span class="label">Label</span> <span class="calories">000</span> <span class=
"delete">Delete</span>
        </li>
    </ul>
</div>
```

（6）实现 settings 面板，具体代码如下。

```
<div id="settings">
    <div class="toolbar">
        <h1>Control</h1>
        <a class="button cancel" href="#">Cancel</a>
    </div>
    <form method="post">
        <ul class="rounded">
            <li><input placeholder="Age" type="text" name="age" id="age" /></li>
            <li><input placeholder="Weight" type="text" name="weight" id="weight" /></li>
            <li><input placeholder="Budget" type="text" name="budget" id="budget" /></li>
            <li><input type="submit" class="submit" name="waction" value="Save Changes" /></li>
        </ul>
    </form>
</div>
```

对应的效果如图 11-24 所示。

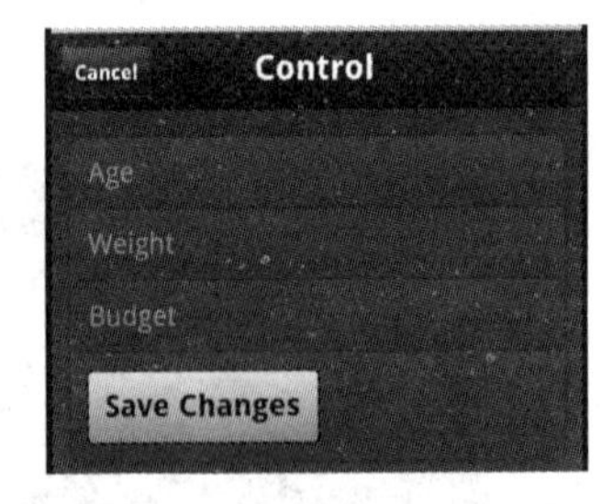

图 11-24　settings 面板

接下来看样式文件 theme.css，此样式文件非常简单，功能是对 index.html 中的元素进行修饰。其实图 11-21～11-24 都是经过 theme.css 修饰之后的显示效果。主要代码如下。

```
body {
```

```
        background: #000;
        color: #ddd;
    }
    #jqt > * {
        background: -webkit-gradient(linear, 0% 0%, 0% 100%, from(#333), to(#5e5e65));
    }
    #jqt h1, #jqt h2 {
        font: bold 18px "Helvetica Neue", Helvetica;
        text-shadow: rgba(255,255,255,.2) 0 1px 1px;
        color: #000;
        margin: 10px 20px 5px;
    }
    /* @group Toolbar */
    #jqt .toolbar {
        -webkit-box-sizing: border-box;
        border-bottom: 1px solid #000;
        padding: 10px;
        height: 45px;
        background: url(img/toolbar.png) #000000 repeat-x;
        position: relative;
    }
    #jqt .black-translucent .toolbar {
        margin-top: 20px;
    }
    #jqt .toolbar > h1 {
        position: absolute;
        overflow: hidden;
        left: 50%;
        top: 10px;
        line-height: 1em;
        margin: 1px 0 0 -75px;
        height: 40px;
        font-size: 20px;
        width: 150px;
        font-weight: bold;
        text-shadow: rgba(0,0,0,1) 0 -1px 1px;
        text-align: center;
        text-overflow: ellipsis;
        white-space: nowrap;
        color: #fff;
    }
    #jqt.landscape .toolbar > h1 {
        margin-left: -125px;
        width: 250px;
    }
    #jqt .button, #jqt .back, #jqt .cancel, #jqt .add {
        position: absolute;
```

```
        overflow: hidden;
        top: 8px;
        right: 10px;
        margin: 0;
        border-width: 0 5px;
        padding: 0 3px;
        width: auto;
        height: 30px;
        line-height: 30px;
        font-family: inherit;
        font-size: 12px;
        font-weight: bold;
        color: #fff;
        text-shadow: rgba(0, 0, 0, 0.5) 0px -1px 0;
        text-overflow: ellipsis;
        text-decoration: none;
        white-space: nowrap;
        background: none;
        -webkit-border-image: url(img/button.png) 0 5 0 5;
    }
    #jqt .button.active, #jqt .cancel.active, #jqt .add.active {
        -webkit-border-image: url(img/button_clicked.png) 0 5 0 5;
        color: #aaa;
    }
    #jqt .blueButton {
        -webkit-border-image: url(img/blueButton.png) 0 5 0 5;
        border-width: 0 5px;
    }
    #jqt .back {
        left: 6px;
        right: auto;
        padding: 0;
        max-width: 55px;
        border-width: 0 8px 0 14px;
        -webkit-border-image: url(img/back_button.png) 0 8 0 14;
    }
    #jqt .back.active {
        -webkit-border-image: url(img/back_button_clicked.png) 0 8 0 14;
    }
    #jqt .leftButton, #jqt .cancel {
        left: 6px;
        right: auto;
    }
    #jqt .add {
        font-size: 24px;
        line-height: 24px;
        font-weight: bold;
```

```
	}
	#jqt .whiteButton,
	#jqt .grayButton, #jqt .redButton, #jqt .blueButton, #jqt .greenButton {
		display: block;
		border-width: 0 12px;
		padding: 10px;
		text-align: center;
		font-size: 20px;
		font-weight: bold;
		text-decoration: inherit;
		color: inherit;
	}

	#jqt .whiteButton.active, #jqt .grayButton.active, #jqt .redButton.active, #jqt .blueButton.active, #jqt .
greenButton.active,
	#jqt .whiteButton:active, #jqt .grayButton:active, #jqt .redButton:active, #jqt .blueButton:active, #jqt .
greenButton:active {
		-webkit-border-image: url(img/activeButton.png) 0 12 0 12;
	}
	#jqt .whiteButton {
		-webkit-border-image: url(img/whiteButton.png) 0 12 0 12;
		text-shadow: rgba(255, 255, 255, 0.7) 0 1px 0;
	}
	#jqt .grayButton {
		-webkit-border-image: url(img/grayButton.png) 0 12 0 12;
		color: #FFFFFF;
	}
```

上述代码只是 theme.css 的五分之一，详细内容请读者参考本书附带光盘中的源码。

到此为止，页面就能够动起来了，每一个页面的切换都具有了动画效果，如图 11-25 所示。

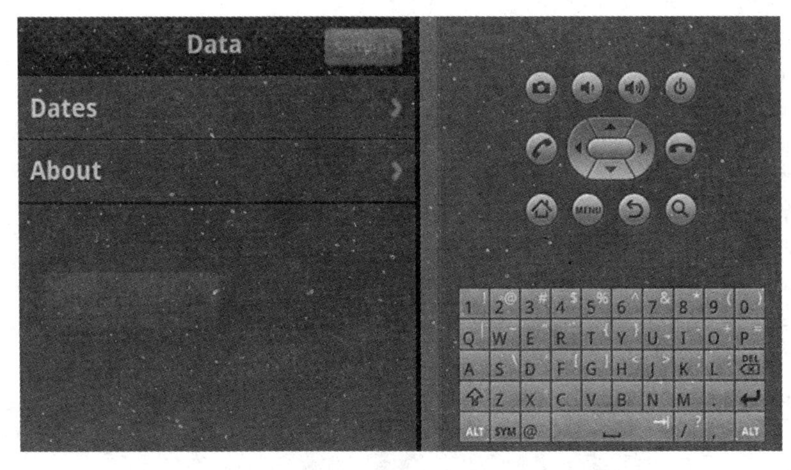

图 11-25　闪烁的动画效果

截图 11-25 体现不出动画效果，读者可在模拟器上体验。

第四篇　实战演练篇

第12章　游 戏 实 战

在计算机应用中，游戏永远是主流应用模块之一。在我们的印象中，好像只有高级程序语言才能编写出游戏项目，其实使用 HTML 5 也能编写出功能强大的游戏项目。本章将详细介绍使用 HTML 5 开发游戏项目的基本知识，并通过典型的实例来演示具体实现流程。

12.1　开发一个躲避小游戏

实例 12-1	说　明
源码路径	daima\12\1.html
功能	使用 HTML 5 开发一个躲避小游戏

本实例的功能是，使用 HTML 5 开发一个躲避小游戏。整个实例比较简单，用 HTML 5+CSS+JavaScript 实现。实例文件 1.html 的实现代码如下。

```
<!DOCTYPE html>
<html lang="en">
    <head>
            <meta charset="utf-8">
<style type="text/css">
body, html{
background-color: #222222;
}
canvas{
border: 6px #333333 solid;
background-color: #111111;
}
.ui{
font-family: Arial,Helvetica, sans-serif;
font-size: 10px;color: #999999;
text-align: left;
padding: 8px;
background-color: rgba(0,0,0,0.5);
position: absolute;
z-index: 2;
}
#message{
```

```
padding: 16px;
}
#status{
width: 884px;
height: 15px;
padding: 8px;
display: none;
}
#status span{
color: #bbbbbb;
font-weight: bold;
margin-right: 5px;
}
#title{
margin-bottom: 20px;
color: #eeeeee;
}
.ui ul{
margin: 10px 0 10px 0;
padding: 8px 0 8px 10px;
}
.ui ul li{
list-style: none;
}
.ui a{
outline: none;
font-family: Arial, Helvetica, sans-serif;
font-size: 38px;
text-decoration: none;
color: #bbbbbb;
padding: 2px;
display: block
}
.ui a: hover{
color: #ffffff;
background-color: #000000;
}
</style>

        </head>
        <body>
                <canvas id='world'></canvas>
                <div id="status" class="ui"></div>
                <div id="message" class="ui">
                   <h2 id="title">Sinuous - Instructions</h2>
```

```
                <ul>
                    <li>1. Avoid red dots.</li>
                    <li>2. Touch green dots for invulnerability.</li>
                    <li>3. Use invulnerability to destroy red dots.</li>
                    <li>4. Score extra points by moving around a lot.</li>
                    <li>5. Stay alive.</li>
                </ul>
                <a href="#" id="startButton">Start</a>
            </div>
            <script>
    SinuousWorld=new function(){var D=navigator.userAgent.toLowerCase();var x=(D.indexOf("android")!
=-1)||

    (D.indexOf("iphone")!=-1)||(D.indexOf("ipad")!=-1);var d=x?window.innerWidth:900;var B=x?

    window.innerHeight:550;var h;var f;var z;var u;var K;var b;var w=[];var y=[];var H=[];var A;var t=

    (window.innerWidth-d);var r=(window.innerHeight-B);var J=false;var k=false;var C=0;var m=0;var
s={x:-1.3,y:1};var E=1;this.init=function(){h=document.getElementById("world");z=document.getElementById

    ("status");u=document.getElementById("message");K=document.getElementById

    ("title");b=document.getElementById("startButton");if(h&&h.getContext){f=h.getContext("2d");var

    L=function(N,M,O){document.addEventListener(N,M,O)};L("mousemove",c,false);L("mousedown",l,fa
lse);L

    ("mouseup",I,false);h.addEventListener("touchstart",i,false);L("touchmove",q,false);L

    ("touchend",v,false);window.addEventListener("resize",a,false);b.addEventListener

    ("click",j,false);A=new Player();a();if(x){h.style.border="none";s.x*=2;s.y*=2;setInterval(G,1000/20)}

    else{setInterval(G,1000/60)}}};function j(L){if(k==false){k=true;w=[];y=[];C=0;E=1;A.trail=

    [];A.p.x=t;A.p.y=r;A.boost=0;u.style.display="none";z.style.display="block";m=new Date().getTime()}}

    function o(){k=false;u.style.display="block";K.innerHTML="Game Over! ("+Math.round(C)+" points)"}

    function c(L){t=L.clientX-(window.innerWidth-d)*0.5-10;r=L.clientY-(window.innerHeight-B)*0.5-10}

    function l(L){J=true}function I(L){J=false}function i(L){if(L.touches.length==1){L.preventDefault

    ();t=L.touches[0].pageX-(window.innerWidth-d)*0.5;r=L.touches[0].pageY-(window.innerHeight-B)
```

```
*0.5;J=true}}function q(L){if(L.touches.length==1){L.preventDefault();t=L.touches[0].pageX-
(window.innerWidth-d)*0.5-20;r=L.touches[0].pageY-(window.innerHeight-B)*0.5-20}}function v(L)
{J=false}function a(){d=x?window.innerWidth:900;B=x?window.innerHeight:550;h.width=d;h.height=
B;var M=(window.innerWidth-d)*0.5;var L=(window.innerHeight-B)*0.5;h.style.position="absolute";h.style.left=
M+"px";h.style.top=L+"px";if(x)

{u.style.left="0px";u.style.top="0px";z.style.left="0px";z.style.top="0px"}else
{u.style.left=M+6+"px";u.style.top=L+200+"px";z.style.left=M+6+"px";z.style.top=L+6+"px"}}function g
(O,M,L){var N=10+(Math.random()*15);while(--N>=0){n=new Particle();n.p.x=O.x+(Math.sin(N)
*M);n.p.y=O.y+(Math.cos(N)*M);n.velocity={x:-4+Math.random()*8,y:-4+Math.random()*8};n.alpha=
1;H.push
(n)}}function G(){f.clearRect(0,0,h.width,h.height);var P={x:s.x*E,y:s.y*E};var O,M,N,L;if(k)
{E+=0.0008;pp=A.clonePosition();A.p.x+=(t-A.p.x)*0.13;A.p.y+=(r-A.p.y)*0.13;C+=0.4*E;C+=A.dista
nceTo
(pp)*0.1;A.boost=Math.max(A.boost-1,0);if(A.boost>0&&(A.boost>100||A.boost%3!=0)){f.beginPath
();f.fillStyle="#167a66";f.strokeStyle="#00ffcc";f.arc(A.p.x,A.p.y,A.s*2,0,Math.PI*2,true);f.fill
();f.stroke()}A.trail.push(new Point(A.p.x,A.p.y));f.beginPath
();f.strokeStyle="#648d93";f.lineWidth=2;for(O=0,N=A.trail.length;O<N;O++){p=A.trail[O];f.lineTo
(p.p.x,p.p.y);p.p.x+=P.x;p.p.y+=P.y}f.stroke();f.closePath();if(A.trail.length>60){A.trail.shift()}
f.beginPath();f.fillStyle="#8ff1ff";f.arc(A.p.x,A.p.y,A.s/2,0,Math.PI*2,true);f.fill()}if(k&&
(A.p.x<0||A.p.x>d||A.p.y<0||A.p.y>B)){g(A.p,10);o()}for(O=0;O<w.length;O++){p=w[O];if(k){if
(A.boost>0&&p.distanceTo(A.p)<((A.s*4)+p.s)*0.5){g(p.p,10);w.splice(O,1);O--;C+=10;continue}else{if
(p.distanceTo(A.p)<(A.s+p.s)*0.5){g(A.p,10);o()}}}f.beginPath();f.fillStyle="#ff0000";f.arc
(p.p.x,p.p.y,p.s/2,0,Math.PI*2,true);f.fill();p.p.x+=P.x*p.f;p.p.y+=P.y*p.f;if(p.p.x<0||p.p.y>B)
{w.splice(O,1);O--}}for(O=0;O<y.length;O++){p=y[O];if(p.distanceTo(A.p)<(A.s+p.s)*0.5&&k)
```

```
{A.boost=300;for(M=0;M<w.length;M++){e=w[M];if(e.distanceTo(p.p)<100){g(e.p,10);w.splice(M,1);M-

-;C+=10}}}f.beginPath();f.fillStyle="#00ffcc";f.arc(p.p.x,p.p.y,p.s/2,0,Math.PI*2,true);f.fill

();p.p.x+=P.x*p.f;p.p.y+=P.y*p.f;if(p.p.x<0||p.p.y>B||A.boost!=0){y.splice(O,1);O--}}if(w.length<35*E)

{w.push(F(new Enemy()))}if(y.length<1&&Math.random()>0.997&&A.boost==0){y.push(F(new Boost
()))}for

(O=0;O<H.length;O++){p=H[O];p.velocity.x+=(P.x-p.velocity.x)*0.04;p.velocity.y+=(P.y-p.velocity.y)

*0.04;p.p.x+=p.velocity.x;p.p.y+=p.velocity.y;p.alpha-=0.02;f.fillStyle="rgba(255,255,255,"+Math.max

(p.alpha,0)+")";f.fillRect(p.p.x,p.p.y,1,1);if(p.alpha<=0){H.splice(O,1)}}if(k){scoreText="Score:

<span>"+Math.round(C)+"</span>";scoreText+=" Time: <span>"+Math.round(((new Date().getTime()-
m)/1000)

*100)/100+"s</span>";z.innerHTML=scoreText}}function F(L){if(Math.random()>0.5){L.p.x=Math.ran
dom()

*d;L.p.y=-20}else{L.p.x=d+20;L.p.y=(-B*0.2)+(Math.random()*B*1.2)}return L}};function Point(a,b)

{this.p={x:a,y:b}}Point.prototype.distanceTo=function(c){var b=c.x-this.p.x;var a=c.y-this.p.y;return

Math.sqrt(b*b+a*a)};Point.prototype.clonePosition=function(){return{x:this.p.x,y:this.p.y}};function

Player(){this.p={x:0,y:0};this.trail=[];this.s=8;this.boost=0}Player.prototype=new Point();function

Enemy(){this.p={x:0,y:0};this.s=6+(Math.random()*4);this.f=1+(Math.random()*0.4)}Enemy.prototype
=new

Point();function Boost(){this.p={x:0,y:0};this.s=10+(Math.random()*8);this.f=1+(Math.random()*0.4)}

Boost.prototype=new Point();function Particle(){this.p={x:0,y:0};this.f=1+(Math.random()

*0.4);this.color="#ff0000"}Particle.prototype=new Point();SinuousWorld.init();
            </script>
</body>
</html>
```

执行后的效果如图 12-1 所示。

图 12-1　执行效果

12.2　开发一个迷宫游戏

实例 12-2	说　明
源码路径	daima\12\2.html
功能	开发一个网页版的迷宫游戏

本实例的功能是，使用 HTML 5 开发一个网页版迷宫游戏。整个实例比较简单，使用键盘上的→、←、↑、↓键进行控制。实例文件 2.html 的代码如下。

```
<!DOCTYPE html>
<head>
<meta http-equiv="Content-Type" content="text/html; charset=gb2312" />
<title>走迷宫游戏</title>
</head>
<body>
<SCRIPT>
function ShowMenu(bMenu) {
document.all.idFinder.style.display = (bMenu) ? "none" : "block"
document.all.idMenu.style.display = (bMenu) ? "block" : "none"
idML.className = (bMenu) ? "cOn" : "cOff"
idRL.className = (bMenu) ? "cOff" : "cOn"
return false
}
</SCRIPT>
<STYLE>
```

```
<!--
A.cOn {text-decoration:none;font-weight:bolder}
#article {font: 12pt Verdana, geneva, arial, sans-serif;   background: white; color: black; padding:

10pt 15pt 0 5pt}
#article P.start {text-indent: 0pt}
#article P {margin-top:0pt;font-size:10pt;text-indent:12pt}
#article #author {margin-bottom:5pt;text-indent:0pt;font-style: italic}
#pageList P {padding-top:10pt}
#article H3 {font-weight:bold}
#article DL, UL, OL {font-size: 10pt}
-->
</STYLE>

<SCRIPT>
<!--
function addList(url,desc) {
if ((navigator.appName=="Netscape") || (parseInt(navigator.appVersion)>=4)) {
var w=window.open

("","_IDHTML_LIST_","top=0,left=0,width=475,height=150,history=no,menubar=no,status=no,resizabl
e=no")
var d=w.document
if (!w._init) {
d.open()
d.write("<TITLE>Loading...</TITLE><EM>Loading...</EM>")
d.close()

w.opener=self
window.status="Personal Assistant (Adding): " + desc
} else {
window.status=w.addOption(url,desc)
w.focus()
}
}
else
alert("Your browser does not support the personal assistant.")
return false
}
// -->
</SCRIPT>

<STYLE TYPE="text/css">
#board TD {width: 15pt; height: 15pt; font-size: 2pt; }
TD.foot {font-size: 10pt;}
#board TD.start {font-size: 8pt; border-left: 2px black solid; background:yellow; border-top: 2px black
```

```
solid;text-align: center; color: red}
#board TD.end {font-size: 8pt; text-align: center; color: green}
#message {margin: 0pt; padding: 0pt; text-align: center}
</STYLE>
<SCRIPT LANGUAGE="JavaScript">
var maze = new Array()
var sides = new Array("Border-Top", "Border-Right")
for (var rows=0; rows<13; rows++)
maze[rows] = new Array()
maze[0][0] = new Array(1,1,1,1,1,1,1,1,1,1,1,1)
maze[0][1] = new Array(0,0,1,0,1,0,0,0,0,1,0,1)
maze[1][0] = new Array(1,0,0,0,1,0,1,1,1,0,1,1)
maze[1][1] = new Array(0,1,1,0,0,1,1,0,0,1,0,1)
maze[2][0] = new Array(1,0,1,0,1,0,0,1,1,0,1,1)
maze[2][1] = new Array(0,0,0,0,1,1,1,0,0,0,0,1)
maze[3][0] = new Array(0,1,1,1,1,1,0,0,0,0,1,1)
maze[3][1] = new Array(1,0,0,1,0,0,0,1,1,0,0,1)
maze[4][0] = new Array(0,0,0,0,0,0,1,1,1,1,1,1)
maze[4][1] = new Array(1,1,1,1,1,0,0,0,0,0,1,1)
maze[5][0] = new Array(0,0,0,0,1,0,1,1,1,1,0,0)
maze[5][1] = new Array(1,1,1,1,1,1,0,0,0,1,0,1)
maze[6][0] = new Array(0,0,0,0,0,0,1,1,0,1,0,1)
maze[6][1] = new Array(1,1,1,1,1,1,0,0,0,1,0,1)
maze[7][0] = new Array(1,0,1,0,0,0,1,0,1,1,0,1)
maze[7][1] = new Array(1,1,1,0,1,0,0,1,0,1,1,1)
maze[8][0] = new Array(0,0,0,1,0,0,1,1,0,0,0,0)
maze[8][1] = new Array(0,1,0,1,1,0,0,0,1,1,0,1)
maze[9][0] = new Array(0,0,0,0,0,1,1,1,1,0,1,1)
maze[9][1] = new Array(1,1,1,1,0,0,0,0,0,1,1,1)
maze[10][0] = new Array(0,0,0,0,0,1,1,1,1,1,0,0)
maze[10][1] = new Array(1,1,1,0,1,0,0,0,0,1,0,1)
maze[11][0] = new Array(0,0,1,1,1,1,1,1,1,0,0,0)
maze[11][1] = new Array(1,0,1,0,0,0,0,0,0,0,1,1)
maze[12][0] = new Array(0,0,0,0,0,1,1,1,1,0,1,0)
maze[12][1] = new Array(1,1,0,1,0,0,0,1,0,0,1,1)

function testNext(nxt) {
if ((board.rows[start.rows].cells[start.cols].style.backgroundColor=="yellow") &&

(nxt.style.backgroundColor=='yellow')) {
message.innerText="I see you changed your mind."
board.rows[start.rows].cells[start.cols].style.backgroundColor=""
return false
}
return true
```

```
}

function moveIt() {
if (!progress) return
switch (event.keyCode) {
case 37: // 左
if (maze[start.rows][1][start.cols-1]==0) {
if (testNext(board.rows[start.rows].cells[start.cols-1]))
message.innerText="Going west..."
start.cols--
document.all.board.rows[start.rows].cells[start.cols].style.backgroundColor="yellow"
} else
message.innerText="Ouch... you can't go west."

break;
case 38: // 上
if (maze[start.rows][0][start.cols]==0) {
if (testNext(board.rows[start.rows-1].cells[start.cols]))
message.innerText="Going north..."
start.rows--
document.all.board.rows[start.rows].cells[start.cols].style.backgroundColor="yellow"
} else
message.innerText="Ouch... you can't go north."

break;
case 39: // 右

if (maze[start.rows][1][start.cols]==0) {
if (testNext(board.rows[start.rows].cells[start.cols+1]))
message.innerText="Going east..."
start.cols++
document.all.board.rows[start.rows].cells[start.cols].style.backgroundColor="yellow"
}
else
message.innerText="Ouch... you can't go east."

break;
case 40: //下
if (maze[start.rows+1]==null) return
if (maze[start.rows+1][0][start.cols]==0) {
if (testNext(board.rows[start.rows+1].cells[start.cols]))
message.innerText="Going south..."
start.rows++
document.all.board.rows[start.rows].cells[start.cols].style.backgroundColor="yellow"
} else
message.innerText="Ouch... you can't go south."
```

```
break;
}
if (document.all.board.rows[start.rows].cells[start.cols].innerText=="end") {
message.innerText="You Win!"
progress=false
}
}
</SCRIPT>

<P ALIGN=center>请使用键盘上的→←↑↓键进行游戏</P><BR>
<p><TABLE ID=board ALIGN=CENTER CELLSPACING=0 CELLPADDING=0>
<SCRIPT LANGUAGE="JavaScript">
for (var row = 0; row<maze.length; row++) {
document.write("<TR>")

for (var col = 0; col<maze[row][0].length; col++) {
document.write("<TD STYLE='")
for (var cell = 0; cell<2; cell++) {
if (maze[row][cell][col]==1)
document.write(sides[cell]+": 2px black solid;")
}
if ((0==col) && (0!=row))
document.write("border-left: 2px black solid;")
if (row==maze.length-1)
document.write("border-bottom: 2px black solid;")
if ((0==row) && (0==col))
document.write(" background-color:yellow;' class=start>start</TD>")
else
if ((row==maze.length-1) && (col==maze[row][0].length-1))
document.write("' class=end>end</TD>")
else
document.write("'> </TD>")
}
document.write("</TR>")
}
var start = new Object
start.rows = 0
start.cols = 0
progress=true
document.onkeydown = moveIt;
</SCRIPT>
</TABLE>
<P ID="message"> </P>
</body>
</html>
```

执行后的效果如图 12-2 所示。

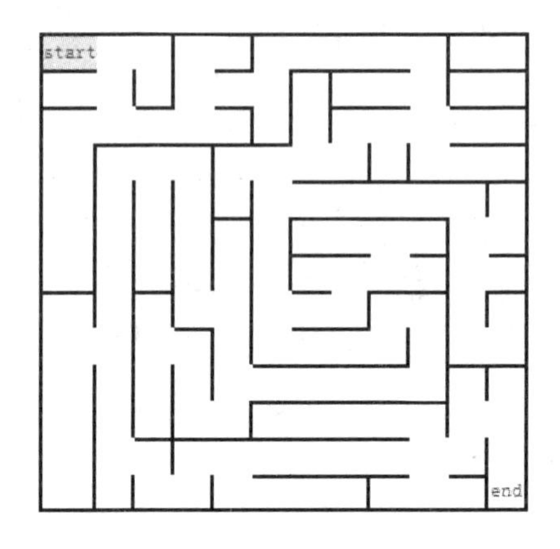

图 12-2　执行效果

12.3　开发一个网页版的贪吃蛇游戏

实例 12-3	说　明
源码路径	daima\12\3.html
功能	开发一个网页版的贪吃蛇游戏

在本实例中，按“空格键”可以开始或暂停游戏，一共有三种游戏速度可供玩家选择。实例文件 3.html 的实现代码如下。

```
<!DOCTYPE html>
<head>
<meta http-equiv="Content-Type" content="text/html; charset=utf-8" />
<title>Snake</title>
<style>
  *                    { margin:0; padding:0; font-family:Verdana,宋体; font-size:12px;}
  table#map { width:auto; height:auto; margin:0 auto; border-collapse:collapse; border-spacing:0;

background-color:#EAEAEA; clear:both;}
  td                   { width:10px; height:10px; border:1px solid black;}
  .shead          { background-color: orangered;}
  .sbody          { background-color: black;}
  .sfood          { background-color: orangered;}
  .info        { width:400px; margin:0 auto; padding:3em 0;}
  .info li{ float:left; height:30px; margin-right:2em; line-height:30px;}
</style>
<script type="text/javascript" language="javascript">
```

```
function Snake(){
        this.rows = 20;
        this.cols = 40;
        this.speed = 200;
        this.currKey = 0;//当前方向
        this.timer = 0;
        this.sid = "snakeObj"+parseInt(Math.random()*100000);
        eval(this.sid+"=this");
        this.pos = [];//蛇身
        this.foodPos = {"x":-1,"y":-1};
        this.foodNum = 0;
        this.domTab = document.getElementById("map");//地图
        this.pause = 1;//1,-1
}
Snake.prototype.init = function(){
        this.map();
        arguments[0] ? this.speed=arguments[0] : false;//选择速度
        this.pos = [{"x":2,"y":5},{"x":1,"y":5},{"x":0,"y":5}];
        for( j in this.pos ){//画全身,move 只画头尾
                this.domTab.rows[this.pos[j].y].cells[this.pos[j].x].className="sbody";
        }
        this.domTab.rows[this.pos[0].y].cells[this.pos[0].x].className="shead";
        this.currKey = 0;
        this.foodNum = 0;
        this.food();
        this.pause = 1;
}
Snake.prototype.trigger = function(e){
        var e = e||event;
        var eKey = e.keyCode||e.which||e.charCode;
       if( eKey>=37 && eKey<=40 && eKey!=this.currKey && !( (this.currKey == 37 && eKey == 39)
||(this.currKey == 38 && eKey == 40) || (this.currKey == 39 && eKey == 37) || (this.currKey == 40 && eKey == 38) )
&& this.pause==-1 ){//响应:上下左右 & 不是当前方向 & 不是反方向 & 不在暂停状态

                this.currKey = eKey;
        }else if( eKey==32 ){//空格:暂停,开始
                this.currKey = (this.currKey==0) ? 39 : this.currKey;
              ((this.pause*= -1) == -1) ? this.timer=window.setInterval(this.sid+".move()",this. speed) :
window.clearInterval(this.timer);

        }
};
Snake.prototype.move = function(){//画头、删尾巴、蛇身不动
        switch(this.currKey){
                case 37:
                        if( this.pos[0].x <= 0 ){ this.die(); return; }//撞墙
```

```
					else{ this.pos.unshift( {"x":this.pos[0].x-1,"y":this.pos[0].y}); }//加蛇头
					break;//左
				case 38:
					if( this.pos[0].y <= 0 ){ this.die(); return; }
					else{ this.pos.unshift( {"x":this.pos[0].x,"y":this.pos[0].y-1}); }
					break;//上
				case 39:
					if( this.pos[0].x >= this.cols-1 ){ this.die(); return; }
					else{ this.pos.unshift( {"x":this.pos[0].x+1,"y":this.pos[0].y}); }
					break;//右
				case 40:
					if( this.pos[0].y >= this.rows-1 ){ this.die(); return; }
					else{ this.pos.unshift( {"x":this.pos[0].x,"y":this.pos[0].y+1}); }
					break;//下
			};

			if( this.pos[0].x == this.foodPos.x && this.pos[0].y == this.foodPos.y ){//吃到食物
				this.foodPos.x = -1;//食物被吃,不删蛇尾
				this.food();
			}else if( this.currKey != 0 ){//删蛇尾,init 时不删
				this.domTab.rows[this.pos[this.pos.length-1].y].cells[this.pos[this.pos.length-1].x].class
Name="";
				this.pos.pop();
			}

			for( i=3;i<this.pos.length;i++ ){//从蛇的第四节开始判断是否撞到自己了 因为蛇头为两节
第三节不可能拐过来
				if( this.pos.x == this.pos[0].x && this.pos.y == this.pos[0].y ){
					this.die();
					return;
				}
			}

			this.domTab.rows[this.pos[0].y].cells[this.pos[0].x].className="shead";//画新头
			this.domTab.rows[this.pos[1].y].cells[this.pos[1].x].className="sbody";//旧头变身体
		};
		Snake.prototype.die = function(){
			alert("x_x");
			window.clearInterval(this.timer);
			this.init();
		}
		Snake.prototype.food = function(){//生成食物
			if( this.foodPos.x == -1 ){//已存在时位置不变
				do{
					this.foodPos.y = Math.round( Math.random()*(this.rows-1) );
					this.foodPos.x = Math.round( Math.random()*(this.cols-1) );
```

```
                }
                while( this.domTab.rows[this.foodPos.y].cells[this.foodPos.x].className != "" )//防
止生成在蛇身上

        }
    this.domTab.rows[this.foodPos.y].cells[this.foodPos.x].className="sfood";
    document.getElementById("foodNum").innerHTML=this.foodNum++;
};
Snake.prototype.map = function(){//创建地图
        this.domTab.firstChild ? this.domTab.removeChild(this.domTab.firstChild) : false;//重新开始删
除 tbody
        for( j = 0; j < this.rows; j++ ){
                var tr = this.domTab.insertRow(-1);
                for( i = 0; i < this.cols; i++ ){
                        tr.insertCell(-1);
                }
        }
};

window.onload = function(){
        var orz = new Snake();
        orz.init();
        document.onkeydown = function(e){ orz.trigger(e); };//firefox 需要参数 e
        document.getElementById("setSpeed").onchange = function(){ this.blur(); orz.init(this.value);

};
};
</script>
</head>

<body>
        <ul class="info">
    <li>分数:<span id="foodNum"></span></li>
    <li>选择速度:<select id="setSpeed"><option value="200">慢(200)</option><option value= "1
00">中(100)

</option><option value="50">快(50)</option></select></li>
    <li>按“空格键”开始/暂停</li>
    </ul>

        <table id="map"></table>
</body>
</html>
```

执行后的效果如图 12-3 所示。

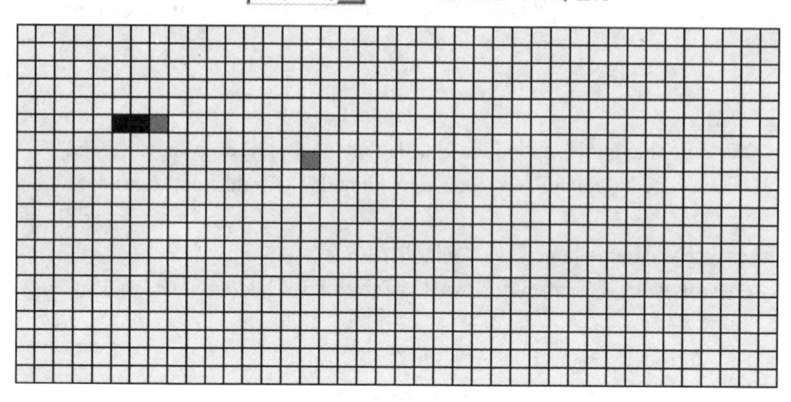

图 12-3　执行效果

12.4　开发一个网页版的俄罗斯方块游戏

俄罗斯方块是一款风靡全球的电视游戏机和掌上游戏机游戏，它由俄罗斯人阿列克谢·帕基特诺夫发明，故得此名。俄罗斯方块的基本规则是移动、旋转和摆放游戏自动输出的各种方块，使之排列成完整的一行或多行并且消除得分。由于上手简单、老少皆宜，因而家喻户晓，风靡世界。

实例 12-4	说　　明
源码路径	daima\12\4.html
功能	开发一个网页版的俄罗斯方块游戏

本实例的功能是，使用 HTML 5+CSS+JavaScript 开发一个网页版俄罗斯方块游戏。游戏由↑、↓、→、←四个方向键进行控制。

- ↑：方块变型
- ↓：加速下落
- →：向右移动
- ←：向左移动
- P：暂停或开始游戏

实例文件 4.html 的实现代码如下。

```
<!DOCTYPE html>
<head>
    <title>俄罗斯方块</title>
    <style type="text/css">
        #map{border:3px solid green;background-image:url(tetris_grid.gif);float:left;margin-right:20px;}

        #preview{float:left;}
```

```
        #previewArea{border:2px solid green;width:140px;height:168px;padding-left:28px;}
        #map td{width:28px;height:28px;}
        #preview td{width:28px;height:28px;}
        #perviewTable{margin-top:56px;}
        #score,#rank{font-size:20px;color:Red;font-weight:bold;}
    </style>
    <script type="text/javascript">
        function Tetris(){}
        Tetris.prototype={
            BlogsSetting:[//方块设置
                [
                    [1,1,1,1],
                    [0,0,0,0],
                    [0,0,0,0],
                    [0,0,0,0]
                ],
                [
                    [1,1,1,0],
                    [1,0,0,0],
                    [0,0,0,0],
                    [0,0,0,0]
                ],
                [
                    [1,1,1,0],
                    [0,1,0,0],
                    [0,0,0,0],
                    [0,0,0,0]
                ],
                [
                    [1,1,1,0],
                    [0,0,1,0],
                    [0,0,0,0],
                    [0,0,0,0]
                ],
                [
                    [1,1,0,0],
                    [0,1,1,0],
                    [0,0,0,0],
                    [0,0,0,0]
                ],
                [
                    [0,1,1,0],
                    [1,1,0,0],
                    [0,0,0,0],
                    [0,0,0,0]
                ],
```

```
            [
                [1,1,0,0],
                [1,1,0,0],
                [0,0,0,0],
                [0,0,0,0]
            ]
        ],
        GameMap:[],//游戏地图，对应 table 中的 td 值
        BlokWidth:28,//方块集的宽高，也就是 http://www.codefans.net/jscss/demoimg/201109/
tetris_grid.gif 图片的宽高

        HorizontalNum:10,//水平 td 数量
        VerticalNum:18,//垂直 td 数量
        BlokSize:4,//设置方块占用位置 4 * 4
        BlockWidth:0,//获取当前方块的非 0 的最大宽度
        BlockHeight:0,//获取当前方块的非 0 的最大高度
        CurrentIndex:0,//当前随机获得的索引
        NextCurrentIndex:0,//获取下一个方块的索引
        BlokCurrent:[],//当前方块
        InitPosition:{},//当前方块运动的 x,y
        IsPlay:false,//是否开始游戏
        IsOver:false,//游戏是否结束
        IsOverIndex:0,//设置游戏结束的索引还有空几行
        Score:0,
        ScoreIndex:100,
        ColorEnum: [[0, 0], [-28, 0], [-56, 0], [-84, 0], [-112, 0], [-140, 0], [-168, 0], [0, 0]], //颜色
的枚举，对应 BlogsSetting
        CreateMap:function(){
            //加载地图，设置其宽高，根据 HorizontalNum,VerticalNum 的数量决定
            var map = document.getElementById("map");
            var w = this.BlokWidth*this.HorizontalNum;
            var h = this.BlokWidth*this.VerticalNum;
            map.style.width=w+"px";
            map.style.height=h+"px";
            //加载地图对应的数组，初始化为 0，当被占据时为 1
            for(var i=0;i<this.VerticalNum;i++){
                this.GameMap.push([]);
                for(var j=0;j<this.HorizontalNum;j++){
                    this.GameMap[i][j]=0;
                }
            }
            //创建 table td 填充 div 根据 HorizontalNum,VerticalNum 的数量决定，创建
HorizontalNum * VerticalNum 的表格区域

            var table = document.createElement("table");
            table.id="area";
```

```
            var tbody = document.createElement("tbody");
            table.cellPadding=0;
            table.cellSpacing=0;
            table.appendChild(tbody);
            for(var i=0;i<this.VerticalNum;i++){
                var tr = document.createElement("tr");
                for(var j=0;j<this.HorizontalNum;j++){
                    var td = document.createElement("td");
                    tr.appendChild(td);
                }
                tbody.appendChild(tr);
            }
            map.appendChild(table);
            this.CreatePreViewMap();
            this.CreateNextBlock();
        },
        CreatePreViewMap:function(){//加载一个 4*4 的表格到预览区域
            var preview = document.getElementById("previewArea");
            var table = document.createElement("table");
            table.id="perviewTable";
            var tbody = document.createElement("tbody");
            table.cellPadding=0;
            table.cellSpacing=0;
            table.appendChild(tbody);
            for(var i=0;i<this.BlokSize;i++){
                var tr = document.createElement("tr");
                for(var j=0;j<this.BlokSize;j++){
                    var td = document.createElement("td");
                    tr.appendChild(td);
                }
                tbody.appendChild(tr);
            }
            preview.appendChild(table);
        },
        LoadPreview:function(index){//加载到预览区域
            var previewTable = document.getElementById("perviewTable");
            for(var i=0;i<this.BlogsSetting[index].length;i++){
                for(var j=0;j<this.BlogsSetting[index][i].length;j++){
                    previewTable.rows[i].cells[j].style.backgroundImage="";
                    if(this.BlogsSetting[index][i][j]==1){
                        previewTable.rows[i].cells[j].style.backgroundImage="url(tetris.gif)";
                        previewTable.rows[i].cells[j].style.backgroundPosition=this.Color
Enum[index][0]+"px"+""+this.ColorEnum[index] [1]+"px";
                    }
                }
            }
```

```
            },
            SettingBlock:function(){//设置地图中方块的背景图片
                var tb = this.getTable();
                for(var i=0;i<=this.BlockHeight;i++){
                    for(var j=0;j<=this.BlockWidth;j++){
                        if(this.BlokCurrent[i][j]==1){
                            tb.rows[this.InitPosition.y+i].cells[this.InitPosition.x+j].style.backg
roundImage="url(tetris.gif)";

                            tb.rows[this.InitPosition.y+i].cells[this.InitPosition.x+j].style.backgr
oundPosition=this.ColorEnum[this.CurrentIndex][0]+"px"+" "+this.ColorEnum[this.CurrentIndex][1]+"px";

                        }
                    }
                }
            },
            CanMove:function(x,y){//根据传过来的 x,y，检测方块是否能左右下移动
                if(y+this.BlockHeight>=this.VerticalNum)//判断是否有到最底部，如果到底部的话
停止向下移动

                    return false;
                for(var  i=this.BlockHeight;i>=0;i--){//检测方块的最高坐标相对应的地图的坐标
是否有都等于 1，如果有等于 1 说明地图放不下该方块

                    for(var j=0;j<=this.BlockWidth;j++){
                        if(this.GameMap[i][x+j]==1&&this.BlokCurrent[i][j]==1){
                            this.IsOverIndex=i;
                            this.IsOver=true;
                        }
                    }
                }
                for(var  i=this.BlockHeight;i>=0;i--){//检测方块的移动轨迹在地图中是否被标记
为 1，如果被标记为 1 就是下一步的轨迹不能运行。

                    for(var j=0;j<=this.BlockWidth;j++){
                        if(this.GameMap[y+i][x+j]==1&&this.BlokCurrent[i][j]==1){//判断方块
的下一步轨迹是否是 1，并且判断下一步方块的轨迹在地图中是否为 1。

                            return false;
                        }
                    }
                }
                return true;
            },
            ClearOldBlok:function(){//当 this.InitPosition.y>=0 也就是在显示地图的时候，每次左
右上下移动时清除方块，使得重新绘制方块
```

```
                    if(this.InitPosition.y>=0){
                        for(var i=0;i<=this.BlockHeight;i++){
                            for(var j=0;j<=this.BlockWidth;j++){
                                if(this.BlokCurrent[i][j]==1){
                                    this.getTable().rows[this.InitPosition.y+i].cells[this.InitPosition.
x+j].style.backgroundImage="";

                                }
                            }
                        }
                    }
                },
                MoveLeft:function(){    //向左移动
                    var x = this.InitPosition.x-1;
                    if(x<0||this.InitPosition.y==-1)
                        return;
                    if(this.CanMove(x,this.InitPosition.y)){
                        this.ClearOldBlok();
                        this.InitPosition.x=x;
                    }
                    this.SettingBlock();
                },
                MoveRight:function(){//向右移动
                    var x = this.InitPosition.x+1;
                    if(x+this.BlockWidth>=this.HorizontalNum||this.InitPosition.y==-1)
                        return;
                    if(this.CanMove(x,this.InitPosition.y)){
                        this.ClearOldBlok();
                        this.InitPosition.x=x;
                    }
                    this.SettingBlock();
                },
                MoveDown:function(){//向下移动
                    var y = this.InitPosition.y+1;
                    if(this.CanMove(this.InitPosition.x,y)){//判断是否能向下移动，不能的话表示该方
块停止运行，继续判断是否游戏结束，如果游戏还没结束，重新创建方块继续游戏

                        this.ClearOldBlok();
                        this.InitPosition.y=y;
                        this.SettingBlock();
                    }
                    else{
                        if(this.IsOver){
                            window.clearTimeout(OverTime);
                            this.GameOver();
```

```
                    return;
                }
                this.SettingBlock();
                this.SettingGameMap();
                this.CheckFull();
                this.NewBlock();
                this.CreateNextBlock();
                return;
            }
        },
        ChangeBlock:function(){//向上方块变型
            if(this.InitPosition.y==-1)
                return;
            var newBlock = [[0,0,0,0],[0,0,0,0],[0,0,0,0],[0,0,0,0]];
            for(var i=0;i<=this.BlockHeight;i++){
                for(var j=0;j<=this.BlockWidth;j++){
                    newBlock[this.BlockWidth-j][i] = this.BlokCurrent[i][j];
                }
            }
            var temp = this.BlokCurrent;
            this.ClearOldBlok();
            this.BlokCurrent=newBlock;
            this.BlockWidth=this.GetWidth(this.BlokCurrent);
            this.BlockHeight=this.GetHeight(this.BlokCurrent);
            if(this.InitPosition.x+this.BlockWidth>=this.HorizontalNum||!this.CanMove(this.Init
Position.x,this.InitPosition.y)){//this.InitPosition.x+this.BlockWidth>=this.HorizontalNum 判断变型后 x+它的宽度
是否超过地图的宽度

                this.BlokCurrent=temp;
                this.BlockHeight=this.GetHeight(this.BlokCurrent)
                this.BlockWidth=this.GetWidth(this.BlokCurrent);
            }
            this.SettingBlock();
        },
        CheckFull:function(){//检测是否有满行的
            var arr=[];
            for(var i=0;i<this.VerticalNum;i++){
                var flag=true;
                for(var j=0;j<this.HorizontalNum;j++){
                    if(this.GameMap[i][j]==0){
                        flag=false;
                        break;
                    }
                }
                if(flag){
                    this.ClearFull(i);
```

```
                }
            }

        },
        ClearFull:function(index){//清除满行的，使上一行的背景图等于该行，并使上一行的
坐标值等于该行，如果是第一行的话坐标值清 0，背景清空

            var tb = this.getTable();
            if(index==0){
                for(var i=0;i<this.HorizontalNum;i++){
                    this.GameMap[0][j]=0;
                    tb.rows[i].cells[j].style.backgroundImage="";
                }
            }
            else{
                for(var i=index;i>0;i--){
                    for(var j=0;j<this.HorizontalNum;j++){
                        this.GameMap[i][j]=this.GameMap[i-1][j];
                        tb.rows[i].cells[j].style.backgroundImage=tb.rows[i-1].cells

    [j].style.backgroundImage;
                        tb.rows[i].cells[j].style.backgroundPosition=tb.rows[i-1].cells

    [j].style.backgroundPosition;
                    }
                }
            }
            this.getScore().innerHTML=parseInt(this.getScore().innerHTML)+this.ScoreIndex;
        },
        NewBlock:function(){//创建方块，初始化数据
            this.CurrentIndex=this.NextCurrentIndex;//获取下一个方块的索引作为当前索引
            this.BlokCurrent=this.BlogsSetting[this.CurrentIndex];//根据获得的新索引重新获
取方块
            this.BlockWidth=this.GetWidth(this.BlokCurrent);//重新获取方块的最大宽值
            this.BlockHeight=this.GetHeight(this.BlokCurrent);//重新获取方块的最大高值
            this.GetInitPosition();//初始化方块出现的坐标
        },
        GameOver:function(){//游戏结束后补齐获得当前方块，补齐地图空白处
            var tb = this.getTable();
            for(var i=this.IsOverIndex-1;i>=0;i--){//循环空白的 IsOverIndex-1 行，给空白的行
补上当前方块，从最高值递件。减 1 是因为 IsOverIndex 获取的是被占据的行，所以减 1 为空白行。

                for(var j=0;j<=this.BlockWidth;j++){
                    if(this.BlokCurrent[this.BlockHeight-i][j]==1){
                        tb.rows[i].cells[this.InitPosition.x+j].style.backgroundImage="url
(tetris.gif)";
```

```
                    tb.rows[i].cells
[this.InitPosition.x+j].style.backgroundPosition=this.ColorEnum[this.CurrentIndex][0]+"px"+""+this.ColorEnum[this.CurrentIndex][1]+"px";

                        }
                    }
                }
                this.IsPlay=false;
                alert("游戏结束");
            },
            SettingGameMap:function(){//设置游戏地图被占有的位置标记为 1
                for(var i=0;i<=this.BlockHeight;i++)
                    for(var j=0;j<=this.BlockWidth;j++)
                        if(this.BlokCurrent[i][j]==1){
                            this.GameMap[this.InitPosition.y+i][this.InitPosition.x+j]=1;//减 1 是因为每次 y 加 1，然后再进行判断，所以当碰到方块或底部的时候要减去多加的 1

                        }
            },
            Start:function(){//游戏开始
                this.IsPlay=true;
                this.CurrentIndex=this.NextCurrentIndex;
                this.BlokCurrent=this.BlogsSetting[this.CurrentIndex];
                this.BlockWidth=this.GetWidth(this.BlokCurrent);
                this.BlockHeight=this.GetHeight(this.BlokCurrent);
                this.GetInitPosition();
                this.MoveDown();
                this.CreateNextBlock();
            },
            CreateNextBlock:function(){//获取下一个方块的索引，并显示在预览区域中
                this.NextCurrentIndex=this.getRandom();
                this.LoadPreview(this.NextCurrentIndex);
            },
            GetHeight:function(blokArr){//获取当前方块不是 0 的最大高值
                for(var i=blokArr.length-1;i>=0;i--)
                    for(var j=0;j<blokArr[i].length;j++)
                        if(blokArr[i][j]==1)
                            return i;
            },
            GetWidth:function(blokArr){//获取当前方块不是 0 的最大宽值
                for(var i=blokArr.length-1;i>=0;i--)
                    for(var j=0;j<blokArr[i].length;j++)
                        if(blokArr[j][i]==1)
                            return i;
```

```
        },
        GetInitPosition:function(){//获取方块的初始位置
            this.InitPosition = {x:Math.floor((this.HorizontalNum-this.BlokSize)/2),y:-1};
        },
        getRandom:function(){//随机获得 7 种方块中的一种
            return Math.floor(Math.random()*7);
        },
        getTable:function(){
            return document.getElementById("area");
        },
        getScore:function(){
            return document.getElementById("score");
        },
        getRank:function(){
            return document.getElementById("rank");
        }
    }
    var t = new Tetris();
    var OverTime=null;
    var IsPause=false;
    var Speed=500;
    var btn_start;
    window.onload=InitGame;
    function InitGame(){
        t.CreateMap();
        btn_start = document.getElementById("start");
        btn_start.onclick=function(){
            t.Start();
            this.value="P  暂停游戏"
            OverTime=setInterval(MoveBoxDown,Speed);
            this.disabled="disabled";
        }
    }
    function MoveBoxDown(){
        t.MoveDown();
    }
    function KeyDown(e){
        if(!t.IsPlay||t.IsOver)return;
        e=e||window.event;
        var keyCode = e.keyCode||e.which||e.charCode;
        switch(keyCode){
            case 37://左
                if(!IsPause)t.MoveLeft();
                break;
            case 38://上
                if(!IsPause)t.ChangeBlock();
```

```
                    break;
                case 39://右
                    if(!IsPause)t.MoveRight();
                    break;
                case 40://下
                    if(!IsPause)t.MoveDown();
                    break;
                case 80://p 暂停 or 开始
                    IsPause=!IsPause;
                    if(IsPause){
                        btn_start.value="P 开始游戏";
                        window.clearInterval(OverTime);
                    }
                    else{
                        btn_start.value="P 暂停游戏";
                        OverTime=setInterval(MoveBoxDown,Speed);
                    }
                    break;
            }
        }
    </script>
</head>
<body onkeydown="KeyDown(event)">
<div id="map"></div>
<div id="preview">
    <br />
    <div id="previewArea"></div>
    <div style="margin-top:10px;font-size:9pt;"><input id="start" type="button" value="开始游戏" /><br
/><br />得分：<span id="score">0</span><br />目前排名：<span id="rank">游戏结束后统计</span> </div>

    <div style="border:2px solid green;padding-top:10px;padding-left:3px;padding-bottom:5px;width:
168px;margin-top:10px;">

        <div style="text-align:center;width:168px;font-size:10pt;font-weight:bold;padding-bottom:8px;
color:Red;">俄罗斯方块游戏</div>

        <span style="font-size:9pt;">    游戏规则：游戏由 ↑ ↓ → ←
方向键控制。<br/>↑：方块变型 <br/>↓：加速下落 <br/>→：向右移动 <br/>←：向左移动<br />P：暂停或
开始游戏</span>

    </div>
</div>
</body>
</html>
```

执行后的效果如图 12-4 所示。

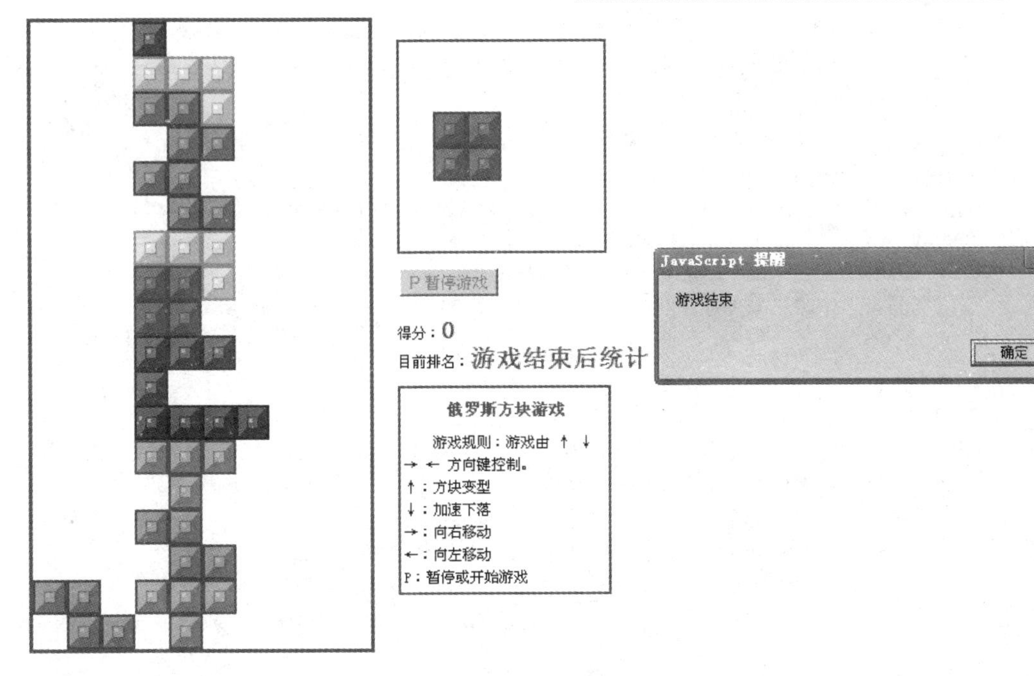

图 12-4　执行效果

12.5　开发一个网页版的抽奖游戏

实例 12-5	说　　明
源码路径	光盘\daima\10\5.html
功能	开发一个网页版的抽奖游戏

在本实例中加入了缓冲停止功能，并且具有慢和慢加速等功能。实例文件 5.html 的实现代码如下。

```
<!DOCTYPE html>
<head>
<title>js 抽奖</title>
<style type="text/css">
*{ margin: 0; padding: 0; font-size:12px;}
body{ background-color: #2C1914;font-family:"宋体"; }
a img, ul, li { list-style: none; }
a{text-decoration:none; outline:none; font-size:12px;}
input, textarea, select, button { font-size: 100%;}
.abs{ position:absolute;}
.rel{ position:relative;}
.wrap{ min-height:1000px;}
.main{ height:718px; }
.con980{ width:980px; margin:0 auto;}
.header{ width:100%; height:50px;}
```

```
        .play{ background:url() no-repeat; width:980px; height:625px; padding:22px 0 0 21px;}
        td{width:187px; height:115px; font-family:"微软雅黑"; background-color:#666; text-align:center; line-
height:115px; font-size:80px; }
            .playcurr{ background-color:#F60;}
            .playnormal{ background-color:#666;}
            .play_btn{ width:480px; height:115px; display:block; background-color:#F60;border:0; cursor:
pointer; font-family:"微软雅黑";   font-size:40px;}
            .play_btn:hover{ background-position:0 -115px;}
            .btn_arr{ left:255px; top:255px;}
            </style>
        </head>
        <body>
        <div class="wrap">
                <div class="header"></div>
                <div class="main">
                    <div class="con980">
                        <div class="play rel">
                            <p class="btn_arr abs"><input value="点击领奖" id="btn1" type="button"

        onclick="StartGame()" class="play_btn" ></p>
        <table class="playtab" id="tb" cellpadding="0" cellspacing="1">
        <tr>
            <td>1</td><td>2</td><td>3</td><td>4</td><td>5</td>
        </tr>
        <tr>
            <td>16</td><td></td><td></td><td></td><td>6</td>
        </tr>
        <tr>
            <td>15</td><td></td><td></td><td></td><td>7</td>
        </tr>
        <tr>
            <td>14</td><td></td><td></td><td></td><td>8</td>
        </tr>
        <tr>
            <td>13</td><td>12</td><td>11</td><td>10</td><td>9</td>
        </tr>
        </table>
                        </div>
                    </div>
                </div>
        </div>
            <script type="text/javascript">

            /*
             * 删除左右两端的空格
             */
```

```
function Trim(str){
    return str.replace(/(^\s*)|(\s*$)/g, "");
}

    /*
     * 定义数组
     */
    function GetSide(m,n){
        //初始化数组
        var arr = [];
        for(var i=0;i<m;i++){
            arr.push([]);
            for(var j=0;j<n;j++){
                arr[i][j]=i*n+j;
            }
        }
        //获取数组最外圈
        var resultArr=[];
        var tempX=0,
         tempY=0,
         direction="Along",
         count=0;
        while(tempX>=0 && tempX<n && tempY>=0 && tempY<m && count<m*n)
        {
            count++;
            resultArr.push([tempY,tempX]);
            if(direction=="Along"){
                if(tempX==n-1)
                    tempY++;
                else
                    tempX++;
                if(tempX==n-1&&tempY==m-1)
                    direction="Inverse"
            }
            else{
                if(tempX==0)
                    tempY--;
                else
                    tempX--;
                if(tempX==0&&tempY==0)
                    break;
            }
        }
        return resultArr;
    }
```

```
var index=0,                        //当前亮区位置
prevIndex=0,                        //前一位置
Speed=300,                          //初始速度
Time,                               //定义对象
arr = GetSide(5,5),                 //初始化数组
  EndIndex=0,                       //决定在哪一格变慢
  tb = document.getElementById("tb"),       //获取 tb 对象
  cycle=0,                          //转动圈数
  EndCycle=0,                       //计算圈数
 flag=false,                        //结束转动标志
 quick=0;                           //加速
 btn = document.getElementById("btn1")

 function StartGame(){
   clearInterval(Time);
  cycle=0;
  flag=false;
  EndIndex=Math.floor(Math.random()*16);
  //EndCycle=Math.floor(Math.random()*4);
  EndCycle=1;
  Time = setInterval(Star,Speed);
 }

 function Star(num){
     //跑马灯变速
     if(flag==false){
       //走五格开始加速
      if(quick==5){
           clearInterval(Time);
           Speed=50;
           Time=setInterval(Star,Speed);
      }
      //跑 N 圈减速
      if(cycle==EndCycle+1 && index==parseInt(EndIndex)){
           clearInterval(Time);
           Speed=300;
           flag=true;          //触发结束
           Time=setInterval(Star,Speed);
      }
     }

     if(index>=arr.length){
          index=0;
          cycle++;
     }
```

```
            //结束转动并选中号码
              //trim 里改成数字就可以减速，变成 Endindex 的话就没有减速效果了
          if(flag==true && index==parseInt(Trim('5'))-1){
           quick=0;
           clearInterval(Time);
             }
             tb.rows[arr[index][0]].cells[arr[index][1]].className="playcurr";
             if(index>0)
                 prevIndex=index-1;
             else{
                 prevIndex=arr.length-1;
             }
             tb.rows[arr[prevIndex][0]].cells[arr[prevIndex][1]].className="playnormal";
             index++;
             quick++;

          }

      </script>
   </body>
   </html>
```

执行后的效果如图 12-5 所示。

1	2	3	4	5
16				6
15	点击领奖			7
14				8
13	12	11	10	9

图 12-5　执行效果

第 13 章　统计图实战

经过前面的学习，用户应该知道在 HTML 5 网页中通过使用<canvas>，可以在页面中直接进行各种复杂图形的制作。但是使用<canvas>元素的方法比较复杂，要想完全掌握，需要付出很多时间和精力。RGraph 是一款国外开发的利用 HTML 5 中<canvas>元素进行专业统计图制作的插件。本章将详细介绍使用插件 RGraph 的方法，并通过具体实例来演示具体使用流程。

13.1　使用插件 RGraph 制作柱状图

实例 13-1	说　明
源码路径	光盘\daima\13\1.html
功能	使用插件 RGraph 制作柱状图

本实例的功能为显示 2012 年××啤酒销售情况的统计柱状图。实例文件 1.html 的具体实现代码如下。

```
<!DOCTYPE html>
<head>
<meta charset="UTF-8">
<title>使用 RGraph 插件制作柱状图</title>
<script src="RGraph.common.core.js"></script>
<script src="RGraph.bar.js"></script>
<script>
function window_onload()
{
    //绘制柱状图，指定数据
    myGraph = new RGraph.Bar('myCanvas',[1200,1300,1400,1500,3000,1900,2000,2100,
    2500,2700,1400,2600]);
   //指定统计图标题
    myGraph.Set('chart.title','2012 年××啤酒销售图');
    //指定 X 轴标题
    myGraph.Set('chart.title.xaxis','销售月份');
    //指定 Y 轴标题
    myGraph.Set('chart.title.yaxis','销售数量');
    //指定 X 轴的坐标轴文字
    myGraph.Set('chart.labels',['1 月','2 月','3 月','4 月','5 月','6 月','7 月','8 月','9 月','10 月',
    '11 月','12 月']);
```

```
        //指定 Y 轴的坐标轴文字
        myGraph.Set('chart.ylabels.specific',['3000','2500','2000','1500','1000','500']);
        //指定在坐标轴顶部绘制说明销售数量的文字
        myGraph.Set('chart.labels.above', true);
        //指定网格自动与坐标轴单位对齐
        myGraph.Set('chart.background.grid.autofit', true);
        myGraph.Set('chart.background.grid.autofit.align', true);
        //指定标签文字所使用的空间尺寸
        myGraph.Set('chart.gutter',65);
        //绘制柱状图
        myGraph.Draw();
    }
    </script>
    </head>
    <body onload="window_onload()">
    <h1>2012 年××啤酒销售图（单位：万瓶）</h1>
    <canvas id="myCanvas" width="700" height="400">
        [您的浏览器不支持 canvas 元素]
    </canvas>
    </body>
    </html>
```

执行后的效果如图 13-1 所示。

2012年××啤酒销售图（单位：万瓶）

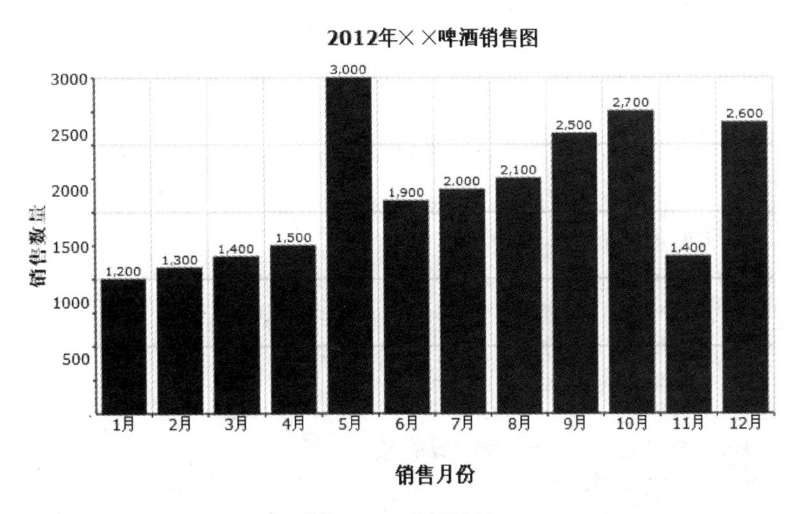

图 13-1　执行效果

13.2　改变选中柱状图的颜色

在 HTML 5 网页中绘制柱状图时，可以使用方法 obj.getBar 使开发者或用户知道哪个柱子被单击或获得鼠标焦点。方法 obj.getBar 返回一个数组，在数组中可以保存下面的信息：

（1）绘制统计图对象的<canvas>元素。

（2）被单击柱子的绘制起点在 X 轴上的坐标点。

（3）被单击柱子的绘制起点在 Y 轴上的坐标点。

（4）被单击柱子的宽度。

（5）被单击柱子的高度。

（6）被单击柱子的序号，标示第几根柱子被单击。

实例 13-2	说　　明
源码路径	光盘\daima\13\2.html
功能	改变选中柱状图的颜色

本实例在实例 13-1 的基础上进行了修改，每当单击柱状图中的一根柱子时，都会使这根柱子变颜色。实例文件 2.html 的实现代码如下。

```
<!DOCTYPE html>
<head>
<meta charset="UTF-8">
<title>使用 RGraph 插件制作柱状图</title>
<script src="RGraph.common.core.js"></script>
<script src="RGraph.bar.js"></script>
<script>
//指定颜色数组，用于变换颜色
var color=new Array;
color[0]='red';
color[1]='green';
color[2]='blue';
function window_onload()
{
    //绘制柱状图，指定数据
    myGraph = new RGraph.Bar('myCanvas',[1400,1300,1500,1600,1800,1900,2000,1200,
    1800,2700,14100,900]);
   //指定统计图标题
    myGraph.Set('chart.title','2012 年××啤酒销售柱状图');
    //指定 X 轴标题
    myGraph.Set('chart.title.xaxis','销售月份');
    //指定 Y 轴标题
    myGraph.Set('chart.title.yaxis','销售数量');
    //指定 X 轴的坐标轴文字
    myGraph.Set('chart.labels',['1 月','2 月','3 月','4 月','5 月','6 月','7 月','8 月','9 月','10 月',
    '11 月','12 月']);
    //指定 Y 轴的坐标轴文字
    myGraph.Set('chart.ylabels.specific',['3000','2500','2000','1500','1000','500']);
    //指定在坐标轴顶部绘制说明销售数量的文字
    myGraph.Set('chart.labels.above', true);
```

```
        //指定网格自动与坐标轴单位对齐
        myGraph.Set('chart.background.grid.autofit', true);
        myGraph.Set('chart.background.grid.autofit.align', true);
        //指定标签文字所使用的空间尺寸
        myGraph.Set('chart.gutter',65);
        //绘制柱状图
        myGraph.Draw();
        //注册控件
        RGraph.Register(myGraph);
        var i=0;//填充时使用颜色的颜色序号
        myGraph.canvas.onclick = function (e)
        {
            RGraph.Redraw();//重绘统计图

            var canvas  = e.target;//获取被点击的 canvas 元素
            var context = canvas.getContext('2d');//获取该 canvas 元素的图形上下文对象
            var obj     = canvas.__object__;//获取统计图对象
            var coords  = obj.getBar(e);//获取被点击的柱子信息

            if (coords) {
                var top    = coords[1];//获取被点击柱子的 X 轴上的坐标起点
                var left   = coords[2];//获取被点击柱子的 Y 轴上的坐标起点
                var width  = coords[3];//获取被点击柱子的宽度
                var height = coords[4];//获取被点击柱子的高度

                context.beginPath();//开始创建路径
                context.strokeStyle = 'black';//指定柱子的边框颜色
                context.fillStyle =color[i%3];//指定柱子的填充颜色
                i+=1;//指定下次使用颜色的颜色编号
                context.strokeRect(top, left, width, height);//绘制柱子边框
                context.fillRect(top, left, width, height);//填充柱子
            }
        }
}
</script>
</head>
<body onload="window_onload()">
<canvas id="myCanvas" width="700" height="400">
      [您的浏览器不支持 canvas 元素]
</canvas>
</body>
</html>
```

执行后的效果如图 13-2 所示。

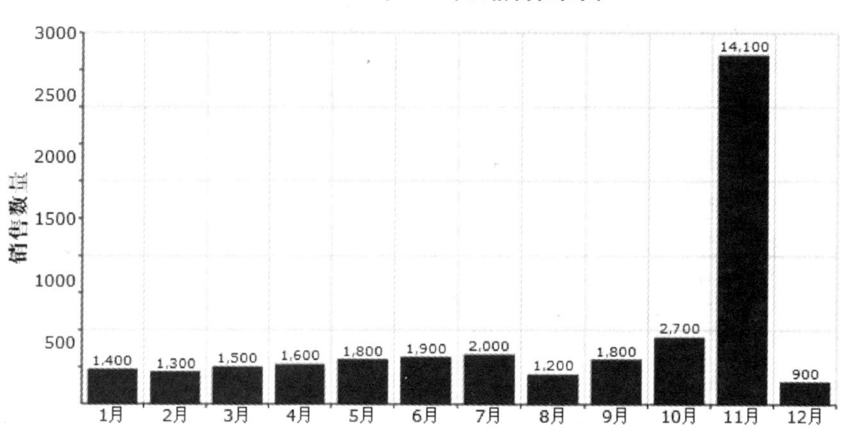

图 13-2　执行效果

13.3　在网页中绘制分组柱状图

实例 13-3	说　明
源码路径	光盘\daima\13\3.html
功能	在网页中绘制分组柱状图

本实例的功能是在水平坐标轴的一个坐标单位上绘制很多根柱子，通过柱状图演示了2012年××啤酒的销售情况。在一个月份中绘制两根柱子，一根柱子为瓶装类类在该月份的销售数量，另一根柱子为罐装类在该月份的销售数量。分别使用蓝色与绿色绘制两种不同的柱子，在图例中说明蓝色柱子表示瓶装类的销售数量，绿色柱子表示罐装类的销售数量，在每根柱子顶部绘制该柱子所代表的销售数量。实例文件 3.html 的实现代码如下。

```
<!DOCTYPE html>
<head>
<meta charset="UTF-8">
<title>使用 RGraph 插件制作柱状图</title>
<script src="RGraph.common.core.js"></script>
<script src="RGraph.bar.js"></script>
<script>
function window_onload()
{
    //绘制分组柱状图，指定数据
    myGraph = new RGraph.Bar('myCanvas',[[1200,1600],[1300,1200],[1400,1200],
      [1500,1600],[3000,1800],[1900,1200],[2000,1600],[2100,1900],
      [2500,1100],[2700,1000],[1400,1600],[2600,1200]]);
    //指定统计图标题
    myGraph.Set('chart.title','2012 年××啤酒的销售情况');
    //指定 X 轴标题
    myGraph.Set('chart.title.xaxis','销售月份');
```

```
        //指定 Y 轴标题
        myGraph.Set('chart.title.yaxis','销售数量');
        //指定柱状图图例被绘制在图例区域中
        myGraph.Set('chart.key.position', 'graph');
      //指定图例文字
        myGraph.Set('chart.key', ['瓶装类', '罐装类']);
        //指定柱子颜色
        myGraph.Set('chart.colors', ['blue', 'green']);
        //指定 X 轴的坐标轴文字
        myGraph.Set('chart.labels',['1 月','2 月','3 月','4 月','5 月','6 月','7 月','8 月','9 月','10 月',
        '11 月','12 月']);
        //指定 Y 轴的坐标轴文字
        myGraph.Set('chart.ylabels.specific',['3000','2500','2000','1500','1000','500']);
        //指定在坐标轴顶部绘制说明销售面积的文字
        myGraph.Set('chart.labels.above',true);
        //用文字说明销售量最少的柱子
        myGraph.Set('chart.labels.ingraph', [19,'销售最少']);
        //指定网格自动与坐标轴单位对齐
        myGraph.Set('chart.background.grid.autofit', true);
        myGraph.Set('chart.background.grid.autofit.align', true);
        //指定标签文字所使用的空间尺寸
        myGraph.Set('chart.gutter',65);
        myGraph.Draw();
    }
    </script>
    </head>
    <body onload="window_onload()">
    <canvas id="myCanvas" width="900" height="400">
          [您的浏览器不支持 canvas 元素]
    </canvas>
    </body>
    </html>
```

执行后的效果如图 13-3 所示。

图 13-3 执行效果

13.4 将柱状图的同一根柱子设置为不同的颜色

本实例的功能是显示2012年××啤酒瓶装类与罐装类这两种类型产品的销售情况，但本实例的说明方法不是在一个月份中使用两种颜色的柱子，而是将瓶装与罐装这两种产品的每月销量用不同颜色绘制在同一根柱子中。在柱子的下部绘制用来说明瓶装类销售数量的绿色柱子，在柱子的上部绘制用来说明罐装类销售数量的蓝色柱子。使用这种方法的好处在于既可以看出两类产品各自的销售数量，又可以直接看出这两类产品的销售总数量。

实例 13-4	说　明
源码路径	光盘\daima\13\4.html
功能	将柱状图的同一根柱子设置为不同的颜色

实例文件4.html的具体实现代码如下。

```
<!DOCTYPE html>
<head>
<meta charset="UTF-8">
<title>使用 RGraph 插件制作柱状图</title>
<script src="RGraph.common.core.js"></script>
<script src="RGraph.bar.js"></script>
<script>
function window_onload()
{
    //绘制分组柱状图，指定数据
    myGraph = new RGraph.Bar('myCanvas',[[1200,1600],[1300,1200],[1400,1200],
     [1500,1600],[3000,1800],[1900,1200],[2000,1600],[2100,1900],[2500,1100],
     [2700,1000],[1400,1600],[2600,1200]]);
    //指定统计图标题
    myGraph.Set('chart.title','2012 年××啤酒销售统计图');
    //指定 X 轴标题
    myGraph.Set('chart.title.xaxis','销售月份');
    //指定 Y 轴标题
    myGraph.Set('chart.title.yaxis','销售数量');
    //指定柱状图图例被绘制在图例区域中
    myGraph.Set('chart.key.position', 'graph');
   //指定图例文字
    myGraph.Set('chart.key', ['瓶装类', '罐装类']);
    //指定柱子颜色
    myGraph.Set('chart.colors', ['blue', 'green']);
    //指定 X 轴的坐标轴文字
    myGraph.Set('chart.labels',['1 月','2 月','3 月','4 月','5 月','6 月','7 月','8 月','9 月','10 月',
    '11 月','12 月']);
    //指定 Y 轴的坐标轴文字
    myGraph.Set('chart.ylabels.specific',['5000','4500','4000','3500','3000','2500','2000',
```

```
        '1500','1000','500']);
        //指定在坐标轴顶部绘制说明销售总面积的文字
        myGraph.Set('chart.labels.above',true);
       //指定网格自动与坐标轴单位对齐
        myGraph.Set('chart.background.grid.autofit', true);
        myGraph.Set('chart.background.grid.autofit.align', true);
        //指定标签文字所使用的空间尺寸
        myGraph.Set('chart.gutter',65);
        //设置分组柱状图的绘制方式
        myGraph.Set('chart.grouping', 'stacked');
        myGraph.Draw();
    }
    </script>
    </head>
    <body onload="window_onload()">
    <canvas id="myCanvas" width="900" height="400">
        [您的浏览器不支持 canvas 元素]
    </canvas>
    </body>
    </html>
```

执行后的效果如图 13-4 所示。

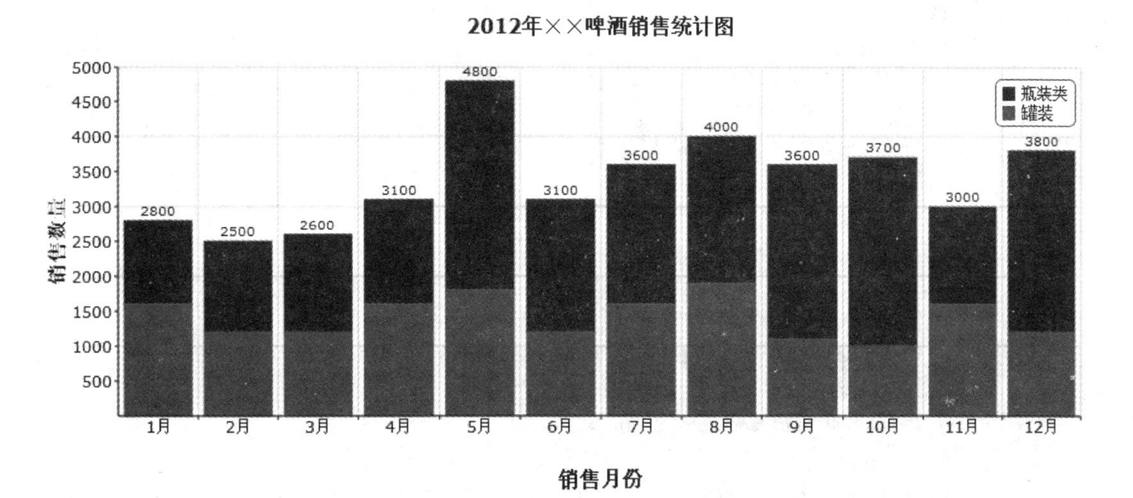

图 13-4　执行效果

13.5　在网页中绘制一个折线图

本实例的功能是显示 2012 年××啤酒瓶装类产品的销售情况，和本章前面实例的区别是，不再使用柱状图来体现，而是使用折线图来体现。

实例 13-5	说　　明
源码路径	光盘\daima\13\5.html
功能	在网页中绘制一个折线图

实例文件 5.html 的实现代码如下。

```
<!DOCTYPE html>
<head>
<meta charset="UTF-8">
<title>使用 RGraph 插件制作折线图</title>
<script src="RGraph.common.core.js"></script>
<script src="RGraph.line.js"></script>
<script src="RGraph.common.tooltips.js"></script>

<script>
function window_onload()
{
    //绘制折线图，指定数据
    var myGraph = new RGraph.Line('myCanvas',

[1200,1300,1400,1500,3000,1900,2000,2100,2500,2700,1400,2600]);
    //指定折线图标题
    myGraph.Set('chart.title','2012 年××啤酒瓶装类产品的销售情况');
    //指定 X 轴标题
    myGraph.Set('chart.title.xaxis','月份');
    //指定 Y 轴标题
    myGraph.Set('chart.title.yaxis','数量');
    //指定 X 轴的坐标轴文字
    myGraph.Set('chart.labels', ['1 月','2 月','3 月','4 月','5 月','6 月','7 月','8 月','9 月','10 月','11

月','12 月']);
    //指定 Y 轴的坐标轴文字
    myGraph.Set('chart.ylabels.specific',['3000','2500','2000','1500','1000','500']);
    //指定在折线连接点处绘制说明销售数量的文字
    myGraph.Set('chart.labels.above', true);
   //指定网格颜色
    myGraph.Set('chart.background.grid.color', 'rgba(238,238,238,1)');
    //指定标签文字的绘制空间
    myGraph.Set('chart.gutter', 60);
    //绘制折线图
    myGraph.Draw();
}
</script>
</head>
<body onload="window_onload()">
<canvas id="myCanvas" width="700" height="400">
```

```
        [您的浏览器不支持 canvas 元素]
    </canvas>
    </body>
    </html>
```

执行后的效果如图 13-5 所示。

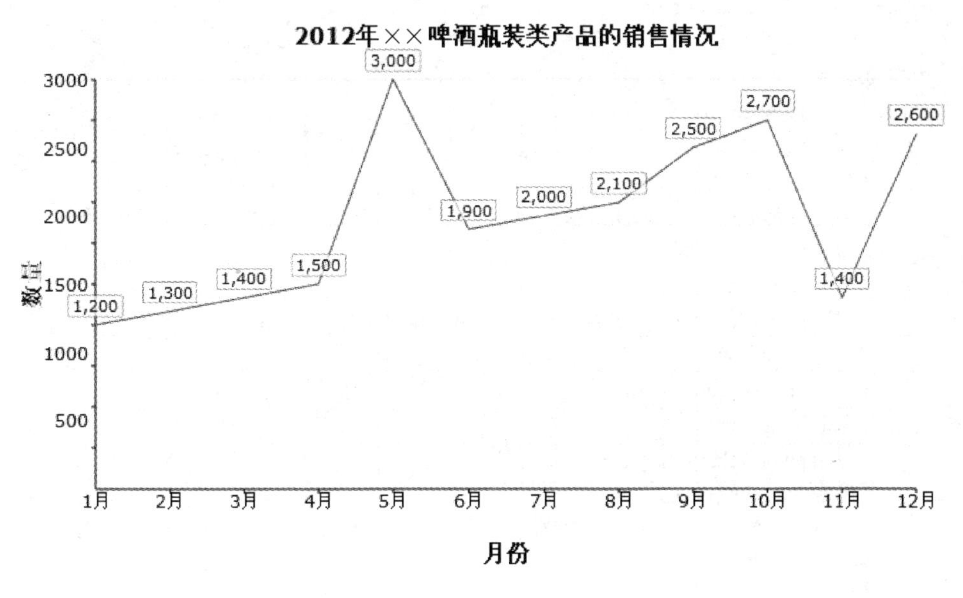

图 13-5　执行效果

13.6　在网页中实现一个显示提示的折线图

本实例的功能是，使用方法 obj.getPoint 绘制能够显示提示的折线图。该方法能够返回一个数组，在其中保存了如下信息。

- 绘制统计图对象的<canvas>元素。
- 获得鼠标焦点的连接点在 X 轴上的坐标点。
- 获得鼠标焦点的连接点在 Y 轴上的坐标点。
- 获得鼠标焦点的连接点的序号，标示第几个连接点获得了鼠标焦点。

当本实例连接点获得鼠标焦点时，鼠标指针会从指针形状变成手指形状，该连接点处也会突出显示一个蓝色实心圆，同时出现一个工具条提示信息，说明该连接点是水平坐标轴上哪一个绘制单位的连接点，在本实例的工具条提示中显示月份信息。

实例 13-6	说　明
源码路径	光盘\daima\13\6.html
功能	在网页中实现一个显示提示的折线图

实例文件 6.html 的实现代码如下。

```
<!DOCTYPE html>
<head>
<meta charset="UTF-8">
<title>使用 RGraph 插件制作折线图</title>
<script src="RGraph.common.core.js"></script>
<script src="RGraph.line.js"></script>
<script src="RGraph.common.tooltips.js"></script>

<script>
function window_onload()
{
    //绘制折线图，指定数据
    var myGraph = new RGraph.Line('myCanvas',[1200,1300,1400,1500,3000,1900,2000,
    2100,2500,2700,1400,2600]);
    //指定折线图标题
    myGraph.Set('chart.title','2012 年××啤酒瓶装类产品的销售情况');
    //指定 X 轴标题
    myGraph.Set('chart.title.xaxis','月份');
    //指定 Y 轴标题
    myGraph.Set('chart.title.yaxis','数量');
    //指定 X 轴的坐标轴文字
    myGraph.Set('chart.labels', ['1 月','2 月','3 月','4 月','5 月','6 月','7 月','8 月','9 月','10 月',
    '11 月','12 月']);
    //指定 Y 轴的坐标轴文字
    myGraph.Set('chart.ylabels.specific',['3000','2500','2000','1500','1000','500']);
    //指定在折线连接点处绘制说明销售数量的文字
    myGraph.Set('chart.labels.above', true);
   //指定网格颜色
    myGraph.Set('chart.background.grid.color', 'rgba(238,238,238,1)');
    //指定标签文字的绘制空间
    myGraph.Set('chart.gutter', 60);
    //绘制折线图
    myGraph.Draw();
    //注册控件
    RGraph.Register(myGraph);
    //书写鼠标在折线图上移动时的函数
    myGraph.canvas.onmousemove = function (e)
    {
        //注册事件
        RGraph.FixEventObject(e);

        var canvas   = e.target;//获得绘制折线图的 canvas 元素
        var context = canvas.getContext('2d');//获得绘制折线图的 canvas 元素的图形上下文对象
        var obj        = e.target.__object__;//获得事件对象

        // 使用 getPoint 方法来得到取得光标焦点的连接点
```

```
            var point = obj.getPoint(e);

            if (point) //如果存在取得光标焦点的连接点
            {
                canvas.style.cursor = 'pointer';//改变鼠标指针为手指形状

                //如果工具条提示已经被显示
                if (RGraph.Registry.Get('chart.tooltip')
                && RGraph.Registry.Get('chart.tooltip').__index__ == point[3]) {
                    return;
                }

                //重绘折线图
                RGraph.Redraw();

                //显示工具条提示
                RGraph.Tooltip(canvas, obj.Get('chart.labels')[point[3]], e.pageX, e.pageY,
                point[3]);

                //突出显示连接点
                context.fillStyle = 'blue';//使用蓝色填充
                context.beginPath();//开始创建路径
                context.moveTo(point[1], point[2]);//绘制起点移动到连接点上
                context.arc(point[1], point[2], 4, 0, 6.26, 0);//创建圆形路径
                context.fill();//填充圆圈

                return;
            }
            canvas.style.cursor = 'default';//恢复默认鼠标指针
        }
    }
    //在其他位置处点击鼠标时取消当前显示的工具条提示信息及蓝色放大折线点
    window.onclick = function ()
    {
        RGraph.Redraw();
    }
    </script>
    </head>
    <body onload="window_onload()">
    <canvas id="myCanvas" width="700" height="400">
        [您的浏览器不支持 canvas 元素]
    </canvas>
    </body>
    </html>
```

执行后的效果如图 13-6 所示。

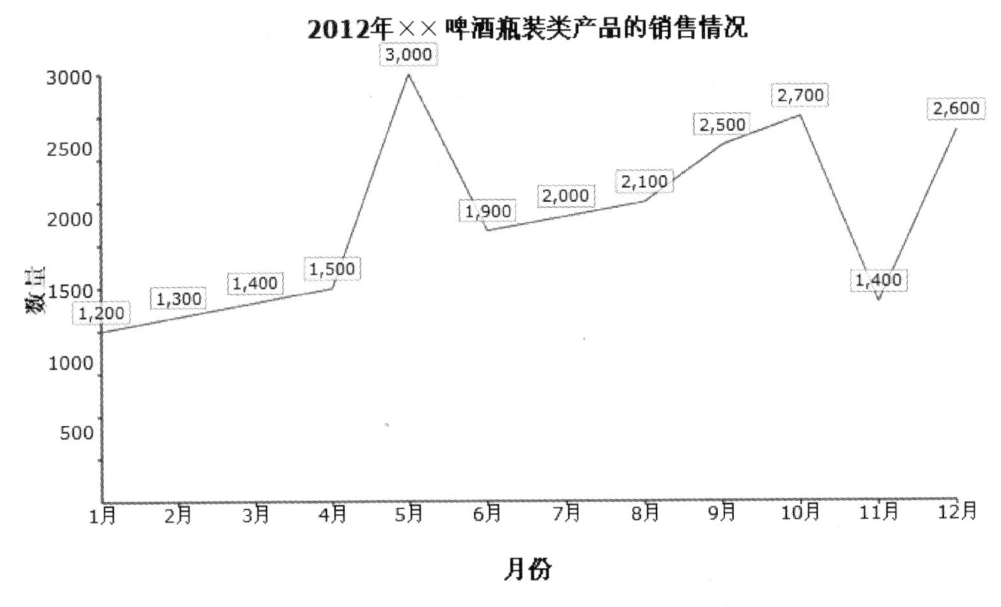

图 13-6　执行效果

13.7　在网页中绘制多根折线

本实例的功能是在一个折线图中绘制多根折线。本实例折线图表现的是 2012 年××啤酒瓶装类与罐装类产品的销售情况。

实例 13-7	说　　明
源码路径	光盘\daima\13\7.html
功能	在网页中绘制多根折线

实例文件 7.html 的实现代码如下。

```
<!DOCTYPE html>
<head>
<meta charset="UTF-8">
<title>使用 RGraph 插件制作折线图</title>
<script src="RGraph.common.core.js"></script>
<script src="RGraph.line.js"></script>
<script src="RGraph.common.tooltips.js"></script>
<script>
function window_onload()
{
    //绘制折线图，指定数据
    myGraph = new RGraph.Line('myCanvas',[1200,1300,1400,1500,3000,1900,2000,2100,2500,2700,
1400,2600],[1600,1200,1200,1600,1800,1200,1200,1600,1900,

    1100,1000,1600]);
    //指定折线图标题
```

```
        myGraph.Set('chart.title','2012 年××啤酒销售状况（单位：瓶）');
        //指定 X 轴标题
        myGraph.Set('chart.title.xaxis','月份');
        //指定 Y 轴标题
        myGraph.Set('chart.title.yaxis','数量');
        //指定折线图例被绘制在图例区域中
        myGraph.Set('chart.key.position', 'graph');
       //指定图例文字
        myGraph.Set('chart.key', ['瓶装类', '罐装类']);
        //指定折线颜色
        myGraph.Set('chart.colors', ['blue', 'green']);
        //指定 X 轴的坐标轴文字
        myGraph.Set('chart.labels', ['1 月','2 月','3 月','4 月','5 月','6 月','7 月','8 月','9 月','10 月',
        '11 月','12 月']);
        //指定 Y 轴的坐标轴文字
        myGraph.Set('chart.ylabels.specific',['3000','2500','2000','1500','1000','500']);
        //指定线宽
        myGraph.Set('chart.linewidth', 5);
       //指定网格颜色
        myGraph.Set('chart.background.grid.color', 'rgba(238,238,238,1)');
        //指定标签文字的绘制空间
        myGraph.Set('chart.gutter', 60);
        //绘制折线图
        myGraph.Draw();
    }
    </script>
    </head>
    <body onload="window_onload()">
    <canvas id="myCanvas" width="700" height="400">
        [您的浏览器不支持 canvas 元素]
    </canvas>
    </body>
    </html>
```

执行后的效果如图 13-7 所示。

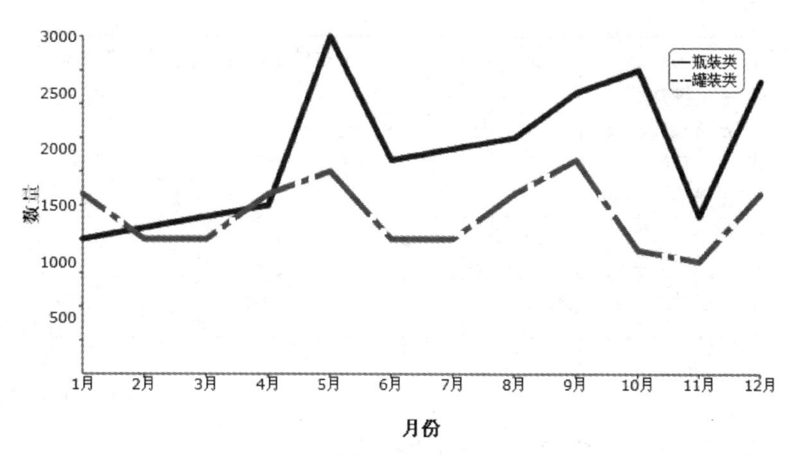

图 13-7　执行效果

13.8 绘制范围折线图

本实例的功能是在 HTML 5 网页中绘制一个范围折线图。范围折线图是指绘制上下两根折线，上部的折线用于反映统计范围内的峰值，下部的折线用于反映统计范围内的谷值，然后用某种颜色填充上下两根折线之间的封闭区域，使人能够一目了然地看清每一个绘制单位（例如每个月）中某个统计值的峰值与谷值情况。

实例 13-8	说　明
源码路径	光盘\daima\13\8.html
功能	在网页中绘制范围折线图

本实例反映了 2012 年××啤酒瓶装类产品的销售情况，上部的折线反映每个月中的销售峰值，即最多一天能卖掉多少瓶，下部的折线反映每个月的销售谷值，即最少一天能卖掉多少瓶。实例文件 8.html 的具体实现代码如下。

```
<!DOCTYPE html>
<head>
<meta charset="UTF-8">
<title>使用 RGraph 插件制作折线图</title>
<script src="RGraph.common.core.js"></script>
<script src="RGraph.line.js"></script>
<script src="RGraph.common.tooltips.js"></script>

<script>
function window_onload()
{
    //绘制折线图，指定数据
     myGraph = new RGraph.Line('myCanvas',
       [160,130,140,160,300,190,200,210,250,270,140,260],
       [120,120,120,150,180,120,120,160,190,110,100,160]);
    //指定折线图标题
    myGraph.Set('chart.title','2012 年××啤酒瓶装类的销售情况(单位：万瓶)');
    //指定 X 轴标题
    myGraph.Set('chart.title.xaxis','月份');
    //指定 Y 轴标题
    myGraph.Set('chart.title.yaxis','数量');
    //指定折线颜色
    myGraph.Set('chart.colors', ['blue']);
    //指定 X 轴的坐标轴文字
    myGraph.Set('chart.labels', ['1 月','2 月','3 月','4 月','5 月','6 月','7 月','8 月','9 月','10 月',
    '11 月','12 月']);
    //指定 Y 轴的坐标轴文字
    myGraph.Set('chart.ylabels.specific',['300','250','200','150','100','50']);
    //指定折线区域内的填充颜色
```

```
        myGraph.Set('chart.fillstyle', 'lightgreen');
        //用指定的填充颜色填充折线内部区域
        myGraph.Set('chart.filled',true);
        //指定只填充上下两根折线之间的区域
        myGraph.Set('chart.filled.range',true);
       //指定网格颜色
        myGraph.Set('chart.background.grid.color', 'rgba(238,238,238,1)');
        //指定标签文字的绘制空间
        myGraph.Set('chart.gutter', 60);
        //绘制折线图
        myGraph.Draw();
    }
    </script>
    </head>
    <body onload="window_onload()">
    <canvas id="myCanvas" width="700" height="400">
          [您的浏览器不支持 canvas 元素]
    </canvas>
    </body>
    </html>
```

执行后的效果如图 13-8 所示。

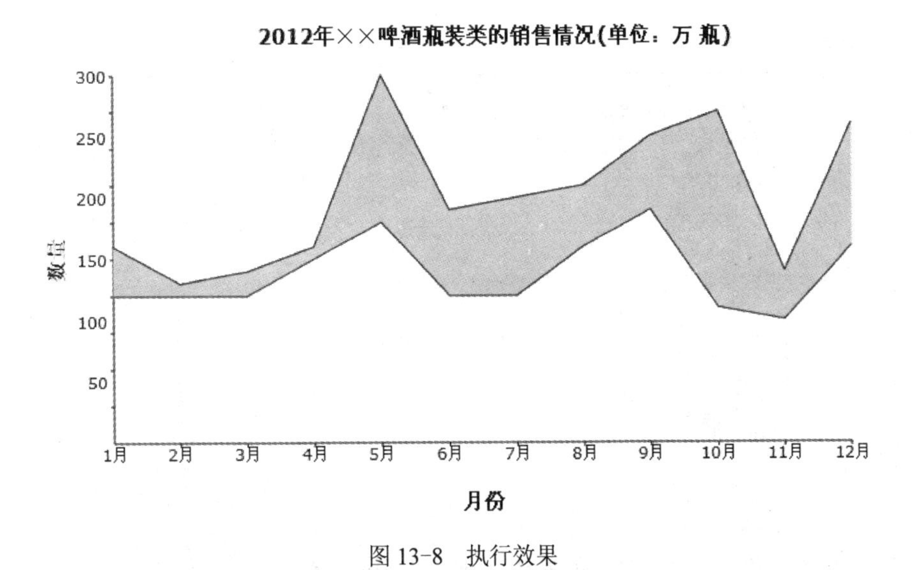

图 13-8　执行效果

13.9　在一个折线图中使用左右两根不同单位的垂直坐标轴

本实例的功能是，在左右两根垂直坐标轴上分别使用两种统计单位绘制折线图的示例，演示了 2012 年××啤酒瓶装类产品的销售情况。这一次在折线图中绘制两根折线，分别体现瓶装类的销售数量与销售成本，左边的垂直坐标轴用来标注瓶装类啤酒的销售数量，顶部最大刻度为3000万瓶，右边的垂直坐标轴用来标注销售成本，顶部最大刻度为2000万元。

实例 13-9	说　明
源码路径	光盘\daima\13\9.html
功能	在一个折线图中使用左右两根不同单位的垂直坐标轴

实例文件9.html的实现代码如下。

```
<!DOCTYPE html>
<head>
<meta charset="UTF-8">
<title>使用 RGraph 插件制作折线图</title>
<script src="RGraph.common.core.js"></script>
<script src="RGraph.line.js"></script>
<script src="RGraph.common.tooltips.js"></script>

<script>
function window_onload()
{
    //绘制销售数量折线图，指定数据
    line1= new RGraph.Line('myCanvas',[1200,1300,1400,1500,3000,1900,2000,2100,
    2500,2700,1400,2600]);
    //绘制统计图标题
    line1.Set('chart.title', '2012 年××啤酒瓶装类产品的销售情况（单位：万瓶）');
    //指定不绘制水平坐标轴
    line1.Set('chart.noxaxis', true);
    //指定左侧垂直坐标轴上标签文字的后缀单位
    line1.Set('chart.units.post','瓶');
    //指定折线图线宽
    line1.Set('chart.linewidth', 3);
    //指定左侧垂直坐标轴的顶部最大数字
    line1.Set('chart.ymax', 3000);
    //指定标签文字的绘制空间
    line1.Set('chart.gutter',80);
    //绘制销售数量折线图
    line1.Draw();

    //绘制销售成本折线图
    line2 = new RGraph.Line('myCanvas',[1600,1200,1200,1600,1800,1200,1200,
    1600,1900,1100,1000,1600]);
    line2.Set('chart.units.post; '万元');
    //指定 X 轴的坐标轴文字
    line2.Set('chart.labels', ['1 月','2 月','3 月','4 月','5 月','6 月','7 月','8 月','9 月','10 月',
    '11 月','12 月']);
    //指定折线与图例中的颜色
    line2.Set('chart.colors', ['blue', 'red']);
    //指定图例文字
```

```
        line2.Set('chart.key', ['销售成本', '销售数量']);
        //指定销售成本折线图的垂直坐标轴位于右侧
        line2.Set('chart.yaxispos', 'right');
        //指定右侧垂直坐标轴的顶部最大数字
        line2.Set('chart.ymax', 2000);
        //指定右侧垂直坐标轴上标签文字的前缀单位
        line2.Set('chart.units.pre','¥');
        //指定标签文字的绘制空间
        line2.Set('chart.gutter',80);
        //指定线宽
        line2.Set('chart.linewidth', 5);
        //指定不绘制网格
        line2.Set('chart.background.grid', false);
        //绘制销售成本折线图
        line2.Draw();
    }
    </script>

    </head>
    <body onload="window_onload()">
    <canvas id="myCanvas" width="700" height="400">
        [您的浏览器不支持 canvas 元素]
    </canvas>
    </body>
    </html>
```

执行后的效果如图 13-9 所示。

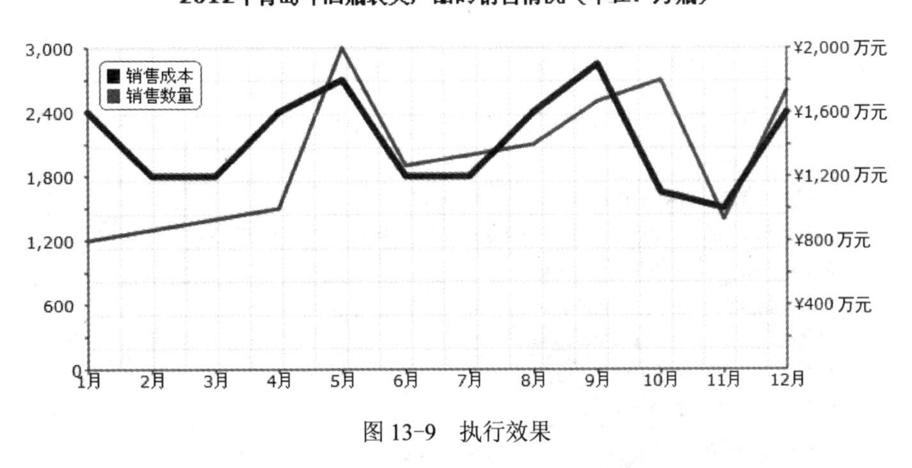

图 13-9　执行效果

13.10　在一个统计图中同时绘制柱状图与折线图

本实例的功能是，在 HTML 5 网页中同时绘制柱状图与折线图。本实例演示了 2012 年×

××啤酒瓶装类与罐装类两种产品的销售情况，使用折线图来体现瓶装类每个月的销售数量，使用柱状图来体现罐装类每个月的销售数量。在一个统计图中同时绘制柱状图与折线图的关键在于，在同一个<canvas>元素中绘制一个柱状图与一个折线图，然后通过属性设置使其看上去为一个统计图。

实例 13-10	说　　明
源码路径	光盘\daima\13\10.html
功能	在一个统计图中同时绘制柱状图与折线图

实例文件 10.html 的实现代码如下。

```
<!DOCTYPE html>
<head>
<meta charset="UTF-8">
<title>在一个统计图中同时绘制柱状图与折线图</title>
<script src="RGraph.common.core.js"></script>
<script src="RGraph.bar.js"></script>
<script src="RGraph.line.js"></script>
<script>
function window_onload()
{
    //绘制柱状图，指定数据
    myBar = new RGraph.Bar('myCanvas',[1200,1300,1400,1500,3000,1900,2000,2100,
    2500,2700,1400,2600]);
   //指定统计图标题
    myBar.Set('chart.title','2012 年××啤酒瓶装类与罐装类两种产品的销售情况');
    //指定 X 轴标题
    myBar.Set('chart.title.xaxis','月份');
    //指定 Y 轴标题
    myBar.Set('chart.title.yaxis','数量');
    //指定 X 轴的坐标轴文字
    myBar.Set('chart.labels',['1 月','2 月','3 月','4 月','5 月','6 月','7 月','8 月','9 月','10 月',
    '11 月','12 月']);
    //指定 Y 轴的坐标轴文字
    myBar.Set('chart.ylabels.specific',['3000','2500','2000','1500','1000','500']);
    //指定网格自动与坐标轴单位对齐
    myBar.Set('chart.background.grid.autofit', true);
    myBar.Set('chart.background.grid.autofit.align', true);
    //指定标签文字所使用的空间尺寸
    myBar.Set('chart.gutter',65);
    myBar.Draw();

    //绘制折线图，指定数据
    var myLine = new RGraph.Line('myCanvas',[1600,1200,1200,1600,1800,1200,1200,1600,
    1900,1100,1000,1600]);
    //指定折线与图例中的颜色
```

```
        myLine.Set('chart.colors', ['red', 'blue']);
        //指定图例文字
        myLine.Set('chart.key', ['瓶装类', '罐装类']);
       //指定 Y 轴的坐标轴文字
        myLine.Set('chart.ylabels.specific',['3000','2500','2000','1500','1000','500']);
         //指定线宽
        myLine.Set('chart.linewidth', 3);
        //指定不绘制网格
        myLine.Set('chart.background.grid', false);
        //指定标签文字的绘制空间
        myLine.Set('chart.gutter', 65);
        //绘制折线图
        myLine.Draw();
    }

    </script>
    </head>
    <body onload="window_onload()">
    <canvas id="myCanvas" width="700" height="400">
        [您的浏览器不支持 canvas 元素]
    </canvas>
    </body>
    </html>
```

执行后的效果如图 13-10 所示。

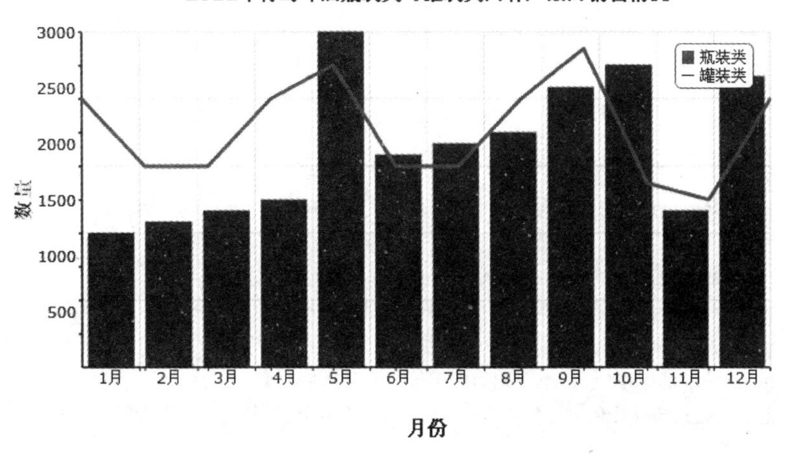

图 13-10　执行效果

13.11　在 HTML 5 网页中绘制动态折线图

本实例的功能是，在 HTML 5 网页中绘制动态折线图，通过 Ajax 等方法从后台取得服务器端的动态数据来实时更新折线图。本实例设置每 250 毫秒产生一个随机数的方法来模拟动态数据。

实例 13-11	说　明
源码路径	光盘\daima\13\11.html
功能	在 HTML 5 网页中绘制动态折线图

实例文件 11.html 的实现代码如下。

```
<!DOCTYPE html>
<head>
<meta charset="UTF-8">
<title>制作动态折线图</title>
<script src="RGraph.common.core.js"></script>
<script src="RGraph.line.js"></script>
<script>
function window_onload()
{
    d1 = [];//存放上部折线图使用数据的数组
    d2 = [];//存放下部折线图使用数据的数组

    // 用 null 值填充数组
    for (var i=0; i< 100; ++i)
    {
        d1.push(null);
        d2.push(null);
    }
    //绘制折线图
    drawGraph();
}

//设置折线图属性
function getGraph(id, d1, d2)
{
    var graph = new RGraph.Line(id, d1, d2);//获取折线图数据
    graph.Set('chart.gutter', 25);//设置标签文字使用空间
    graph.Set('chart.title.xaxis', '时间(毫秒)');//设置水平坐标轴标题
    graph.Set('chart.filled', true);//使用填充色填充折线区域
    graph.Set('chart.fillstyle', ['#daf1fa', '#faa']);//指定上部折线区域与下部折线区域的填充色

graph.Set('chart.colors', ['rgb(169, 222, 244)', 'red']);//指定上部折线与下部折线的颜色
    graph.Set('chart.linewidth', 3);//指定线宽
    graph.Set('chart.ymax', 20);//指定垂直坐标轴上的最大数值
    graph.Set('chart.xticks', 25);//指定水平坐标轴上的刻度线
    return graph;//返回设置好的折线图
}
```

```
    //绘制折线图
    function drawGraph (e)
    {
        //清除之前绘制的折线图
        RGraph.Clear(document.getElementById("myCanvas"));

        var graph = getGraph('myCanvas', d1, d2);//获取设置好属性的折线图
        graph.Draw();//绘制折线图

        //使用随机数字填充折线图所使用的数据数组
        d1.push(RGraph.random(5, 10));
        d2.push(RGraph.random(5, 10));

        //如果数组已经填满，则移出数组中最前面的数字,并将数组中每个数字朝前移位
        if (d1.length > 100) {
            d1 = RGraph.array_shift(d1);
            d2 = RGraph.array_shift(d2);
        }
        //设置每 250 毫秒更新折线图
        setTimeout(drawGraph,250);
    }
    </script>
    </head>
    <body onload="window_onload()">
    <canvas id="myCanvas" width="700" height="500">
        [您的浏览器不支持 canvas 元素]
    </canvas>
    </body>
    </html>
```

执行后的效果如图 13-11 所示。

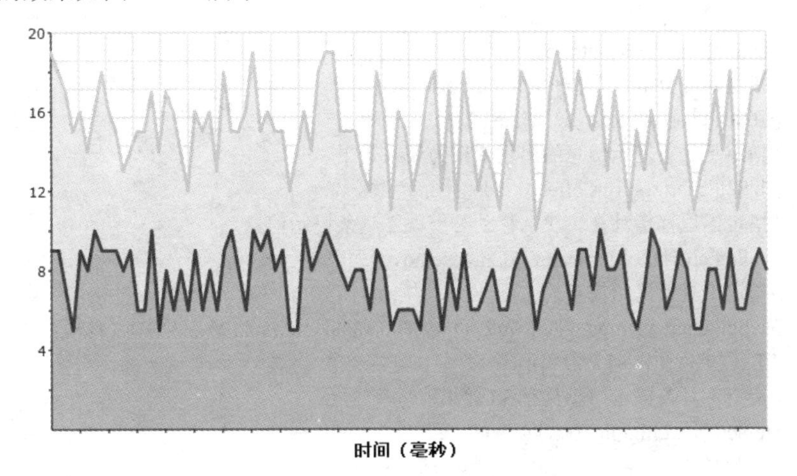

图 13-11　执行效果

13.12 在 HTML 5 网页中绘制一个饼图

本实例的功能是，在 HTML 5 网页中绘制一个饼图。通过这个饼图演示了 2012 年啤酒公司的销售状况。本实例具备工具条提示功能，当鼠标指针移动到某个饼块上时，此饼块会呈现一个 3D 效果的突出显示，并且在该饼块上出现一个工具条提示信息。

实例 13-12	说　明
源码路径	光盘\daima\13\12.html
功能	在 HTML 5 网页中绘制一个饼图

实例文件 12.html 的具体实现代码如下所示。

```
<!DOCTYPE html>
<head>
<meta charset="UTF-8">
<title>制作饼图</title>
<script src="RGraph.common.core.js"></script>
<script src="RGraph.pie.js"></script>
<script src="RGraph.common.tooltips.js"></script>
<script>
function window_onload()
{
    //绘制饼图，获取饼图数据
    var pie=new RGraph.Pie('myCanvas',[12000,13000,14000,15000,30000,19000]);
    //绘制饼图标题
    pie.Set('chart.title', '2012 年啤酒公司的销售状况');
    //绘制饼图标签文字
    pie.Set('chart.labels', ['AA（12%）', 'BB（13%）', 'CC（14%）', 'DD（15%）',
    'EE（29%）','FF（17%）']);
    //指定饼图分隔线宽
    pie.Set('chart.linewidth', 5);
    //指定饼图分隔线颜色
    pie.Set('chart.strokestyle','white');
    //指定工具条提示信息的出现效果为淡入效果
    pie.Set('chart.tooltips.effect', 'fade');
    //指定当鼠标指针在饼块上移动时出现工具条提示信息
    pie.Set('chart.tooltips.event', 'onmousemove');
    //指定工具条提示信息的文字
    pie.Set('chart.tooltips', ['AA（12%）','BB（13%）','CC（14%）','DD（15%）',
    'EE（29%)','FF（17%）']);
    //指定工具条提示信息具有 3d 效果
    pie.Set('chart.highlight.style', '3d');
    //绘制饼图
    pie.Draw();
}
```

```
</script>
</head>
<body onload="window_onload()">
<canvas id="myCanvas" width="700" height="400">
    [您的浏览器不支持 canvas 元素]
</canvas>
</body>
</html>
```

执行后的效果如图 13-12 所示。

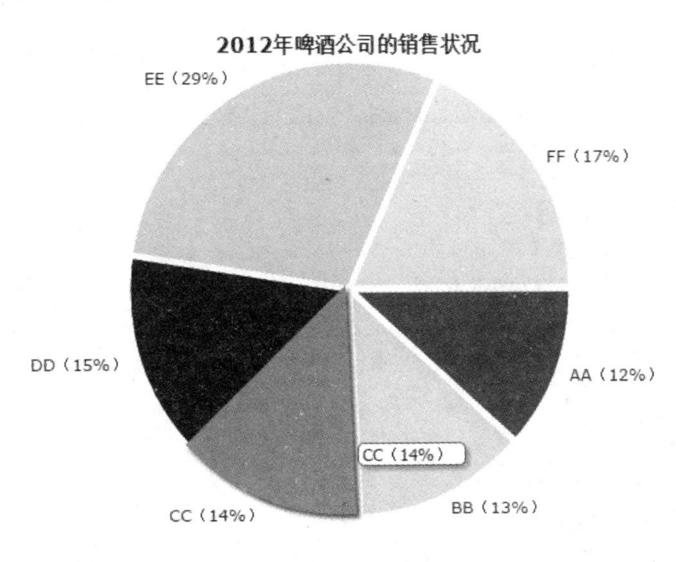

图 13-12　执行效果

13.13　点击饼块后呈现白色半透明效果

在 HTML 5 网页中在绘制饼图时，可以使用 obj.getSegment 方法使用户知道哪个饼块被单击。该方法会返回一个保存如下信息的数组。

- 获得被单击饼块在 X 轴上的坐标点。
- 获得被单击饼块在 Y 轴上的坐标点。
- 获得被单击饼块的绘制半径。
- 获得被单击饼块的起始绘制角度。
- 获得被单击饼块的结束绘制角度。

实例 13-13	说　　明
源码路径	光盘\daima\13\13.html
功能	点击饼块后呈现白色半透明效果

当本实例的饼块被单击时，会在被单击饼块之上重新绘制一个相同尺寸的白色半透明饼块，使被点击饼块呈现一种白色半透明的效果。实例文件 13.html 的具体实现代码如下所示。

```
<!DOCTYPE html>
<head>
<meta charset="UTF-8">
<title>使用 RGraph 插件制作饼图</title>
<script src="RGraph.common.core.js"></script>
<script src="RGraph.pie.js"></script>
<script src="RGraph.common.tooltips.js"></script>

<script>
function window_onload()
{
    var pie=new RGraph.Pie('myCanvas',[12000,13000,14000,15000,30000,19000]);
    //绘制饼图标题
    pie.Set('chart.title', '2012 年啤酒公司的销售状况');
    //绘制饼图图例
    pie.Set('chart.key',  ['AA（12%）', 'BB（13%）', 'CC（14%）', 'DD（15%）',
    'EE（29%）','FF（17%）']);
    //指定图例背景色
    pie.Set('chart.key.background', 'white');
    //指定饼块间的分隔线颜色
    pie.Set('chart.linewidth', 5);
    //绘制饼图
    pie.Draw();
    //注册控件
    RGraph.Register(pie);
    //指定饼图被点击时的函数
    pie.canvas.onclick = function (e)
    {
        RGraph.FixEventObject(e);//注册事件
        RGraph.Redraw();//重绘饼图

        var canvas   = e.target;//获取绘制饼图的 canvas 元素
        var context = canvas.getContext('2d');//获取绘制饼图的 canvas 元素的图形上下文对象
        var obj       = canvas.__object__;//获取饼图对象
        var segment = obj.getSegment(e);//获取被点击的饼块

        if (segment) //如果存在被点击的饼块
        {
            context.fillStyle = 'rgba(255,255,255,0.5)';//指定白色半透明颜色为填充色
            context.beginPath();//开始创建路径

            //将角度转换为半径
            segment[3] /= 57.29;
            segment[4] /= 57.29;

            context.moveTo(segment[0], segment[1]);//将绘制起点移动到被点击的饼块处

            //在被点击的饼块上再绘制相同尺寸的饼块
```

```
                context.arc(segment[0], segment[1], segment[2], segment[3], segment[4], 0);
                context.stroke();//绘制饼块边框
                context.fill();//填充饼块

                e.stopPropagation();//阻止事件传播
            }
        }

    }
    //指定页面被点击时的函数
    window.onclick = function (e)
    {
        RGraph.Redraw();//重绘饼图
    }
    </script>
    </head>
    <body onload="window_onload()">
    <canvas id="myCanvas" width="700" height="400">
        [您的浏览器不支持 canvas 元素]
    </canvas>
    </body>
    </html>
```

执行后的效果如图 13-13 所示。

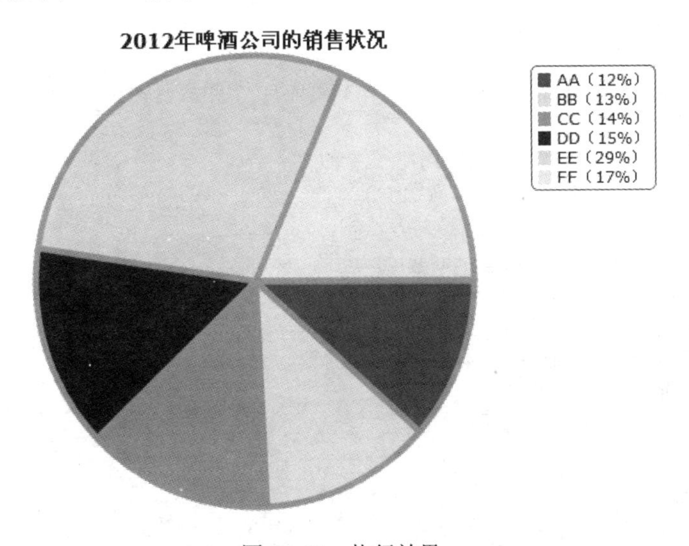

图 13-13　执行效果

13.14　在 HTML 5 网页中绘制横向柱状图

本实例的功能是，在 HTML 5 网页中绘制一个横向柱状图。本实例的横向柱状图反映了 2012 年××啤酒瓶装类产品的销售情况。

实例 13-14	说　明
源码路径	daima\13\14.html
功能	在 HTML 5 网页中绘制横向柱状图

实例文件 14.html 的具体实现代码如下所示。

```
<!DOCTYPE html>
<head>
<meta charset="UTF-8">
<title>绘制横向柱状图</title>
<script src="RGraph.common.core.js"></script>
<script src="RGraph.hbar.js"></script>
<script>
function window_onload()
{
    //绘制横向柱状图，指定数据
    myGraph = new RGraph.HBar('myCanvas',[1200,1300,1400,1500,3000,1900,2000,2100,2500,2700,
1400,2600]);

    //指定统计图标题
    myGraph.Set('chart.title','2012 年××啤酒瓶装类产品的销售情况（单位：万瓶）');
     //指定 X 轴标题
    myGraph.Set('chart.title.xaxis','数量');
    //指定 Y 轴标题
    myGraph.Set('chart.title.yaxis','月份');
    //指定 Y 轴的坐标轴文字
    myGraph.Set('chart.labels',['1 月','2 月','3 月','4 月','5 月','6 月','7 月','8 月','9 月','10 月',
    '11 月','12 月']);
    //指定在坐标轴右端绘制说明销售数量的文字
    myGraph.Set('chart.labels.above', true);
    //指定网格自动与坐标轴单位对齐
    myGraph.Set('chart.background.grid.autofit', true);
    myGraph.Set('chart.background.grid.autofit.align', true);
    //指定标签文字所使用的空间尺寸
    myGraph.Set('chart.gutter',45);
     //绘制横向柱状图
    myGraph.Draw();

}
</script>
</head>
<body onload="window_onload()">
<canvas id="myCanvas" width="700" height="400">
    [您的浏览器不支持 canvas 元素]
</canvas>
</body>
</html>
```

执行后的效果如图 13-14 所示。

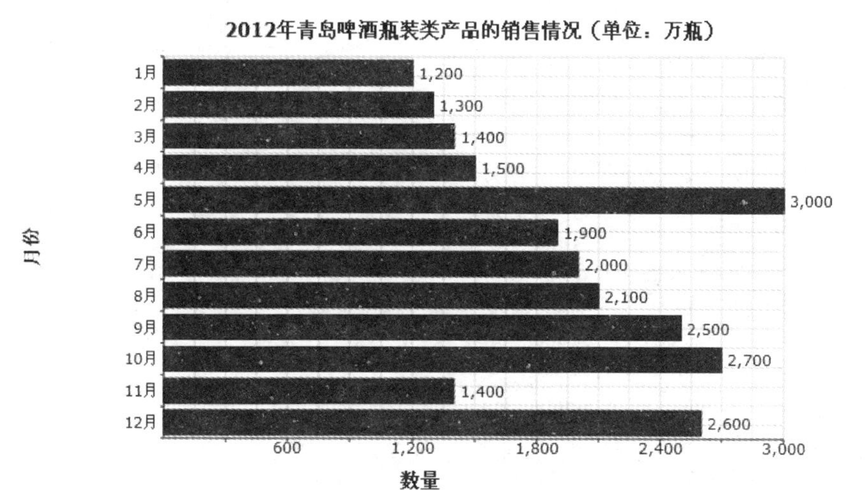

图 13-14 执行效果

13.15 在网页中绘制分组横向柱状图

本实例的功能是，在 HTML 5 网页中绘制一个分组横向柱状图。本实例的分组横向柱状图反映了 2012 年××啤酒瓶装类和罐装类产品的销售情况。

实例 13-15	说 明
源码路径	daima\13\15.html
功能	在 HTML 5 网页中绘制分组横向柱状图

实例文件 15.html 的实现代码如下。

```
<head>
<meta charset="UTF-8">
<title>使用 RGraph 插件制作横向柱状图</title>
<script src="RGraph.common.core.js"></script>
<script src="RGraph.Hbar.js"></script>
<script>
function window_onload()
{
    //绘制分组横向柱状图，指定数据
    myGraph = new RGraph.HBar('myCanvas',[[1200,1600],[1300,1200],[1400,1200],
     [1500,1600],[3000,1800],[1900,1200],[2000,1600],[2100,1900],
     [2500,1100],[2700,1000],[1400,1600],[2600,1200]]);
    //指定统计图标题
    myGraph.Set('chart.title','2012 年××啤酒瓶装类和罐装类产品的销售情况（单位：万瓶）');
    //指定 X 轴标题
    myGraph.Set('chart.title.xaxis','数量');
    //指定 Y 轴标题
```

```
        myGraph.Set('chart.title.yaxis','月份');
        //指定柱状图图例被绘制在图例区域中
        myGraph.Set('chart.key.position', 'graph');
      //指定图例文字
        myGraph.Set('chart.key', ['瓶装类', '罐装类']);
        //指定柱子颜色
        myGraph.Set('chart.colors', ['blue', 'green']);
        //指定 Y 轴的坐标轴文字
        myGraph.Set('chart.labels',['1 月','2 月','3 月','4 月','5 月','6 月','7 月','8 月','9 月','10 月',
        '11 月','12 月']);
        //指定在坐标轴右端绘制说明销售数量的文字
        myGraph.Set('chart.labels.above',true);
        //指定网格自动与坐标轴单位对齐
        myGraph.Set('chart.background.grid.autofit', true);
        myGraph.Set('chart.background.grid.autofit.align', true);
        //指定标签文字所使用的空间尺寸
        myGraph.Set('chart.gutter',45);
        //绘制分组横向柱状图
        myGraph.Draw();
}
</script>
</head>
<body onload="window_onload()">
<canvas id="myCanvas" width="900" height="400">
      [您的浏览器不支持 canvas 元素]
</canvas>
</body>
</html>
```

执行后的效果如图 13-15 所示。

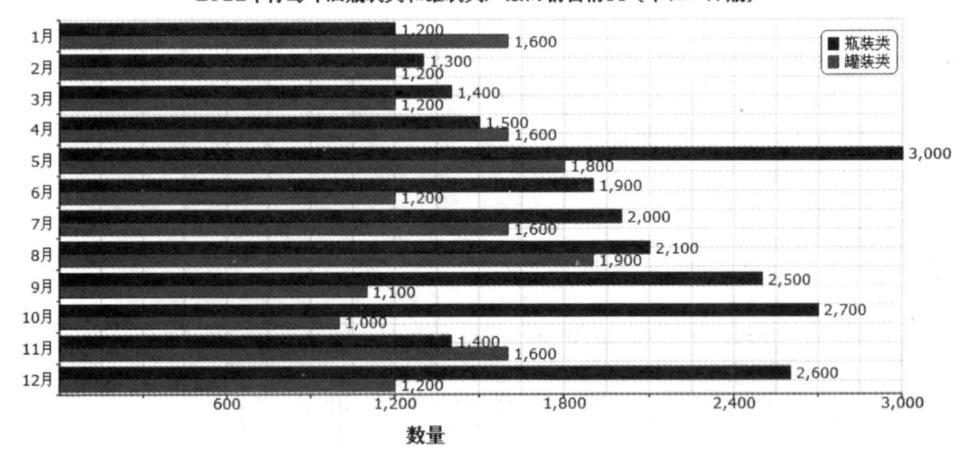

图 13-15　执行效果

第 14 章　特 效 实 战

在 HTML 5 网页应用中，特效永远是设计师们喜欢挑战的工作。因为精美的特效可以吸引众多用户的眼球，提高网页的访问量。本章介绍联合使用 HTML 5、CSS 和 JavaScript 技术实现网页特效的知识，并通过具体实例来演示具体实现流程。

14.1　实现星级评论功能

jQuery 是一个非常著名的 JavaScript 开源框架，能够实现超炫的特效界面。jQuery 是一个开源的特效组件，读者可以登录 http://www.codefans.net 下载开源框架代码。本实例的功能是，调用了 jQuery 源码，实现了星级评论功能。

实例 14-1	说　明
源码路径	daima\14\1.html
功能	使用 jQuery 实现星级评论功能

实例文件 1.html 的实现代码如下。

```
<!DOCTYPE HTML>
<html>
<head>
<meta charset="utf-8">
<title>jquery 星级评论打分组件</title>
<script src="http://www.codefans.net/ajaxjs/jquery-1.6.2.min.js"></script>
<style>
html,body,div,object,iframe,h1,h2,h3,h4,h5,h6,p,blockquote,pre,address,img,ins,del,dl,dt,dd,ol,ul,li,fieldset,form,label,legend,table,caption,tbody,tfoot,thead,tr,th,td{margin:0;padding:0;border:0}
body,button,input,select,textarea{font:12px/1.6 Arial,Tahoma,simsun;color:#333}
button,input,select,textarea{margin:0;outline:0}
textarea{resize:none}
h1,h2,h3,h4,h5,h6{font-size:100%}
address,cite,dfn,em,var,i{font-style:normal}
blockquote:before,blockquote:after,q:before,q:after{content:"}
table{border-spacing:0;border-collapse:collapse}
li{list-style:none}
section,article,aside,header,footer,nav,dialog,figure{display:block}/*html5*/
pre{word-wrap:break-word;font-family:Arial;zoom:1;white-space:pre-wrap}
```

```
/*public*/
a{text-decoration:none;color:#36c}
a:hover{text-decoration:underline;color:#FF7000}
.clear{clear:both;height:0;overflow:hidden}
.clearfix:after{content:"";display:block;height:0;clear:both;visibility:hidden}
.clearfix{zoom:1}
label input{vertical-align:-2px;*vertical-align:0}
.fl{float:left}
.fr{float:right}
.page_all{width:980px;margin:0 auto}
.gray3{color:#333}/*text*/
.gray6{color:#666}
.gray7{color:#7e7e7e}
.gray9{color:#999}
.orange,.sublink .orange{color:#ff7000}
.green{color:#65C202}
.sublink a{color:#3C5891}
.m5{margin:5px}/*margin*/
.mt5{margin-top:5px}
.mr5{margin-right:5px}
.mb5{margin-bottom:5px}
.ml5{margin-left:5px}
.m10{margin:10px}
.mt10{margin-top:10px}
.mr10{margin-right:10px}
.mb10{margin-bottom:10px}
.ml10{margin-left:10px}
.lh24{line-height:24px}
</style>
<script>
var pRate = function(box,callBack){
        this.Index = null;
        var B = $("#"+box),
                rate = B.children("i"),
                w = rate.width(),
                n = rate.length,
                me = this;
        for(var i=0;i<n;i++){
                rate.eq(i).css({
                        'width':w*(i+1),
                        'z-index':n-i
                });
        }
        rate.hover(function(){
```

```
            var S = B.children("i.select");
            $(this).addClass("hover").siblings().removeClass("hover");
            if($(this).index()>S.index()){
                S.addClass("hover");
            }
        },function(){
            rate.removeClass("hover");
        })
        rate.click(function(){
            rate.removeClass("select hover");
            $(this).addClass("select");
            me.Index = $(this).index() + 1;
            if(callBack){callBack();}
        })
    }
    </script>
    <style type="text/css">
    h1{font:26px/3 'microsoft yahei','simhei';color:#000;text-indent:2em;text-shadow:1px 1px 2px #ccc}
    .p_rate{height:14px;position:relative;width:80px;overflow:hidden;display:inline-block;background:url(ht
tp://www.codefans.net/jscss/demoimg/201112/rate.png) repeat-x;margin:40px 100px}
    .p_rate
    i{position:absolute;top:0;left:0;cursor:pointer;height:14px;width:16px;background:url(http://www.
www.codefans.net/jscss/demoimg/201112/rate.png) repeat-x 0 -500px}
    .p_rate .select{background-position:0 -32px}
    .p_rate .hover{background-position:0 -16px}
    </style>
    </head>
    <body>
    <h1>jQuery 星级评论打分组件</h1>
     <span class="p_rate" id="p_rate">
     <i title="1 分"></i>
     <i title="2 分"></i>
     <i title="3 分"></i>
     <i title="4 分"></i>
     <i title="5 分"></i>
    </span>
    <script>
    var Rate = new pRate("p_rate",function(){
        alert(Rate.Index+'分')
    });
    </script>
    </body>
    </html>
```

执行后的效果如图 14-1 所示。

jQuery星级评论打分组件

图 14-1　执行效果

单击图 14-1 中的某个星后，会弹出一个提示对话框，如图 14-2 所示。

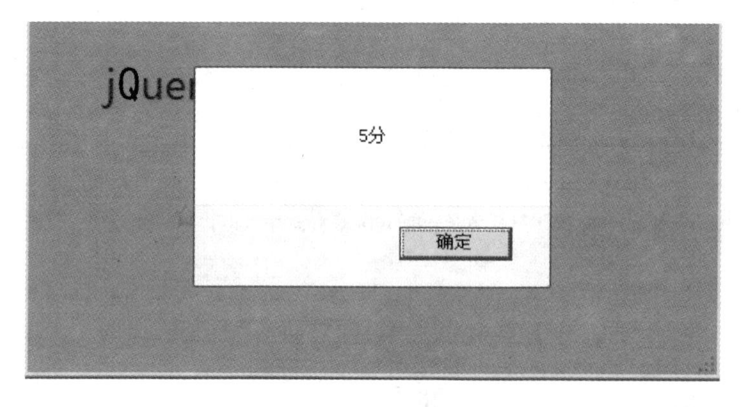

图 14-2　提示对话框

14.2　实现无刷新验证

本实例的功能是，使用 jQuery 框架实现无刷新验证功能。本实例调用了开源框架 jQuery 和 HTML 5 中的表单进行交互，最终实现了无刷新验证特效。

实例 14-2	说　明
源码路径	daima\14\2.html
功能	在网页中实现无刷新验证

实例文件 2.html 的实现代码如下。

```
<!DOCTYPE HTML>
<head>
<meta http-equiv="Content-Type" content="text/html; charset=utf-8" />
<title>表单验证</title>
<style>
body { font:12px/19px Arial, Helvetica, sans-serif; color:#666;}
```

```
        form div { margin:5px 0;}
        .int label { float:left; width:100px; text-align:right;}
        .int input { padding:1px 1px; border:1px solid #ccc;height:16px;}
        .sub { padding-left:100px;}
        .sub input { margin-right:10px; }
        .formtips{width: 200px;margin:2px;padding:2px;}
        .onError{
            background:#FFE0E9   url(http://www.codefans.net/jscss/demoimg/201111/reg3.gif)   no-repeat   0
center;
             padding-left:25px;
        }
        .onSuccess{
            background:#E9FBEB   url(http://www.codefans.net/jscss/demoimg/201111/reg4.gif)   no-repeat   0
center;
             padding-left:25px;
        }
        .high{
            color:red;
        }
        </style>
        <!--    引入 jQuery -->
        <script src="http://www.codefans.net/ajaxjs/jquery1.3.2.js" type="text/javascript"></script><script type=
"text/javascript">//<![CDATA[$(function(){
                //如果是必填的，则加红星标识.
                $("form :input.required").each(function(){
                    var $required = $("<strong class='high'> *</strong>"); //创建元素
                    $(this).parent().append($required); //然后将它追加到文档中
                });
                //文本框失去焦点后
                $('form :input').blur(function(){
                    var $parent = $(this).parent();
                    $parent.find(".formtips").remove();
                    //验证用户名
                    if( $(this).is('#username') ){
                            if( this.value=="" || this.value.length < 6 ){
                                var errorMsg = '请输入至少 6 位的用户名.';
                            $parent.append('<span class="formtips onError">'+errorMsg+'</span>');
                            }else{
                                var okMsg = '输入正确.';
                                $parent.append('<span class="formtips onSuccess">'+okMsg+'</ span>');
                            }
                    }
                    //验证邮件
                    if( $(this).is('#email') ){
                        if( this.value=="" || ( this.value!="" && !/.+@.+\.[a-zA-Z]{2,4}$/.test(this. value) ) ){
                            var errorMsg = '请输入正确的 E-Mail 地址.';
```

```
                        $parent.append('<span class="formtips onError">'+errorMsg+'</span>');
                    }else{
                        var okMsg = '输入正确.';
                        $parent.append('<span class="formtips onSuccess">'+okMsg+'</span>');
                    }
                }
            }).keyup(function(){
                $(this).triggerHandler("blur");
            }).focus(function(){
                $(this).triggerHandler("blur");
            });//end blur


            //提交，最终验证。
             $('#send').click(function(){
                    $("form :input.required").trigger('blur');
                    var numError = $('form .onError').length;
                    if(numError){
                        return false;
                    }
                    alert("注册成功,密码已发到你的邮箱,请查收.");
             });

            //重置
             $('#res').click(function(){
                    $(".formtips").remove();
             });
})
//]]>
</script>
</head>
<body>
<form method="post" action="">
    <div class="int">
        <label for="username">用户名:</label>
        <input type="text" id="username" class="required" />
    </div>
    <div class="int">
        <label for="email">邮箱:</label>
        <input type="text" id="email" class="required" />
    </div>
    <div class="int">
        <label for="personinfo">个人资料:</label>
        <input type="text" id="personinfo" />
    </div>
    <div class="sub">
```

```
            <input type="submit" value="提交" id="send"/><input type="reset" id="res"/>
        </div>
    </form>
    </body>
    </html>
```

执行后的效果如图 14-3 所示。

图 14-3　执行效果

14.3　使用 jQuery 实现的表单特效

本实例的功能是，使用 jQuery 实现一个精美的表单特效。这是一款基于 jQuery 的漂亮的表单效果，将表单的输入框换成了横线，加入了背景，引入了 jQuery 插件，样式上特别漂亮，是一个值得借鉴的 jQuery 表单美化实例，而且本表单在布局上完全是基于纯 CSS 标签来实现的，使用了 CSS 中的 fieldset 来制作表单，兼容性好。

实例 14-3	说　明
源码路径	daima\14\3.html
功能	在网页中使用 jQquery 实现的表单特效

实例文件 3.html 的实现代码如下。

```
<!DOCTYPE HTML>
<head>
<meta http-equiv="Content-Type" content="text/html; charset=utf-8" />
<title>noteform</title>
<script src="http://www.codefans.net/ajaxjs/jquery-1.4.2.min.js"></script>
<script>
$(function(){
  $("div").click(function(){
$(this).addClass("select");
      });
})
```

```
</script>

<style>
<!--
/*省略 CSS 代码*/
-->
</style>
</head>
<body>
<div class="exlist">
    <div class="exlist_title"><img src="paper-clip.png" /></div>
        <div id="title"><legend>快递运单信息</legend></div>
        <form method="post" action="">
            <fieldset>
            <legend>收件信息</legend>
                    <div class="row">
                    <label>1. 收货人:</label>
                    <input style="width:100px" class="txt" type="text" />
                    <label>2. 目的地:</label>
                    <select>
                    <option>北京</option>
                    <option>上海</option>
                    <option>武汉</option>
                    <option>乌鲁木齐</option>
                    </select>
                    </div>
                    <div class="row">
                    <label>3. 联系电话:</label><input class="txt" type="text" />
                    </div>
                    <div class="row">
                    <label>4. 详细地址:</label><input class="txt" style="width:400px" type="text" />
                    </div>
            </fieldset>
            <fieldset>
            <legend>发件信息</legend>
                    <div class="row">
                    <label>1. 发货人:</label>
                    <input style="width:100px" class="txt" type="text" />
                    <label>2. 始发地:</label>
                    <select>
                    <option>北京</option>
                    <option>上海</option>
                    <option>武汉</option>
                    <option>乌鲁木齐</option>
                    </select>
                    </div>
```

```
                <div class="row">
                <label>3. 联系电话:</label><input class="txt" type="text" />
                </div>
                <div class="row">
                <label>4. 详细地址:</label><input class="txt" style="width:400px" type= "text" />
                </div>
            </fieldset>
            <fieldset>
            <legend>货物信息</legend>
                <div class="row">
                <label>1. 数量:</label><input  class="txt"  style="width:30px"  maxlength="2"
type="text" />

                <label>（1-99 件）</label>
                <label>2. 体积:</label><input  class="txt"  style="width:30px"  maxlength="3"
type="text" />

                <label>3. 重量:</label><input  class="txt"  style="width:30px"  maxlength="3"
type="text" />

                <label>（Kg）</label>
                </div>
                <div class="row">
                <label>4. 运输方式:</label>
                <select>
                <option>航运</option>
                <option>火车</option>
                <option>汽车</option>
                <option>轮船</option>
                </select>
                </div>
             <div class="row">
               <label>5. 付款方式:</label>
                 <p>
                   <label><input type="radio" name="pay" value="单选"/>现金付款</label>
                   <label><input type="radio" name="pay" value="单选"/>收件人付款</label>
                   <label><input type="radio" name="pay" value="单选"/>第三方付款</label>
                 </p>
               </div>
            </fieldset>
         </form>
    </div>
    </body>
    </html>
```

执行后的效果如图 14-4 所示。

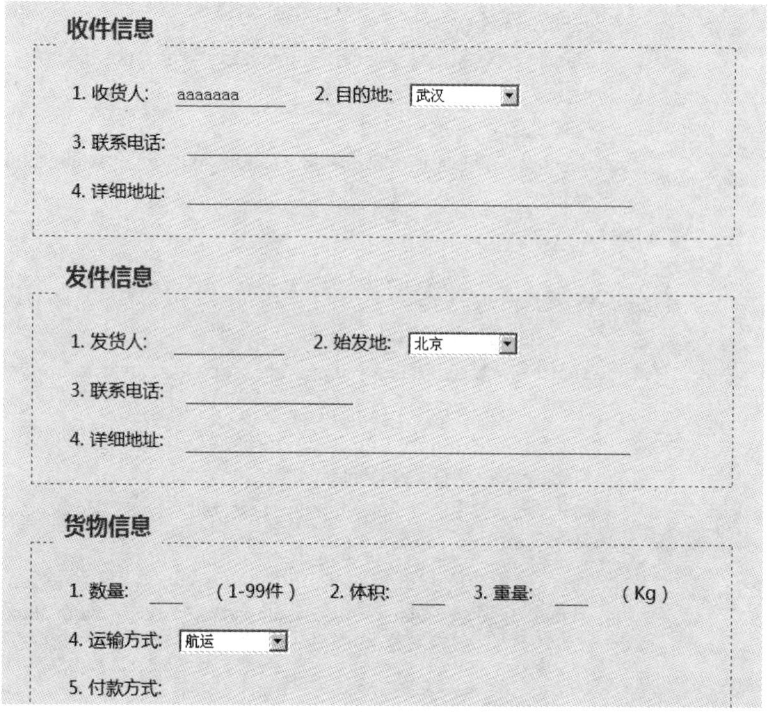

收件信息

1. 收货人: aaaaaaa　2. 目的地: 武汉

3. 联系电话:

4. 详细地址:

发件信息

1. 发货人:　2. 始发地: 北京

3. 联系电话:

4. 详细地址:

货物信息

1. 数量: (1-99件)　2. 体积:　3. 重量:　(Kg)

4. 运输方式: 航运

5. 付款方式:

图 14-4　执行效果

14.4　在网页中动态操作表格

本实例的功能是，联合使用 HTML 5、CSS 和 JavaScript 实现动态操作表格的功能，分别实现添加/删除行和列以及单元格。并且可以指定从第几列到第几列合并，其中的核心功能是通过 JavaScript 实现的。

实例 14-4	说　明
源码路径	daima\14\4.html
功能	在网页中动态操作表格

实例文件 4.html 的实现代码如下。

```
<!DOCTYPE HTML>
<head>
<meta http-equiv="Content-Type" content="text/html; charset=gb2312">
<title>js 动态操作表格</title>
<script language="javascript">
 function init(){
        _table=document.getElementById("table");
        _table.border="1px";
        _table.width="800px";
```

```
    for(var i=1;i<6;i++){
            var row=document.createElement("tr");
            row.id=i;
            for(var j=1;j<6;j++){
                var cell=document.createElement("td");
                cell.id=i+"/"+j;
                cell.appendChild(document.createTextNode("第"+cell.id+"列"));
                row.appendChild(cell);
            }
            document.getElementById("newbody").appendChild(row);
      }
}

function rebulid(){
    var beginRow=document.getElementById("beginRow").value;/*开始行*/
    var endRow=document.getElementById("endRow").value;/*结束行*/
    var beginCol=document.getElementById("beginCol").value;/*开始列*/
    var endCol=document.getElementById("endCol").value;/*结束列*/
    var tempCol=beginRow+"/"+beginCol;/*定位要改变属性的列*/
    alert(tempCol);
    var td=document.getElementById(tempCol);
    for(var x=beginRow;x<=endRow;x++){
          for(var i=beginCol;i<=endCol;i++){
            if(x==beginRow){
          document.getElementById("table").rows[x].deleteCell(i+1);
            }
            else{
                document.getElementById("table").rows[x].deleteCell(i);
            }
            }
    }
    td.rowSpan=(endRow-beginRow)+1;
}
 /*添加行，使用 appendChild 方法*/
 function addRow(){
    var length=document.getElementById("table").rows.length;
    /*document.getElementById("newbody").insertRow(length);
    document.getElementById(length+1).setAttribute("id",length+2);*/
    var tr=document.createElement("tr");
    tr.id=length+1;
    var td=document.createElement("td");
    for(i=1;i<4;i++){
      td.id=tr.id+"/"+i;
      td.appendChild(document.createTextNode("第"+td.id+"列"));
      tr.appendChild(td);
```

```
        }
       document.getElementById("newbody").appendChild(tr);
      }

      function addRow_withInsert(){
          var   row=document.getElementById("table").insertRow(document.getElementById("table").rows.
length);
          var rowCount=document.getElementById("table").rows.length;

          var countCell=document.getElementById("table").rows.item(0).cells.length;
         for(var i=0;i<countCell;i++){
            var cell=row.insertCell(i);

            cell.innerHTML="新"+(rowCount)+"/"+(i+1)+"列";
            cell.id=(rowCount)+"/"+(i+1);

            }
      }
    /*删除行，采用 deleteRow(row Index)*/
     function removeRow(){
    document.getElementById("newbody").deleteRow(document.getElementById(document.getElementByI
d("table").rows.length).rowIndex);
      }
    /*添加列，采用 insertCell(列位置)方法*/
     function addCell(){
     /*document.getElementById("table").rows.item(0).cells.length
      用来获得表格的列数
     */
        for(var i=0;i<document.getElementById("table").rows.length;i++){
               var cell=document.getElementById("table").rows[i].insertCell(2);
               cell.innerHTML="第"+(i+1)+"/"+3+"列";

          }
      }
     /*删除列，采用 deleteCell(列位置)的方法*/
     function removeCell(){
         for(var i=0;i<document.getElementById("table").rows.length;i++){
                document.getElementById("table").rows[i].deleteCell(0);
          }
    }
    </script>
    </head>

    <body onLoad="init();">
     <table   id="table" align="center">
         <tbody id="newbody"></tbody>
```

```
        </table>
         <div>
        <table width="800px" border="1px" align="center">
            <tr><td  align="center"><input  type="button"  id="addRow"  name="addRow"  onClick=
"addRow();" value="添加行"/></td><td align="center"><input type="button" id="delRow" name="delRow" onClic
k="removeRow();" value="删除行"/></td></tr>
                  <tr><td align="center"><input type="button" id="delCell"  name="delCell"  onClick=
"removeCell();"  value="删除列"/></td><td align="center"><input type="button"  id="addCell" name="addCell"
onClick=" addCell();" value="添加列"/></td></tr>
               <tr><td align="center" colspan="2"><input type="button" id="addRows"  name="addRows"
onClick="addRow_withInsert();" value="添加行"/></td></tr>
            </table>
        </div>
        <div>
            <table width="800px" border="1px" align="center">
                  <tr><td>从第<input type="text" id="beginRow" name="beginRow"  value=""/>行到
<input type="text"  name="endRow"  id="endRow"  value=""/>行</td><td rowspan="2"  id="test"><input
type="button" name="hebing" id="hebing" value="合并" onClick="rebulid();"/></td></tr>
                  <tr><td>从第<input type="text" name="beginCol" id="beginCol" value=""/>列到<input
type="text" name="endCol" id="endCol" value=""/>列</td></tr>
            </table>
        </div>
       </body>
       </html>
```

执行后的效果如图 14-5 所示。

第1/1列	第1/2列	第1/3列	第1/4列	第1/5列
第2/1列	第2/2列	第2/3列	第2/4列	第2/5列
第3/1列	第3/2列	第3/3列	第3/4列	第3/5列
第4/1列	第4/2列	第4/3列	第4/4列	第4/5列
第5/1列	第5/2列	第5/3列	第5/4列	第5/5列

添加行	删除行
删除列	添加列
添加行	

从第　行到　行	合并
从第　列到　列	

图 14-5　执行效果

14.5　在文本框中实现层效果

本实例的功能是，在文本框中触发弹出一个层界面效果。这是一个在各大论坛中曾经讨论的问题，在 QQ 邮箱和 Discuz 论坛中有类似的效果。当鼠标单击文本框时，会弹出一个包含文字、图片、表单无素的 div 层，里面的元素都可以进行操作，选中的值会自动添加到文本框内。

实例 14-5	说　　明
源码路径	daima\14\5.html
功能	在文本框中弹出层效果

实例文件 5.html 的实现代码如下。

```
<!DOCTYPE HTML>
<head>
<meta http-equiv="Content-Type" content="text/html; charset=gb2312" />
<title>文本框弹出内容框并取值</title>
<Script language="javascript" type="text/javascript">
function moveselect(obj,target,all){
 if (!all) all=0
 if (obj!="[object]") obj=eval("document.all."+obj)
 target=eval("document.all."+target)
 if (all==0)
 {
    while (obj.selectedIndex>-1){
    mot=obj.options[obj.selectedIndex].text
    mov=obj.options[obj.selectedIndex].value
    obj.remove(obj.selectedIndex)
    var newoption=document.createElement("OPTION");
    newoption.text=mot
    newoption.value=mov
    target.add(newoption)
    }
 }
 else
 {
  for (i=0;i<obj.length;i++)
    {
    mot=obj.options[i].text
    mov=obj.options[i].value
    var newoption=document.createElement("OPTION");
    newoption.text=mot
    newoption.value=mov
    target.add(newoption)
    }
obj.options.length=0
 }
}
function dakai(){
document.getElementById('light').style.display='block';
```

```
        document.getElementById('fade').style.display='block'
        }
        function guanbi(){
        var yuanGong=document.getElementById("yuanGong")
        yuanGong.value=""//如果不加这句，则每次选择的结果追加
        var huoQu=document.getElementById("D2")
        for(var k=0;k<huoQu.length;k++)
        yuanGong.value=yuanGong.value + huoQu.options[k].value + " "//这里的" "中间为空格，为字符间的
分隔符，你可以改成别的
        document.getElementById('light').style.display='none';
        document.getElementById('fade').style.display='none'
        }
        </script>
        <style>
        .black_overlay{display:    none;position:    absolute;top:    0%;left:    0%;width:    100%;height:
100%;background-color:#FFFFFF;z-index:1001;-moz-opacity: 0.8;opacity:.80;filter: alpha(opacity=80);}
        .white_content {display: none;position: absolute;top: 25%;left: 25%;width: 50%;height: 50%;padding:
16px;border: 16px solid orange; margin:-32px;   background-color: white;z-index:1002;overflow: auto;}
        </style>
        </head>
        <body>
        <input type="text" id="yuanGong" onclick="dakai()" size="50">
        <div id="light" class="white_content">
        <table border="1" width="350" id="table4" bordercolor="#CCCCCC" bordercolordark="#CCCCCC"
bordercolorlight="#FFFFFF" cellpadding="3" cellspacing="0">
            <tr>
                <td width="150" height="200" align="center" valign="middle">
                 该部门员工
                 <select   size="12"   name="D1"   ondblclick="moveselect(this,'D2')"   multiple="multiple"
style="width:140px">
                    <option value="员工 1">员工 1</option>
                    <option value="员工 2">员工 2</option>
                    <option value="员工 3">员工 3</option>
                 </select>
                </td>
                <td width="50" height="200" align="center" valign="middle">
                <input type="button" value="<<" name="B3" onclick="moveselect('D2','D1',1)" /><br />
                <input type="button" value="<" name="B5" onclick="moveselect('D2','D1')" /><br />
                <input type="button" value=">" name="B6" onclick="moveselect('D1','D2')" /><br />
                <input type="button" value=">>" name="B4" onclick="moveselect('D1','D2',1)" /><br />
                </td>
                <td width="150" height="200" align="center" valign="middle">
                未划分部门员工
                 <select    size="12"    name="D2"    id="D2"    ondblclick="moveselect(this,'D1')"
multiple="multiple" style="width:140px">
                    <option value="员工 4">员工 4</option>
```

```
                <option value="员工 5">员工 5</option>
            </select>
        </td>
    </tr>
</table>
<a href = "javascript:void(0)" onclick = "guanbi()">确定</a><BR><BR>
</div>
<div id="fade" class="black_overlay"></div>
</body>
</html>
```

执行后的效果如图 14-6 所示。

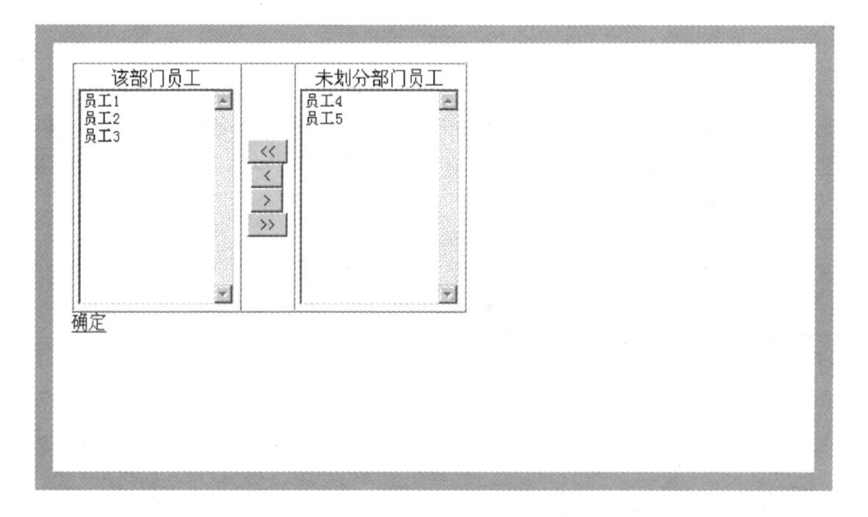

图 14-6　执行效果

14.6　实现五彩连珠网页特效

本实例的功能是，在网页中实现五彩连珠特效。五彩连珠是一款经典的小游戏，大小 73.0 KB（74,752 字节），占用空间 80.0 KB (81,920 字节)，是一款真正益智又占用空间极小的游戏。

实例 14-6	说　明
源码路径	daima\14\6.html
功能	在 HTML 5 网页中实现五彩连珠网页特效

实例文件 6.html 的实现代码如下。

```
<!DOCTYPE html>
<html xmlns="http://www.w3.org/1999/xhtml">
<head>
```

```
<title>HTML5 Javascript 五彩连珠-源码 Game</title>
</head>
<body>
    <canvas id="canvas" height="400" width="600" style="background: #333;"></canvas>
    <script type="text/javascript">
        var game = {
            canvas: document.getElementById("canvas"),
            ctx: document.getElementById("canvas").getContext("2d"),
            cellCount: 9,
            cellWidth: 30,
            lineCount: 5,
            mode: 7,
            actions: {},
            play: function (name, action, interval) {
                var me = this;
                this.actions[name] = setInterval(function () {
                    action();
                    me.draw();
                }, interval || 50);
            },
            stop: function (name) {
                clearInterval(this.actions[name]);
                this.draw();
            },
            colors: ["red", "#039518", "#ff00dc", "#ff6a00", "gray", "#0094ff", "#d2ce00"],
            start: function () {
                this.map.init();
                this.ready.init();
                this.draw();
                this.canvas.onclick = this.onclick;
            },
            over: function () {
                alert("GAME OVER");
                this.onclick = function () {
                    return false;
                };
            },
            draw: function () {
                this.ctx.clearRect(0, 0, 400, 600);
                this.ctx.save();
                this.map.draw();
                this.ready.draw();
                this.score.draw();
                this.ctx.restore();
            },
            clicked: null,
```

```
        isMoving: function () {
            return this.ready.isMoving || this.map.isMoving;
        },
        onclick: function (e) {
            if (game.isMoving()) {
                return;
            }
            var px = (e.offsetX || (e.clientX - game.canvas.offsetLeft)) - game.map.startX;
            var py = (e.offsetY || (e.clientY - game.canvas.offsetTop)) - game.map.startY;
            if (px < 0 || py < 0 || px > game.map.width || py > game.map.height) {
                return;
            }
            var x = parseInt(px / game.cellWidth);
            var y = parseInt(py / game.cellWidth);

            var bubble = game.map.getBubble(x, y);
            if (bubble.color) {
                if (this.clicked) {
                    //同一个泡不做反映
                    if (this.clicked.x == x && this.clicked.y == y) {
                        return;
                    }
                    this.clicked.stop();
                }
                this.clicked = bubble;
                bubble.play();
            }
            else {
                if (this.clicked) {
                    this.clicked.stop();
                    //移动 clicked
                    game.map.move(this.clicked, bubble);
                }
            }
            //console.log("x:" + x + " y:" + y);
        },
        getRandom: function (max) {
            return parseInt(Math.random() * 1000000 % (max));
        },
    };

    game.score = {
        basic: 0,
        operate: 0,
        star1: 0,
        star2: 0,
```

```
            boom: 0,
            draw: function () {
                var startX = game.cellWidth * 10 + game.map.startX;
                var startY = game.map.startY;
                var ctx = game.ctx;
                ctx.save();
                ctx.translate(startX, startY);
                ctx.clearRect(0, 0, 150, 400);
                ctx.strokeStyle = "#456";
                //ctx.strokeRect(0, 0, 150, 200);
                ctx.font = "24px 微软雅黑";
                ctx.fillStyle = "#fefefe";
                ctx.fillText("score:" + (this.basic * 5 + this.star1 * 8 + this.star2 * 10 + this.boom *
20), 0, 30);

                ctx.stroke();
                ctx.restore();
            },
            addScore: function (length) {
                switch (length) {
                    case 5:
                        this.basic++;
                        break;
                    case 6:
                        this.star1++;
                        break;
                    case 7:
                        this.star2++;
                        break;
                    default:
                        this.boom++;
                        break;
                }
                this.draw();
                console.log(this.score);
            },
        };

        game.ready = {
            startX: 40.5,
            startY: 20.5,
            width: game.cellWidth * 3,
            height: game.cellWidth,
            bubbles: [],
            init: function () {
                this.genrate();
```

```
            var me = this;
            me.flyin();
        },
        genrate: function () {
            for (var i = 0; i < 3; i++) {
                var color = game.colors[game.getRandom(game.mode)];
                this.bubbles.push(new Bubble(i, 0, color));
            }
            //console.log(this.bubbles);
        },
        draw: function () {
            var ctx = game.ctx;
            ctx.save();
            ctx.translate(this.startX, this.startY);
            ctx.beginPath();
            ctx.strokeStyle = "#555";
            ctx.strokeRect(0, 0, this.width, this.height);
            ctx.stroke();
            //绘制准备的泡
            this.bubbles.forEach(function (bubble) {
                bubble.draw();
            });
            ctx.restore();
        },
        isMoving: false,
        flyin: function () {
            var emptys = game.map.getEmptyBubbles();
            if (emptys.length < 3) {
                //游戏结束
                game.over();
                return;
            }
            var me = this;
            var status = [0, 0, 0];
            game.play("flyin", function () {
                if (status[0] && status[1] && status[2]) {
                    game.stop("flyin");
                    me.isMoving = false;
                    status = [0, 0, 0];
                    me.bubbles = [];
                    me.genrate();
                    return;
                }
                me.isMoving = true;
                for (var i = 0; i < me.bubbles.length; i++) {
                    if (status[i]) {
```

```
                        continue;
                    }
                    var target = emptys[i];
                    var x2 = target.px + game.map.startX - me.startX;
                    var y2 = target.py + game.map.startY - me.startY;

                    var current = me.bubbles[i];

                    var step = 2;
                    if (current.px < x2) {

                        current.py = ((y2 - current.py) / (x2 - current.px)) * step + current.py;
                        current.px += step;
                        if (current.px > x2) {
                            current.px = x2;
                        }
                    }
                    else if (current.px > x2) {
                        current.py = ((y2 - current.py) / (current.px - x2)) * step + current.py;
                        current.px -= step;
                        if (current.px < x2) {
                            current.px = x2;
                        }
                    }
                    else {
                        current.py += step;
                    }

                    if (current.py > y2) {
                        current.py = y2;
                    }

                    if (current.px == x2 && current.py == y2) {
                        status[i] = 1;
                        current.x = target.x;
                        current.y = target.y;
                        game.map.addBubble(current);
                        game.map.clearLine(current.x, current.y, current.color, false);
                    }
                }
            }, 10);
        }
};
game.map = {
    startX: 40.5,
    startY: 60.5,
```

```
width: game.cellCount * game.cellWidth,
height: game.cellCount * game.cellWidth,
bubbles: [],
init: function () {
    for (var i = 0; i < game.cellCount; i++) {
        var row = [];
        for (var j = 0; j < game.cellCount; j++) {
            row.push(new Bubble(j, i, null));
        }
        this.bubbles.push(row);
    }
},
clearLine: function (x1, y1, color, isClick) {
    if (this.isEmpty(x1, y1)) {
        if (isClick) game.ready.flyin();
        return;
    };
    //给定一个坐标，看是否有满足的 line 可以被消除
    //4 根线 一 | / \
    //横线
    var current = this.getBubble(x1, y1);
    if (!current.color) {
        console.log(current);
    }
    var arr1, arr2, arr3, arr4;
    arr1 = this.bubbles[y1];
    arr2 = [];
    for (var y = 0; y < game.cellCount; y++)
        arr2.push(this.getBubble(x1, y));
    arr3 = [current];
    arr4 = [current];
    for (var i = 1; i < game.cellCount ; i++) {
        if (x1 - i >= 0 && y1 - i >= 0)
            arr3.unshift(this.getBubble(x1 - i, y1 - i));
        if (x1 + i < game.cellCount && y1 + i < game.cellCount)
            arr3.push(this.getBubble(x1 + i, y1 + i));
        if (x1 - i >= 0 && y1 + i < game.cellCount)
            arr4.push(this.getBubble(x1 - i, y1 + i));
        if (x1 + i < game.cellCount && y1 - i >= 0)
            arr4.unshift(this.getBubble(x1 + i, y1 - i));
    }
    var line1 = getLine(arr1);
    var line2 = getLine(arr2);
    var line3 = getLine(arr3);
    var line4 = getLine(arr4);
```

```
        var line = line1.concat(line2).concat(line3).concat(line4);
        if (line.length < 5) {
            if (isClick) game.ready.flyin();
            return;
        }
        else {
            var me = this;
            var i = 0;

            game.play("clearline", function () {
                if (i == line.length) {
                    game.score.addScore(line.length);
                    game.stop("clearline");
                    me.isMoving = false;
                    //game.ready.flyin();
                    return;
                }
                me.isMoving = true;
                var p = line[i];
                me.setBubble(p.x, p.y, null);
                i++;
            }, 100);
        }
        function getLine(bubbles) {
            var line = [];
            for (var i = 0; i < bubbles.length; i++) {
                var b = bubbles[i];
                if (b.color == color) {
                    line.push({ "x": b.x, "y": b.y });
                }
                else {
                    if (line.length < 5)
                        line = [];
                    else
                        return line;
                }
            }
            if (line.length < 5)
                return [];
            return line;
        }
    },
    draw: function () {
        var ctx = game.ctx;
        ctx.save();
        ctx.translate(this.startX, this.startY);
```

```
            ctx.beginPath();
            for (var i = 0; i <= game.cellCount; i++) {
                var p1 = i * game.cellWidth;;
                ctx.moveTo(p1, 0);
                ctx.lineTo(p1, this.height);

                var p2 = i * game.cellWidth;
                ctx.moveTo(0, p2);
                ctx.lineTo(this.width, p2);
            }
            ctx.strokeStyle = "#555";
            ctx.stroke();

            //绘制子元素（所有在棋盘上的泡）
            this.bubbles.forEach(function (row) {
                row.forEach(function (bubble) {
                    bubble.draw();
                });
            });
            ctx.restore();
        },
        isMoving: false,
        move: function (bubble, target) {
            var path = this.search(bubble.x, bubble.y, target.x, target.y);
            if (!path) {
                //显示不能移动 s
                alert("过不去");
                return;
            }
            //map 开始播放当前泡的移动效果
            //两种实现方式，1、map 按路径染色，最后达到目的地 2、map 生成一个临时
的 bubble 负责展示，到目的地后移除

            //console.log(path);
            var me = this;
            var name = "move_" + bubble.x + "_" + bubble.y;
            var i = path.length - 1;
            var color = bubble.color;
            game.play(name, function () {
                if (i < 0) {
                    game.stop(name);
                    me.isMoving = false;
                    me.clearLine(target.x, target.y, color, true);
                    return;
                }
                me.isMoving = true;
```

```
                path.forEach(function (cell) {
                    me.setBubble(cell.x, cell.y, null);
                });
                var currentCell = path[i];
                me.setBubble(currentCell.x, currentCell.y, color);
                i--;
            }, 50);
        },
        search: function (x1, y1, x2, y2) {

            var history = [];
            var goalCell = null;
            var me = this;

            getCell(x1, y1, null);
            if (goalCell) {
                var path = [];

                var cell = goalCell;
                while (cell) {
                    path.push({ "x": cell.x, "y": cell.y });
                    cell = cell.parent;
                }

                return path;
            }
            return null;

            function getCell(x, y, parent) {
                if (x >= me.bubbles.length || y >= me.bubbles.length)
                    return;
                if (x != x1 && y != y2 && !me.isEmpty(x, y))
                    return;

                for (var i = 0; i < history.length; i++) {
                    if (history[i].x == x && history[i].y == y)
                        return;
                }

                var cell = { "x": x, "y": y, child: [], "parent": parent };
                history.push(cell);

                if (cell.x == x2 && cell.y == y2) {
                    goalCell = cell;
                    return cell;
                }
```

```
                var child = [];
                var left, top, right, buttom;
                //最短路径的粗略判断就是首选目标位置的大致方向
                if (x - 1 >= 0 && me.isEmpty(x - 1, y))
                    left = { "x": x - 1, "y": y };
                if (x + 1 < me.bubbles.length && me.isEmpty(x + 1, y))
                    right = { "x": x + 1, "y": y };
                if (y + 1 < me.bubbles.length && me.isEmpty(x, y + 1))
                    buttom = { "x": x, "y": y + 1 };
                if (y - 1 >= 0 && me.isEmpty(x, y - 1))
                    top = { "x": x, "y": y - 1 };

                if (x > x2) {
                    if (y > y2)
                        child = [left, top, right, buttom];
                    else if (y < y2)
                        child = [left, buttom, right, top];
                    else
                        child = [left, top, right, buttom];
                }
                else if (x < x2) {
                    if (y > y2)
                        child = [right, top, left, buttom];
                    else if (y < y2)
                        child = [right, buttom, left, top];
                    else
                        child = [right, top, left, buttom];
                }
                else if (x == x2) {
                    if (y > y2)
                        child = [top, left, right, buttom];
                    else if (y < y2)
                        child = [buttom, left, right, top];
                }

                for (var i = 0; i < child.length; i++) {
                    var c = child[i];
                    if (c) cell.child.push(getCell(c.x, c.y, cell));
                }

                return cell;

            }

        },
```

```
getEmptyBubbles: function () {
    var empties = [];
    this.bubbles.forEach(function (row) {
        row.forEach(function (bubble) {
            if (!bubble.color) {
                empties.push(new Bubble(bubble.x, bubble.y));
            }
        });
    });
    if (empties.length <= 3) {
        return [];
    }

    var result = [];
    var useds = [];
    for (var i = 0; i < empties.length; i++) {
        if (result.length == 3) {
            break;
        }
        var isUsed = false;
        var ra = game.getRandom(empties.length);
        for (var m = 0; m < useds.length; m++) {
            isUsed = ra === useds[m];
            if (isUsed) break;
        }
        if (!isUsed) {
            result.push(empties[ra]);
            useds.push(ra);
        }
    }
    //console.log(useds);
    return result;
},
addBubble: function (bubble) {
    var thisBubble = this.getBubble(bubble.x, bubble.y);
    thisBubble.color = bubble.color;
},
setBubble: function (x, y, color) {
    this.getBubble(x, y).color = color;
},
getBubble: function (x, y) {
    if (x < 0 || y < 0 || x > game.cellCount || y > game.cellCount) return null;
    return this.bubbles[y][x];
},
isEmpty: function (x, y) {
    var bubble = this.getBubble(x, y);
```

```
            return !bubble.color;
        },
    };

    var Cell = function (x, y) {
        this.x = x;
        this.y = y;
    }

    var Bubble = function (x, y, color) {
        this.x = x;
        this.y = y;
        this.px = game.cellWidth * (this.x + 1) - game.cellWidth / 2;
        this.py = game.cellWidth * (this.y + 1) - game.cellWidth / 2;
        this.color = color;
        this.light = 10;
    };

    Bubble.prototype.draw = function () {
        if (!this.color) {
            return;
        }
        var ctx = game.ctx;
        ctx.beginPath();
        //console.log("x:" + px + "y:" + py);
        var gradient = ctx.createRadialGradient(this.px - 5, this.py - 5, 0, this.px, this.py, this. light);

        gradient.addColorStop(0, "white");
        gradient.addColorStop(1, this.color);
        ctx.arc(this.px, this.py, 11, 0, Math.PI * 2);
        ctx.strokeStyle = this.color;
        ctx.fillStyle = gradient;
        ctx.fill();
        ctx.stroke();
    };
    Bubble.prototype.play = function () {
        var me = this;
        var isUp = true;
        game.play("light_" + this.x + "_" + this.y, function () {
            if (isUp) {
                me.light += 3;
            }

            if (!isUp) {
                me.light -= 3;
            }
```

```
                    if (me.light >= 30) {
                        isUp = false;
                    }
                    if (me.light <= 10) {
                        isUp = true;
                    }
                }, 50);
            };

            Bubble.prototype.stop = function () {
                //this.light = 10;
                var me = this;
                game.stop("light_" + this.x + "_" + this.y);
                game.play("restore_" + this.x + "_" + this.y, function () {
                    if (me.light > 10) {
                        me.light--;
                    }
                    else {
                        me.light = 10;
                        game.stop("restore_" + me.x + "_" + me.y);
                    }
                }, 50);
            };

            game.start();
        </script>
    </body>
</html>
```

执行后的效果如图 14-7 所示。

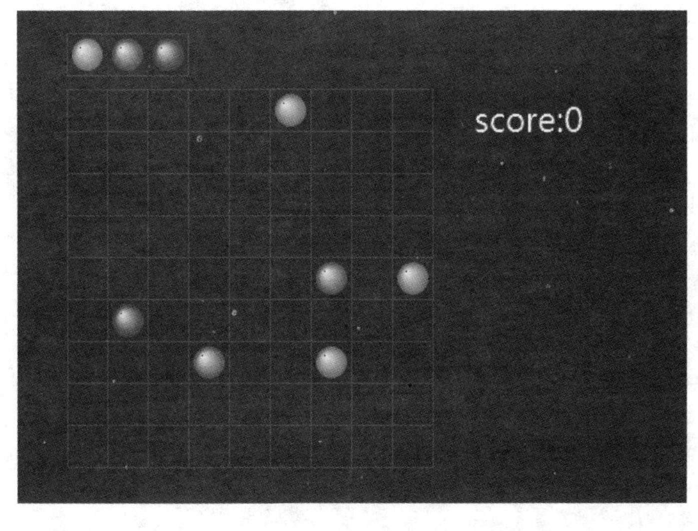

图 14-7　执行效果

14.7 让网页中的图片 div 竖向滑动

本实例的功能是让图片 div 竖向滑动，本实例的核心是 JavaScript 代码，虽然现在里面没有图片，但读者可根据自己的需求加上图片。当鼠标放在图片上后图片层会上下滑动。

实例 14-7	说　明
源码路径	daima\14\7.html
功能	让网页中的图片 DIV 竖向滑动

实例文件 7.html 的实现代码如下。

```
<!DOCTYPE HTML>
<meta http-equiv="Content-Type" content="text/html; charset=gb2312" />
<title>图片滑动展示效果</title>
<script type="text/javascript">
var $$ = function (id) {
    return "string" == typeof id ? document.getElementById(id) : id;
};
function Event(e){
    var oEvent = document.all ? window.event : e;
    if (document.all) {
        if(oEvent.type == "mouseout") {
            oEvent.relatedTarget = oEvent.toElement;
        }else if(oEvent.type == "mouseover") {
            oEvent.relatedTarget = oEvent.fromElement;
        }
    }
    return oEvent;
}
function addEventHandler(oTarget, sEventType, fnHandler) {
    if (oTarget.addEventListener) {
        oTarget.addEventListener(sEventType, fnHandler, false);
    } else if (oTarget.attachEvent) {
        oTarget.attachEvent("on" + sEventType, fnHandler);
    } else {
        oTarget["on" + sEventType] = fnHandler;
    }
};
var Class = {
  create: function() {
    return function() {
      this.initialize.apply(this, arguments);
    }
  }
}
```

```
Object.extend = function(destination, source) {
    for (var property in source) {
        destination[property] = source[property];
    }
    return destination;
}

var GlideView = Class.create();
GlideView.prototype = {
  //容器对象 容器宽度 展示标签 展示宽度
  initialize: function(obj, iHeight, sTag, iMaxHeight, options) {
    var oContainer = $$(obj), oThis=this, len = 0;this.SetOptions(options);
    this.Step = Math.abs(this.options.Step);
    this.Time = Math.abs(this.options.Time);
     this._list = oContainer.getElementsByTagName(sTag);
     len = this._list.length;
     this._count = len;
     this._height = parseInt(iHeight / len);
     this._height_max = parseInt(iMaxHeight);
     this._height_min = parseInt((iHeight - this._height_max) / (len - 1));
     this._timer = null;
     this.Each(function(oList, oText, i){
           oList._target = this._height * i;//自定义一个属性放目标 left
           oList.style.top = oList._target + "px";
           oList.style.position = "absolute";
           addEventHandler(oList, "mouseover", function(){ oThis.Set.call(oThis, i); });
     })
     //容器样式设置
     oContainer.style.height = iHeight + "px";
     oContainer.style.overflow = "hidden";
     oContainer.style.position = "relative";
     //移出容器时返回默认状态
     addEventHandler(oContainer, "mouseout", function(e){
     //变通防止执行 oList 的 mouseout
     var o = Event(e).relatedTarget;
     if (oContainer.contains ? !oContainer.contains(o) : oContainer != o && !(oContainer.compare
DocumentPosition(o) & 16)) oThis.Set.call(oThis, -1);

     })
  },
  //设置默认属性
  SetOptions: function(options) {
    this.options = {//默认值
          Step:20,//滑动变化率
          Time:3,//滑动延时
          TextTag:"",//说明容器 tag
```

```
                TextHeight:      0//说明容器高度
            };
            Object.extend(this.options, options || {});
        },
        //相关设置
        Set: function(index) {
            if (index < 0) {
                //鼠标移出容器返回默认状态
                this.Each(function(oList, oText, i){ oList._target = this._height * i; if(oText){ oText._target =
this._height_text; } })

            } else {
                //鼠标移到某个滑动对象上
                this.Each(function(oList, oText, i){
                    oList._target = (i <= index) ? this._height_min * i : this._height_min * (i - 1) + this._
height_max;

                    if(oText){ oText._target = (i == index) ? 0 : this._height_text; }
                })
            }
            this.Move();
        },
        //移动
        Move: function() {
            clearTimeout(this._timer);
            var bFinish = true;//是否全部到达目标地址
            this.Each(function(oList, oText, i){
                var iNow = parseInt(oList.style.top), iStep = this.GetStep(oList._target, iNow);
                if (iStep != 0) { bFinish = false; oList.style.top = (iNow + iStep) + "px"; }
            })
            //未到达目标继续移动
            if (!bFinish) { var oThis = this; this._timer = setTimeout(function(){ oThis.Move(); }, this.Time); }

        },
        //获取步长
        GetStep: function(iTarget, iNow) {
            var iStep = (iTarget - iNow) / this.Step;
            if (iStep == 0) return 0;
            if (Math.abs(iStep) < 1) return (iStep > 0 ? 1 : -1);
            return iStep;
        },
        Each:function(fun) {
            for (var i = 0; i < this._count; i++)
                fun.call(this, this._list[i], (this.Showtext ? this._text[i] : null), i);
        }
    };
```

```
</script>
<style type="text/css">
#idGlideView {
    height:314px;
    width:325px;
    margin:0 auto;
}
#idGlideView div {
    width:325px;
    height:314px;
}
</style>
</head>
<body>
<div id="idGlideView">
    <div style="background-color:#006699;"> </div>
    <div style="background-color:#FF9933;"> </div>
</div>
<SCRIPT>
var gv = new GlideView("idGlideView", 314, "div", 280,"");
</SCRIPT>
</body>
</html>
```

执行后的效果如图 14-8 示。

图 14-8　执行效果

14.8　实现滑动门特效

本实例的功能是，在网页中实现滑动门特效。如果将鼠标放在主菜单上，下边框架内的内容会跟着变换，鼠标不需要单击，只需要滑上去就可切换内容，像一扇门，所以叫做“滑动门”菜单。

实例 14-8	说　明
源码路径	daima\14\8.html
功能	在 HTML 5 网页中实现滑动门特效

实例文件 8.html 的实现代码如下。

```
<!DOCTYPE html>
<head>
    <title>简洁 TAB</title>
    <script type="text/javascript">
        function nTabs(thisObj, Num) {
            if (thisObj.className == "active") return;
            var tabObj = thisObj.parentNode.id;//赋值指定节点的父节点的 id 名字
            var tabList = document.getElementById(tabObj).getElementsByTagName("li");
            for (i = 0; i < tabList.length; i++) {//点击之后，其他 tab 变成灰色，内容隐藏，只有点击的 tab 和内容有属性

                if (i == Num) {
                    thisObj.className = "active";
                    document.getElementById(tabObj + "_Content" + i).style.display = "block";
                } else {
                    tabList[i].className = "normal";
                    document.getElementById(tabObj + "_Content" + i).style.display = "none";
                }
            }
        }
    </script>
    <style type="text/css">
        *
        {
            margin: 0;
            padding: 0;
            list-style: none;
            font-size: 14px;
        }
        .nTab
        {
            width: 500px;
            height:200px;
            margin: 20px auto;
            border: 1px solid #333;
            overflow: hidden;
        }
```

```
            .none
            {
                display: none;
            }
            .nTab .TabTitle li
            {
                float: left;
                cursor: pointer;
                height: 35px;
                line-height: 35px;
                font-weight: bold;
                text-align: center;
                width: 124px;
            }
            .nTab .TabTitle li a
            {
                text-decoration: none;
            }
            .nTab .TabTitle .active
            {
                background-color:blue;
                color: #336699;
            }
            .nTab .TabTitle .normal
            {
                color: #F1AC1C;
            }
            .nTab .TabContent
            {
                clear: both;
                overflow: hidden;
                background: #fff;
                padding: 5px;
                display: block;
                height:100px;

            }
        </style>
    </head>
    <body>
        <div class="nTab">
            <div class="TabTitle">
                <ul id="myTab">
                    <li class="active" onmouseover="nTabs(this,0);">ASP</li>
                    <li class="normal" onmouseover="nTabs(this,1);">PHP2</li>
                    <li class="normal" onmouseover="nTabs(this,2);">PHP3</li>
```

```
                <li class="normal" onmouseover="nTabs(this,3);">PHP4</li>
            </ul>
        </div>
        <div class="TabContent" >
            <div id="myTab_Content0">
                第一块内容</div>
            <div id="myTab_Content1" class="none">
                第二块内容</div>
            <div id="myTab_Content2" class="none">
                第三块内容</div>
            <div id="myTab_Content3" class="none">
                第四块内容</div>
        </div>
    </div>
</body>
</html>
```

执行后的效果如图 14-9 示。

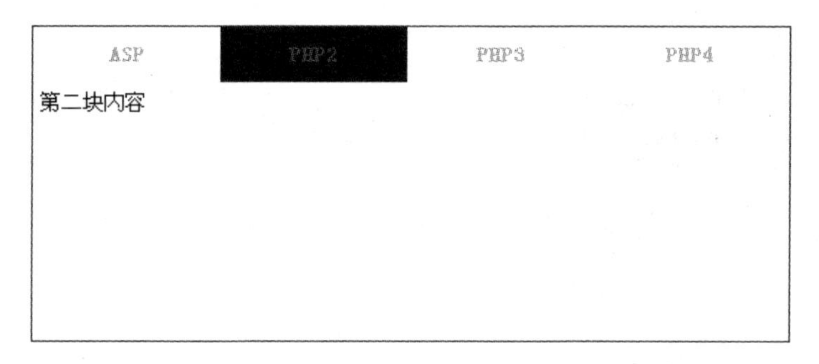

图 14-9　执行效果

14.9　实现上下可拖动效果

本实例的功能是，在网页中实现类似 QQ 对话框上下部分可拖动效果。这是一款经典的特效，在 IE 或火狐以及 Chrome 等浏览器都能正常运行。操作方法是：上下拖动红条改变显示区域高度，往上则全部显示下部的内容，往下拖则全部显示上部的内容。

实例 14-9	说　明
源码路径	daima\14\9.html
功能	在网页界面框中实现上下可拖动效果

实例文件 9.html 的实现代码如下。

```
<!DOCTYPE html>
<html>
<head>
```

```
<meta http-equiv="Content-Type" content="text/html; charset=utf-8" />
<title>类似 QQ 对话框上下部分可拖动代码-例子代码</title>
<style>
ul,li{margin:0;padding:0;}
body{font:14px/1.5 Arial;color:#666;}
#box{position:relative;width:600px;height:400px;border:2px solid #000;margin:10px auto;overflow: hidden;}
#box ul{list-style-position:inside;margin:10px;}
#box div{position:absolute;width:100%;}
#top,#bottom{color:#FFF;height:100%;overflow:hidden;}
#top{background:green;}
#bottom{background:skyblue;top:50%}
#line{top:50%;height:4px;overflow:hidden;margin-top:-2px;background:red;cursor:n-resize;}
</style>
<script>
function $(id) {
    return document.getElementById(id)
}
window.onload = function() {
    var oBox = $("box"), oBottom = $("bottom"), oLine = $("line");
    oLine.onmousedown = function(e) {
        var disY = (e || event).clientY;
        oLine.top = oLine.offsetTop;
        document.onmousemove = function(e) {
            var iT = oLine.top + ((e || event).clientY - disY);
            var maxT = oBox.clientHeight - oLine.offsetHeight;
            oLine.style.margin = 0;
            iT < 0 && (iT = 0);
            iT > maxT && (iT = maxT);
            oLine.style.top = oBottom.style.top = iT + "px";
            return false
        };
        document.onmouseup = function() {
            document.onmousemove = null;
            document.onmouseup = null;
            oLine.releaseCapture && oLine.releaseCapture()
        };
        oLine.setCapture && oLine.setCapture();
        return false
    };
};
</script>
</head>
<body>
<center>上下拖动红条改变显示区域高度</center>
<div id="box">
    <div id="top">
        <ul>
```

```
<li>jQuery 初学实例代码集</li>
<li>100 多个 ExtJS 应用初学实例集</li>
<li>基于 jQuery 的省、市、县三级级联菜单</li>
<li>最新通用精简版</li>
<li>FCKeditor  2.6.4.1 网页编辑器</li>
<li>jQuery 平滑图片滚动</li>
<li>Xml+JS 省市县三级联动菜单</li>
<li>jQuery 鼠标滑过链接文字弹出层提示的效果</li>
<li>JS 可控制的图片左右滚动特效（走马灯）</li>
</ul>
      </div>
      <div id="bottom">
            <ul>
 <li>网页上部大 Banner 广告特效及图片横向滚动代码</a></li>
<li>FlexSlider 网页广告、图片焦点图切换插件</a></li>
<li>兼容 IE，火狐的 JavaScript 图片切换</li>
<li>jQuery 仿 ios 无线局域网 WIFI 提示效果（折叠面板）</li>
<li>TopUp js 图片展示及弹出层特效代码</li>
<li>jQuery 仿 Apple 苹果手机放大镜阅读效果</a></li>
<li>Colortip  文字 title 多样式提示插件</li>
<li>网页换肤，Ajax 网页风格切换代码集</li>
<li>超强大、漂亮的蓝色网页弹出层效果</li>
<li>jQuery  图像预览功能的代码实现</li>
            </ul>
      </div>
      <div id="line"></div>
</div>
</body>
</html>
```

执行后的效果如图 14-10 示。

图 14-10　执行效果

14.10 在网页中实现粒子特效效果

本实例的功能是，在网页中实现粒子特效效果。粒子特效是为模拟现实中的水、火、雾、气等效果，由各种三维软件开发的制作模块，原理是将无数的单个粒子组合，使其呈现出固定形态，由控制器，脚本来控制其整体或单个的运动，从而模拟出真实的效果。

实例 14-10	说　明
源码路径	daima\14\10.html
功能	在网页中实现粒子特效效果

实例文件 10.html 的实现代码如下。

```
<!DOCTYPE html>
<html lang="en">
  <head>
    <meta charset=utf-8>
    <title>粒子效果演示 </title>
    <meta name="description" content="HTML5/canvas demo, 500 particles to play around with."
/>
    <meta                                                                    name="keywords"
content="html5,canvas,javascript,particles,interactive,velocity,programming,flash" />
    <script type="text/javascript" src="js10.js"></script>
    <link rel="stylesheet" type="text/css" href="pages.css" />
  </head>
  <body>
    <div id="outer">
        <div id="canvasContainer">
            <canvas id="mainCanvas" width="1000" height="560"></canvas>
            <div id="output"></div>
        </div>
    </div>
</script>
  </body>
</html>
```

脚本文件 js10.js 的实现代码如下。

```
(function(){
    var PI_2          = Math.PI * 2;
    var canvasW        = 1000;
    var canvasH        = 560;
    var numMovers      = 600;
    var friction       = 0.96;
    var movers         = [];
    var canvas;
```

```
var ctx;
var canvasDiv;
var outerDiv;
var mouseX;
var mouseY;
var mouseVX;
var mouseVY;
var prevMouseX;
var prevMouseY;
var isMouseDown;

function init(){
    canvas = document.getElementById("mainCanvas");

    if ( canvas.getContext ){
        setup();
        setInterval( run , 33 );
        trace('你们好');
    }
    else{
        trace("Sorry, needs a recent version of Chrome, Firefox, Opera, Safari, or Internet
Explorer 9.");
    }
}

function setup(){
    outerDiv  = document.getElementById("outer");
    canvasDiv = document.getElementById("canvasContainer");
    ctx       = canvas.getContext("2d");
    var i = numMovers;
    while ( i-- ){
        var m = new Mover();
        m.x   = canvasW * 0.5;
        m.y   = canvasH * 0.5;
        m.vX  = Math.cos(i) * Math.random() * 34;
        m.vY  = Math.sin(i) * Math.random() * 34;
        movers[i] = m;
    }

    mouseX = prevMouseX = canvasW * 0.5;
    mouseY = prevMouseY = canvasH * 0.5;

    document.onmousedown = onDocMouseDown;
    document.onmouseup   = onDocMouseUp;
    document.onmousemove = onDocMouseMove;
}
```

```
function run(){
    ctx.globalCompositeOperation = "source-over";
    ctx.fillStyle = "rgba(8,8,12,0.65)";
    ctx.fillRect( 0 , 0 , canvasW , canvasH );
    ctx.globalCompositeOperation = "lighter";

    mouseVX      = mouseX - prevMouseX;
    mouseVY      = mouseY - prevMouseY;
    prevMouseX = mouseX;
    prevMouseY = mouseY;

    var toDist     = canvasW * 0.86;
    var stirDist = canvasW * 0.125;
    var blowDist = canvasW * 0.5;
    var Mrnd = Math.random;
    var Mabs = Math.abs;
    var i = numMovers;
    while ( i-- ){
        var m    = movers[i];
        var x    = m.x;
        var y    = m.y;
        var vX = m.vX;
        var vY = m.vY;

        var dX = x - mouseX;
        var dY = y - mouseY;
        var d    = Math.sqrt( dX * dX + dY * dY ) || 0.001;
        dX /= d;
        dY /= d;

        if ( isMouseDown ){
            if ( d < blowDist ){
                var blowAcc = ( 1 - ( d / blowDist ) ) * 14;
                vX += dX * blowAcc + 0.5 - Mrnd();
                vY += dY * blowAcc + 0.5 - Mrnd();
            }
        }

        if ( d < toDist ){
            var toAcc = ( 1 - ( d / toDist ) ) * canvasW * 0.0014;
            vX -= dX * toAcc;
            vY -= dY * toAcc;
        }

        if ( d < stirDist ){
```

```
            var mAcc = ( 1 - ( d / stirDist ) ) * canvasW * 0.00026;
            vX += mouseVX * mAcc;
            vY += mouseVY * mAcc;
        }

        vX *= friction;
        vY *= friction;

        var avgVX = Mabs( vX );
        var avgVY = Mabs( vY );
        var avgV    = ( avgVX + avgVY ) * 0.5;

        if( avgVX < .1 ) vX *= Mrnd() * 3;
        if( avgVY < .1 ) vY *= Mrnd() * 3;

        var sc = avgV * 0.45;
        sc = Math.max( Math.min( sc , 3.5 ) , 0.4 );

        var nextX = x + vX;
        var nextY = y + vY;

        if ( nextX > canvasW ){
            nextX = canvasW;
            vX *= -1;
        }
        else if ( nextX < 0 ){
            nextX = 0;
            vX *= -1;
        }

        if ( nextY > canvasH ){
            nextY = canvasH;
            vY *= -1;
        }
        else if ( nextY < 0 ){
            nextY = 0;
            vY *= -1;
        }

        m.vX = vX;
        m.vY = vY;
        m.x    = nextX;
        m.y    = nextY;

        ctx.fillStyle = m.color;
        ctx.beginPath();
```

```
                ctx.arc( nextX , nextY , sc , 0 , PI_2 , true );
                ctx.closePath();
                ctx.fill();
            }
        }


        function onDocMouseMove( e ){
            var ev = e ? e : window.event;
            mouseX = ev.clientX - outerDiv.offsetLeft - canvasDiv.offsetLeft;
            mouseY = ev.clientY - outerDiv.offsetTop   - canvasDiv.offsetTop;
        }

        function onDocMouseDown( e ){
            isMouseDown = true;
            return false;
        }

        function onDocMouseUp( e ){
            isMouseDown = false;
            return false;
        }


        function Mover(){
            this.color    =    "rgb("    +    Math.floor(    Math.random()*255    )    +    ","    +
Math.floor( Math.random()*255 ) + "," + Math.floor( Math.random()*255 ) + ")";
            this.y        = 0;
            this.x        = 0;
            this.vX       = 0;
            this.vY       = 0;
            this.size     = 1;
        }


        function rect( context , x , y , w , h ){
            context.beginPath();
            context.rect( x , y , w , h );
            context.closePath();
            context.fill();
        }

        function trace( str ){
            document.getElementById("output").innerHTML = str;
        }
```

```
        window.onload = init;
})();
```

样式文件 pages.css 的实现代码如下。

```
html, body {
        text-align: center;
        margin:0;
        padding:0;
        background: #000000;
        color: #666666;
        line-height: 1.25em;
}

#outer {
        position: absolute;
        top: 50%;
        left: 50%;
        width: 1px;
        height: 1px;
        overflow: visible;
}

#canvasContainer {
        position: absolute;
        width: 1000px;
        height: 560px;
        top: -280px;
        left: -500px;
}

canvas {
        border: 1px solid #333333;
}

a {
        color: #00CBCB;
        text-decoration:none;
        font-weight:bold;
}
a:hover {
        color:#FFFFFF;
}

#output {
        font-family: Arial, Helvetica, sans-serif;
        font-size: 0.75em;
```

```
        margin-top:4px;
    }

    #footer{
        font-size: 0.6em;
        font-family: Arial, Helvetica, sans-serif;
        position: absolute;
        bottombottom:8px;
        width:98%;
    }
```

执行后的效果如图 14-11 示。

图 14-11　执行效果

第 15 章　Web 设计中的典型模块

无论是 Web 项目还是桌面项目，根据面向对象的编程思想，经常会将各种在一个项目中使用多次的功能进行单独开发，一般将这个功能称之为一个模块。本章学习网页设计中常用的模块。

15.1　一个项目引发的问题

在 Web 设计中，模块的用处就是组装。例如开发一个典型企业动态 Web，对于网站中的会员系统，可以参考收集的登录验证模块和会员管理模块实现；对于企业产品展示，可以参考收集的的产品展示模块来实现，完全可以将源码原封不动地搬过来，只是把图片进行了替换和修改。整个结构如图 15-1 所示。

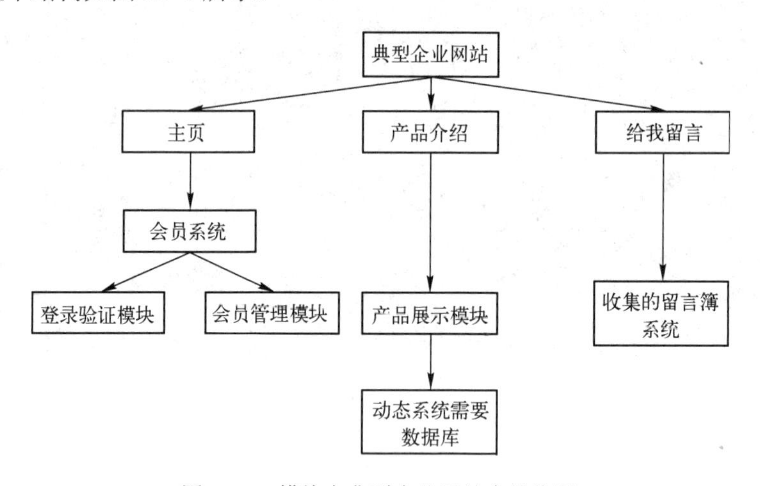

图 15-1　模块在典型企业网站中的作用

在设计的初级阶段，用户可以借用模块来实现自己的功能。随着技术的增长和项目的增多，每个设计师都会有很多套属于自己的作品。

设计师们热衷于讨论如何提高网页设计效率的问题，其实最好的方法莫过于模块化。例如，在 PSD 吧可公开下载顶尖设计档次的企业网站、商业网页模板，并授权用于商业，可大大提高网页设计的效率。如图 15-2 所示。

另外，像来自美国，现在风靡亚洲的怪兽模板网站，其网站上的网站模板设计具有很高的水平。如图 15-3 所示。

图 15-2　PSD 吧

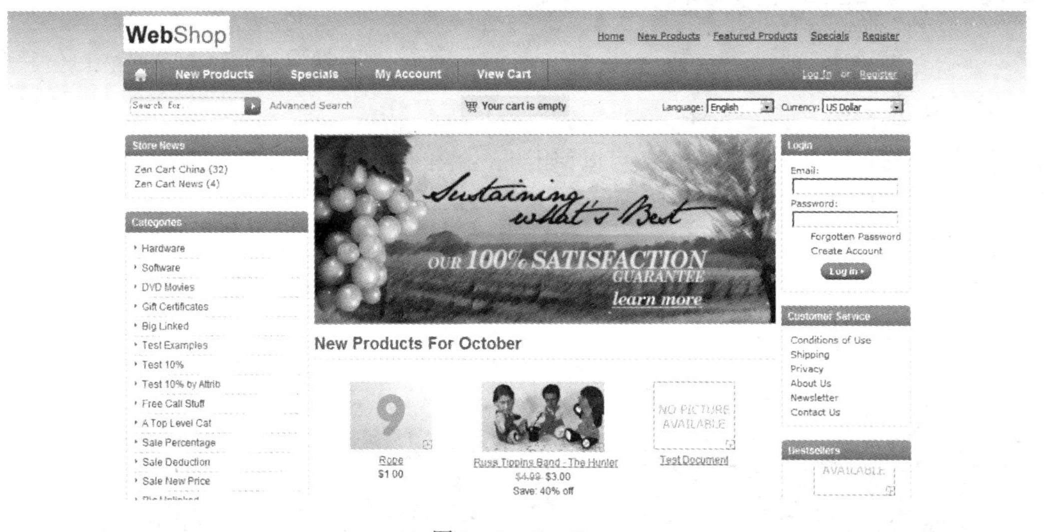

图 15-3　Zen Cart

在本书介绍的上述网站中，有大量的 PSD 模板、HTML 模板，特别是很多欧美和韩国设计师们的首页 HTML 模板。用户可以下载使用，快速领略顶尖设计师们的风采。所以本章就不花费篇幅讲解 HTML 模板和 CSS 模板了。下面将简单介绍几个常用的 JavaScript 特效模板。

15.2　JavaScript 特效的应用

JavaScript 作为脚本语言，它能够为网页实现基本的动态效果，吸引用户对页面的关注度。

JavaScript在网页中的应用主要体现在如下6个方面：

1. 文字处理

文字是页面的基础，通过JavaScript处理后的文字将会带来令人叹为观止的效果。图15-4就是经典纯JavaScript处理的Web主页。

2. 时间处理

网页动态时间显示功能十分必要，它能够为浏览者带来额外服务的感知。通常程序员会使用编程语言来实现，但是JavaScript同样能够实现动态的时间显示效果。例如论坛内的发帖时间就可以通过JavaScript来实现，如图15-5所示。

图15-4　文字处理特效

图15-5　时间处理特效

3. 图像处理

图像处理即对站内图片的处理，可以使用JavaScript对站内素材图片进行修饰，实现普通图片素材没有的功能。如图15-6所示。

4. 背景处理

背景处理即对页面各种背景效果的处理，例如文字背景和图像背景。图15-7就是经过JavaScript处理后的文字背景。

图15-6　图像处理特效

图15-7　背景处理特效

5. 鼠标处理

鼠标是用户进行信息浏览的必要工具，通过 JavaScript 可以使用户当前的操作鼠标实现绚丽的效果。图 15-8 就是最普通的鼠标特效效果。

6. 菜单处理

菜单是一个站点的必要的构成元素，它能够方便于用户对站内信息的浏览。通过 JavaScript 可以对站内的菜单进行修饰，以吸引用户的眼球。如图 15-9 所示。

图 15-8　鼠标处理特效

图 15-9　菜单处理特效

15.3　文字处理

在页面设计过程中，通常需要对文字进行修饰，实现特殊的显示效果。而经过 JavaScript 技术处理后的页面文字，可以实现 CSS 不能达到的效果。在本节的内容中将通过一个文字特效处理的实例，向读者讲解 JavaScript 文字处理的方法。

实例 15-1	说　　明
源码路径	光盘:\daima\15\文字\1.html、1.js
功能	JavaScript 实现文字特效

15.3.1　实例概述

本实例的基本功能是，通过 JavaScript 技术设置指定文本的显示样式，实现文本的色彩变化和渐隐渐现效果。本实例实现文件的具体说明如下。

- 文件 1.html：调用 JavaScript 样式设置。
- 文件 1.js：通过 JavaScript 设置文本的显示样式。

其中文件 1.js 的具体操作流程如下：（1）定义文本不同的显示颜色；（2）指定要处理的文本内容；（3）定义函数，使文本亮度逐渐增加；（4）定义函数，使文本亮度逐渐减小；（5）定义变换频率。

上述操作的运行流程如图 15-10 所示。

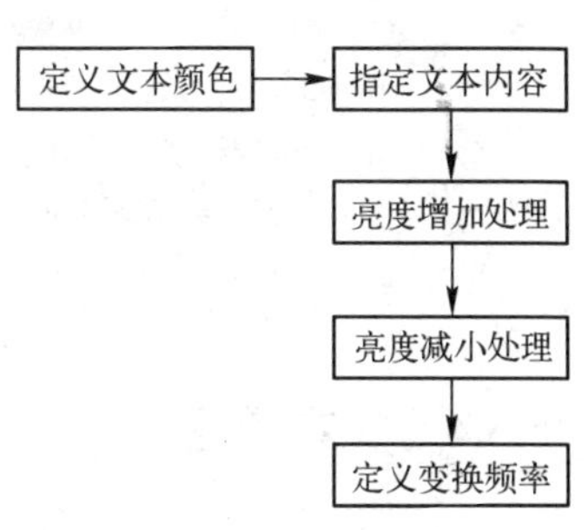

图 15-10　实例运行流程图

15.3.2 定义文本颜色

定义文本颜色的功能是设置页面中文本的各种显示颜色。定义的各种颜色值由数组 textcolor 保存起来。其具体实现代码如下。

```
var thissize=20                                   // 设置字体大小
var textfont="隶书"                               // 设置字体
var textcolor= new Array()                        // 设置数组，保存 19 种文本颜色
textcolor[0]="#FFFFFF"                            // 依次设置数组保存的文本颜色值
textcolor[1]="000000"
textcolor[2]="000000"
textcolor[3]="111111"
textcolor[4]="151515"
textcolor[5]="333333"
textcolor[6]="444444"
textcolor[7]="555555"
textcolor[8]="666666"
textcolor[9]="777777"
textcolor[10]="888888"
textcolor[11]="999999"
textcolor[12]="aaaaaa"
textcolor[13]="bbbbbb"
textcolor[14]="cccccc"
textcolor[15]="dddddd"
textcolor[16]="eeeeee"
textcolor[18]="ffffff"
textcolor[18]="ffffff"
```

15.3.3 指定文本内容

指定文本内容的功能是设置在页面中显示的文本信息，然后通过数组保存起来。其具体实现代码如下。

```
var message = new Array()                         // 设置数组，保存四段显示的文本
message[0]="http://www.good777.cn"
message[1]="这里是你的乐园"
message[2]="欢迎您的光临"
message[3]="学习 javascript"
i_message=0
```

15.3.4 文本增亮处理

文本增亮功能是由函数 glowtext()实现的，能够使指定文本的亮度逐渐增加。其具体实现代码如下：

```
var i_strength=0                          // 设置初始值
var i_message=0                           // 设置初始值
var timer
function glowtext() {                     // 设置增亮函数
if(document.all) {
if (i_strength <=18) {                    // 如果是 IE 浏览器且亮度值小于或等于 18，则开始增亮处理
mm.innerText=message[i_message]
document.all.mm.style.filter="glow(color="+textcolor[i_strength]+", strength=4)"
i_strength++
timer=setTimeout("glowtext()",10)         // 设置每 10ms 执行一次增亮函数
}
else {
clearTimeout(timer)
setTimeout("deglowtext()",15)             // 亮度值大于 18，则调用亮度减小函数
}
}
}
```

15.3.5　文本减亮处理

文本减亮功能是由函数 deglowtext()实现的，能够使指定文本的亮度逐渐减小。其具体实现代码如下：

```
function deglowtext() {                          // 设置减亮函数
if(document.all) {
if (i_strength >=0) {                            // 如果是 IE 浏览器且亮度值大于 0，则开始减亮处理
mm.innerText=message[i_message]
document.all.mm.style.filter="glow(color="+textcolor[i_strength]+", strength=4)"
i_strength--
timer=setTimeout("deglowtext()",100)             // 设置每 100ms 减亮一次，直至最暗
}
else {
clearTimeout(timer)
i_message++
if (i_message>=message.length) {i_message=0}    //如果执行完毕，则恢复初始设置
i_strength=0
intermezzo()
}
}
}
```

15.3.6　定义变换频率

变换频率的功能是设置文本样式变换的执行频率，该功能是由函数 intermezzo ( ) 实现的，

其具体实现代码如下。

```
function intermezzo() {
mm.innerText=""
setTimeout("glowtext()",1500)                    // 设置每 1500ms 后重新调用增量函数
}
```

文件 1.html 通过调用脚本代码实现文本变换的最终效果，其具体实现代码所示。

```
<html xmlns="http://www.w3.org/1999/xhtml">
..........................................
<style type="text/css">
<!--
body {
    background-color: #9966FF;                  /*设置背景颜色*/
}
-->
</style>
</head>
<script language=javaScript src="1.js"></script>     <!--调用脚本-->
<body onLoad="glowtext()">                      <!--载入增亮函数-->
<div id="mm" style="position:absolute;visibility:visible;width:600px;text-align:center;
top:150px;left:50px;font-family:隶书;font-size:30pt;color:000000"></div>
</body>
</html>
```

经过上述操作流程后，整个实例文件设计完毕，其详细代码读者可以参阅本书光盘中的对应文件。实例文件的最终显示效果分别如图 15-11、图 15-12 所示。

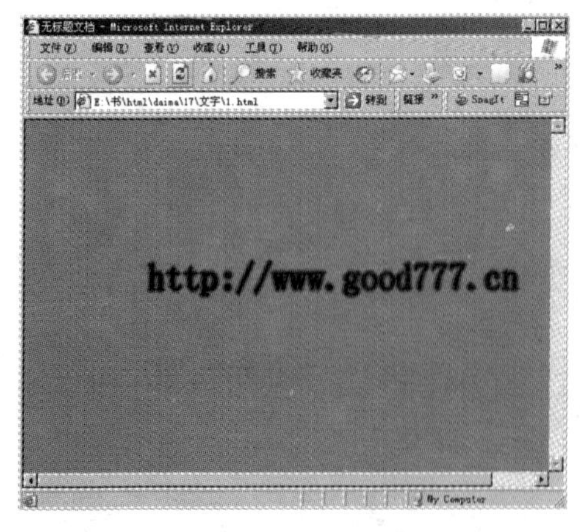

图 15-11　显示效果图

图 15-12　显示效果图

15.4　时间处理模块

在 Web 页面设计过程中，通常需要显示系统的当前时间。本节将通过一个典型模块实例

的实现过程，向用户讲解 JavaScript 进行时间处理的方法。

实例 15-2	说　明
源码路径	daima\15\时间\1.html
功能	JavaScript 获取当前系统的时间

本实例的基本功能是，通过 JavaScript 技术获取当前的年、月、日和星期几。本实例的实现文件为“1.html”，其操作流程如下：

（1）通过函数 getYear()获取当前年份。

（2）通过函数 getMonth()获取当前月份。

（3）通过函数 getDate()获取当前日数。

（4）通过数组 d 获取当前周数。

文件 1.html 的实现代码如下。

```
<html xmlns="http://www.w3.org/1999/xhtml">
……………………………………………
<style type="text/css">
<!--
body {
	background-color: #9966FF;                        /*设置背景颜色*/
}
-->
</style>
</head>
<body bgcolor="#999999">
<script language=javaScript src="1.js">
today=new Date();                                     // 获取时间
function initArray(){                                 // 定义函数
this.length=initArray.arguments.length                // 长度赋值
for(var i=0;i<this.length;i++)
this[i+1]=initArray.arguments[i] }
var d=new initArray(                                  // 数组依次保存星期几
"星期日",
"星期一",
"星期二",
"星期三",
"星期四",
"星期五",
"星期六");
document.write(                                       // 输出当前时间
"<font color=##000000 style='font-size:9pt;font-family: 宋体'> ",
today.getYear(),"年",                                 // 获取年
today.getMonth()+1,"月",                              // 获取月
today.getDate(),"日",                                 // 获取日
d[today.getDay()+1],
```

```
        "</font>" );
        </script>
        </body>
        </html>
```

上述实例代码的执行效果如图 15-13 所示。

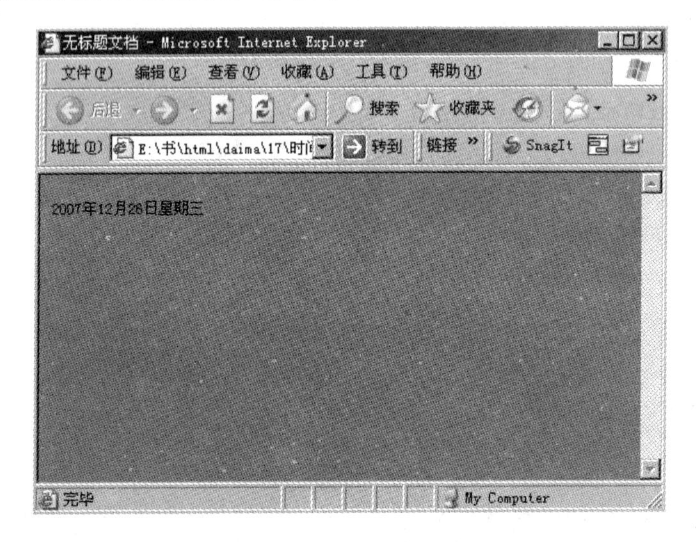

图 15-13　显示效果图

15.5　图像处理模块

在网页设计过程中，通常需要对图像进行修饰以实现特殊的显示效果。而经过 JavaScript 技术处理后的页面图像，可以实现 CSS 不能达到的效果。接下来将通过一个典型的图像特效处理模块实例的实现过程，向用户讲解使用 JavaScript 处理图像的方法。

实例 15-3	说　明
源码路径	daima\15\图像\1.html 和 1.js
功能	JavaScript 实现图像特效

15.5.1　实例概述

本实例的基本功能是，通过 JavaScript 技术将指定的三幅素材图片在页面中渐显播放。本实例的实现文件如下。

- 文件 1.html：调用 JavaScript 样式设置。
- 文件 1.js：通过 JavaScript 设置图像的显示样式。

其中文件 1.js 的具体操作流程如下：（1）设置图像的路径和名称；（2）图像亮度增加处理；（3）图像亮度减小处理。上述操作的运行流程如图 15-14 所示。

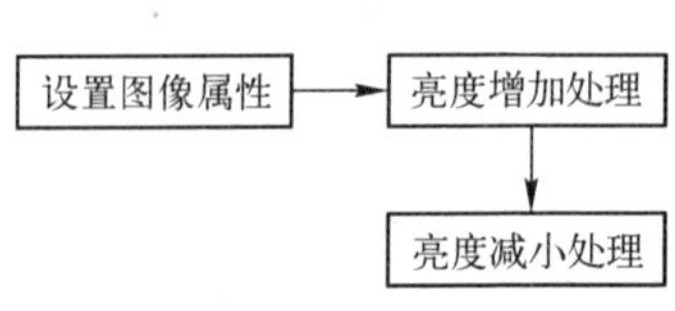

图 15-14　实例运行流程图

15.5.2　设置图像属性

设置图像属性的功能是指定在页面中渐显播放图片的路径和名称。本实例实现了三幅图像的特效处理，分别是 1.jpg、2.jpg 和 3.jpg。其具体实现代码如下。

```
sandra0 = new Image();
sandra0.src = "1.jpg";                                  // 设置图片 1 名称
sandra1 = new Image();
sandra1.src = "2.jpg";                                  // 设置图片 1 名称
sandra2 = new Image();
sandra2.src = "3.jpg";                                  // 设置图片 1 名称
var i_strngth=1
var i_image=0
var imageurl = new Array()
imageurl[0] ="1.jpg"                                    // 设置图片 1 路径
imageurl[1] ="2.jpg"                                    // 设置图片 1 路径
imageurl[2] ="3.jpgp"                                   // 设置图片 1 路径
```

15.5.3　亮度增加处理

亮度增加处理的功能是使页面内的指定图片以亮度渐增的样式显示。该功能是由函数 showimage()实现的，其具体实现代码如下。

```
function showimage() {
if(document.all) {
if (i_strngth <=110) {                                  // 亮度小于等于 110 则渐亮显示
mm.innerHTML="<img style='filter:alpha(opacity="+i_strngth+")' src="+imageurl[i_image]+" border=
0>";
i_strngth=i_strngth+10
var timer=setTimeout("showimage()",100)                 // 设置时间频率
}
else {
clearTimeout(timer)
var timer=setTimeout("hideimage()",1000)                // 否则调用亮度减小函数
}
}
if(document.layers) {
clearTimeout(timer)
document.mm.document.write("<img src="+imageurl[i_image]+" border=0>")
document.close()
i_image++                                               // 显示下一幅
if (i_image >= imageurl.length) {i_image=0}
var timer=setTimeout("showimage()",2000)
}
```

```
}
```

15.5.4 亮度减小处理

亮度减小处理的功能是使页面内的指定图片以亮度减小的样式显示。该功能是由函数hideimage()实现的，其具体实现代码如下。

```
function hideimage() {
if (i_strngth >=-10) {                                    // 亮度值大于或等于-10，则减亮度显示
mm.innerHTML="<img  style='filter:alpha(opacity="+i_strngth+")'  src="+imageurl[i_image]+"  border=
0>";
i_strngth=i_strngth-10
var timer=setTimeout("hideimage()",100)                   // 设置时间频率
}
else {                                                    // 亮度值不大于或等于-10
clearTimeout(timer)
i_image++
if (i_image >= imageurl.length) {i_image=0}
i_strngth=1
var timer=setTimeout("showimage()",500)                   // 输出图像
}
}
```

文件1.html通过调用脚本代码实现图像特效显示的最终效果，其实现代码如下。

```
<html xmlns="http://www.w3.org/1999/xhtml">
..................................................
<style type="text/css">
<!--
body {
      background-color: #9966FF;                          /*设置背景颜色*/
}
-->
</style>
</head>
<script language=javaScript src="1.js"></script>
<body onLoad="showimage()">
<div id="mm" style="position:absolute;visibility:visible;top:10px;left:240px"></div>
</body>
</html>
```

经过上述操作流程后，整个实例文件设计完毕，其详细代码读者可以参阅本书光盘中的对应文件。实例文件的最终显示效果分别显示指定的三幅图像，如图15-15～图15-17所示。并且上述三幅图像是以亮度渐变样式显示的。

图 15-15　显示效果图（一）

图 15-16　显示效果图（二）

图 15-17　显示效果图（三）

15.6 背景处理

在 Web 页面设计过程中，通常为满足特殊需要而对页面背景进行修饰。接下来将通过一个轮换背景模块实例的实现过程，向读者讲解 JavaScript 处理背景的方法。

实例 15-4	说　明
源码路径	daima\15\背景\1.html
功能	JavaScript 实现背景特效

本实例的基本功能是，通过 JavaScript 技术获取指定显示的三幅背景图像，然后在页面打开后随机的显示出来。本实例实现文件 1.html 的设计流程如下。

（1）指定三幅背景图像的路径。

（2）通过 JavaScript 实现对指定图像的调用。

文件 1.html 的主要实现代码如下。

```
<html xmlns="http://www.w3.org/1999/xhtml">
........................................................
<style type="text/css">
<!--
body {
	background-color: #9966FF;
}
-->
</style>
<script LANGUAGE="JavaScript">
bg = new Array(2);                                        //设定图像数为 3
bg[0] = '1.jpg'                                           //分别设置图像路径
bg[1] = '2.jpg'
bg[2] = '3.jpg'
index = Math.floor(Math.random() * bg.length);
document.write("<BODY BACKGROUND="+bg[index]+">");
</script>
</head>
<body>
</body>
</html>
```

执行后的效果如图 15-18 所示。

当刷新上述页面后会显示不同的页面背景。

图 15-18　显示效果图

15.7　鼠标处理

在页面设计过程中，通常需要对鼠标进行修饰，实现特殊的显示效果。而经过 JavaScript 技术处理后，可以实现 CSS 不能达到的效果。接下来将通过一个鼠标特效处理模块实例的实现过程，向读者讲解用 JavaScript 实现鼠标特效的方法。

实例 15-5	说　明
源码路径	daima\15\鼠标\1.html
功能	JavaScript 实现鼠标特效

15.7.1　实例概述

本实例的基本功能是，通过 JavaScript 技术将指定文本在页面范围内跟随鼠标的移动而移动。文件 1.html 的具体实现流程如下。

（1）设置跟随鼠标的文本。

（2）文本效果处理。

（3）页面调用显示。

15.7.2　指定跟随文本

指定跟随文本的功能是设置在页面中跟随鼠标的文本内容，并对字符文本的空格进行了过滤处理。该功能的具体实现代码如下。

```
var x,y
var step=20
var flag=0
var message="这一生我跟定你了！！"                //文本内容
```

15.7.3 文本效果处理

文本效果处理功能是设置在页面中跟随鼠标文本的显示样式。该功能主要是通过函数handlerMM()和makesnake()实现的。其具体实现代码如下。

```
var xpos=new Array()                              //定义数组
for (i=0;i<=message.length-1;i++) {               //变量递增1
xpos[i]=-50}
var ypos=new Array()
for (i=0;i<=message.length-1;i++) {               //动态生成span字符标记
ypos[i]=-50}
function handlerMM(e){                            //从事件得到鼠标位置
x = (document.layers) ? e.pageX : document.body.scrollLeft+event.clientX    //水平位置
y = (document.layers) ? e.pageY : document.body.scrollTop+event.clientY     //垂直位置
flag=1}
function makesnake() {                            //重定位每个字符的位置
if (flag==1 && document.all) {                    //如果是IE
for (i=message.length-1; i>=1; i--) {
xpos[i]=xpos[i-1]+step                            //从尾向头确定字符的位置，每个字符为前一个
字符“历史”水平坐标+step间隔
ypos[i]=ypos[i-1] }                               //后一个字符跟踪前一个字符运动
xpos[0]=x+step                                    //第一个字符坐标紧跟鼠标光标
ypos[0]=y
for (i=0; i<message.length-1; i++) {
var thisspan = eval("span"+(i)+".style")          //用eval根据字符串得到该字符串表示的对象
thisspan.posLeft=xpos[i]
thisspan.posTop=ypos[i] } }
else if (flag==1 && document.layers) {            //如果值为1
for (i=message.length-1; i>=1; i--) {
xpos[i]=xpos[i-1]+step                            //水平递减移动
ypos[i]=ypos[i-1] }                               //垂直递减移动
xpos[0]=x+step
ypos[0]=y
for (i=0; i<message.length-1; i++) {
var thisspan = eval("document.span"+i)            //输出对应值
thisspan.left=xpos[i]
thisspan.top=ypos[i]} }
//设置30ms的定时器来连续调用makesnake(),时刻刷新显示字符串的位置
var timer=setTimeout("makesnake()",30)}
```

15.7.4 页面显示

页面显示功能是通过“document.write”在页面中输出实现的，其具体实现代码如下。

```
<script>
for (i=0;i<=message.length-1;i++) {
document.write("<span id='span"+i+"'class='spanstyle'>")  //输出调用样式标记
document.write(message[i])
document.write("</span>")}                                //输出调用样式标记
if (document.layers){
document.captureEvents(Event.MOUSEMOVE);}
document.onmousemove = handlerMM;                         //鼠标特效样式
</script>
```

经过上述操作流程后，整个实例文件设计完毕，其详细代码读者可以参阅本书光盘中的对应文件。实例文件的最终显示效果分别如图 15-19、图 15-20 所示。

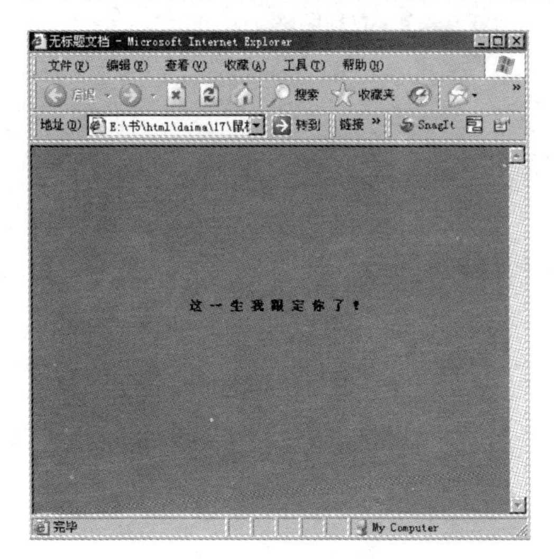

图 15-19 显示效果图

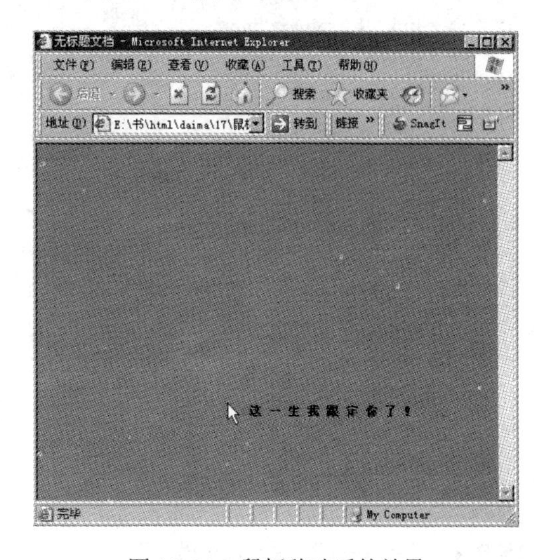

图 15-20 鼠标移动后的效果

15.8 菜单处理

在页面设计过程中，通常需要对菜单元素进行修饰，以实现特殊的显示效果。而通过 JavaScript 技术对菜单进行处理后，可以实现 CSS 不能达到的效果。接下来将通过一个菜单处理实例模块的实现过程，向用户讲解使用 JavaScript 实现菜单特效的方法。

实例 15-6	说 明
源码路径	daima\15\菜单\1.html
功能	JavaScript 实现菜单特效

15.8.1 实例概述

本实例的基本功能是，通过JavaScript技术将指定文本在页面范围内跟随鼠标的移动而移动。文件1.html的具体实现流程如下。

（1）设置菜单的内容和对应链接的内容。

（2）设置滚动区域的属性。

（3）循环输出菜单。

15.8.2 设置菜单元素内容

设置菜单元素内容的功能是，指定菜单文本的内容和链接目标的内容。该功能是分别通过数组link和text实现的，其具体实现代码如下。

```
var index = 7
link = new Array(6);
text = new Array(6);
link[0] ='sample.htm'                    //设置各菜单目标链接
link[1] ='sample.htm'
link[2] ='sample.htm'
link[3] ='sample.htm'
link[4] ='sample.htm'
link[5] ='sample.htm'
link[6] ='sample.htm'
text[0] ='菜单一'                         //设置各菜单显示文本
text[1] ='菜单一'
text[2] ='菜单一'
text[3] ='菜单一'
text[4] ='菜单一'
text[5] ='菜单一'
text[6] ='菜单一'
```

15.8.3 设置滚动区域属性

滚动区域属性的功能是，指定菜单元素所属区域的滚动属性。该功能是通过标记<marquee>实现的，其具体实现代码如下。

```
document.write ("<marquee scrollamount='1' scrolldelay='100' direction= 'up' width='150' height= '150'>");
for (i=0;i<index;i++){
document.write (" <img src='img/little.gif' width='12' height='12'> <a href="+link[i]+"target='_blank '>");
document.write (text[i] + "</A><br>");
}
document.write ("</marquee>")
```

上述实例代码的执行效果如图15-21所示。

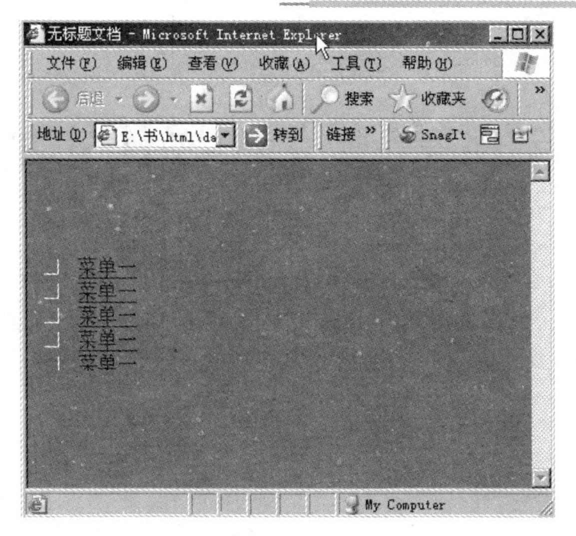

图 15-21　显示效果图

上述菜单列表是按照指定属性逐渐向上滚动显示的。

第 16 章　文件操作实战

在 HTML 5 中，专门提供了可供页面层调用的 API 文件，通过 API 文件中的对象、方法和接口，可以很方便地访问文件的属性或读取文件内容。本章将详细介绍在 HTML 页面中，使用“file”类型的<input>元素访问或操纵本地文件的方法，并通过几个实例来演示文件操作的具体流程。

16.1　选择一个上传文件

在 HTML 5 中，可以使用“file”类型的<input>元素实现文件的上传功能。在 HTML 5 元素中，在该类型的<input>元素中新添加了一个“multiple”属性，如果将属性的值设置为“true”，就可以在一个元素中实现多个文件的上传。另外，通过访问 Blob 对象，可以获取上传文件的类型和大小属性。

实例 16-1	说　明
源码路径	daima\16\16-1\
功能	选择一个上传文件

在本实例中，当创建一个“file”类型的<input>元素上传文件时，该元素在页面中的展示方式发生了变化，不再显示一个文本框，而是使用一个“选择文件”的按钮，按钮的右侧显示选择上传文件的名称。当初始化页面时没有上传文件，就会显示“未选择文件”字样。实例文件 1.html 的具体实现代码如下。

```
<!DOCTYPE html>
<html>
<head>
<meta charset="utf-8" />
<title>单个上传文件</title>
<link href="css.css" rel="stylesheet" type="text/css">
</head>
<body>
<form id="frmTmp">
  <fieldset>
    <legend>上传一个文件：</legend>
    <input type="file" name="fleUpload" id="fleUpload" />
  </fieldset>
</form>
</body>
</html>
```

执行上述代码后，如果单击该元素的“选择文件”按钮，可以选择一个图片文件。单击“打开”按钮或双击该文件后，在“选择文件”按钮的右侧，如果显示该图片文件的名称，表明已将该文件选中，正在等待上传。

样式文件 css.css 的代码如下。

```
@charset "utf-8";
/* CSS Document */
body {
       font-size:12px
}
.inputbtn {
       border:solid 1px #ccc;
       background-color:#eee;
       line-height:18px;
       font-size:12px
}
.inputtxt {
       border:solid 1px #ccc;
       padding:3px;
       line-height:18px;
       font-size:12px;
       width:160px
}
fieldset{
       padding:10px;
       width:285px;
       float:left
}
/* 实例 3 增加样式 */
ul{
      list-style-type:none;
      padding:0px;
       margin:10px 0px 0px 0px;
       width:290px
}
ul li{
       border-bottom:dashed #ccc 1px;
       padding-top:5px;
       padding-bottom:5px;
       clear:both;
       float:left
}
ul li span{
       float:left;
       width:92px;
       padding-left:3px
```

```
}
/* 实例 6 增加样式 */
ul li span img{
      padding:2px;
       margin-right:5px;
       border:solid 1px #ccc
}
.li{
       font-weight:bold;
      background-color:#eee
}
/* 实例 8 增加样式 */
#pStatus{
       display:none;
       border:1px #ccc solid;
       width:90px;
       background-color:#eee;
       padding:6px 12px 6px 12px
}
/* 实例 9 增加样式 */
#ulUpload{
      list-style-type:none;
      padding:0px;
       margin:10px 0px 0px 0px;
       width:290px;
       height:125px
}
#ulUpload span{
       padding-top:5px;
       padding-bottom:5px;
}
#ulUpload span img{
      padding:2px;
       margin-right:5px;
       border:solid 1px #ccc
}
```

执行效果如图 16-1 所示。

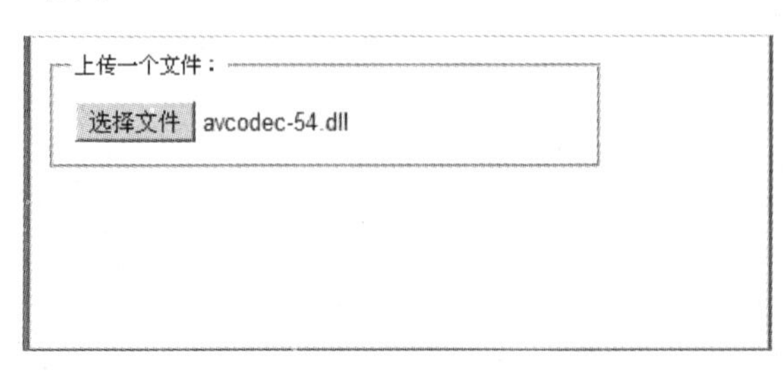

图 16-1　执行效果

16.2　选择多个上传文件

在 HTML 5 中，除了可以选择单个文件外，还可以使用元素的“multiple”属性将该属性值设为“true”，这样可以实现选择多个文件的功能。一个文件对应一个“fde”对象，该对象中有如下两个重要的属性：

- name：表示不包含路径的文件名称。
- lastModifiedDate：表示文件最后修改的时间。

当使用“file”类型的<input>元素选择多个文件时，该元素中就含有多个“file”对象，从而形成了“FileList”对象（即“file”对象）的列表。

实例 16-2	说　明
源码路径	daima\16\16-2\
功能	选择多个上传文件

在本实例的实现页面中，首先创建一个“file”类型的<input>元素，然后为其添加了“multiple”属性，并将该属性的值设置为“true”。实例文件 2.html 的实现代码如下。

```
<!DOCTYPE html>
<html>
<head>
<meta charset="utf-8" />
<title>选择多个文件</title>
<link href="css.css" rel="stylesheet" type="text/css">
</head>
<body>
<form id="frmTmp">
  <fieldset>
    <legend>选择多个文件：</legend>
    <input type="file" name="fleUpload" id="fleUpload" multiple="true"/>
  </fieldset>
</form>
</body>
</html>
```

在上述代码中，因为“file”类型的<input>元素中添加了“multiple”属性，所以可以通过该元素选择多个文件。选择成功后，“选择文件”按钮右侧不再显示文件的名称，而是显示成功选择文件的总量；当将鼠标移至总量时，显示全部上传文件的详细列表。当多个文件被选中时，在上传文件元素中，将会产生一个“FileList”对象，用来装载各文件的基本信息，如文件名称、类型、大小等，在上传文件总量的文字上移动鼠标时，将调用该对象的列表信息并展示在页面中。

当单击“选择文件”时，可以同时选择 3 个文件。如图 16-2 所示。

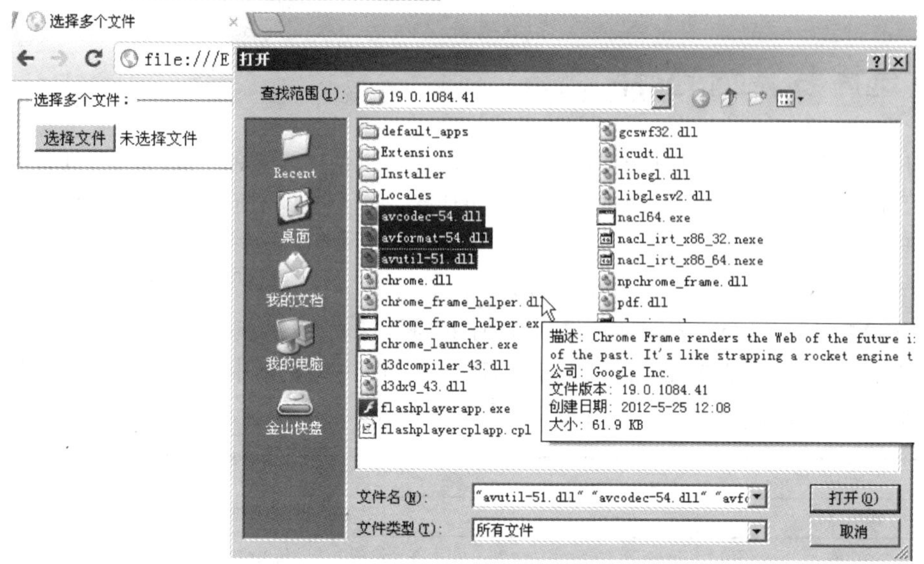

图 16-2　同时选择 3 个文件

单击“打开”按钮后，在“选择文件”按钮的右侧将显示“3 个文件”的字样。移动鼠标至文字上时，显示这 3 个文件的详细名称与类型。如图 16-3 所示。

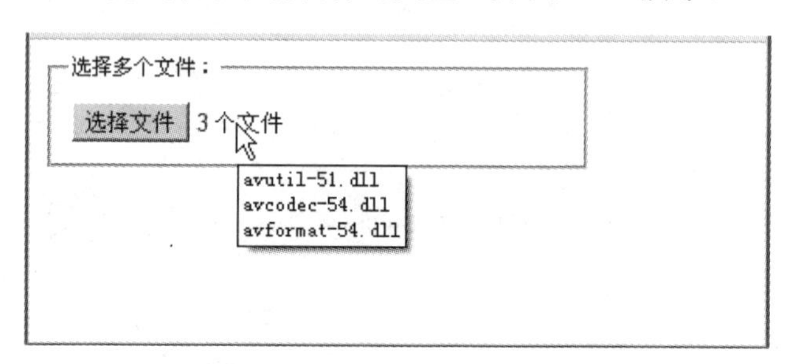

图 16-3　列出了选择的 3 个文件

16.3　获取文件的类型和大小

在 HTML 5 中，可以使用 Blob 接口获取某个文件的类型和大小。Blob 表示二进制数据块，在此接口中提供了一个名为 slice 方法，通过该方法可以访问指定长度与类型的字节内部数据块。该接口提供了如下两个属性：

- size：表示返回数据块的大小。
- type：表示返回数据块的 MIME 类型，如果不能确定数据块的类型，则返回一个空字符串。

由此可见，实质上是 Blob 接口的一个实体，完全继承了该接口中的方法与属性。

实例 16-3	说　明
源码路径	daima\16\16-3\
功能	获取文件的类型和大小

实例文件 3.html 的实现代码如下。

```
<!DOCTYPE html>
<html>
<head>
<meta charset="utf-8" />
<title>获取上传文件的类型和大小</title>
<link href="css.css" rel="stylesheet" type="text/css">
<script type="text/javascript" language="jscript"
        src="js3.js"/>
</script>
</head>
<body>
<form id="frmTmp">
 <fieldset>
   <legend>可以同时上传多个文件：</legend>
   <input type="file" name="fleUpload" id="fleUpload"
          onChange="fileUpload_GetFileList(this.files);"
          multiple="true"/>
   <ul id="ulUpload"></ul>
 </fieldset>
</form>
</body>
</html>
```

在上述代码中，当“file”类型的<input>元素选择上传文件时，将触发“onChange”事件。在该事件中，调用自定义的函数 fileUpload_GetFileList(this.files)，其中，实参“this.files”表示所选择的上传文件集合，即 FileList 对象。在函数 fileUpload_GetFileList()中，遍历传回的 FileList 文件集合，获取单个的“file”对象。该对象通过继承 Blob 接口的属性，返回文件的名称、类型、大小信息，并将这些信息以叠加的方式保存在变量“strLi”中；最后将变量的内容赋值给 ID 号为“ulUpload”的列表元素，通过该元素，将上传文件的信息展示在页面中。

函数 fileUpload_ GetFileList(this.files)是在文件 js3.js 中定义的，此文件的代码如下。

```
// JavaScript Document
function $$(id) {
    return document.getElementById(id);
}
//选择上传文件时调用的函数
function fileUpload_GetFileList(f) {
    var strLi = "<li class='li'>";
    strLi = strLi + "<span>文件名称</span>";
    strLi = strLi + "<span>文件类型</span>";
    strLi = strLi + "<span>文件大小</span>";
    strLi = strLi + "</li>";
```

```
        for (var intI = 0; intI < f.length; intI++) {
            var tmpFile = f[intI];
            strLi = strLi + "<li>";
            strLi = strLi + "<span>" + tmpFile.name + "</span>";
            strLi = strLi + "<span>" + tmpFile.type + "</span>";
            strLi = strLi + "<span>" + tmpFile.size + " KB</span>";
            strLi = strLi + "</li>";
        }
        $$("ulUpload").innerHTML = strLi;
    }
```

单击“选择文件”按钮，可以选取多个需要上传的文件。如图 16-4 所示。

图 16-4　同时选择多个文件

选择多个文件后，将在页面中以列表的方式展示所选文件的名称、类型、大小信息。如图 16-5 所示。

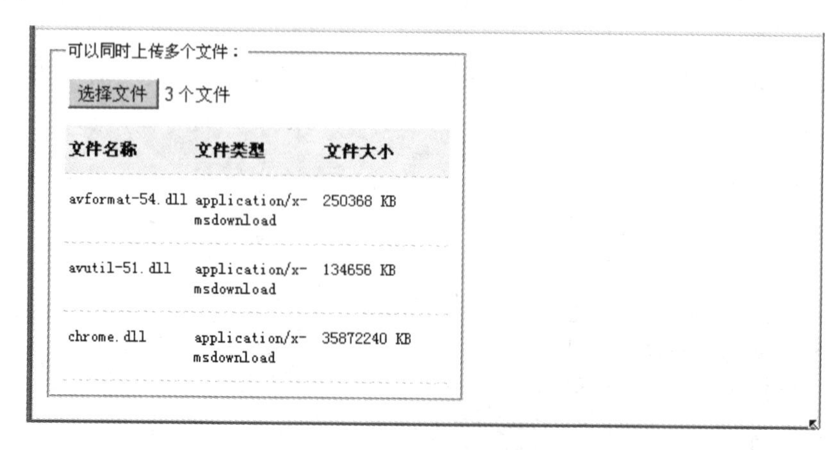

图 16-5　执行效果

16.4　过滤出非图片格式的文件

在前面的实例 16-3 中，通过“file”对象可以获取每个上传文件的名称、类型、大小，基于此可以过滤上传文件的类型。具体做法是：当选择上传文件后，遍历每一个“file”对象，获取该对象的类型，并将该类型与设置的过滤类型进行匹配；如果不符合则输出“上传文件类型出错”或“拒绝上传”之类的提示，从而实现在选择文件时过滤掉不需要上传的文件。

实例 16-4	说　　明
源码路径	daima\16\16-4\
功能	过滤出非图片格式的文件

在本实例的页面表单中，首先创建了一个“file”类型的<input>元素，并设置“multiple”属性为“true”，用于选择多个文件。当单击“选择文件”按钮并选取了需要上传的文件后，如果选取的文件中存在不符合“图片”类型的文件，则在页面中显示此类型文件的总数量和文件名称。实例文件 4.html 的实现代码如下。

```
<!DOCTYPE html>
<html>
<head>
<meta charset="utf-8" />
<title>过滤上传文件的类型</title>
<link href="css.css" rel="stylesheet" type="text/css">
<script type="text/javascript" language="jscript"
        src="js4.js"/>
</script>
</head>
<body>
<form id="frmTmp">
 <fieldset>
   <legend>上传过滤类型后的文件：</legend>
   <input type="file" name="fleUpload" id="fleUpload"
          onChange="fileUpload_CheckType(this.files);"
          multiple="true" />
   <p id="pTip"/>
 </fieldset>
</form>
</body>
</html>
```

在上述代码中，如果上传文件是图片类型，则“file”对象返回的类型都以“image/”开头，并在后面添加“*”表示所有的图片类型，或添加“gif”表示某种类型图片。所以如果是一个图片文件，该文件返回的类型必定以“image/”字样开头。

JavaScript 文件 js4.js 的主要代码如下所示。

```
// JavaScript Document
function $$(id) {
    return document.getElementById(id);
}
//选择上传文件时调用的函数
function fileUpload_CheckType(f) {
    var strP = "",
    strN = "",
    intJ = 0;
    var strFileType = /image.*/;
    for (var intI = 0; intI < f.length; intI++) {
        var tmpFile = f[intI];
        if (!tmpFile.type.match(strFileType)) {
            intJ = intJ + 1;
            strN = strN + tmpFile.name + "<br>";
        }
    }
    strP = "检测到(" + intJ + ")个非图片格式文件。";
    if (intJ > 0) {
        strP = strP + "文件名如下：<p>" + strN + "</p>";
    }
    $$("pTip").innerHTML = strP;
}
```

当本实例遍历传回的文件集合时，通过上述代码中的方法 match()检测每个文件返回的类型中是否含有“image/*”字样。如果没有则说明是非图片类型文件，分别将文件总量与文件名称以叠加的形式保存在变量中；然后将变量的内容赋值给 ID 号为<pTip>的元素；最后，通过该元素显示全部过滤文件的总量与名称表。执行后的效果如图 16-6 所示。

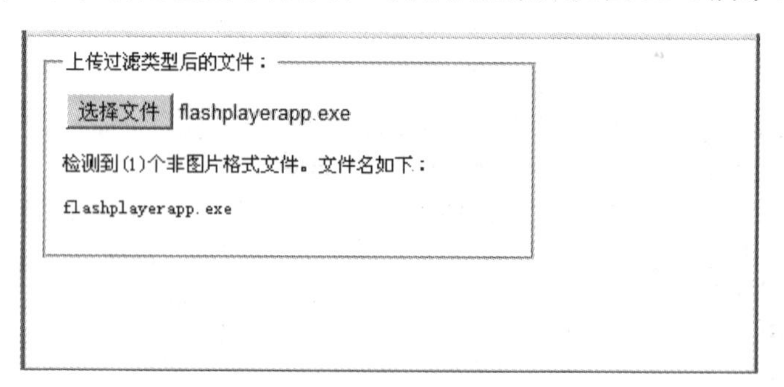

图 16-6　执行效果

16.5　过滤上传文件的类型

前面已经讲解了与文件上传操作相关的几个实例，读者可试想一下：在选择上传文件后，

如果能根据文件返回的类型过滤所选择的文件，则是一种非常实用的方法，但是需要编写不少代码。在 HTML 5 中，可以设置“file”类型<input>元素的“accept”属性为文件的过滤类型；设置完“accept”属性值后，在打开窗口选择文件时，默认的文件类型就是所设置的过滤类型。

实例 16-5	说　明
源码路径	daima\16\16-5\
功能	过滤上传文件的类型

本实例的功能是，将“file”类型的<input>元素通过“accept”属性来过滤选择文件的类型。在具体实现上，首先创建一个“file”类型的<input>元素，并在元素中添加一个“accept”属性，将属性值设置为“image/gif”。当用户单击“选择文件”按钮时，在打开的文件选择窗口中使用“accept”作为默认的文件类型。实例文件 5.html 的实现代码如下所示。

```
<!DOCTYPE html>
<html>
<head>
<meta charset="utf-8" />
<title>使用 accept 属性</title>
<link href="css.css" rel="stylesheet" type="text/css">
</head>
<body>
<form id="frmTmp">
 <fieldset>
    <legend>选择上传文件：</legend>
    <input type="file" name="fleUpload"
              id="fleUpload" accept="image/gif" />
 </fieldset>
</form>
</body>
</html>
```

在上述代码中，因为对文件元素添加了“accept”属性，并将“image/gif”类型作为该属性的值，所以当单击“选择文件”按钮打开窗口时，其默认的选择文件类型就是所设置“accept”属性值。由此可见，通过设置元素的一个属性即可在文件选择前过滤所选文件的类型。虽然这种方法的代码简单，但是在目前的浏览器中不是很有效。原因是即便通过属性设置了文件选择的类型，但不是该类型的文件同样也可以被选中，也能被文件元素所接受。执行后的效果如图 16-7 所示。

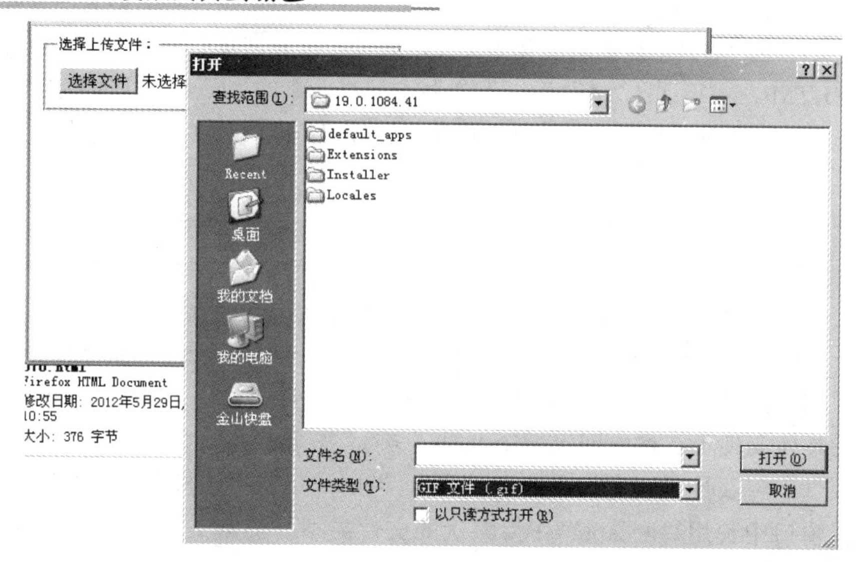

图 16-7 执行效果

16.6 预览上传的图片

在 HTML 5 中，通过 FileReader 接口不仅可以读取图片文件，还可以读取文本或二进制文件，并且能够根据该接口提供的事件与方法动态侦察文件读取时的详细状态。接口 FileReader 为用户提供了一个异步 API，通过这个 API 可以从浏览器主线程中异步访问文件系统中的数据。正是因为如此，FileReader 接口可以读取文件中的数据，并将读取的数据放入内存中。当访问不同文件时，必须重新调用 FileReader 接口的构造函数。因为每调用一次，接口 FilcReader 都将返回一个新的 FileReader 对象，只有这样才能实现访问不同文件的数据。在接口 FileReader 中有许多用于读取文件或响应事件的方法，例如触发 onabort 事件时需要调用 abort()方法。接口 FileReader 中的常用方法的说明如表 16-1 所示。

表 16-1 接口 FileReader 中的常用方法

名　称	参　数	功　能	说　明
readAsBinaryString()	fle	以二进制的方式读取文件内容	调用该方法时，将 file 对象返回的数据块，作为一个二进制字符串的形式，分块读入内存中
readAsArrayBuffer()	file	以数组缓冲的方式读取文件内容	调用该方法时，将 fle 对象返回的数据字节数，以数组缓冲的方式读入内存中
readAsDataURL()	fil	以数据 URL 的方式读取文件内容	调用该方法时，将 file 对象返回的数据块，以一串数据 URL 字符的形式展示在页面中，这种方法一般读取数据块较小的文件
readAsText()	file,encoding	以文本编码的方式读取文件内容	调用该方法时，其中 encoding 参数表示文本文件编码的方式，默认值为 utf-8，即以 utf:8 编码格式将获取的数据块按文本方式读人内存中
abort()	无	读取数据中止时，将自动触发该方法	如果在读取文件数据过程中出现异常或错误时，触发该方法，返回错误代码信息

实例 16-6	说　明
源码路径	daima\16\16-6\
功能	预览上传的图片

在本实例中，使用 fileReader 接口中的方法 readAsDataURL()获取 API 异步读取的文件数据，然后另存为数据 URL 格式，并将该 URL 绑定<img>元素的“src”属性值，这样就可以实现图片文件预览的效果。实例文件 6.html 的实现代码如下。

```
<!DOCTYPE html>
<html>
<head>
<meta charset="utf-8" />
<title>预览图片</title>
<link href="css.css" rel="stylesheet" type="text/css">
<script type="text/javascript" language="jscript"
        src="js6.js"/>
</script>
</head>
<body>
<form id="frmTmp">
 <fieldset>
    <legend>预览图片：</legend>
    <input type="file" name="fleUpload" id="fleUpload"
            onChange="fileUpload_PrevImageFile(this.files);"
            multiple="true"/>
    <ul id="ulUpload"></ul>
 </fieldset>
</form>
</body>
</html>
```

在上述代码中，在页面表单中先添加了一个“file”类型的<input>元素用于选择上传文件，设置属性“multiple”的值为“true”，这表示允许选择多个文件。单击“选择文件”按钮后，如果选择的是图片文件则在页面中显示。

在本实例中，图片预览的过程实质上是图片文件被读取后展示在页面中的过程。为了实现这一过程，需要引用 FileReader 接口提供的读取文件方法 readAsDataURL()。在引用接口前，考虑到各浏览器对接口的兼容性不一样，首先利用 JavaScript 代码检测用户的浏览器是否支持 FileReader 对象，如果不支持则提示出错信息。JavaScript 文件 js6.js 的主要代码如下。

```
// JavaScript Document
function $$(id) {
     return document.getElementById(id);
}
//选择上传文件时调用的函数
function fileUpload_PrevImageFile(f) {
       //检测浏览器是否支持 FileReader 对象
```

```
        if (typeof FileReader == 'undefined') {
            alert("检测到您的浏览器不支持 FileReader 对象！");
        }
        var strHTML = "";
        for (var intI = 0; intI < f.length; intI++) {
            var tmpFile = f[intI];
            var reader = new FileReader();
             reader.readAsDataURL(tmpFile);
            reader.onload = function(e) {
                strHTML = strHTML + "<span>";
                strHTML = strHTML + "<img src='" + e.target.result + "' alt=''/>";
                strHTML = strHTML + "</span>";
                $$("ulUpload").innerHTML = "<li>" + strHTML + "</li>";
            }
        }
    }
```

在上述 JavaScript 代码中，通过遍历传回上传文件集合的方式获取了每个“file”对象。因为每个文件返回的数据块都不同，所以每次在读取文件前必须先重构一个新的 FileReader 对象，然后将每个文件以数据 URL 的方式读入页面中。当读取成功时触发 onload 事件，在该事件中通过属性“result”获取文件读入页面中的 URL 地址，并将该地址与<img>元素进行绑定。最后通过列表 ID 号为<ulUpload>的列表元素展示在页面中，从而实现上传图片文件预览的效果。执行效果如图 16-8 所示。

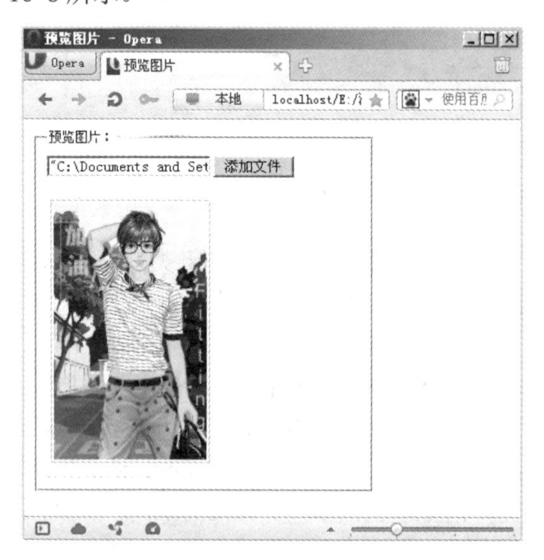

图 16-8　执行效果

16.7　读取某个文本文件的内容

在 HTML 5 页面中，使用接口 FileReader 中的方法 readAsText()可以将文件以文本编码的方式读取。具体实现的方法与读取图片的方法基本相似，只是读取文件的方式不一样。

实例 16-7	说　明
源码路径	daima\16\16-7\
功能	读取某个文本文件的内容

本实例的功能是在页面的表单中新建一个“file”类型的<input>元素，功能是获取上传的文本文件。当单击“选择文件”按钮并选中一个文本文件后，在页面中显示该文本文件的内容。实例文件 7.html 的实现代码如下。

```
<!DOCTYPE html>
<html>
<head>
<meta charset="utf-8" />
<title>读取文本文件</title>
<link href="css.css" rel="stylesheet" type="text/css">
<script type="text/javascript" language="jscript"
        src="js7.js"/>
</script>
</head>
<body>
<form id="frmTmp">
 <fieldset>
   <legend>亲，开始读取了！</legend>
   <input type="file" name="fleUpload" id="fleUpload"
          onChange="fileUpload_ReadTxtFile(this.files);"/>
   <article id="artShow"></article>
 </fieldset>
</form>
</body>
</html>
```

在本实例的代码中，因为在“file”类型的<input>文件上传元素中没有添加属性“multiple”，所以单击“选择文件”按钮后会返回单个“file”文件。

编写 JavaScript 文件 js7.js，在此首先检测浏览器是否支持 FileReader 对象。如果支持则重构一个新的 FileReader 对象，并调用该对象的 readAsText()方法将文件以文本编码的方式读入页面中。然后通过“result”属性获取读入的内容，并将该内容赋值给 ID 号为<artShow>的元素；最后通过该元素将文本文件的内容显示在页面中。文件 js7.js 的代码如下。

```
// JavaScript Document
function $$(id) {
    return document.getElementById(id);
}
//选择上传文件时调用的函数
function fileUpload_ReadTxtFile(f) {
     //检测浏览器是否支持 FileReader 对象
    if (typeof FileReader == 'undefined') {
        alert("检测到您的浏览器不支持 FileReader 对象！");
```

```
        }
        var tmpFile = f[0];
        var reader = new FileReader();
        reader.readAsText(tmpFile);
        reader.onload = function(e) {
            $$("artShow").innerHTML = "<pre>" + e.target.result + "</pre>";
        }
    }
```

执行效果如图 16-9 所示。

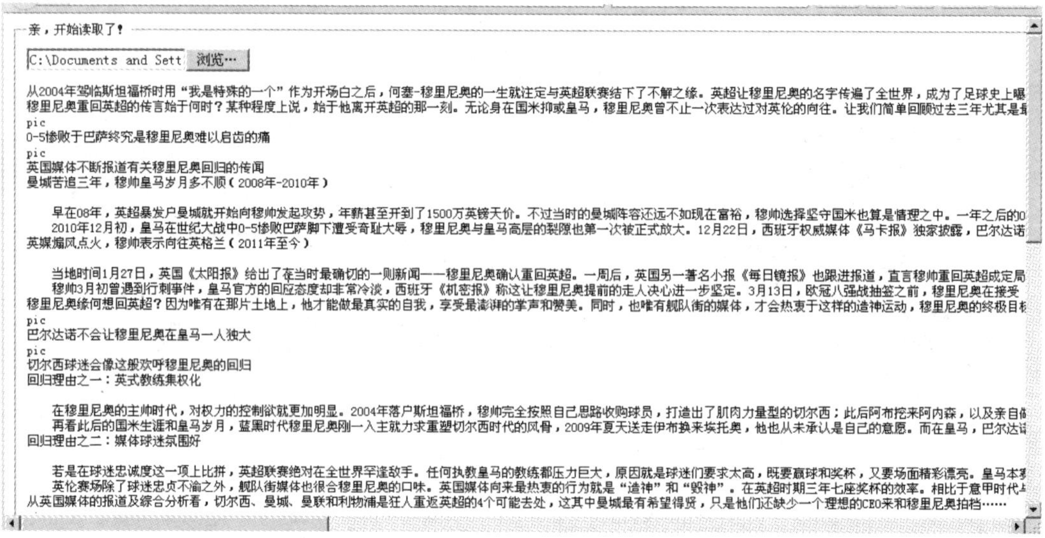

图 16-9　执行效果

16.8　监听事件

在接口 FileReader 中提供了很多常用的事件和一套完整的事件处理机制。通过这些事件的触发，可以清晰地侦听 FileReader 对象读取文件的详细过程，以便更加精确地定位每次读取文件时的事件先后顺序，为编写事件代码提供有力的支持。表 16-2 总结了 FileReader 对象中的这些状态事件。

表 16-2　FileReader 对象中的状态事件

事　　件	描　　述
onabort	数据读取中断时触发
onerror	数据读取出错时触发
onloadstart	数据读取开始时触发
onprogress	数据读取中
onload	数据读取成功完成时触发
onloadend	数据读取完成时触发，无论成功或失败

要想在 HTML 5 网页中中实现拖放操作，至少要经过如下两个步骤：

（1）将要拖放的对象元素的“draggable”属性设为“true(draggable="true")”，这样才能对该元素进行拖放。另外默认允许拖放<img>元素与<a>元素(必须指定 href)。

（2）编写与拖放有关的事件处理代码。拖放的几个事件如表 16-3 所示。

表 16-3　与拖放有关的事件处理

事　　件	产生事件的元素	描　　述
dragstart	被拖放的元素	开始拖放操作
drag	被拖放的元素	拖放过程中
dragenter	拖放过程中鼠标经过的元素	被拖放的元素开始进入本元素的范围内
dragOVer	拖放过程中鼠标经过的元素	被拖放的元素正在本元素范围内移动
dragleave	拖放过程中鼠标经过的元素	被拖放的元素离开本元素的范围
drop	拖放的目标元素	有其他元素被拖放到了本元素中
dragend	拖放的对象元素	拖放操作结束

实例 16-8	说　　明
源码路径	光盘:\daima\16\16-8\
功能	监听事件

在本实例的表单中，首先添加一个“file”类型的<input>元素，当用户单击“选择文件”按钮并通过打开的窗口选取一个文件后，在页面中将展示读取文件过程中所触发的事件。实例文件 8.html 的实现代码如下。

```
<!DOCTYPE html>
<html>
<head>
<meta charset="utf-8" />
<title>展示触发事件的顺序</title>
<link href="css.css" rel="stylesheet" type="text/css">
<script type="text/javascript" language="jscript"
        src="js8.js"/>
</script>
</head>
<body>
<form id="frmTmp">
 <fieldset>
    <legend>演示文件读取事件的顺序</legend>
    <input type="file" name="fleUpload" id="fleUpload"
            onChange="fileUpload_ShowEvent(this.files);"/>
            <p id="pStatus"></p>
 </fieldset>
</form>
```

```
</body>
</html>
```

在上述代码中，当单击“选择文件”按钮后会触发一个自定义的函数 fileUpload_ShowEvent()。此函数是在文件 js8.js 中定义的，此函数首先检测浏览器是否支持 FileReader 对象，如果不支持则弹出错误提示信息。然后重新构造一个新的 FileReader 对象，并对传回的文件以文本编码的方式读入页面。最后列出文件在正常读取过程中将触发的 4 个事件。在每个事件中，首先显示 ID 号为<pStatus>的元素，然后将事件的状态内容设置为该元素的文本内容；当 FileReader 对象执行 readAsText()方法读取文件时，各个不同事件将按执行顺序被触发，设置的状态内容以动态的方式显示在 ID 号为<pStatus>的页面元素中。文件 js8.js 的代码如下。

```
// JavaScript Document
function $$(id) {
    return document.getElementById(id);
}
//选择上传文件时调用的函数
function fileUpload_ShowEvent(f) {
    if (typeof FileReader == 'undefined') {
        alert("检测到您的浏览器不支持 FileReader 对象！");
    }
    var tmpFile = f[0];
    var reader = new FileReader();
    reader.readAsText(tmpFile);
    reader.onload = function(e) {
        $$("pStatus").style.display="block";
        $$("pStatus").innerHTML = "数据读取成功!";
    }
    reader.onloadstart = function(e) {
        $$("pStatus").style.display="block";
        $$("pStatus").innerHTML = "开始读取数据...";
    }
    reader.onloadend = function(e) {
        $$("pStatus").style.display="block";
        $$("pStatus").innerHTML = "文件读取成功!";
    }
    reader.onprogress = function(e) {
        $$("pStatus").style.display="block";
        $$("pStatus").innerHTML = "正在读取数据...";
    }
}
```

执行效果如图 16-10 所示。

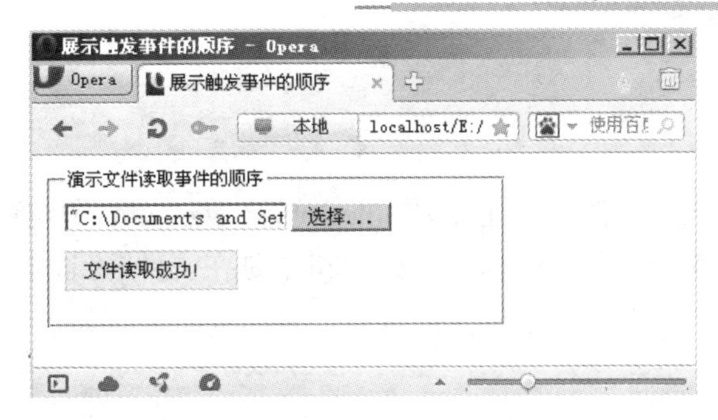

图 16-10　执行效果

16.9　使用拖拽的方式上传图片

在 HTML 5 页面中，使用 DataTransfer 对象中的方法，可以实现在浏览器中拖拽移动某个应用文件的效果。虽然在之前的 HTML 4 以及之前的版本也支持拖放数据的操作，但该操作仅局限在整个浏览器中，并不支持浏览器之外的数据。

实例 16-9	说　　明
源码路径	daima\16\16-9\
功能	使用拖拽的方式上传图片

在本实例的页面表单中，首先创建一个<ul>元素来接收并预览拖入的图片文件。当用户从电脑的文件夹中选择图片文件后，以拖动的方式将文件放入该元素内，并以预览的方式显示。实例文件 9.html 的实现代码如下。

```
<!DOCTYPE html>
<html>
<head>
<meta charset="utf-8" />
<title>拖放上传文件</title>
<link href="css.css" rel="stylesheet" type="text/css">
<script type="text/javascript" language="jscript"
        src="js9.js"/>
</script>
</head>
<body>
<form id="frmTmp">
 <fieldset>
   <legend>用拖动的方式选择文件</legend>
   <ul id="ulUpload" ondrop="dropFile(event)"
        ondragenter="return false"
        ondragover="return false">
   </ul>
 </fieldset>
```

```
</form>
</body>
</html>
```

然后编写 JavaScript 文件，使用方法 fileUpload_MoveFile()将拖动的文件数据放入到 DataTransfer 对象并调取。方法 fileUpload_MoveFile()是在文件 js9.js 中定义的，此文件的主要代码如下。

```
// JavaScript Document
function $$(id) {
    return document.getElementById(id);
}
//选择上传文件时调用的函数
function fileUpload_MoveFile(f) {
    //检测浏览器是否支持 FileReader 对象
    if (typeof FileReader == 'undefined') {
        alert("检测到您的浏览器不支持 FileReader 对象！");
    }
    for (var intI = 0; intI < f.length; intI++) {
        var tmpFile = f[intI];
        var reader = new FileReader();
        reader.readAsDataURL(tmpFile);
        reader.onload = (function(f1) {
            return function(e) {
                var eleSpan = document.createElement('span');
                eleSpan.innerHTML = ['<img src="',
                    e.target.result, '" title="', f1.name, '"/>'].join('');
                $$('ulUpload').insertBefore(eleSpan, null);
            }
        })(tmpFile);
    }
}
function dropFile(e) {
     //调用预览上传文件的方式
    fileUpload_MoveFile(e.dataTransfer.files);
     //停止事件的传播
    e.stopPropagation();
     //阻止默认事件的发生
    e.preventDefault();
}
```

本实例首先将图像文件从文件夹拖入页面目标元素，然后通过 Data Transfer 对象中的方法 setData()保存数据。为了接收被保存的数据，页面中的目标元素在调用元素的拖放事件 ondrop 中调用了一个自定义的函数 dropFile()。为了确保目标元素顺利接收拖放文件，必须将目标元素的 ondragenter 与 ondragover 事件都返回“return false”。

在函数 dropFile()中，先调用另一个自定义的函数 fileUpload_MoveFile()，同时，要实现

文件的拖放过程，还要在目标元素的拖放事件中，停止其他事件的传播并且关闭默认事件。其实现的过程如 JavaScript 代码中自定义的函数 dropFile()所示。函数 fileUpload_MoveFile()的运作流程如下：

（1）从 DataTransfer 对象中获取被保存的文件集合。

（2）遍历整个集合中的文件成员以获取每一个单独的文件。

（3）通过重构一个 FileReader 对象的方式调用该对象中的 readAsDataURL()，将文件以数据地址的形式读入页面中。

（4）同时创建页面元素<span>，将数据地址与<img>元素绑定，通过 join()方法写入<span>元素的内容中。

（5）将全部获取的内容写入 ID 号为<ulUpload>的列表元素中，通过该元素展示在页面中。其具体的实现过程，跟 JavaScript 代码中的自定义函数 fileUpload_MoveFile()类似。

执行效果如图 16-11 所示。

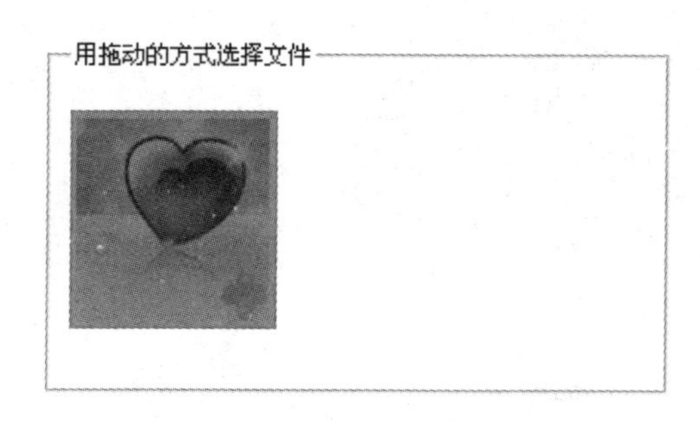

图 16-11　执行效果

16.10　拖拽上传图片到表单并显示预览

本实例的功能是，可以直接从本地硬盘中拖拽上传图片到容器中，并且在表单页面中预览显示拖拽的图片。

实例 16-10	说　明
源码路径	daima\16\16-10\
功能	拖拽上传图片到表单并显示预览

实例文件 10.html 的实现代码如下。

```
<!DOCTYPE HTML>
<html>
<head>
    <meta charset="utf-8">
    <title>HTML5 浏览器拖放 | HTML5 Drag and drop</title>
    <style>
        #section{font-family: "Georgia", "微软雅黑", "华文中宋";}
        .container{display:inline-block;min-height:200px;min-width:360px;color:#f30;padding:30
px;border:3px solid #ddd;-moz-border-radius:10px;-webkit-border-radius:10px;border-radius:10px;}
```

```
            .preview{max-width:360px;}
            #files-list{position:absolute;top:0;left:500px;}
            #list{width:460px;}
            #list .preview{max-width:250px;}
            #list p{color:#888;font-size:12px;}
            #list .green{color:#09c;}
        </style>
    </head>
    <body>

        <div id="section">
            <p>把你的图片拖到下面的容器内：</p>
            <div id="container" class="container">

            </div>
            <div id ="files-list">
                <p>已经拖进过来的文件：</p>
                <ul id="list"></ul>
            </div>
        </div>
        <script>

        if (window.FileReader) {
            var list = document.getElementById('list'),
                cnt = document.getElementById('container');
            // 判断是否图片
            function isImage(type) {
                switch (type) {
                case 'image/jpeg':
                case 'image/png':
                case 'image/gif':
                case 'image/bmp':
                case 'image/jpg':
                    return true;
                default:
                    return false;
                }
            }
            // 处理拖放文件列表
            function handleFileSelect(evt) {
                evt.stopPropagation();
                evt.preventDefault();
                var files = evt.dataTransfer.files;
                for (var i = 0, f; f = files[i]; i++) {
                    var t = f.type ? f.type : 'n/a',
                        reader = new FileReader(),
```

```
                    looks = function (f, img) {
                        list.innerHTML += '<li><strong>' + f.name + '</strong> (' + t +
                            ') - ' + f.size + ' bytes<p>' + img + '</p></li>';
                        cnt.innerHTML = img;
                    },
                    isImg = isImage(t),
                    img;
                // 处理得到的图片
                if (isImg) {
                    reader.onload = (function (theFile) {
                        return function (e) {
                            img = '<img class="preview" src="' + e.target.result + '" title="' +
theFile.name + '"/>';

                            looks(theFile, img);
                        };
                    })(f)
                    reader.readAsDataURL(f);
                } else {
                    img = '"o((>ω< ))o"，你传进来的不是图片！！';
                    looks(f, img);
                }
            }
        }

        // 处理插入拖出效果
        function handleDragEnter(evt){ this.setAttribute('style', 'border-style:dashed;'); }
        function handleDragLeave(evt){ this.setAttribute('style', ''); }
        // 处理文件拖入事件，防止浏览器默认事件带来的重定向
        function handleDragOver(evt) {
            evt.stopPropagation();
            evt.preventDefault();
        }

        cnt.addEventListener('dragenter', handleDragEnter, false);
        cnt.addEventListener('dragover', handleDragOver, false);
        cnt.addEventListener('drop', handleFileSelect, false);
        cnt.addEventListener('dragleave', handleDragLeave, false);
    } else {
        document.getElementById('section').innerHTML = '你的浏览器不支持啊，同学';
    }
    </script>
</body>
</html>
```

执行后的效果如图 16-12 所示。

把你的图片拖到下面的容器内：

已经拖进过来的文件：

- **2011-5-1 9-42-06.png** (image/png) - 13171 bytes

- **3SC7UMZJRMESG$$IH9_G`F4.jpg** (image/jpeg) - 83618 bytes

图 16-12　执行效果

16.11　IE 浏览器支持的上传图片预览程序

因为特殊原因，和其他浏览器相比，微软的 IE 浏览器总是滞后于对 HTML 5 的支持。

实例 16-11	说　明
源码路径	daima\16\16-11\
功能	IE 浏览器支持的上传图片预览程序

本实例的功能是，使用“document”对象获取图片的大小，并且取得在 IE 浏览器下图片的路径，最终在 IE 页面中实现图片预览功能。实例文件 11.html 的实现代码如下。

```
<!DOCTYPE html PUBLIC "-//W3C//DTD XHTML 1.0 Transitional//EN"
"http://www.w16.org/TR/xhtml1/DTD/xhtml1-transitional.dtd">
<html xmlns="http://www.w16.org/1999/xhtml" xml:lang="en" lang="en">
<head>
<meta http-equiv="Content-Type" content="text/html; charset=utf-8" />
<script>
var picPath;
var image;
// preview picture
function preview(){
    // 下面代码用来获得图片尺寸，这样才能在 IE 下正常显示图片
    document.getElementById('box').innerHTML
    = "<img width='"+image.width+"' height='"+image.height+"' id='aPic' src='"+picPath+"'>";
}
function loadImage(ele) {
```

```
        picPath      = getPath(ele);
        image        = new Image();
        image.src = picPath;
        preview();
    }
    function getPath(obj){
        if(obj){
            //ie
            if (window.navigator.userAgent.indexOf("MSIE")>=1){
                obj.select();
                // IE 下取得图片的本地路径
                return document.selection.createRange().text;
            }
            //firefox
            else if(window.navigator.userAgent.indexOf("Firefox")>=1){
                if(obj.files){
                    // Firefox 下取得的是图片的数据
                    return obj.files.item(0).getAsDataURL();
                }
                return obj.value;
            }
            return obj.value;
        }
    }
</script>
</head>
<body>
<input type="file" name="pic" id="pic" onchange='loadImage(this);' />
<div id='box'></div>
</body>
</html>
```

执行后可以在 IE 浏览器下预览上传后的图片文件，执行后的效果如图 16-13 所示。

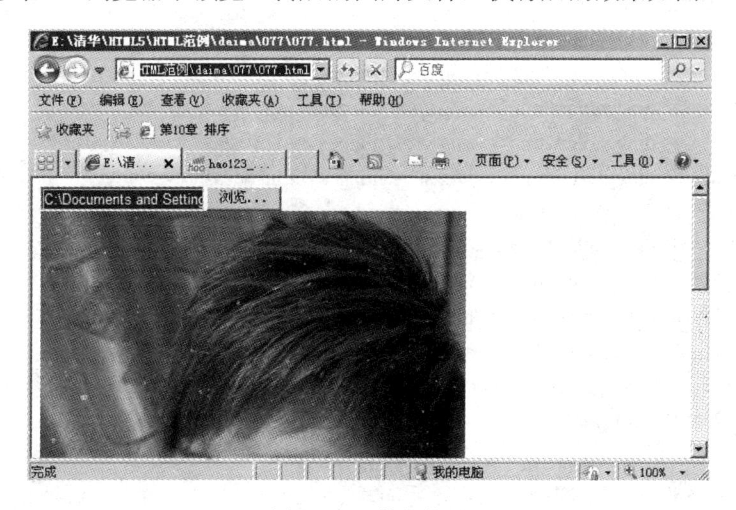

图 16-13　执行效果

16.12 使用拖拽的方式在相簿中对照片进行排序

本实例的功能是，在相册中对照片进行排序。在具体实现过程中，需要先设计三个相簿框区域，然后在下面罗列显示 12 幅不同的图片，用户可以使用拖拽的方式将图片放在不同的相簿中。

实例 16-12	说　明
源码路径	daima\16\16-12\
功能	用拖拽的方式在相簿中对照片进行排序

实例文件 12.html 的实现代码如下。

```
<!DOCTYPE html>
<html>
<head>
<meta charset="utf-8" />
<title>拖放上传文件</title>
<link href="css.css" rel="stylesheet" type="text/css">
<script type="text/javascript" language="jscript"
        src="js075.js"/>
</script>
</head>
<body>
<div class="albums">
    <div class="album" id="drop_1" droppable="true"><h2>Album 1</h2></div>
    <div class="album" id="drop_2" droppable="true"><h2>Album 1</h2></div>
    <div class="album" id="drop_3" droppable="true"><h2>Album 3</h2></div>
</div>
<div style="clear:both"></div>
<div class="gallery">
    <a id="1" draggable="true"><img src="images/1.jpg"></a>
    <a id="2" draggable="true"><img src="images/2.jpg"></a>
    <a id="3" draggable="true"><img src="images/3.jpg"></a>
    <a id="4" draggable="true"><img src="images/4.jpg"></a>
    <a id="5" draggable="true"><img src="images/5.jpg"></a>
    <a id="6" draggable="true"><img src="images/6.jpg"></a>
    <a id="7" draggable="true"><img src="images/7.jpg"></a>
    <a id="8" draggable="true"><img src="images/8.jpg"></a>
    <a id="9" draggable="true"><img src="images/9.jpg"></a>
    <a id="10" draggable="true"><img src="images/10.jpg"></a>
    <a id="11" draggable="true"><img src="images/11.jpg"></a>
    <a id="12" draggable="true"><img src="images/12.jpg"></a>
</div>
<script src="js12.js"></script>
```

```
</body>
</html>
```

JavaScript 文件 js12.js 的代码如下。

```
//添加事件处理程序
var addEvent = (function () {
  if (document.addEventListener) {
    return function (el, type, fn) {
      if (el && el.nodeName || el === window) {
        el.addEventListener(type, fn, false);
      } else if (el && el.length) {
        for (var i = 0; i < el.length; i++) {
          addEvent(el[i], type, fn);
        }
      }
    };
  } else {
    return function (el, type, fn) {
      if (el && el.nodeName || el === window) {
        el.attachEvent('on' + type, function () { return fn.call(el, window.event); });
      } else if (el && el.length) {
        for (var i = 0; i < el.length; i++) {
          addEvent(el[i], type, fn);
        }
      }
    };
  }
})();
//内部变量
var dragItems;
updateDataTransfer();
var dropAreas = document.querySelectorAll('[droppable=true]');
// preventDefault (stops the browser from redirecting off to the text)
function cancel(e) {
  if (e.preventDefault) {
    e.preventDefault();
  }
  return false;
}
//更新事件处理程序
function updateDataTransfer() {
    dragItems = document.querySelectorAll('[draggable=true]');
    for (var i = 0; i < dragItems.length; i++) {
        addEvent(dragItems[i], 'dragstart', function (event) {
```

```
                event.dataTransfer.setData('obj_id', this.id);
                return false;
            });
        }
    }
    // dragover 事件处理程序
    addEvent(dropAreas, 'dragover', function (event) {
        if (event.preventDefault) event.preventDefault();
        //小定制
        this.style.borderColor = "#000";
        return false;
    });
    // dragover 事件处理程序
    addEvent(dropAreas, 'dragleave', function (event) {
        if (event.preventDefault) event.preventDefault();
        //小定制
        this.style.borderColor = "#ccc";
        return false;
    });
    // dragover 事件处理程序
    addEvent(dropAreas, 'dragenter', cancel);
    //删除事件处理程序
    addEvent(dropAreas, 'drop', function (event) {
        if (event.preventDefault) event.preventDefault();
        //删除对象
        var iObj = event.dataTransfer.getData('obj_id');
        var oldObj = document.getElementById(iObj);
        //得到的图像源
        var oldSrc = oldObj.childNodes[0].src;
        oldObj.className += 'hidden';
        var oldThis = this;
        setTimeout(function() {
            oldObj.parentNode.removeChild(oldObj); //从 DOM 删除对象
            //添加类似的物体在另一个地方
            oldThis.innerHTML += '<a id="'+iObj+'" draggable="true"><img src="'+oldSrc+'" /></a>';
            //事件处理程序并更新
            updateDataTransfer();
            //小定制
            oldThis.style.borderColor = "#ccc";
        }, 500);
        return false;
    });
```

执行后先在页面上方显示 3 个相簿框，下方显示 12 幅图片，如图 16-14 所示。

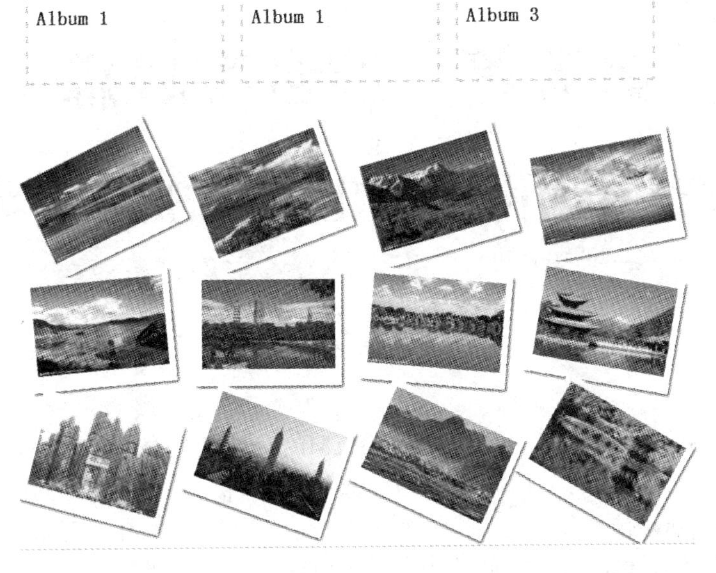

图 16-14　执行效果

用户可以用拖拽的方式将下方的 12 幅图片放在上方的相簿中，如图 16-15 所示。

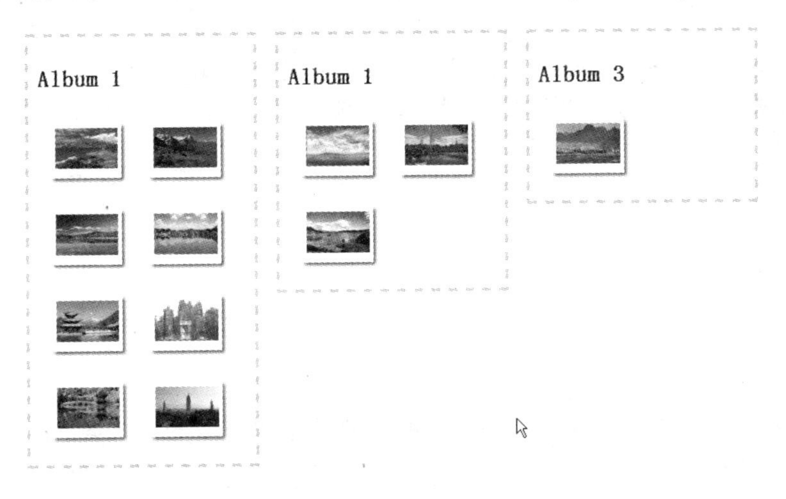

图 16-15　执行效果

第五篇　综合实战篇

第 17 章　使用 HTML 5+CSS 3 开发商业站点实例

经过前面内容的学习，读者已了解了使用 HTML 5 设计网页的基本知识。本章将介绍一种当今最流行的页面修饰技术——CSS 3。并通过一个具体实例的实现过程，向读者介绍联合使用 HTML 5+ CSS 3+<div>技术开发大型商业网站的方法。在讲解过程中，对整个站点的实现流程进行了详细介绍，读者可以直接将实例中的一些技巧应用到自己的项目中去。

17.1　CSS 3 基础

CSS（Cascading Style Sheet，层叠式样式表），简称为样式表，是 W3C 组织制定的、控制页面显示样式的标记语言。CSS 的最新版本是 CSS 3.0，这是现在网页所遵循的通用标准。本节简要介绍 CSS 技术的基本知识。

17.1.1　CSS 概述

在网页需要将指定内容按照指定样式显示时，可以利用 CSS 实现。在网页中有如下两种使用 CSS 的方式。

- 页内直接设置 CSS：即在当前使用页面直接指定样式。
- 第三方页面设置：即在别的网页中单独设置 CSS，然后通过文件调用这个 CSS 来实现指定显示效果。

CSS 样式设置的具体运行流程如图 17-1 所示。

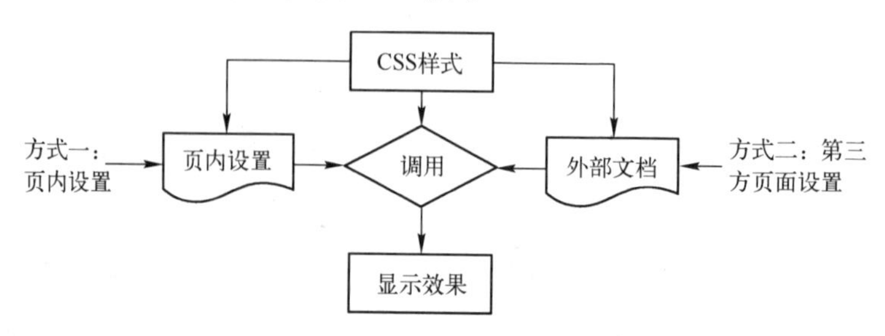

图 17-1　CSS 样式设置运行流程

下面将通过一个具体的 CSS 应用实例，来看 CSS 在网页中的表现效果。

实例 17-1	说　明
源码路径	daima\17\1.html
功能	使用 CSS 修饰网页

实例文件 1.html 的主要代码如下。

```
<head>
<meta http-equiv="Content-Type" content="text/html; charset=utf-8" />
<title>无标题文档</title>
<!--设置样式 STYLE1，指定页面文件字体。-->.
<style type="text/css">
<!--
.STYLE1 {
	font-family: Arial, Helvetica, sans-serif;
	font-size: 24px;
	color: #990033;
	font-weight: bold;
	font-style: italic;
}
-->
</style>
</head>
<body>
<!--调用样式 STYLE1，应用于此页面字体后的显示效果-->
<span class="STYLE1">要使用 CSS 呀</span>
</body>
```

执行后的效果如图 17-2 所示，如果取消样式，则效果如图 17-3 所示。

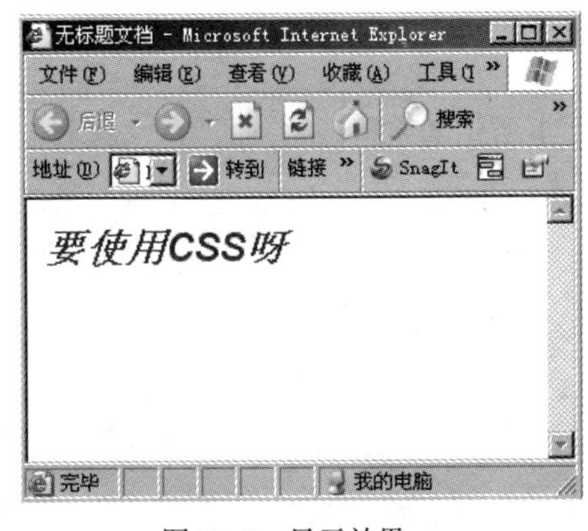

图 17-2　显示效果

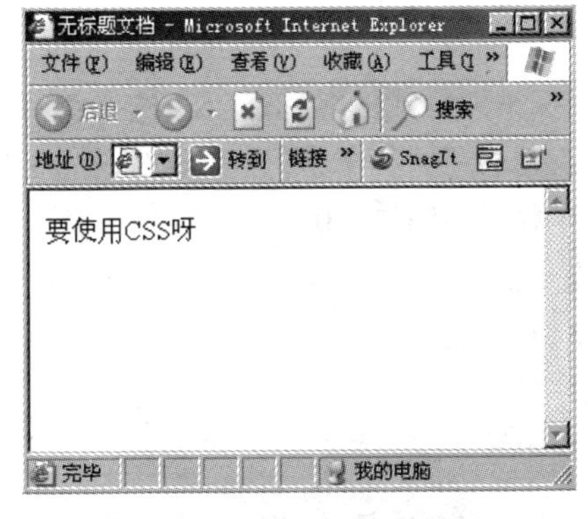

图 17-3　取消样式后效果

从上述不同的显示效果中可以看出 CSS 的样式的作用十分明显，它可以帮助用户更好地编辑网页。

17.1.2　基本语法

因为在现实应用中，经常用到的 CSS 元素是选择符、属性和值。所以在 CSS 的应用语法中其主要应用格式也主要涉及上述 3 种元素。CSS 的基本语法结构如下。

```
<style type="text/css">
<!--
.选择符{属性：值}
-->
</style>
```

例如，在本章 17.1.1 节的实例中的代码就严格按照上述格式：

```
<style type="text/css">
<!--
.STYLE1 {
        font-family: Arial, Helvetica, sans-serif;
        font-size: 24px;
        color: #990033;
        font-weight: bold;
        font-style: italic;
}
-->
</style>
```

在使用 CSS 时，需要遵循如下所示的原则：

- ❑ 当有多个属性时，属性之间必须用“; ”隔开。
- ❑ 属性必须包含在“{}”中。
- ❑ 在属性设置过程中，可以使用空格、换行等操作。
- ❑ 如果一个属性有多个值，必须用空格将它们隔开。

17.1.3 选择符的使用

选择符即样式的名称，CSS 选择符可以使用如下所示的字符。

- ❑ 大小写的英文字母：“A-Z”，“a-z”。
- ❑ 数字：例如“0-9”。
- ❑ 连字号“-”
- ❑ 下划线“_”
- ❑ 冒号“''”
- ❑ 句号“。”

注意：CSS 选择符只能以字母开头。

常用的 CSS 选择符有通配选择符、类型选择符、群组选择符、包含选择符、ID 选择符、class 选择符、标签指定选择符、组合选择符等。下面将对上述各类选择符进行详细介绍。

（1）通配选择符

通配选择符的书写格式是“*”，功能是表示页面内所有元素的样式。如下代码就使用了通配选择符：

```
* {
        font-family: Arial, Helvetica, sans-serif;
        font-size: 24px;
        color: #990033;
font-weight: bold;
        font-style: italic;
}
```

（2）类型选择符

类型选择符是指，以网页中已有的标签类型作为名称的选择符。例如将<body>、<div>、<p>、<span>等网页中的标签作为选择符名称。下面的代码将页面<body>元素内的字体进行了设置。

```
div {
font-size: 24px;
        color: #990033;
        font-weight: bold;
}
```

注意：所有的页面元素都可以作为选择符。

（3）群组选择符

在 XHTML 中，对其一组对象同时进行相同的样式指派时，只需使用“逗号”对选择符进行分隔即可。这种方法的优点是对于同样的样式只需要书写一次，减少了代码量，改善了 CSS 代码结构。群组选择符的书写格式如下。

```
选择符 1,选择符 2,选择符 3,选择符 4
```

下面的代码使用了群组选择符对指定对象的页面文字进行了设置。

```
.name,div,p{
        font-size: 24px;
        color: #990033;
}
```

注意：在使用群组选择符时，使用的"逗号"是半角模式，并非中文全角模式。

（4）包含选择符

包含选择符的功能是对某对象中的子对象进行样式指定，其书写格式如下。

```
选择符 1  选择符 2
```

例如下面的代码使用了包含选择符，对<body>元素内<p>元素包含的文字进行了设置。

```
body p{
        font-size: 24px;
        color: #990033;
}
```

此方法的优点是避免过多的对 ID 和 class 进行设置，直接对所需的元素进行定义。

注意：在使用包含选择符时需要注意如下两点：

- 样式设置仅对此对象的子对象标签有效，对于其它单独存在或位于此对象以外的子对象，不应用此样式设置。例如上例中的样式只对<body>元素内的<p>元素进行设置，而对<body>元素外的<p>元素没有效果。
- 选择符1和选择符2之间必须用空格隔开。

（5）ID选择符

ID选择符是根据DOM文档对象模型原理所出现的选择符。在XHTML文件中，其中的每一个标签都可以使用“id=""”的形式进行一个名称指派。在“XHTML+CSS”布局的网页中，可以针对不同的用途进行命名，例如头部命名为“header”，底部命名为“footer”。

ID选择符的使用格式如下。

```
#选择符
```

下面通过一个实例来讲解ID选择符的使用方法，本实例文件为2.html，保存在“3”文件夹中。

实例17-2	说　　明
源码路径	daima\17\2.html
功能	讲解ID选择符的使用方法

文件2.html的主要代码如下。

```
<title>无标题文档</title>
<style type="text/css">
<!--
#STYLE2 {
	color: #FF0000;
	font-size: 24;
}
-->
</style>
</head>
<body>
<div id="STYLE2">要使用CSS呀</div>
</body>
```

执行后的效果如图17-4所示。

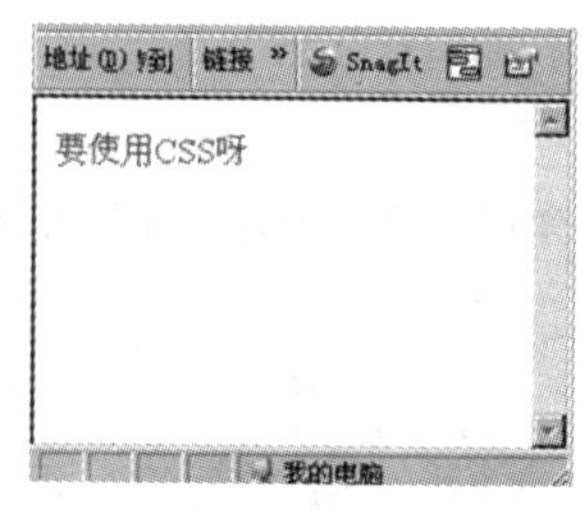

图17-4　执行效果

注意：在一个XHTML文件中，ID要具有唯一性，不能重复。

（6）class 选择符

上面介绍的 ID 是对 XHTML 标签的扩展，而 class 选择符和 ID 选择符类似。class 是对 XHTML 多个标签的一种组合，class 直译的意思是类或类别。class 选择符可以在对于 XHTML 页面中使用 class=""进行名称指派。与 ID 的区别是，class 可以重复使用，页面中多个样式的相同元素可以直接定义为一个 class。

class 选择符的使用格式如下。

```
.选择符
```

使用 class 选择符的好处是众多的标签均可以使用一个样式来定义，不需要为每一个标签编写一个样式代码。

使用 class 选择符的方法和 ID 选择符一样，只需在页面中直接调用样式代码。

（7）组合选择符

组合选择符是指对前面介绍的 6 种选择符进行组合使用。例如，如下代码组合使用了上述几种方法。

```
h1 .p1 {}//设置 h1 下的所有 class 为 p1 的标签
#content h1 {}//设置 id 为 content 的标签下的所有 h1 标签
```

从本节内容可以看出，CSS 选择符是非常灵活的。读者可以根据自己页面的需要，合理使用各种选择符，尽量做到结构化和完美化的统一。

17.1.4　CSS 属性的简介

CSS 属性是 CSS 中最重要的内容之一，CSS 就是利用本身的属性来实现其绚丽的显示效果的。在 CSS 中常用的属性及其对应的属性值如下。

（1）字体属性：type

- font-family：使用什么字体。
- font-style：字体的样式，是否斜体，有 normal\italic\oblique 三种。
- font-variant：字体的大小写，有 normal 和 small-caps 两种。
- font-weight：字体的粗细，有 normal\bold\bolder\lithter 三种。
- font-size：字体的大小，有 absolute-size\relative-size\length\percentage 四种。

（2）颜色和背景属性：backgroud

- color：定义前景色，例如：p{color:red})。
- background-color：定义背景色。
- background-image：定义背景图片。
- background-repeat：背景图案重复方式，有 repeat-x\repeat-y\no-repeat 三种。
- background-attachmen：设置滚动，有 scroll（滚动）\fixe（固定的）两种。
- background-position：设置背景图案的初始位置，有 percentage\length\top\left\right\bottom 六种。

（3）文本属性：block

定义排序：

- text-align：文字的对齐，有 left\right\center\justify 四种。
- text-indent：文本的首行缩进，有 length 和 percentage 两种。
- line-height：文本的行高，有 normal\numbet\lenggth\percentage（百分比）四种。

定义超链接：

- a：link {color:green;text-decoration:nore}：未访问过的状态。
- a：visited {color:ren;text-decoration:underline;16pt}：访问过的状态。
- a:hover {color:blue;text-decoration:underline;16pt}：鼠标激活的状态。

（4）块属性：block

边距属性：

- margin-top：设置顶边距。
- margin-right：设置右边距。

填充距属性：

- padding-top：设置顶端填充距。
- padding-right：设置右侧填充距。

（5）边框属性：border

- border-top-width：顶端边框宽度。
- border-right-width：右端边框宽度。

图文混排：

- width：定义宽度属性。
- height：定义高度属性。

（6）项目符号和编号属性：list

- display：定义是否显示符号。
- white-spac：怎样处理空白部分，有 normal\pre\nowrap 三种。

（7）层属性：Type

用于设定对象的定位方式。有如下三种定位方式：

- Absolute：绝对定位。
- Relative：相对定位。
- Static：无特殊定位

（8）列表属性

（9）表格属性

（10）扩展属性

在上述属性中，有的属性只受部分浏览器支持。至于 CSS 属性的更详细知识和具体用法，将在后面的章节中详细介绍。

17.1.5 几个常用值

在本书前面的内容中，已经了解了 CSS 选择符和常用的属性，而单位和属性值是 CSS 属性的基础。正确理解单位和属性值的概念，将有助于用户对 CSS 属性的使用。本节将对 CSS 中几个常用的单位和属性值进行简要介绍。

1. 颜色单位

在 CSS 中，可以通过多种方式来定义颜色。其中最为常用的方法有如下两种：

❑ 颜色名称定义

使用颜色名称定义颜色的方法只能实现比较简单的颜色效果，因为只有有限数量的颜色名称才能被浏览器识别。例如，如下代码定义了文字颜色为红色：

```
<style type="text/css">
<!--
.STYLE2 {color: red}/*使用颜色名 red 设置字体颜色*/
-->
</style>
</head>
<body>
<div class="STYLE2">要使用 CSS 呀</div><!--调用样式后的显示效果-->
</body>
```

执行后的效果如图 17-5 所示。

图 17-5　执行效果

浏览器能够识别的颜色名称如表 17-1 所示。

表 17-1　浏览器识别的颜色名称列表

颜色名称	描　　述	颜色名称	描　　述
red	红色	teal	深青
yellow	黄色	white	白色
blue	蓝色	navy	深蓝
silver	银色	olive	橄榄
purple	紫色	gray	灰色
green	绿色	lime	浅绿
maroon	褐色	aqua	水绿
black	黑色	fuchsia	紫红

❑ 十六进制定义

十六进制定义是指使用颜色的十六进制数值定义颜色值。使用十六进制定义后，可以定义更加复杂的颜色。例如，如下代码使用了十六进制数值定义文字颜色：

```
<style type="text/css">
<!--
.STYLE2 {
      color: #0000FF/*使用十六进制：0000FF，定义文字颜色。*/
}
-->
</style>
</head>
<body>
<div class="STYLE2">要使用 CSS 呀</div><!--调用样式-->
</body>
```

执行后的效果如图 17-6 所示。

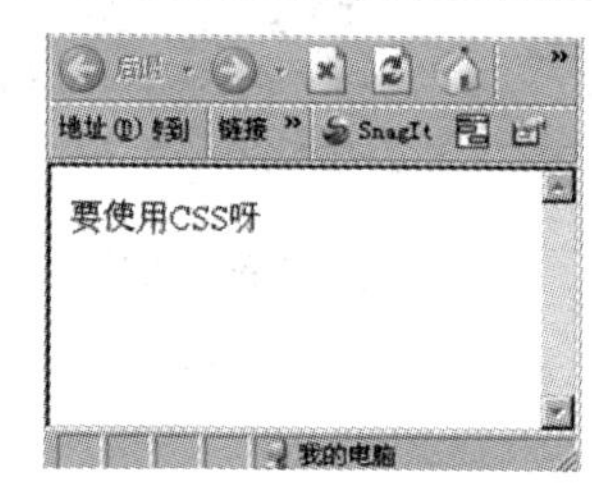

图 17-6 执行效果

注意：

（1）在网页设计中，颜色的十六进制值有多个，读者可以从网上获取具体颜色的对应值。也可以在 Dreamweaver 中选择某元素颜色后，通过查看其代码的方法获取此颜色对应的十六进制值。Dreamweaver 方法获取十六进制颜色值的操作方法如图 17-7 所示。

（2）在代码中使用十六进制颜色时，颜色值前面一定要加上字符“#”。

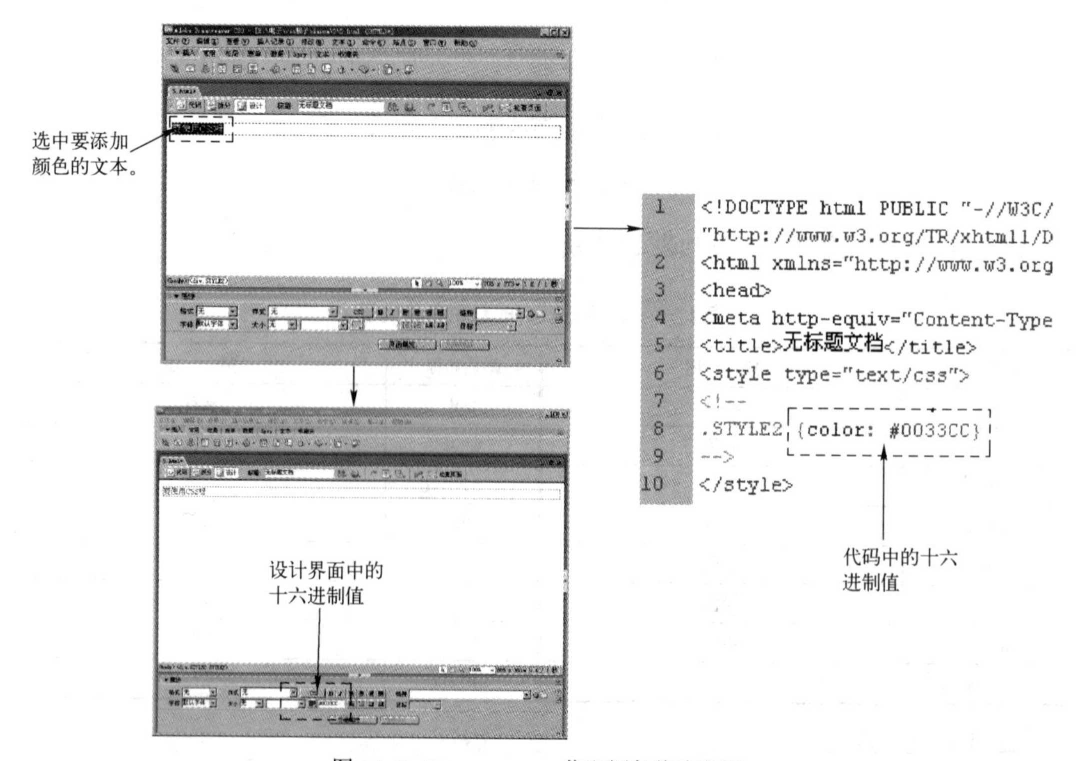

图 17-7 Dreamweaver 获取颜色值流程图

2. 长度单位

在 CSS 中常用的长度单位有如下两种：

（1）绝对长度单位

常用的绝对长度单位如表 17-2 所示。

表 17-2　常用绝对长度单位列表

名　称	描　述	名　称	描　述
in	英寸	cm	厘米
mm	毫米	pt	磅
m	米	pc	pica

上述 CSS 长度单位和现实中测量用的长度单位一样。其中，“pt”（磅）和“pc”（pica）是标准印刷单位，72 pt=1 in，1 pc=12 pt。

（2）相对长度单位

在网页设计中，使用最为频繁的是相对长度单位。其中最为常用的相对长度单位如下。

❑ 字体大小：em

em 的功能是，用来定义文本中“font-size”（文字大小）的值。例如，在页面中对某文本定义的文字大小为 12 pt，那么对于这个文本元素来说，1 em 就是 12 pt。也就是说，em 的实际大小是受字体尺寸影响的。

❑ 文本高度：ex

“ex”和“em”类似，功能是定义文本中元素的高度。和“em”一样，因为不同字的高度是不同的，所以“ex”的实际大小也受字体和字尺寸的影响。

❑ 像素：px

像素“px”是网页设计中最为常用的长度单位。在显示器中，界面将被划分为多个单元格，其中的每个单元格就是一个像素。像素“px”的具体大小是和屏幕分辨率有关的。例如有一个 100 px 大小的字符，在 800×600 分辨率的屏幕上，字符显示宽度是屏幕宽度的 1/8；而在 1024×768 分辨率的屏幕上，字符显示宽度是屏幕宽度的 1/10，从视觉角度看，浏览者会以为字变小了。如图 17-8 所示。

要使用CSS呀　　要使用CSS呀

图 17-8　100px 大小的字符在不同分辨率的屏幕上的显示效果

3. 百分比值

百分比值是网页设计中常用的数值之一，其书写格式如下。

```
数字%。
```

这里的数字可正可负。

在页面设计中，百分比值需要通过一个值和另外一个值的对比得到。例如，一个元素的宽度为 200px，如定义在它里面的子元素的宽度为 20%，则此子元素的实际宽度为 40px。

4. URL

URL 是统一资源定位符的缩写，是指一个文件、文档或图片等对象的路径，通过这个路径用户可以获取此对象的信息。使用 URL 的语法格式如下。

```
url（路径）
```

这里的“路径”是对象存放路径。URL 路径分为相对路径和绝对路径两种，在下面将分别介绍。

（1）相对路径

相对路径是指，相对于某文件本身所在位置的路径。例如，某 CSS 文件和文件名为“2.jpg”的图片处在同一目录下，当 CSS 给此图片设置某种样式时，可以使用如下代码：

```
body{background:url(2.jpg);}
```

在上述代码中，“2.jpg”是相对于 CSS 文件的路径。

注意：

- 在 HTML（XHTML）中使用相对路径时，是相对于 CSS 文件，而不是相对于 HTML（XHTML）页面文件本身。
- 代码中 url 和后面的括号“(”之间不能有空格，否则功能失效。

（2）绝对路径

绝对路径是指，某对象放在网络空间中的绝对位置，是它的实际路径。例如，如下代码使用了绝对路径来调用某图片。

```
body{background:url(http://www.sohu.com/sports/guoji/2.jpg);}
```

在上述代码中，网址表示图片的实际存放路径。

5．CSS 默认值

CSS 的默认值是指，在页面中没有定义某属性值时的取值，CSS 中的基本默认值是“none”或“0”。CSS 的默认值和所使用的浏览器有关。例如，<body>元素的默认补白属性值在 IE 浏览器中是“0”，而在 opera 浏览器中是 8px。

17.1.6 网页中的 CSS 应用

在网页中添加 CSS 的方法和将 CSS 添加到 XTML 文件中的方法类似。本节将对页面调用 CSS 的方式和使用 CSS 优先级等知识进行简要介绍。

1．页面调用 CSS 方式

在页面中通常使用如下 5 种方法调用 CSS。

（1）链接外部 CSS 样式表

链接外部 CSS 样式表方法是指在“<head></head>”标记内使用<link>标记符调用外部 CSS 样式。若已有若干 CSS 外部文件，则在网页中用下列代码即可将 CSS 文档引入，然后在<body>部分直接使用 CSS 中的定义。

```
<head>
<meta http-equiv="Content-Type" content="text/html; charset=utf-8" />
<title>无标题文档</title>
```

```
<link href="style4.css" rel="stylesheet" type="text/css" />
</head>
```

注意：使用此方法时，外部样式表不能含有任何像<head>或<style>这样的 HTML 的标记，并且样式表仅仅由样式规则或声明组成。

（2）文档中植入

文档中植入法是指通过<style>标记元素将设置的样式信息作为文档的一部分用于页面中。所有样式表都应列于文档的头部，即包含在<head> 和</head>之间。在<head>中，可以包含一个或多个<style>标记元素，但须注意<style>和</style>成对使用，并注意将 CSS 代码置于“<!--”和“-->”之间。

请看下面的演示代码。

```
<head>
<meta http-equiv="Content-Type" content="text/html; charset=utf-8" />
<title>这里是我的标题</title>
<style type="text/css">
<!--
.STYLE1 {/*页面内定义样式*/
        color: #990000;
        font-size: 24px;
}
-->
</style>
<body>
<span class="STYLE1">我的 CSS 样式</span><!--调用样式显示-->
</body>
```

执行后的效果如图 17-9 所示。

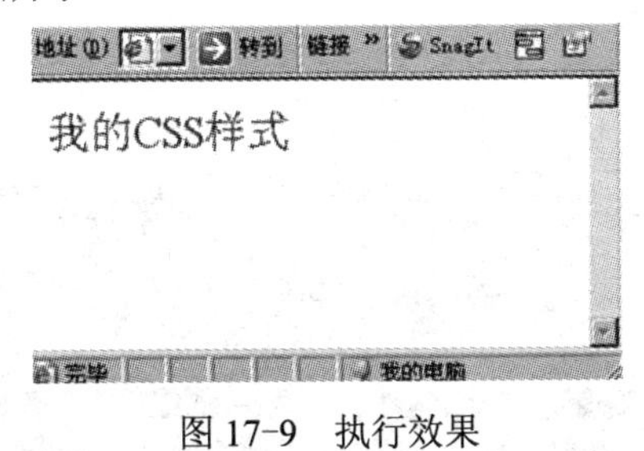

图 17-9　执行效果

注意：

- 如果浏览器不能识别<style>元素，就会将其作为<body>元素的一部分照常展示其内容，从而使这些样式表对用户是可见的。为了防止出现这种情况，建议将<style>元素的内容要包含在一个注解“<!--”和“-->”里面，像上述例子那样。
- 当一个文档具有独特样式的时候，可应用嵌入的样式表。如果多个文档都使用同一样式表，则链接外部 CSS 样式表方法更适用。

（3）页面标记中加入

页面标记中加入是指，在某个标记符的属性说明中加入设置样式的代码。例如，如下代码使用此方法对文字进行了设置。

```
<title>这里是我的标题</title>
<body>
<H1 STYLE="color:#990033;font-family:Arial">我的样式</h1><!--加入样式-->
</body>
```

（4）导入 CSS 样式表

使用@import url 选择器可以导入第三方样式表，其实现方法类似于链接<link>。它可以放在 HTML 文档的<style>与</style>标记符之间，与<link>的区别在于无论该网页是否应用了 CSS 样式表，它都将读取样式表；而<link>只有在该网页应用 CSS 样式表时，才去读样式表。下面代码说明了@import 选择器的使用方法：

```
<HEAD>
<Style type="text/css">
<!--
@import url(http://www.html.com/style.css);/*调用样式表的路径*/
TD { background: yellow; color: black }
-- >
</style>
</HEAD>
```

（5）脚本运用 CSS 样式

在 DHTML 页面中，可以使用脚本语句来实现 CSS 的调用。当 DHTML 页面结合使用内嵌的 CSS 样式和内嵌的脚本事件时，就可以在网页上产生一些动态的效果，如动态地改变字体、颜色、背景、文本属性等。例如，在如下代码中将页面中的文本颜色进行了设置，当鼠标移动到文本上面时字体为红色，离开文本时字体为绿色。

执行效果如图 17-10 所示。

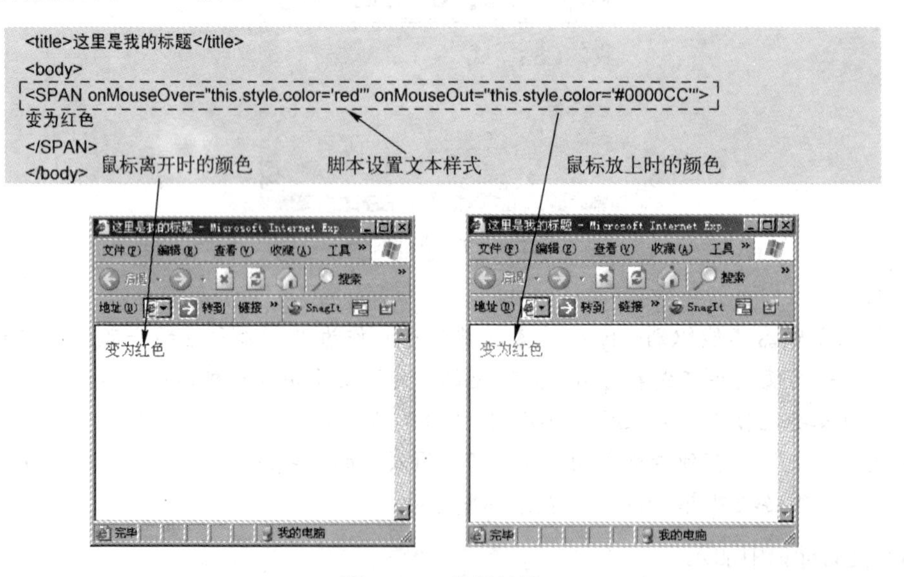

图 17-10　执行效果

2. 调用优先级

上述几种常用的页面调用方法，在具体使用时，其作用顺序是不同的。本节重点向读者介绍几种通常所遵循的优先级样式。

（1）通用优先级

一般来说，在页面元素中直接使用的 CSS 样式是最高的优先级样式，其次是在页面头部定义的 CSS 样式，最后是使用链接形式调用的样式。

（2）类型选择符和类选择符

在页面中同时使用类型选择符和类选择符时，类选择符的优先级要高于类型选择符。也就是说，要首先遵循类选择符，然后再遵循类型选择符。

（3）ID 选择符

在页面设计中，ID 选择符的优先级要高于类选择符。

（4）最近优先原则

最近优先原则是在页面设计中所遵循的原则。例如，如果某元素的 ID 选择符被定义在其父元素中，那么其父元素会使用最近定义的样式。

17.1.7　CSS 的编码规范

CSS 的编码规范是指，在书写 CSS 编码时所遵循的规范。虽然以不同的书写方式对 CSS 的样式本身并没有什么影响，但是按照标准格式书写的代码会更加便于阅读，有利于程序的维护和调试。本节将介绍 CSS 样式的书写规范知识。

1. 书写规范

在网页设计过程中，标准的 CSS 书写规范主要包括如下两个方面。

（1）书写顺序

在使用 CSS 时，最好将 CSS 文件单独书写并保存为独立文件，而不是把其书写在 HTML 页面中。这样做的好处是，便于 CSS 样式的统一管理，便于代码的维护。

在编码时，建议读者先书写类型选择符和重复使用的样式，然后再书写伪类代码，最后书写自定义选择符。这样做的好处是，便于在程序维护时的样式查找，提高工作效率。

（2）书写方式

在 CSS 中，虽然在不违反语法格式的前提下使用任何的书写方式都能正确执行。但还是建议读者在书写每一个属性时，使用换行和缩进来书写。这样做的好处是，使编写的程序一目了然，便于程序的后续维护。例如如下代码：

```
<style type="text/css">
<!--
.STYLE1 {
	font-size: 18px;/*使用换行和缩进*/
	color: #990033;
	font-family: Arial, Helvetica, sans-serif;
}
-->
</style>
```

```
<body>
<span class="STYLE1">变为红色
</SPAN></span>
</body>
```

注意：

在书写 CSS 代码时，应该注意如下 3 点。

- CSS 属性中的所有长度单位都要注明单位，“0”除外。
- 所有使用的十六进制颜色单位的颜色值前面要加上“#”字符。
- 充分使用注释。使用注释后，不但使页面代码变的更加清晰易懂，而且有助于开发人员的维护和修改。

2. 命名规范

命名规范是指，CSS 元素在命名时所要遵循的规范。在制作网页过程中，经常需要定义大量的选择符。如果没有很好的命名规范，会导致页面的混乱或名称的重复，造成不必要的麻烦。所以，CSS 在命名时应遵循一定的规范，使页面结构最优化。

在 CSS 开发中，通常使用的命名方式是结构化命名方法。它相对于传统的表现效果命名方式来说要优秀得多。例如，当文字颜色为蓝色时，使用“blue”来命名；当某页面元素位于页面中间时，使用“center”来命名。这种传统的方式表面看来比较直观和方便，但是这种方法不能达到标准布局所要求的页面结构和效果相分离的要求。而结构化命名方式结合了表现效果的命名方式，实现样式命名所以，用户应选择结构化的方法来书写编码。

例如，如下命名方式就是遵循了结构化命名方式：

- 体育新闻：sports-news。
- 后台样式：admin-css。
- 左侧导航：left-daohang。

使用结构化命名方法后，不管页面内容放在什么位置，其命名都有同样的含义。同时它可以方便页面中相同的结构，重复使用样式，节省其它样式的编写时间。表 17-3 中列出了常用页面元素的命名方法。

表 17-3　常用 CSS 命名方法

页面元素	名　称	页面元素	名　称
主导航	mainnav	子导航	subnav
页脚	foot	内容	content
头部	header	底部	footer
商标	label	标题	title
顶部导航	topnav	侧栏	sidebar
左侧栏	leftsidebar	右侧栏	rightsidebar
标志	logo	标语	banner
子菜单	submenu	注释	note
容器	container	搜索	search
登陆	login	管理	admin

因为具体页面的使用目的不同，所以并没有适合所有页面的国际命名规范。在开发过程中，只要遵循 Web 标准所规定的“结构和表现相分离”这一原则，做到命名合理即可。

17.1.8　CSS 调试

CSS 调试是指对编写后的 CSS 代码进行调整，确保达到自己满意的效果。在使用 CSS 时，经常出现显示效果和设计预想的效果不一样，造成效果的差异，或者出现代码错误。造成上述结果的原因很多，有可能是设计者一时大意而书写错误，或者是由于属性之间的冲突而造成的。当出现上述页面表现错误时，就需要进行 CSS 调试，找出错误的真正原因。本节将向读者介绍 CSS 的基本调试知识。

1. 设计软件调试

使用 Dreamweaver 调试是最简单的软件调试方法。作为主流的网页制作工具，Dreamweaver 能很好地实现设计代码和预览界面的转换。设计者可以迅速的在 Dreamweaver 设计界面中进行代码调整，然后在浏览器中查看显示效果。通过上述方法可以很好地实现代码和效果的统一，从而快速的找到问题所在。

另外，也有一部分错误是因为浏览器之间的差异造成的。这就需要进行多个浏览器的检测，确定真正问题所在。

2. 继承性和默认值带来的问题

在页面测试时，经常出现如下情况：页面中的某元素没有任何指定样式，在显示效果中却体现了某种其他指定样式。造成上述问题的原因可能是，这个元素继承了其父元素的属性。例如，如下代码由于继承性问题而产生异常显示效果。

```
<title>这里是我的标题</title>
<style type="text/css">
<!--
.STYLE1 {font-size: 18px}
-->
</style>
<body style="color:#990000">
<span class="STYLE1">看我的样子</span>
</body>
```

执行后会发现执行效果继承了<body>元素样式，如图 17-11 所示。

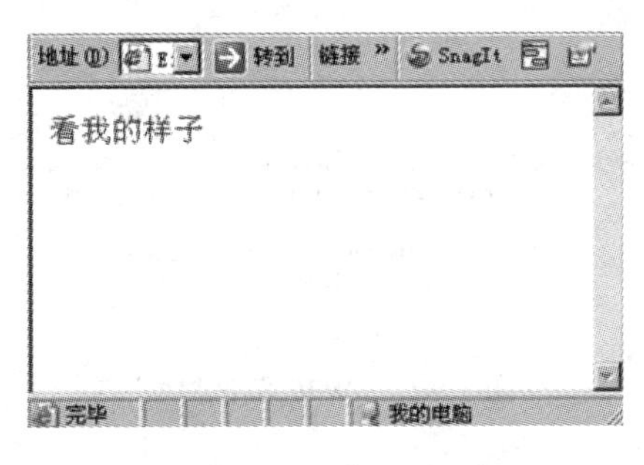

图 17-11　执行效果

在上述代码中，通过样式<STYLE1>设置了文本大小为 18px。在显示后的效果图中，文本文字的显示效果却是颜色为红色、文字大小为 18px。造成上述问题的原因是，在代码中设置了<body>元素的颜色属性为红色，<body>元素将其样式继承给了它的子元素<span>。

解决上述问题的方式是，重新定义相关属性来覆盖继承样式和默认样式。另外，合理地设计出清晰的嵌套结构样式，是解决上述问题的根本。

（3）背景颜色寻找错位

为准确定位到页面的出错区域，可以向某页面元素添加背景颜色，来判断正在修改的代码是否是目前正在影响页面中的内容。另外，可以充分利用 CSS 的一些常用边框属性，例如“style-width:1”、“border-color:red”和“border-style:solid”来定位出错区域。具体方法是给块加入一个外边框，一开始的边框比较大，然后逐渐缩小范围，就很容易定位到出错区域了。

（4）第三方软件调试

读者通常使用 Dreamwear、IE、Frontpage 同时进行调试工作，上述方法虽然比较简单，但是三者之间的频繁转化让人觉得麻烦。第三方软件调试是利用专用软件来调试页面程序的方法，常用的调试工具是 CSSVista。

CSSVista 是一款 Windows（只能在 XP 上使用）平台的第三方、免费的 CSS 编辑工具。其主要功能就是将 Frontpage、IE6 以及 CSS 编辑器集合到一个框架里面。可以所见即所得地对页面进行 CSS 调试。CSSVista 需要运行在 Microsoft's .NET Framework 2.0 下。

（5）W3C 校验

在 W3C 的官方站点上可以测试个人设计页面样式的标准化。读者可以登陆到 http://jigsaw.w3.org/css-validator/validator.html，对文件进行测试。其测试界面和结果界面分别如图 17-12 和图 17-13 所示。

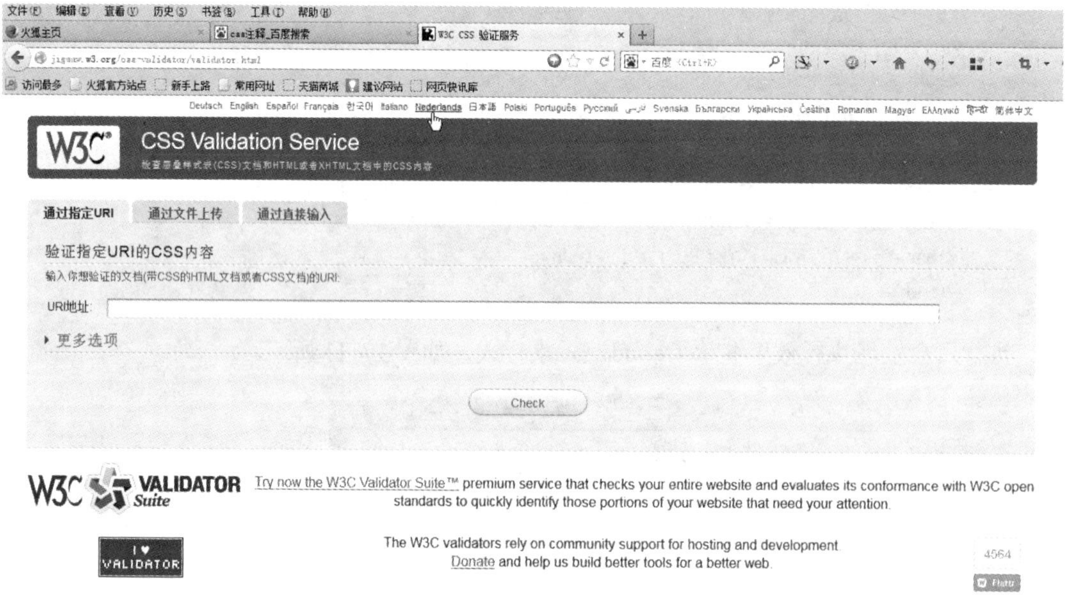

图 17-12 W3C 测试界面

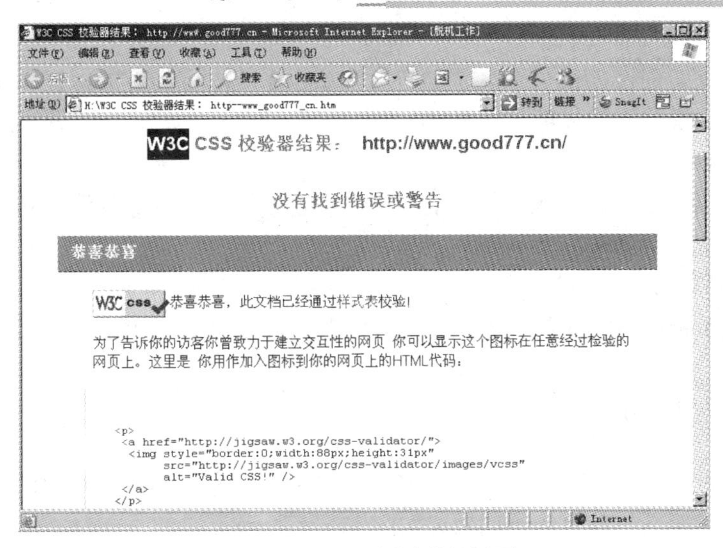

图 17-13 W3C 测试结果界面

在网页设计过程中，W3C 可以通过如下 3 种方式进行测试。

- ❑ 通过指定 URL。
- ❑ 通过文件上传。
- ❑ 表单直接输入测试。

17.2 开发一个商业站点

本节将通过一个具体实例的实现过程，详细讲解联合使用 HTML 5+ CSS 3+<div>技术开发大型商业网站的方法。在讲解过程中，对整个站点的实现流程进行了详细介绍，读者可以直接将实例中的一些技巧应用到自己的项目中去。

17.2.1 网站规划

网站规划是制作网站的第一步，规划阶段的任务主要有如下几点：

- ❑ 站点需求分析
- ❑ 预期效果分析
- ❑ 站点结构规划

下面将对上述任务的实现进行简要介绍。

17.2.2 站点需求分析

本实例是一个化妆品代购网站，作为一个典型的商业站点，必需具备如下的功能模块。

（1）系统主页

利用互联网这个平台，设计一个美观大方的页面作为系统主页，在主页中展现最新、最畅销的产品类型，并附上相应的产品介绍。

（2）产品展示

在本页面中展现出系统内的所有商品，每个产品以图文并茂的方式展现在浏览用户面前。

（3）关于我们

为了消除购买者对网购的后顾之忧，特意介绍了系统对购物者的保证和质保说明，为大家提供一个轻松愉悦的购物环境。

（4）我的博客

在博客页面展现店主的风采，记录店主和企业在生活中的点点滴滴，和在线用户构建一个和谐健康的交流平台。

（5）联系我们

本页面提供了企业和负责人的联系信息，十分详细。如果有变更，则需要及时进行更新。

17.2.3 预期效果分析

对于一个 Web 站点来说，最为重要的是首页的制作效果。作为站点的门户，首页应该做到美观大方，本实例网站首页的预期效果如图 17-14 所示。

图 17-14　系统首页预期效果图

"产品展示"页面是系统的二级页面，将以图文并茂的样式显示系统内的产品信息，其预期显示效果如图 17-15 所示。

图 17-15　产品展示页页面预期效果图

"关于我们"页面的预期显示效果如图 17-16 所示。

退货或换货邮费该由谁承担？

买家退货邮费及换货邮费：原则上，谁的责任谁承担，详细解释请点此查看。 例如： 常见情况一：商品质量问题、实物与描述不符等等卖家责任导致的，邮费卖家承担； 常见情况二：买家大小没选合适或者不喜欢需要退货，邮费买家承担。 但是淘小二知道有时候交易纠纷的邮费争议并没有那么简单，会有些不诚信的买家或者卖家拒绝去承担相关的邮费，遇到此类情况，建议发起维权，由人工客服来帮助协调处理。当然，邮费的价值有时候并不高，若双方能各退一步，友好协商处理当然是最好的。

超时时间新增规则提示

⑴、2013年8月16日生效"卖家不同意协议,等待买家修改（买家退货后）"退款状态下的超时规则 ⑵、如"卖家不同意协议,等待买家修改（买家退货后）"退款状态下，买家修改协议，则回到"买家已退货，等待卖家确认"退款状态下的超时规则 ⑶、带有"电"标识的订单指的是电器城被打上"电"标的订单；未带有"电"标识的订单指的是电器城未被打上"电"标的订单，以及除电器城以外的所有订单。 ⑷、2013年9月13日生效，带有"电"标识的订单，自买家退款申请提交之日起"5天内，修改为3天内"。

第二章 售中争议处理规范

第三条 淘宝将基于普通人的判断，根据本规范的规定对买卖双方的争议做出处理。部分买卖双方的争议，维权发起方有权选择（且维权相对方认可）由大众评审员进行判断，淘宝网将根据大众评审员的判断结果对该等争议作出处理。 淘宝并非司法机关，对凭证/证据的鉴别能力及对争议的处理能力有限，淘宝不保证争议处理结果符合买家和(或)卖家的期望，也不对依据本规范做出的争议处理结果承担任何责任。

图 17-16　关于我们页面预期效果图

"我的博客"页面的预期显示效果如图 17-17 所示。

This is just a place holder.

This website template has been collect from zzsc for you, for free.

You can replace all this text with your own text. You can remove any link to our website from this website template, you're free to use this website template without linking back to us. If you're having problems editing this website template, then don't hesitate to ask for help on the Forum.

This is just a place holder.

This website template has been collect from zzsc for you, for free.

You can replace all this text with your own text. You can remove any link to our website from this website template, you're free to use this website template without linking back to us. If you're having problems editing this website template, then don't hesitate to ask for help on the Forum.

Archive

2023

2023

2023

2023

图 17-17　我的博客页面预期效果图

17.2.4　站点结构规划

根据 17.2.1 和 17.2.2 的分析，可以得出整个站点的系统结构如图 17-18 所示。

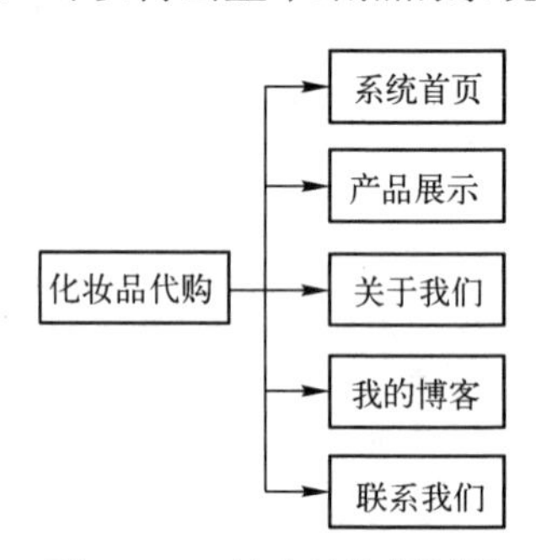

图 17-18　站点结构规划图

17.2.5　设计系统首页文件

本系统实例的系统主页文件是 index.html，具体实现流程如下。

（1）设计顶部导航界面

插入一个名为“header”的<div>，然后在顶部插入一幅素材图片<div>，在下面分别设置主页、产品展示、关于我们、个人博客、联系我们共 5 个导航链接。具体代码如下。

```
<div id="header">
    <div>
        <div id="logo">
            <a href="index.html"><img src="images/logo.png" alt="LOGO"></a>
        </div>
        <ul id="navigation">
            <li class="selected">
                <a href="index.html">主页</a>
```

```
                    </li>
                    <li>
                        <a href="shop.html">产品展示</a>
                    </li>
                    <li>
                        <a href="about.html">关于我们</a>
                    </li>
                    <li>
                        <a href="blog.html">个人博客</a>
                    </li>
                    <li>
                        <a href="contact.html">联系我们</a>
                    </li>
                </ul>
            </div>
        </div>
```

执行后的效果如图 17-19 所示。

图 17-19　顶部导航

（2）设计中间内容界面，插入一个名为“contents”的<div>，具体实现流程如下。

- 首先在上方插入一幅名为“summer-nymph.png”的图片。
- 然后使用<p></p>标记输入一段文本。
- 接着插入一个名为“featured”的<div>。
- 通过<ul>和<li>列表标记连续插入三个图文并茂的产品信息。

具体实现代码如下。

```
        <div id="contents">
                <div id="adbox">
                    <img src="images/summer-nymph.png" alt="Img">
                    <p>
                    化妆品招商网是一家权威的化妆品招商网站，主要提供全国范围内的化妆品招商、
化妆品代理、化妆品加盟、化妆品批发等网络服务，是化妆品生产企业和化妆品区域代理商之间合作的桥梁。
化妆品招商网充分借助于网络这个快捷方便的平台，将化妆品生产企业的化妆品在网络上展示，通过网络这
个平台将化妆品的功效、包装、规格等相关专业知识展示给区域化妆品代理商和消费者。以通过 VIP 化妆品
招商网这个网络平台达到化妆品厂家产品招商、区域代理商寻找化妆品进行代理的目的，让化妆品更好地服
务于广大消费者，让招商工作更方便快捷地进行。
```

```
                </p>
            </div>
            <div id="featured">
                <ul>
                    <li>
                        <a href="index.html"><img src="images/stare.jpg" alt="Img"></a>
                        <p>
                            要拥有紧致饱满的肌肤吗？选择雅诗兰黛Estee Lauder即时修护特润精华露，肌肤每刻亲历着犹如新生般的惊喜改变，无惧岁月流转，青春永葆奇迹！
                        </p>
                    </li>
                    <li>
                        <a href="index.html"><img src="images/whisper.jpg" alt="Img"></a>
                        <p>
                            抵御多种岁月痕迹，重现青春肌肤，蕴含独特维他纳新，具有持久的滋润功能，所提供的全面修护，足以取代各种滋润及特别护理产品！
                        </p>
                    </li>
                    <li>
                        <a href="index.html"><img src="images/aaa.jpg" alt="Img"></a>
                        <p>
                            营养充足，健康美丽喝出来！味道香甜、酸爽的KJ蜂蜜柚子茶600g，把美白祛斑的蜂蜜柚子一口一口地吃进皮肤里，嫩肤养颜，再也不怕电脑辐射了！
                        </p>
                    </li>
                </ul>
            </div>
        </div>
```

此时执行之后的效果如图17-20所示。

图17-20 执行效果

（3）设计底部导航界面，插入一个名为“footer”的<div>，具体实现流程如下。

- 插入一个名为“connect”的<div>。
- 分别提供两个和联系信息有关的超级链接。

```
<div id="footer">
    <div id="connect">
        <a href="#" target="_blank" class="facebook"></a><a href="#/" target="_blank" class
="email"></a><a href="#" target="_blank" class="twitter"></a><a href="#" target="_blank" class="googleplus">
</a>
    </div>
    <p>
        &copy; Copyright &copy; 2013.Company name All rights reserved.
    </p>
</div>
```

执行之后的效果如图 17-21 所示。

© Copyright © 2013.Company name All rights reserved.

图 17-21　执行效果

17.2.6　设计产品展示页面

本实例的产品展示页面文件是 shop.html，具体实现流程如下。

（1）设计顶部导航界面，本步骤和前面 17.2.4 中的步骤（1）完全一样。

（2）设计中间内容界面，插入一个名为“contents”的<div>，具体实现流程如下。

- 连续插入 4 个<div></div>块，每个<div>块展示一个产品。
- 在每一个<div>块中，在顶部插入一幅有超级链接的图片，在中间使用<h3></h3>标记设置产品的名称，在下方使用<p></p>标记对展现这款产品的简介信息。

实现代码如下。

```
<div id="contents">
    <div id="shop">
        <div>
            <a href="shop.html"><img src="images/whisper.jpg" alt="Img"></a>
            <h3>KJ 蜂蜜柚子茶 600g</h3>
            <p>
                今日团购 营养充足，健康美丽喝出来！味道香甜、酸爽的 KJ 蜂蜜柚子
茶 600g，富含氨基酸、维生素和铁、锌、钙、镁等多种微量元素。常饮之，能开胃怡神、驻颜美容，且
能强身健体，提高免疫力。把美白祛斑的蜂蜜柚子一口一口地吃进皮肤里，嫩肤养颜，再也不怕电脑辐
射了！两款包装随机发货。 今日团购 营养充足，健康美丽喝出来！味道香甜、酸爽的 KJ 蜂蜜柚子茶
600g，富含氨基酸、维生素和铁、锌、钙、镁等多种微量元素。常饮之，能开胃怡神、驻颜美容，且能
强身健体，提高免疫力。把美白祛斑的蜂蜜柚子一口一口地吃进皮肤里，嫩肤养颜，再也不怕电脑辐射
了！两款包装随机发货。
            </p>
```

```
            </div>
            <div>
                <a href="shop.html"><img src="images/stare.jpg" alt="Img"></a>
                <h3>玉兰油多效修护霜 50g</h3>
                <p>
                    今日团购 2011年度聚美优品美妆风尚大典——年度最受欢迎护肤品牌！抵御多种岁月痕迹，重现青春肌肤，蕴含独特维他纳新，具有持久的滋润功能，所提供的全面修护，足以取代各种滋润及特别护理产品！OLAY玉兰油多效修护霜，焕发肌肤自然年轻光彩（多款包装随机发货）！ 今日团购 2011 年度聚美优品美妆风尚大典——年度最受欢迎护肤品牌！抵御多种岁月痕迹，重现青春肌肤，蕴含独特维他纳新，具有持久的滋润功能，所提供的全面修护，足以取代各种滋润及特别护理产品！OLAY玉兰油多效修护霜，焕发肌肤自然年轻光彩（多款包装随机发货）！
                </p>
            </div>
            <div>
                <a href="shop.html"><img src="images/enjoy.jpg" alt="Img"></a>
                <h3>雅诗兰黛即时修护特润精华露 50ml</h3>
                <p>
                    今日团购 拥有紧致饱满的肌肤吗？选择雅诗兰黛Estee Lauder即时修护特润精华露，肌肤每刻亲历着犹如新生般的惊喜改变，无惧岁月流转，见证10年如初肌肤，青春永葆奇迹！珍贵一滴，直达肌肤年轻真相！多款包装，随机发货！ 今日团购 拥有紧致饱满的肌肤吗？选择雅诗兰黛Estee Lauder即时修护特润精华露，肌肤每刻亲历着犹如新生般的惊喜改变，无惧岁月流转，见证10年如初肌肤，青春永葆奇迹！珍贵一滴，直达肌肤年轻真相！多款包装，随机发货！
                </p>
            </div>
                    <div>
                <a href="shop.html"><img src="images/aaa.jpg" alt="Img"></a>
                <h3>蝶翠诗睫毛修护液(白盒) 6.5ml</h3>
                <p>
                    今日团购 想要睫毛更长、更密将不再是梦想，蝶翠诗DHC睫毛修护液——睫毛的专用美容液，让每一根睫毛，都绽放自信魅力！就能立即拥有魔法般神奇的睫毛修护液！赶快抢购吧！今日团购 想要睫毛更长、更密将不再是梦想，蝶翠诗DHC睫毛修护液——睫毛的专用美容液，让每一根睫毛，都绽放自信魅力！就能立即拥有魔法般神奇的睫毛修护液！赶快抢购吧！ 今日团购 想要睫毛更长、更密将不再是梦想，蝶翠诗 DHC 睫毛修护液——睫毛的专用美容液，让每一根睫毛，都绽放自信魅力！就能立即拥有魔法般神奇的睫毛修护液！赶快抢购吧！

                </p>
            </div>
        </div>

    </div>
```

（3）设计底部导航界面，本步骤和前面17.2.4中的步骤（3）完全一样。

执行后的效果如图17-22所示。

图 17-22　执行效果

17.2.7　设计关于我们页面

本实例的产品展示页面文件是 about.html，具体实现流程如下。

（1）设计顶部导航界面，本步骤和前面 17.2.4 中的步骤（1）完全一样。

（2）设计中间内容界面，具体实现流程如下所示。

- 插入一个名为“contents”的<div>。
- 在顶部使用<h3></h3>标记设置信息的标题，在下方使用<p></p>标记对展现对应的详细信息。

具体实现代码如下。

```
<div id="contents">
        <div id="about">
            <h3>退货或换货邮费该由谁承担？</h3>
            <p>
                买家退货邮费及换货邮费：原则上，谁的责任谁承担，详细解释请点此查看。

    例如：

    常见情况一：商品质量问题、实物与描述不符等等卖家责任导致的，邮费卖家承担；

    常见情况二：买家没选合适或者不喜欢需要退货，邮费买家承担。

    但是淘小二知道有时候交易纠纷的邮费争议并没有那么简单，会有些不诚信的买家或者卖家拒绝
去承担相关的邮费，遇到此类情况，建议发起维权，由人工客服来帮助协调处理。当然，邮费的价值有时候
并不高，若双方能各退一步，友好协商处理当然是最好的。
            </p>
            <h3>超时时间新增规则提示</h3>
            <p>
```

```
                    ⑴、2013年8月16日生效“卖家不同意协议,等待买家修改（买家退货后）”
退款状态下的超时规则
        ⑵、如“卖家不同意协议,等待买家修改（买家退货后）”退款状态下，买家修改协议，则回到“买
家已退货，等待卖家确认”退款状态下的超时规则。
        ⑶、带有“电”标识的订单指的是电器城被打上“电”标的订单；未带有“电”标识的订单指的
是电器城未被打上“电”标的订单，以及除电器城以外的所有订单。
        ⑷、2013年9月13日生效，带有“电”标识的订单，自买家退款申请提交之日起“5天内，修改
为3天内”。
                </p>
                <h3>第二章 售中争议处理规范 </h3>
                <p>
                    第三条
        淘宝将基于普通人的判断，根据本规范的规定对买卖双方的争议做出处理。部分买卖双方的争议，
维权发起方有权选择（且维权相对方认可）由大众评审员进行判断，淘宝网将根据大众评审员的判断结果对
该等争议作出处理。
        淘宝并非司法机关，对凭证/证据的鉴别能力及对争议的处理能力有限，淘宝不保证争议处理结果
符合买家和(或)卖家的期望，也不对依据本规范做出的争议处理结果承担任何责任。

                </p>
                <h3>第二节 交易标的规范 </h3>
                <p>
                    第八条
        卖家交付给买家的商品应当符合法律法规的相关规定，且所售商品不得违反《淘宝规则》和/或《天
猫规则》中关于发布违禁信息、出售假冒商品、滥发信息、假冒材质成份、出售未经报关进口商品、发布非
约定商品等条款的相关规定。第九条
        卖家应当对其所售商品进行如实描述，即应当在商品描述页面、店铺页面、阿里旺旺等所有淘宝
提供的渠道中，对商品的基本属性、成色、瑕疵等必须说明的信息进行真实、完整的描述。


                </p>
                <h3>第二节 交易标的规范 </h3>
                <p>
                    第八条
        卖家交付给买家的商品应当符合法律法规的相关规定，且所售商品不得违反《淘宝规则》和/或《天
猫规则》中关于发布违禁信息、出售假冒商品、滥发信息、假冒材质成份、出售未经报关进口商品、发布非
约定商品等条款的相关规定。第九条
        卖家应当对其所售商品进行如实描述，即应当在商品描述页面、店铺页面、阿里旺旺等所有淘宝
提供的渠道中，对商品的基本属性、成色、瑕疵等必须说明的信息进行真实、完整的描述。
                </p>
            </div>
        </div>
```

（3）设计底部导航界面，本步骤和前面17.2.4中的步骤（3）完全一样。

执行后的效果如图17-23所示。

注意：我的博客页面blog.html和联系我们页面contact.html的具体实现过程和前面的关于我们页面about.html类似，在此不再进行详细讲解。

- 回到主页
- 产品展示
- 关于我们
- 我的博客
- 联系我们

退货或换货邮费该由谁承担?

买家退货邮费及换货邮费：原则上，谁的责任谁承担，详细解释请点此查看。 例如： 常见情况一：商品质量问题、实物与描述不符等等卖家责任导致的，邮费卖家承担； 常见情况二：买家没选合适或者不喜欢需要退货，邮费买家承担。 但是淘小二知道有时候交易纠纷的邮费争议并没有那么简单，会有些不诚信的买家或者卖家拒绝去承担相关的邮费，遇到此类情况，建议发起维权，由人工客服来帮助协调处理。当然，邮费的价值有时候并不高，若双方能各退一步，友好协商处理当然是最好的。

超时时间新增规则提示

(1)、2013年8月16日生效“卖家不同意协议,等待买家修改（买家退货后）”退款状态下的超时规则 (2)、如“卖家不同意协议,等待买家修改（买家退货后）”退款状态下，买家修改协议，则回到“买家已退货，等待卖家确认”退款状态下的超时规则。 (3)、带有“电”标识的订单指的是电器城被打上“电”标的订单；未带有“电”标识的订单指的是电器城未被打上“电”标的订单，以及除电器城以外的所有订单。 (4)、2013年9月13日生效，带有“电”标识的订单，自买家退款申请提交之日起“5天内，修改为3天内”。

第二章 售中争议处理规范

图 17-23　执行效果

17.2.8　设计 CSS 3 样式文件

本实例的样式文件是 style.css，具体实现流程如下所示。

（1）分别为<body>和<img>标记设置样式，具体实现代码如下。

```
body {
	background: url(../images/bg-body.jpg) repeat left top;
	font-family: Arial, Helvetica, sans-serif;
	margin: 0;
}
img {
	border: 0;
}
```

（2）为系统顶部导航设置样式，分别为顶部导航<div>块“header”、“Logo”、“Navigation”编写对应的样式，这些样式代码在本书前面的内容中已经详细讲解。具体实现代码如下。

```
/*------------------------------ HEADER ------------------------------*/
#header {
	background: url(../images/bg-header.jpg) repeat-x left top;
	height: 160px;
}
#header > div {
	width: 940px;
	margin: 0 auto;
	padding: 0 10px;
	text-align: right;
}
/** Logo **/
#logo {
	float: left;
```

```
}
/** Navigation **/
#navigation {
	display: inline-block;
	line-height: 150px;
	list-style: none;
	width: 510px;
	margin: 0;
	padding: 0;
}
#navigation li {
	float: left;
	width: 102px;
	text-align: center;
}
#navigation li:first-child {
	margin-left: 0;
}
#navigation li a {
	color: #9b660b;
	line-height: 60px;
	text-decoration: none;
	text-shadow: -2px 2px 1px #000;
}
#navigation li a:hover, #navigation li.selected a {
	color: #e29b1f;
}
```

（3）为系统中间内容部分设置样式，具体实现流程如下。

- 首先设置各个页面通用区域的样式，例如“contents”。
- 然后为各个页面设置专用样式，例如首页中的“Adbox”样式，关于我们页面样式“about”，产品展示页面样式“shop”等。

具体实现代码如下所示。

```
/*------------------------------ CONTENTS ------------------------------*/
#contents {
	background: #fff7db url(../images/content-border.jpg) repeat-x left bottom;
	min-height: 1080px;
	padding-bottom: 10px;
}
#contents > div {
	width: 960px;
	margin: 0 auto;
	padding-top: 50px;
}
#contents h3 {
```

```
        color: #a17b2d;
        font-size: 16px;
        font-weight: normal;
        letter-spacing: 1px;
        margin: 0
}
#contents p {
        color: #aa9387;
        font-size: 13px;
        line-height: 24px;
        margin: 0 auto;
        padding: 0 0 24px;
        text-align: justify;
}
#contents p a {
        color: #aa9387;
}
#contents a:hover {
        color: #ce8763;
}
/** Adbox **/
#contents div#adbox {
        margin-bottom: 36px;
        padding: 0;
        text-align: center;
}
#adbox img {
        margin-bottom: 24px;
}
#adbox p {
        width: 600px;
        text-align: center;
        text-indent: 40px;
}
/** Featured **/
#contents div#featured {
        background: url(../images/bg-featured.png) no-repeat center top;
        width: 100%;
        margin-bottom: 60px;
        padding: 30px 0 24px;
        text-align: center;
}
#featured ul {
        display: inline-block;
        list-style: none;
        width: 960px;
        margin: 0;
        padding: 0;
```

```
}
#featured ul li {
        float: left;
        width: 300px;
        margin: 0 10px;
}
#featured p {
        padding: 0;
        text-align: center;
}
/** About **/
#contents div#about {
        width: 730px;
        padding: 20px 115px 0;
}
#about h3 {
        margin: 30px 0 0;
}
#about p {
        font-size: 13px;
        margin: 0 auto;
        text-align: justify
}
/** Shop **/
#contents div#shop {
        width: 930px;
        margin-bottom: 60px;
        padding-left: 10px;
        padding-right: 20px;
}
#shop > div {
        display: inline-block;
        margin: 0 0 30px;
}
#shop > div img {
        float: left;
        margin: 0 40px 30px 0;
}
/** MAIN **/
#main {
        float: left;
        min-height: 100px;
        width: 520px;
        margin: 0 30px 0 100px;
}
#main > div {
        background: url(../images/separator.png) no-repeat center bottom;
        display: inline-block;
```

```
        margin: 0 0 18px;
}
#main > div h3 {
        margin: 30px 0 12px;
}
#main > div p {
        text-align: justify;
}
/** SIDEBAR **/
#sidebar {
        float: left;
        background: url(../images/vborder.png) repeat-y left top;
        min-height: 848px;
        width: 180px;
        margin: 30px 0 0;
        padding-left: 21px;
}
#sidebar h3 {
        margin: 15px 0 12px;
        padding-left: 40px;
}
#sidebar ul {
        list-style: none;
        margin: 0;
        padding: 0;
}
#sidebar > ul li {
        margin: 0 0 24px;
}
#sidebar > ul li a {
        color: #aa9387;
        font-size: 14px;
        line-height: 24px;
        text-decoration: none;
}
#sidebar ul li > div {
        display: none;
        width: 80px;
        padding-left: 40px;
}
#sidebar ul li:hover > div {
        display: block;
}
#sidebar ul li > div a {
        color: #aa9387;
        font-size: 12px;
        display: block;
}
```

```
#sidebar ul li > div a:hover {
    color: #ce8763;
}
/** Contact **/
#contents div#contact {
    width: 720px;
    padding: 50px 120px 0;
}
#contact h4 {
    color: #8a5c02;
    font-size: 15px;
    font-weight: normal;
    line-height: 24px;
    margin: 0;
}
#contact h4 a {
    color: #8a5c02;
    text-decoration: none;
}
#contact a.email {
    font-size: 13px;
}
#contact p.numbers {
    margin: 0 0 30px;
    padding-left: 40px;
}
#contact p.address {
    padding-left: 40px;
}
```

（4）为底部导航内容部分设置样式，设置联系信息内容的样式“connect”，为整体部分设置了一幅背景图，然后设置了几种链接方式的样式。具体实现代码如下。

```
/*------------------------------ FOOTER ------------------------------*/
#footer {
    background: url(../images/bg-footer.png) repeat-x center bottom;
    padding: 18px 0 30px;
}
/** Connect **/
#connect {
    width: 960px;
    margin: 0 auto;
    padding: 0 0 30px;
    text-align: center;
}
#connect a {
    background: url(../images/icons.png) no-repeat;
    display: inline-block;
```

```
        height: 39px;
        width: 40px;
        margin: 0 20px;
}
#connect a.facebook {
        background-position: 0 0;
}
#connect a.email {
        background-position: 0 -49px;
}
#connect a.twitter {
        background-position: 0 -98px;
}
#connect a.googleplus {
        background-position: 0 -147px;
}
#footer p {
        color: #956836;
        font-size: 13px;
        line-height: 24px;
        width: 960px;
        margin: 0 auto;
        text-align: center;
}
```

经过 CSS 3 样式文件的设置修饰之后，整个页面将以我们预期的效果展现在用户面前。例如产品展示页面文件 shop.html 的最终执行效果如图 17-24 所示。

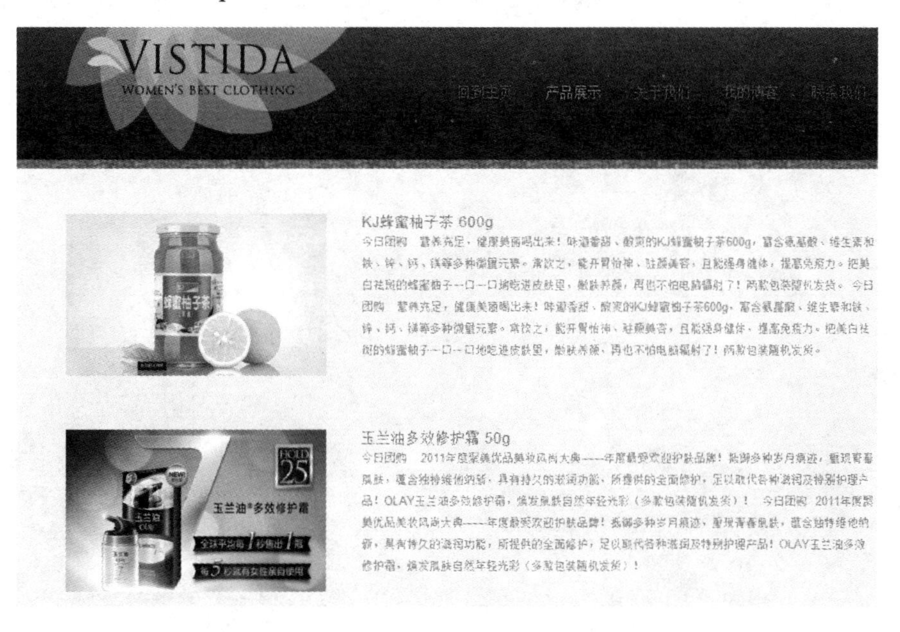

图 17-24　产品展示页面文件的最终执行效果